AH-64 APACHE

Christian Rastätter

Motor
buch
Verlag

Einbandgestaltung: Frank Zähringer

Bildnachweis: Soweit nicht anders vermerkt, stammen die Bilder vom Autor bzw. aus dessen Archiv.

ISBN 978-3-613-04390-9

1. Auflage 2021

Sie finden uns im Internet unter
www.motorbuch.de

Lektorat: Alexander Burden / Günther Nord
Innengestaltung: Günther Nord, 69434 Heddesbach
Druck: Conzella Verlagsbuchbinderei, 85609 Aschheim-Dornach
Printed in Germany

Inhalt

Vorwort und Dank 6

Einleitung 9

Kampfhubschrauberentwicklung 9
Sicherheitspolitisches Einsatzumfeld des AH-64 im Wandel der Zeit 13
Neue Doktrin nach der Krim-Krise 2014 16
Multi Domain Battle 2035 17
Hybride Kriegsführung 18
Multifunktionale Luftbrigaden (Combat Aviation Brigade, CAB) 19
AH-64 Attack Battalion 22

Entwicklungsgeschichte des AH-64 Apache 25

Entwicklungsgeschichte seit 1970 – Vom Konzept bis zum Serienmodell 25
Advanced Areal Fire Support System (AAFSS) 26
Advanced Attack Helicopter-Programm (AAH) 28
Parallel-Projekt Utility Tactical Transport Aircraft System (UTTAS) 30
YAH-64 als Sieger 35
TADS/PNVS-Ausschreibung 40
Erste Prototypen für die US Army 42
AAH und die NATO-Anforderung 44
Erstes Serien-Modell 45
Das Ende von Hughes Helicopters – McDonnell-Douglas übernimmt 48

Umsetzung und Konzept – Plattform AH-64 51

Überlebensfähigkeit durch robuste Zellenstruktur 50
Rotormast 57
Schutz der Rotoren 59
Bodenstabilität 61
Triebwerke 63
Black Hole Ocarina – Infrarotsignaturunterdrückung 67
Avionik – Herzstück TADS/PNVS 69
Sensor-Gehäuse 71
Die ersten PNVS-Bilder 73
Zielerfassung mit dem TADS 74
Avionik und Flugsteuerung 78
Selbstschutz und Elektronischer Kampf 81
AN/APR-39 Radar- und AN/AAR-57 Raketen-Warnempfänger 82
AN/APR-48A Radar-Frequenz-Interferometer (RFI) 84
AN/AVR-2 Laser-Warnsystem 85
Jammer gegen das feindliche Radar AN/ALQ-136 86
Infrarot Jammer AN/ALQ-144 »Discokugel« 87
Dispenser M-130 88
Northrop Grumman AN/AAQ-24 Large Aircraft Infrared Countermeasure (LAIRCM) 89
Kommunikationssysteme des AH-64 90

Bewaffnungskonzept 93

Hellfire-Entwicklung 92
Hellfire-Weiterentwicklung 95
AGM-114R »Romeo« 98
AGM-114R9X 98
2,75-Zoll-Raketen 100
Bordgeschütz M230 Chain Gun 103
AH-64A – Indienststellung und Ausbildung ab 1986 109

Weiterentwicklung zum D-Modell – AH-64D Apache Longbow 111

Vom »Advanced Apache« zum »Delta«-Modell 111
AH-64B 113
AH-64C 113
Härtetests 114
Sensoren und Waffen 115
Radargelenkte Hellfire 117
Digital vs. Analog 118
Zwei D-Modelle 122
Longdow Feuerleitradar AN/APG-78 123
AH-64D Longbow Upgrades – Feine Unterschiede in der »Delta«-Reihe 127
Longbow Block I (Lose 1-6) 128
Koordination der ersten D-Modell-Umstellungen 128
AH-64D Longbow Block II/Extended Block II (Lose 7-13) 129

Weiterentwicklung zum E-Modell – AH-64E Apache Guardian 131

Vom »Delta« AH-64D Block III zu »Echo« AH-64E 131
Von AH-64D Block III zu AH-64E Apache Guardian 134
AH-64E Los 1 bis Los 4 (Version1-4) 134
AH-64E Los 5 (Version 5)........................ 138
AH-64E Version 6 – Tests ab 2018 138
AH-64E Los 6 (Version 6) – Der neue Standard 138
Echo-Modell Version 6 dringend benötigt seit 2014 ... 139
M-TADS/M-PNVS........................... 141
Offene Systemarchitektur 144
Raytheon Hochenergetischer Laser 145
Der AH-64E Apache Guardian Version 6 geht in den Dienst.......................... 147

Ausbildung, Training und Ausstattung der Piloten........... 151

Piloten- und Mechaniker-Schmiede Fort Rucker 151
Erstes AH-64E V6-Training seit April 2021 153
Neues Training für Wartungsteams – Der L-7AY Multiplex, Avionics, Visionics, Weapons, Electrical Systems Trainer (MAVWEST)............. 155
Pilotenausstattung 156
AH-64-Pilotenhelme.......................... 159
Joint Service Aircrew Mask (JSAM) MPU-6(V)/P...... 163
Joint Protective Aircrew Ensemble (JPACE).......... 163

Exporterfolgsmodell AH-64 165

Exportkunden – AH-64 Apache Foreign Military Sales . 165
Umstellung auf D-Modelle im Ausland 168
Waffen und Ersatzteile........................ 170
Australien 171
Israel.................................... 172
Kooperation: Spike-NLOS (No Line of Sight)......... 173
Großbritannien – Apache AH Mk 1................ 174

Taktische Einblicke 179

AH-64 im Angriff 179
Exkurs: Mission Failed Angriff auf Kerbala (Irak) 2003 180

AH-64 im Einsatz 185

Task Force WOLF – Operation Just Cause (Panama 1989)............... 185
Task Force Normandy (Desert Storm 1991) 188
Task Force Hawk (Balkan 1999).................. 192
Operation Enduring Freedom (OEF) / ISAF / Resolute Support (RS) 195
D-Day OEF................................ 197
Gemischte Versionen in Afghanistan – AH-64A und AH-64D 198
Operation Iraqi Freedom 200
Counter Insurgency (COIN) mit dem AH-64 im Irak (2003 bis 2011) 202
Exkurs: OH-58 Scout Konzept bis 2015 204
Operation Inherent Resolve / Counter-ISIS 205
AN/AAQ-24V (Northrop Grumman) 207

Apaches in Deutschland – US Army Close Air Support im neuen Krisenszenario 209

Rotationssystem 210
12th CAB – ein modularer Verband 212
Neugliederung 2015 bis heute 213
1st Battailon 3rd Aviation Regiment (Vipers) – Stammeinheit in Deutschland 213
Exkurs: FARP – Forward Support des Attack Battalions im Einsatz......................... 214
Forward Arming and Refueling Point Platzierung 218

Ausblick: Die Zukunft des AH-64 Apache.................221

Compound Apache 222
Apache unverzichtbar für die Konflikte von morgen ...223

Anhang................................224

Literaturverzeichnis..........................224

Ein spektakuläres Bild eines AH-64D Apache Longbow-Kampfhubschraubers des 1st Battalion, 3rd Aviation Regiment, 12th Combat Aviation Brigade, der zusammen mit einem dänischen Leopard 2-Kampfpanzer auf dem Übungsgelände Oksbøl in Dänemark in Gefechtsposition geht. Das Foto stammt aus dem Jahr 2015. (Foto: Danish Joint Command / Rune Dyrholm)

Vorwort

Der erste Serien-Apache-Kampfhubschrauber lief am 30. September 1983 im Werk von Hughes Helicopters in Mesa vom Band und wurde im Januar 1984 vom Nachfolge-Konzern McDonnell-Douglas an die US-Army übergeben. 14 Jahre später, 1997, wurde der letzte AH-64A ausgeliefert - der 937. produzierte Apache. Boeing hat 2020 den 2.500. Apache-Kampfhubschrauber übergeben. Es wurden mehr als 1.000 AH-64D zwischen 1997 und 2013 und mehr als 500 E-Modelle seit 2011 hergestellt. Heute produziert und liefert Boeing die neuesten AH-64E-Modelle an eine wachsende Zahl von Kunden in aller Welt noch bis mindestens ins Jahr 2026. Das heutige E-Modell des AH-64 verfügt über integrierte Technologien wie Kommunikations- und Navigationsfähigkeiten, Drohnensteuerung, aber auch über die nötige Kampfkraft, die es ihm erlauben soll, in diesem neuen Aggressionsumfeld zu bestehen. Zuvor waren es viele Jahre die A- und D-Modelle des Apache, die ihrer Zeit voraus sein mussten.

Das vorliegende Buch soll die Entstehung dieses faszinierenden Hubschraubers von Anbeginn seiner Planung und Einführung sowie die verschiedenen Fortentwicklungsstufen bis zum heutigen Tag aufzeigen. Die Weiterentwicklung des AH-64 Apache ist jedoch noch nicht abgeschlossen, sondern befindet sich in einem fließenden Prozess, welcher mit bisher drei Grundmodellen wichtige Etappen eines hochinteressanten und äußerst erfolgreichen Waffensystems aufzeigt. Ein Blick in die nahe Zukunft kann hierbei ebenfalls geworfen werden, denn wie so oft erstreckt sich auch beim AH-64 die Entwicklung- bzw. Weiterentwicklung stets auch entlang der sicherheitspolitischen Umfeldveränderungen.

In seiner fast 40-jährigen Einsatzgeschichte durchlief das System AH-64 mehrere Veränderungen seines Einsatzumfelds sowie des technologischen Fortschritts. Veränderte Konfliktszenarien hatten großen Einfluss auf die Einsatzdoktrinen sowie auf die Qualität der technologischen Adaption. Anpassung bedeutete für die amerikanische Spitzenindustrie jedoch nicht ein simples Reagieren auf neue Bedrohungen, sondern oftmals eine vorausschauende und zukunftsgewandte Forschung und Entwicklung in diesen Kampfhubschrauber einfließen zu lassen.

Die Kampfeinsätze der letzten Jahrzehnte, deren militärische Erfolge meist eng mit der hervorragenden Performance des AH-64 verknüpft sind, zeigen wie an einem roten Faden die systemische Evolution dieser Waffenplattform auf. Daher soll nach der technischen Entwicklungsgeschichte aller bisher in Serie gebauten AH-64-Modellreihen auch ein Blick auf die wichtigsten Kampfeinsätze unter Beteiligung des AH-64 geworfen werden. Auch das Bewaffnungskonzept, die Einsatztaktiken, Doktrinen und die Performance dieses beeindruckenden Kampfhubschraubers sollen näher erläutert werden. Nachdem die US Streitkräfte die Hauptnutzer des Apache sind, steht die US Army als größter Kunde von Boeing unweigerlich im Fokus der Betrachtungen. Aber auch ausgewählte Exportkunden des AH-64 sollen näher betrachtet werden.

Das Erfolgskonzept AH-64 nahm in jeder Hinsicht in den Vereinigten Staaten von Amerika seinen Anfang und bis heute spielen die US-Industrie, das Ausbildungskonzept der US Army sowie die Struktur der Einsatzverbände die zentrale Rolle für den Erfolg des AH-64. Hiervon profitieren auch die zahlreichen Apache-Nutzerstaaten. Neben der Entwicklung und dem Einsatzverlauf soll abschließend auch ein Blick in die vielversprechende Zukunft des AH-64 Apache geworfen werden. Zahlreiche Exkurse sollen weitere Hintergrundinformationen zum Gesamtbild des AH-64 Apache liefern.

Dank

Autor Christian Rastätter besuchte mehrere Apache Einheiten der US Army. Hier im Bild mit einem Piloten des 1-3 ARB der 12th CAB in Katterbach (Bayern). Die 12th CAB ermöglichte freundlicherweise die meisten Truppenbesuche für die Recherche zum vorliegenden Band.

Im Zusammenhang mit der Realisierung dieses Projekts gilt mein größter Dank der United States Army Europe für das Vertrauen und die hervorragende Unterstützung bei der Recherche vor Ort. Sowohl die Brigadeleitung in Katterbach als auch die Führung der US Army Europe and Africa in Wiesbaden konzertierten sehr professionell bei der Zugangsgewährung zu vielen Standorten der US Army. Vom Führungsstab in Wiesbaden, über die Brigadeführung in Katterbach bis hin zur Führung der 7. Army und zum Presse-Team der Standorte Hohenfels, Grafenwöhr, Katterbach, Illesheim und Baumholder wurde ich äußerst professionell und vor allem auch sehr freundlich bei meiner Arbeit unterstützt. Dies weiß ich sehr zu schätzen. Allen voran gilt mein Dank der 12th Combat Aviation Brigade sowie dem tollen Team des 1-3rd Attack Reconnaissance Battalion – den Vipers. Ebenso unterstützte auch die Führung der 1st Combat Aviation Brigade, 1st Infantry Division »Big Red One« während ihres Rotationsaufenthaltes meine Arbeit. Ich hatte die große Ehre die Kampfhubschrauberverbände der US Army an mehreren Standorten und Übungsplätzen exlusiv begleiten zu dürfen. Auch der Firma Boeing sei hierbei herzlichst gedankt für die Öffnung der historischen Archive. Stellvertretend für die vielen freundlichen Menschen, die mich bei den US-Streitkräften so wunderbar unterstützten, möchte ich mich bei folgenden Personen bedanken:

- Brig. Gen. Joseph E. Hilbert, Commanding General 7th Army Training Command
- Col. John Broam, (ehem.) Commander 12th Combat Aviation Brigade »Griffin 6«
- Col. Bryan Chivers, Commander 1st Combat Aviation Brigade, 1st Infantry Division
- LTC Matthew Cole, (ehem.) Commander 1-3rd Attack Reconnaissance Battalion, 12th Combat Aviation Brigade
- LTC David Roman, Commander 1-3rd Attack Reconnaissance Battalion, 12th Combat Aviation Brigade
- LTC Glenn C. McQuown III, Commander 1-1st Attack Reconnaissance Battalion, 1st Combat Aviation Brigade, 1st Infantry Division
- Cpt. Jaymon Bell, (ehem.) PAO 12th Combat Aviation Brigade
- Maj. Robert Fellingham, PAO 12th Combat Aviation Brigade
- Capt. Matthew St Clair, PAO 1st Combat Aviation Brigade, 1st Infantry Division
- Capt. Billy Lacroix PAO 1st Combat Aviation Brigade, 1st Infantry Division
- Sgt. Patrick Jubrey PA 1st Combat Aviation Brigade, 1st Infantry Division
- Helga Moser, Community Liaison specialist 12th Combat Aviation Brigade
- André Potzler, Community Liaison specialist 7th Army Training Command

Ein herzliches Dankeschön geht natürlich an die Team-Mitglieder der »Task Force Viper«-Kompanien (S-T-K).

Zusätzlich haben mir Sören Sünkler und das U.S. Army Center of Military History Bilder zur Verfügung gestellt. Herzlichen Dank dafür.

Mein Dank gilt außerdem dem Motorbuch-Verlag für die hervorragende Abwicklung und Betreuung dieses Projekts – allen voran Alexander Burden und Günther Nord.

Ich wünsche den Leserinnen und Lesern eine spannende Lektüre.
Ihr

Christian Rastätter
Nürnberg im August 2021

Ein AH-64D Apache fliegt mit geladener Bordkanone und einer M36 Hellfire-Übungsrakete in das Übungsgebiet der US Army in Grafenwöhr (Bayern) und schwenkt in die Schießbahn. Jede Apache Crew muss mindestens einmal im Jahr am sogenannten Gunnery teilnehmen, um die Combat Ready-Befähigung aufrecht zu erhalten. In der Regel werden weit mehr Schießübungen abgehalten. (Foto: Christian Rastätter)

Einleitung

Kampfhubschrauber-entwicklung

Aus den Erfahrungen der US-Streitkräfte in Vietnam ergaben sich viele neue Konzepte. Vor allem der Übergang vom bewaffneten Transporthubschrauber hin zum reinen Kampfhubschrauber fällt in die Zeit der Kampfhandlungen in Südostasien. Die Vielfalt und Spezialisierung von Helikopter-Disziplinen verfeinerten sich seither. Es entwickelten sich folglich in dieser Zeit erste Trennungen zwischen den Mehrzweckfliegern (Transport, Passagierkabine) und reinen Kampfhubschraubern (Tandemsitz, Waffenplattform). Im militärischen Bereich ergaben sich folgende Hubschrauber-Anwendungsgebiete: Taktischer Transport, Luftlandeoperationen (Air Assault), Kampfhubschrauber (Gunships), Panzerabwehr-Hubschrauber (PAH), Schiffsbekämpfung, U-Boot-Jagd (ASW), Aufklärung und Beobachtung (ISR, Scout, Armed Reconaissance), Bewaffnete Eskorte, Elektronische Kampfführung (EloKa), Luftrettung See/Land (Search and Rescue – SAR), Kampfrettung (Combat Search and Rescue, CSAR), MedEvac, Personnel Recovery. Die technologischen Sprünge in der Hubschrauber-Fliegerei waren jahrzehntelang gehemmt und nur am Rande von den Verteidigungsministerien behandelt worden. Weltweit standen Helikopter stets im Kreuzfeuer von Kompetenz- und Zuständigkeitsdisputen innerhalb der militärischen Strukturen. Erst durch die moderne Kampffliegerei der 1970er-Jahren sowie vor allem durch die dringend benötigten Fähigkeiten von Kampfhubschraubern zum Bestehen im modernen Gefechtsfeld angesichts massiv auftretenden Warschauer Pakt-Streitkräfte in Europa wurde gerade in den USA die Hubschrauberfliegerei einer technologischen Revision unterzogen. Das Ergebnis war der AH-64 Apache.

Ein UH-1D, UH-1B und ein AH-1 im Formationsflug Anfang der 1960er-Jahre. Nachdem die Hueys in viel zu großen Zahlen über Vietnam abgeschossen wurden, musste die US Army schnell handeln und ließ auf Basis des UH-1 den ersten ureigenen Kampfhubschrauber AH-1 HueyCobra konzipieren. Das Ergebnis war zwar nicht die beste Lösung, jedoch ein Segen für viele Bodentruppen und Besatzungen. (Foto: Bell Helicopter Historical Archives via Ray Wilhite)

Fast vier Jahrzehnte später bleibt der Status des AH-64 Apache als weltweit führender Kampfhubschrauber weitgehend unangefochten und er ist in unterschiedlichen Ländern wie Ägypten, Griechenland, Großbritannien, Indien, Israel, Süd-Korea, Taiwan und vielen weiteren Exportkunden gefragt. Der gepanzerte Angriffshubschrauber, der speziell zur Bekämpfung von beweglichen Hartzielen wie Panzer ausgelegt wurde, bleibt bis heute souverän, auch wenn er in den letzten 20 Jahren in abgewandelten Einsatzszenarien verwendet wurde.

Die Ursprünge des legendären AH-64 Apache Kampfhubschraubers gehen auf den Rückzug der Vereinigten Staaten aus dem Vietnamkrieg zurück, als die Armee ihre Aufmerksamkeit wieder auf die riesigen mechanisierten Verbände des Warschauer Pakts richtete. Die ersten Kampfhubschrauber - vor allem die vom UH-1 abgewandelten AH-1 Huey Cobra-Tandemsitzer hatten sich bereits in Vietnam als sehr nützlich erwiesen. Sie führten präzise Schläge aus, um Luftnahunterstützung (Close Air Support) für Bodentruppen und um als Begleitschutz Truppentransporte anderer Hubschrauber zu sichern.

Die massiven und durch mobile Luftverteidigung geschützten Panzerverbände der Warschauer Pakt-Staaten waren dagegen eine ganz andere Kategorie. Sie prägten das Einsatzprofil der ersten Apache-Generation im Kalten Krieg als Nachfolger der im Gegensatz zu den AH-64 eher primitiven AH-1 Gunships. Auf der Suche nach einem Hubschrauber, der zur Abwehr sowjetischer Panzer geeignet war, musste sich die US Army schließlich zwischen der Bell YAH-63 und der Hughes YAH-64 entscheiden. Als ab 1976 die Firma Hughes Aircraft Corporation die von der Toolco Aircraft Division (Hughes Helicopters) entworfenen Designs zum AH-64 weiterverfolgte, wusste noch niemand um den Erfolg des Konzepts eines Apache-Kampfhubschraubers. Doch das AH-64 Konzept machte das Rennen.

Nach den grandiosen Erfolgen im 2. Golfkrieg (Desert Storm) sowie zuvor bei der Panama-Invasion (Just Cause), gab es auch einige Zäsuren bzw. Ereignisse, die zum Umdenken in der Apache-Doktrin, aber auch zur Modernisierung der Gunships hin zum digitalisierten Zeitalter führten. Die Apache Hubschrauber entwickelten sich im 21. Jahrhundert weiter, wurden scheinbar zweckentfremdet in Counter Insurgency (COIN) und Special Operations (SOF)-Einsätzen an den heißesten, höchsten und kältesten Orten vom Irak bis an den Hindukusch in Low Intensity-Konflikte geworfen. Meist gegen Aufständische, ungepanzerte Fahrzeuge sowie urbane Unterschlüpfe herbeigerufen, erwiesen sich die Apache Gunships als wertvolle Lebensretter von

Ein AH-1G in der ersten Phase der operativen Einführung im Vietnam-Konflikt. Diese schlanke und schwer bewaffnete Variante des UH-1 war ein Schock für die feindlichen Kräfte der US Truppen. Schwer zu treffen aufgrund seiner schmalen Silhouette und deutlich wendiger und schneller als die oft überladenen Huey Transporter, wurde der AH-1 zum Sicherheitsgaranten vieler Air Assault-Einsätze. Auch bewaffnete Huey-Gunships als Zwischenlösung konnten nicht annähernd eine solche Kampfleistung erbringen. (Foto: Bell Helicopter Historical Archives)

Ein Angriffsverband mit AH-1S Cobras im scharfen Schuss. Bevor die AGM-114 Hellfire mit dem AH-64 eingeführt wurde, wurde neben der 20-mm-Bordwaffe und den ungelenkten 70-mm-Raketen vor allem die BGM-171 TOW (Tube Launched Optically Tracked Wire Guided) als Lenkwaffe gegen Punktziele eingesetzt. Die Cobra Gunships wurden im Gefolge des Vietnam-Konfliktes weiter modernisiert und standen in sehr großer Anzahl bis in die 1990er-Jahre im Dienst der US Army. (Foto: Bell Helicopter Historical Archives)

durch Hinterhalte in Bedrängnis geratenen Koalitions-Bodentruppen. Im Vergleich zu den mühsam während des Kalten Krieges entwickelten Taktiken gegen organisierte Panzerverbände im Rahmen symmetrischer Kriegsführung erforderte dies eine völlig andere Herangehensweise im Feuerkampf. Die asymmetrische Kriegsführung der US-Administrationen seit dem 11. September gegen diffuse Ziele im Rahmen des War on Terror sowie in vielen Aufstandsphasen seit dem Einmarsch in Afghanistan und im Irak Anfang der 2000er-Jahren veränderten die Einsatz-Doktrinen des Apache drastisch. Im Kampf gegen den jihadistisch motivierten IS (Islamischer Staat) musste er sich dieser Kampfhubschrauber sogar als verlängerter Arm der Nachrichtendienste bewähren. Die drohende hybride Kriegsführung seit der Krim-Krise 2014 sowie die Spannungen in Asien haben zu erneuten Doktrin-Anpassungen beim Einsatz und in der Philosophie des AH-64-Einsatzes geführt.

Die sicherheitspolitischen Szenarien der USA sowie der NATO deuten gegenwärtig wieder in Richtung wiedererstarkter residualer Weltmächte wie Russland und China als mögliche Konfrontationsräume. Dementsprechend werden sowohl in den Auslandseinsätzen im Nahen und Mittleren Osten gewonnenen Erkenntnisse und Erfahrungen als auch neu zu bedenkende Risiken und Gefahren in der neuen Generation des AH-64 einfließen. Diese Adaptionen beziehen sich sowohl auf neue Technologien als auch auf Taktiken sowie Doktrinen und werden stufenweise seit etwa 2014 in der neuen AH-64-Modellreihe umgesetzt.

Das neueste AH-64E Apache Guardian Modell verfügt über leistungsgesteigerte Triebwerke und Sensoren. Ein stufenweises Verbesserungsprogramm für den AH-64E rüstet diesen mit der neuen Funktion Manned-Unmanned Teaming (MUM-T) aus – also an der Miteinbeziehung von Kampf- und Aufklärungsdrohnen, die zusammen mit dem Apache agieren. Stufenweise arbeitet das amerikanische Verteidigungsministerium an weiteren Upgrades des E-Modells, um die Zukunft und Überlebensfähigkeit der Plattform AH-64 auch an die völlig neuen Gefechtsfeldbedingungen anzupassen. Letzteres hat sich in den letzten 30 Jahren derart gewandelt, dass sowohl Hubschrauber als auch die meisten bodengebundenen Elemente, wie etwa Kampfpanzer mit einer Rüststufe von älter als 10 Jahren ohne technologische Anpassung im Grunde keinerlei Überlebenschance im modernen Bedrohungsumfeld hätten und somit den eigenen Bodenstreitkräften keine Hilfe wären. Die Anpassungen an ein modernes Gefechtsfeld des digitalen Zeitalters, der massiv ausgeweiteten Reichweiten gegnerischer Luftabwehr, der mit tödlicher Präzision arbei-

Zwei von insgesamt drei YAH-63 Prototypen stehen 1975 für Tests bereit. Der Bell YAH-63 (Herstellerbezeichnung »Modell 409«) war ein Prototyp für das »Advanced Attack Helicopter«-Programm (AAH) der U.S. Army. In der Flugerprobung unterlag der YAH-63 dem YAH-64 von Hughes, aus dem später der AH-64 Apache hervorging. (Foto: Bell Helicopter Historical Archives)

Der Lockheed AH-56 Cheyenne war der Gewinner der Ausschreibung der US Army für das AAFSS-Programm (Advanced Aerial Fire Support System) 1965. Bis 1968 wurden zehn Vorproduktionsmuster geliefert und 375 Bestellungen lagen vor. Die US Army musste jedoch schneller handeln als es das AH-56 Programm zuließ und hatte zwischenzeitlich den Bell AH-1G erworben. Das AH-56 Programm wurde aufgegeben, obwohl das Design seiner Zeit weit voraus war (Kombinations-/ Compound-Konzept mit Druckpropeller, Flügel, 30-mm Kanone). Die Besatzung bestand aus dem Piloten und dem vor ihm sitzenden Bordschützen, der die Waffen bediente. Als Besonderheit drehte sich der Sitz des Schützen mit dem unter dem Rumpf befindlichen Turm, so dass er immer in die Schussrichtung der Bordkanone blickte. (Foto: Lockheed-Martin Archiv)

tenden Offensivwaffensysteme (Hyperschall-Lenkraketen), stellten Boeing mit dem AH-64 bis heute vor große Herausforderungen. Der größte Vorteil am Projekt AH-64 ist jedoch, dass die Grundkonzeption seit den 1970er-Jahren als Träger der neuesten Technologien und Innovationen ausgelegt wurde und dadurch bis weit über das Jahr 2030 hinaus das dominierende Waffensystem zum Schutz der eigenen Bodentruppen sowie als offensive Komponente vieler Staaten, der NATO und, allen voran, der USA sein wird.

Sicherheitspolitisches Einsatzumfeld des AH-64 im Wandel der Zeit

Von der Air Land Battle- und Deep Attack- zur Close Combat Attack-Doktrin

Die Deep-Operation-Doktrin wurde 1982 mit FM 100-5, Operations, eingeführt. FM 100-5 stellte das Konzept der Deep-Attack-Taktik vor, um die gepanzerten, mechanisierten und artilleristischen Kräfte der zweiten Staffel des Feindes aufzuhalten. In dieser Doktrin wurden Angriffshubschraubereinheiten als eine der Ressourcen auf Korps- und Divisionsebene akzeptiert, um zukünftige Operationen zu gestalten. Von ihnen wurde erwartet, dass sie die vordere Linie der eigenen Truppen überqueren und 80 bis 100 km hinter die feindlichen Linien vorrücken, um den Feind an der Durchsetzung der Kräfte der ersten Angriffswelle zu hindern. Die Operation Desert Storm bestätigte 1991 die Taktik des gezielten Tiefangriffs.

Das Fieldmanual FM 1-100 mit der Überschrift »Army Aviation Operations«, das 1997 veröffentlicht wurde, war zu Beginn der Operation Enduring Freedon (OEF) gerade noch aktuell. Es betrachtete die Army Aviation – gemeint ist hier die Hubschrauber-Flotte – als Teil der Landstreitkräfte, nicht als Luftkomponente der US Army. Die Bekämpfung der Landschlacht und die Unterstützung von Bodenoperationen wurde als primäre Aufgabe der Heeresfliegerei akzeptiert. FM 1-100 besagt, dass Kampfhubschraubereinheiten die Bodentruppen nicht nur im Nahkampf, sondern auch bei Operationen in der Tiefe unterstützen können. Der primäre Auftrag von Kampfhubschraubereinheiten war der Angriff zur Zerstörung feindlicher Bodentruppen, wie gepanzerte und mechanisierte Kräfte. Angriffshubschrauber konnten die Bodentruppen auch unterstützen, indem sie ihre Flanken sicherten, Feuer aus der Luft abgaben, Zielerfassung und Aufklärung betrieben. FM 1-112, Attack Helicopter Operations, veröffentlicht im Jahr 1997, besagt, dass tiefe Operationen auf Korps- und Divisionsebene durchgeführt werden. Der Tiefangriff war normalerweise eine Operation mit hohem Risiko und geringen Kosten.

Das Gefechtsfeld in Afghanistan war jedoch ein völlig anderes als das, das in der Air-Land-Battle-Doktrin vorgesehen war. Im Gegensatz zu einem konventionellen Gegner bestand der Feind aus einer Gruppe irregulärer Aufständischer, die in abgelegenen Dörfern lebten und sich in Höhlen versteckten. Während vom früheren Feind erwartet wurde, dass er massive Kräfte wie schwer gepanzerte und mechanisierte Kräfte einsetzte, setzten die verstreuten Aufständischen während OEF in der Regel Kleinwaffen und Panzerfäuste ein. Im Jahr 2004 setzte allein die US Army mehr als 500 Hubschrauber in Afghanistan und im Irak ein, die gelegentlich auch für größere Angriffe genutzt wurden. Die Amerikaner setzten diese Art der Taktik in afghanischen Tälern mit dichter Vegetation zur Unterstützung der Bodentruppen ein. Auch hier bewährte sich das Close Combat Attack (CCA)-Verfahren. Die AH-64 waren ein integraler Bestandteil des Kampfgeschehens der Bodentruppen und leisteten sowohl in Bezug auf die Bewegung als auch auf die Feuerkraft absolut notwendige Unterstützung.

Es wurde schnell klar, dass die jüngsten Operationen im Irak und in Afghanistan dem US-Konzept des Deep Attack, das bereits in den 1990er-Jahren auf dem Prüfstand stand, einen schweren Schlag versetzt haben. Traditionelle Vorgehensweisen, die auf schnellen Flügen in geringer Höhe basierten, bargen nun mehr Risiken als Vorteile. Akribische Vorbereitung, solide Kampfunterstützung und enge Koordinierung in Echtzeit zwischen Aufklärungssystemen, Unterstützungssystemen und Bodentruppen waren der neue Plan. Es gab keine Einheitsgrenzen für Nah-, Fern- und Rückkampfgebiete wie im Luft-Land-Kampf-Konzept. In Afghanistan hatten die Aufständischen auch keine Luftabwehrdeckung. Während OEF wurden AH-64 Apache-Einheiten nie aufgefordert, tiefe Angriffe gegen gepanzerte und mechanisierte Kräfte oder hochrangige Ziele hinter der FLOT durchzuführen. Stattdessen leisteten sie in der Regel fliegerische Unterstützung für die Manövrierkräfte am Boden, indem sie Sicherheits-, Aufklärungs- und Nahkampfangriffe durchführten, wenn diese benötigt wurden. In Afghanistan taten die Heeresfliegereinheiten das, was sie vor fast 40 Jahren in Vietnam taten.

Seit Mitte 2003 verlagerte sich die Angriffs-Philosophie vom Deep Attack-System zum Nahkampfangriff (Close Combat Attack, CCA). Ähnlich wie die Abschaffung

AH-64D Apache Longbow Kampfhubschrauber des 4-227 ARB (4th Battalion, 227th Attack Reconnaissance Battalion) starten zum Einsatz in Camp Buehring, Kuwait 2014. Sie unterstehen der 42nd Combat Aviation Brigade (42nd CAB). Zu sehen sind auch M109A6 Paladin Panzerhaubitzen des 3rd Battalion, 16th Field Artillery Regiment, 2nd Armored Brigade Combat Team, 4th Infantry Division. Moderne reguläre Bodentruppen sind stets im Team mit ihren fliegenden Komponenten zu verstehen. Die AH-64 sorgen dabei für Schutz und Durchschlagskraft. (Foto: N.Y. Army National Guard / Spc. Harley Jelis)

der Army Aviation Einheiten auf Korps-Ebene wurden auch die Deep Operations Coordination Cells (DOCC) abgeschafft. DOCCs waren die Zentren, in denen Ziele mit hohem Nutzwert für Deep Operations auf Korps- und Divisionsebene geplant und ausgeführt wurden. DOCCs waren auch für die Koordinierung und Synchronisierung von Aufklärung, Luftfahrt und Feuer für den Tiefangriff innerhalb des Hauptgefechtsstandes verantwortlich.

FM 3-04.126, Attack Reconnaissance Helicopter Operations, veröffentlicht im Jahr 2007, ersetzte FM 1-112. FM 3-04.126 listet die primären Aufgaben von Angriffsaufklärungshubschraubereinheiten als Aufklärung, Sicherung, Angriff und Bewegung zum Kontakt auf. Nach FM 3-04.126 waren die beiden grundlegenden Angriffsarten CCA und Interdiction Attack (IA). In diesem Handbuch wurde der Deep Strike in IA umbenannt, was per Definition sehr nahe an Air Interdiction (AI) lag. Obwohl die Doktrin sowohl von CCA als auch von IA spricht, führte die Army in Afghanistan im Allgemeinen nur CCA durch. FM 3-04.126 definiert CCA als einen übereilten oder absichtlichen Angriff von Hubschraubern, die Luft-Boden-Feuer für befreundete Einheiten im Nahkampf bereitstellen. Für die effektive Durchführung einer CCA war die Planung und Ausbildung von größter Bedeutung. Da sich die Ziele in unmittelbarer Nähe zu den befreundeten Streitkräften befanden, sollten sowohl die Flieger als auch die Bodentruppen entsprechend ausgebildet werden, um einen Brudermord zu verhindern, insbesondere in kleinen Einheiten wie Teams und Kompanien.

Da sich Kampfhubschraubereinheiten in den 1980er- und 1990er-Jahren hauptsächlich auf Deep Strike konzentrierten, wurde die erste Gruppe von Fliegern, die 2002 nach Afghanistan verlegt wurde, natürlich nicht für die neue Kampfdisziplin im Low Intensity Conflict ausgebildet. Während der Operation Anaconda, der ersten großen Schlacht in Afghanistan, mussten sie jedoch CCA in unmittelbarer Nähe zu befreundeten Kräften in sehr großer Höhe durchführen. In diesem Gefecht zwangen die große Höhe, der verstreute Feind und die Geländestruktur die US Army Crews dazu, einige Verfahren neu zu erlernen und/oder zu verfeinern. Eine der offensichtlichsten Lehren, die aus der Operation Anaconda gezogen wurde, war die Notwendigkeit einer effektiven Luft-Boden-Kommunikation. Da CCA eine enge Koordination zwischen Piloten und Bodentruppen auf dem Gefechtsfeld erforderte, mussten sich sowohl die Hubschraubereinheiten als auch die Bodentruppen mit dem Feuerleitverfahren vertraut machen. Darüber hinaus gab es signifikante Änderungen bei den Einsatztaktiken.

Die verringerte Auftriebskraft in großen Höhen und dünner Luft stellte für Kampfhubschrauberpiloten ein enormes Hindernis dar. Die AH-64 Apache waren nicht in der Lage, in den Höhen der afghanischen Berge zu schweben. Außerdem half das zerklüftete und zergliederte Gelände den Aufständischen, sich und ihre Waffensysteme zu verbergen. Als Reaktion auf die Einschränkungen begannen Kampfhubschrauberpiloten, die mit der Feuertechnik im Schwebeflug vertraut waren, Lauf- und Sturzflugfeuertechniken in großen Höhen und mit hohem Gesamtgewicht durchzuführen. Beim Schwebefeuer muss sich der Hubschrauber unterhalb der effektiven Translationsauftriebsgeschwindigkeit befinden, ein Zustand, der entweder bei In-Ground Effect (IGE) oder Out-Of-Ground Effect (OGE) auftritt. Da das Feuer im Schwebeflug mehr Leistung erfordert als bei anderen Flugzuständen, mussten die Piloten in Afghanistan besonders aufmerksam sein, wenn sie bei hohen Temperaturen, in großer Höhe und mit hohem Gesamtgewicht schossen. Bei der Anwendung von Sturzflugfeuertechniken ist die Verwundbarkeit des Hubschraubers durch Handfeuerwaffen geringer. Außerdem kann die Waffenlast erhöht und die Genauigkeit verbessert werden.

Ähnlich wie das Sturzflugfeuer wird das Lauffeuer bei Fluggeschwindigkeiten oberhalb des effektiven Übergangsauftriebs (ETL) durchgeführt. Diese Technik ist im Geländeflug effektiv, besonders in Regionen, in denen der Einsatz des Feuerns im Schwebeflug durch Geländehindernisse eingeschränkt ist. Außerdem ist das Feuern aus dem schnellen Vorbeiflug empfehlenswert, wenn aufgrund der Bedrohung durch Boden-Luft-Raketen (SAM) kein Sturzflugfeuer eingesetzt werden kann.

Während OEF setzten die Aufständischen im Allgemeinen eine große Anzahl von Handfeuerwaffen, Maschinengewehren und Panzerfäusten ein. Kampfhubschrauberpiloten waren darauf trainiert, die maximale effektive Reichweite ihrer Waffensysteme auszunutzen und außerhalb der Reichweite der gegnerischen Waffensysteme zu bleiben. Je näher sich ein Hubschrauber dem Feind nähert, desto anfälliger ist es für feindlichen Beschuss. Um außerhalb der Reichweite der gegnerischen Handfeuerwaffen zu bleiben, wurden sie darauf trainiert, Ziele im letzten Drittel der maximalen effektiven Reichweite ihres Waffensystems zu bekämpfen. Die meiste Zeit waren die eigenen Kräfte jedoch so nah an den feindlichen Kräften, dass die AH-64 nicht in der Lage waren, außerhalb der Reichweite der feindlichen Handfeuerwaffen zu bleiben. Die Piloten mussten in die Reichweite der feindlichen Handfeuerwaffen fliegen, um die Bodentruppen effektiv zu unterstützen und um »Friendly Fire« zu vermeiden.

Die Piloten wurden traditionell für den Einsatz von Geländefolgeeinsätze ausgebildet, wobei sie so niedrig wie möglich über dem Boden flogen, um Radare zu unterfliegen und dadurch in einer Umgebung mit hoher Bedrohung zu überleben. Früher flogen die Piloten in der Talsohle, um Deckung zu suchen. Low Level, Contour und Nap-of-the-Earth (NOE) waren Geländeflugprofile, die von den Piloten – basierend auf METT-TC (Mission, Enemy, Terrain and Weather, Troops and Support Available, Time Available, Civil Considerations) – durchgeführt wurden. Trotz einiger Vorteile des Geländeflugs waren die Hubschrauber anfälliger für eine Vielzahl von feindlichen Waffen wie Handfeuerwaffen, Panzerfäuste und tragbare Luftabwehrsysteme (MANPADS), wenn sie tief am Boden flogen. Natürliche Hindernisse, wie Nebel und Staub verschlimmerten die Bedrohung im Tiefflug. Hinzu kamen Bebauungen und Stromleitungen. Im Geländeflug mussten die Piloten mit eingeschränkten Sichtweiten und reduzierter Tiefenwahrnehmung zurechtkommen. Sie mussten wachsam sein, um Geländehindernisse zu erkennen und die Ausprägungen des Geländes zu verstehen. Außerdem erhöhten die Geländeflugmodi die Arbeitsbelastung der Besatzungen dramatisch und führten zu psychologischem und physiologischem Stress. Als die Flugzeugüberlebenssysteme, insbesondere das Common Missile Warning System (CMWS), zum Einsatz kamen, verringerte sich die Bedrohung durch MANPADS drastisch. CMWS erlaubte es den Piloten, in größeren Höhen zu fliegen, wo sie weit von den Raketen entfernt bleiben konnten, wenn auch nicht immer ganz außerhalb ihrer maximalen Reichweite. Das Fliegen in größeren Höhen eliminierte nicht nur Bedrohungen wie schultergestützte Raketen, Handfeuerwaffen, Maschinengewehre und Panzerfäuste, sondern verringerte automatisch auch viele andere Risiken, die sich aus dem Flug im Gelände ergaben. In der Praxis zeigten jedoch die Berichte über Flugzeugverluste, dass viele Piloten darauf bestanden, niedrig zu fliegen. Trotz der zahlreichen Vorteile, die das Fliegen in großer Höhe mit sich bringt, waren sie nicht bereit, ihr Flugprofil zu ändern. Eingesetzte Hubschrauber waren CH-47-UH-60/AH-64 sowie OH-58.

Während OEF wurden auch die Rollen der Flugzeuge geändert. Die Hubschraubertypen, die in einem bestimmten Gebiet eingesetzt werden sollten, wurden auf der Grundlage ihrer Fähigkeiten ausgewählt. Jedes Flugzeug hatte unterschiedliche Auftriebsfähigkeiten. Die abnehmende Leistungsfähigkeit der Flugzeuge führte zu unvermeidlichen Änderungen der Rollen der Plattformen. Andererseits wurden zu Beginn von OEF allgemeine Unterstützungs- und Transportflugzeuge nicht von Angriffsflugzeugen eskortiert. Die Begleitmissionen der Angriffshubschrauber begannen, nachdem Chinooks und Blackhawks vom Boden aus beschossen worden waren. Zur Bestätigung dieses Richtungswechsels während des War on Terror taucht der Begriff »Deep Attack« im Field Manual 3-04.126 Attack and Reconnaissance Helicopter Operations, das 2007 veröffentlicht wurde, kein einziges Mal mehr auf. Auch im Abschnitt über Angriffsmissionen erwähnte das Handbuch ab 2007 nur zwei Begrifflichkeiten: Close Combat Attack und Interdiction Attack. Mit dieser Philosophie beschäftigten sich ganze Apache-Pilotengenerationen. Zu Ungunsten der klassischen Methode. Letztere wurde von China und Russland in der Zwischenzeit verfeinert, da sich weder China noch Russland in regionalen Konflikten derart massiv engagierten, wie es die USA und die NATO-Partner taten.

Neue Doktrin nach der Krim-Krise 2014

Die Parolen und Doktrin-Papiere lesen sich wie eine Art Rückkehr zum Schlachtfeld der Zukunft. Sowohl Europa als auch Asien werden als neue Gefahrenräume betrachtet. China und Russland stehen im Zentrum der Bedrohungsanalysen von Washington und somit auch von der NATO. Der neue Kalte Krieg ist auch spätestens seit der Krimkrise 2014 in vollem Gange. Zwar zeigten sich in Bezug auf den Doktrin-Wandel bereits mehrere Etappen. Doch die größten Änderungen fanden im Zuge des War on Terror, in der Besatzungszeit im Irak sowie in Afghanistan statt.

Die nächste große Zäsur folgte dann ab 2014 nach der Krim-Annexion durch Russland. Mit der Krim-Krise kam die Ernüchterung bei der Landesverteidigung. Die offizielle Beurteilung der künftigen Szenarien wird durch das Pentagon unverblümt publiziert und finden sich in den Strategie-Papieren und Doktrinen 2020 bzw. 2021 wieder. Im Klartext geht man von folgender Situation aus: Die Vereinigten Staaten stehen vor einer noch nie dagewesenen Reihe von Herausforderungen für unsere nationalen Interessen. China und Russland stellen weiterhin die auf Regeln basierende internationale Ordnung in Frage. Beide werden immer selbstbewusster in dem Bemühen, ihre Agenda voranzutreiben, die darauf abzielt, die USA weltweit zu verdrängen. Bis 2040 werden China und Russland alle Instrumente der nationalen Macht eingesetzt haben, um den kollektiven Willen der USA, ihrer Verbündeten und Partner zu untergraben, während sie gleichzeitig ihre eigenen Sicherheitspartnerschaften pflegen. Dies wird zu einem unstrukturierten internationalen Umfeld führen, in dem die Grenze zwischen Konflikt und Frieden verschwimmt. Da China und Russland ihre Streitkräfte weiter modernisieren, wird es für die Joint Force immer schwieriger, ihre illegalen und aggressiven Aktionen abzuschrecken. Unsere Gegner haben asymmetrische Ansätze entwickelt, um unsere Stärken zu untergraben und unsere Schwächen auszunutzen. Das augenfälligste Beispiel dafür sind ihre Investitionen in Anti-Access/Area-Denial (A2/AD)-Fähigkeiten, die die USA daran hindern sollen, militärische Macht zu entfalten.

Der technologische Fortschritt hat die Integration von Weltraum-, Cyber-, Informations- und elektronischer Kriegsführung (EW) ermöglicht, die die amerikanische Machtprojektion stoppen kann, bevor sie beginnt. Künstliche Intelligenz, Autonomie und Robotik werden den Charakter operativer Kampagnen weiter verändern und zu einem Schlachtfeld führen, das schneller, tödlicher und verteilter ist. In Konflikten werden unsere Gegner durch den Einsatz moderner chemischer, biologischer, radiologischer und nuklearer (CBRN-) Waffen ihr militärisches Potential vergrößern.

Multi Domain Battle 2035

Dieser mehrschichtige Ansatz untergräbt die gemeinsame Handlungsfreiheit und reduziert die Effektivität anderer nationaler Machtinstrumente. Die dringende Notwendigkeit eines transformativen Wandels, um diesen neuen Herausforderungen zu begegnen, kann nicht hoch genug eingeschätzt werden. Das Heer ist in der Lage, diesen Wandel zu vollziehen. Die Multi-Domain Army 2035 führt einen tiefgreifenden Wandel im sogenannten Joint War Fighting ein. Bis 2035 wird das amerikanische Heer die Joint Force in die Lage versetzen, im Wettbewerb und in Konflikten zu agieren und zu siegen, und zwar mit einer kalibrierten Streitkräftelage und Multi-Domain-Fähigkeiten, die durch Schnelligkeit und Reichweite eine Überlegenheit am Ort des Bedarfs bieten. Der dynamische Einsatz und die Stellung von Streitkräften des Heeres während des Wettstreits bieten Reichweite in der Tiefe, um komplexe A2/AD-Systeme zu durchdringen und domänenübergreifende Wirkungen zu erzielen – sie schaffen Möglichkeiten und bieten Optionen zur Abschreckung, Deeskalation oder zum raschen Übergang, um den ersten Kampf zu gewin-

Zwei AH-64E Apache Guardian der 1st Squadron, 6th Cavalry Regiment, 1st Combat Aviation Brigade, 1st Infantry Division im Formationsschwebeflug kurz einem Missionsbeginn im Rahmen der Übung Combined Resolve XII in der Hohenfels Training Area 2019. (Foto: U.S. Army / Sgt. Jeremiah Woods)

Infografik der NATO und wie sie hybride Kriegführung definiert. Seit der Krimkrise informiert die NATO ganz offiziell über das Phänomen »Hybride Kriegsführung«. Zuvor war dieses Thema eher den Fachleuten vorbehalten.

nen. Formationen und Fähigkeiten des Heeres werden die notwendige Schnelligkeit, sowohl physisch als auch kognitiv, bieten, um die für ein schnelleres, verteiltes und komplexes Operationsumfeld erforderliche Entscheidungsdominanz zu erreichen. Eine Multi-Domain-Army wird die Voraussetzungen dafür schaffen, dass die Joint Force integrierte Kampagnen durchführen und gewinnen kann, die notwendig sind, um staatliche Akteure zu besiegen.

Seit der Operation »Desert Storm« haben China und Russland die amerikanische Kriegsführung studiert und Konzepte und Fähigkeiten entwickelt, um deren Stärken zu kontern und deren Schwächen auszunutzen, insbesondere im Bereich Force Projection. Die Joint Force kann nicht länger davon ausgehen, dass das Heimatland ein Heiligtum ist. Der Einsatz der Joint Force wird vom Fort über den Hafen bis zum Schützengraben umkämpft sein und die Fähigkeit zur Machtprojektion untergraben. Das Heer und die Joint Force müssen überlegen, wie sie Kampfkraft mobilisieren, projizieren und aufrechterhalten können, um die Combatant Commanders (CCDRs) mit den erforderlichen Kräften und Ausrüstungen zu versorgen. Die chinesischen und russischen Streitkräfte versuchen, die Streitkräfte der USA und ihrer Partner durch systematischen, anhaltenden Druck zu überwältigen, der den befreundeten Streitkräften den Entscheidungsspielraum nimmt und die US-Plattformen überwältigt. In ihrem nahen Ausland profitieren unsere Gegner von einer kürzeren operativen Reichweite, die es ihnen ermöglicht, dichte A2/AD-Netzwerke zu schaffen und aus einer strategisch vorteilhaften Verteidigungsposition heraus zu kämpfen. Bis 2035 wird China seine globale Reichweite erweitert haben, was die Notwendigkeit begründet, seine Kommunikationslinien und Stützpunkte mit Luft-, See- und Bodentruppen zu sichern.

Hybride Kriegsführung

Der Begriff hybride Bedrohung fasst die Komplexität und das Verschwimmen der traditionellen Elemente eines Konflikts zusammen. Eine hybride Bedrohung ist die vielfältige und dynamische Kombination von regulären Kräften, irregulären Kräften, terroristischen Kräften oder kriminellen Elementen, die vereint werden, um sich gegenseitig begünstigende Bedrohungseffekte zu erzielen (ADP 3-0). Die hybride Bedrohung setzt traditionelle, unkonventionelle und hybride Strategien ein, um Operationen der Heeresfliegerei zur Unterstützung des Combined Arms Teams zu bedrohen. Hybride Bedrohungen für die Luftfahrt können IEDs, Cyber-Fähigkeiten, Panzerabwehrlenkwaffen,

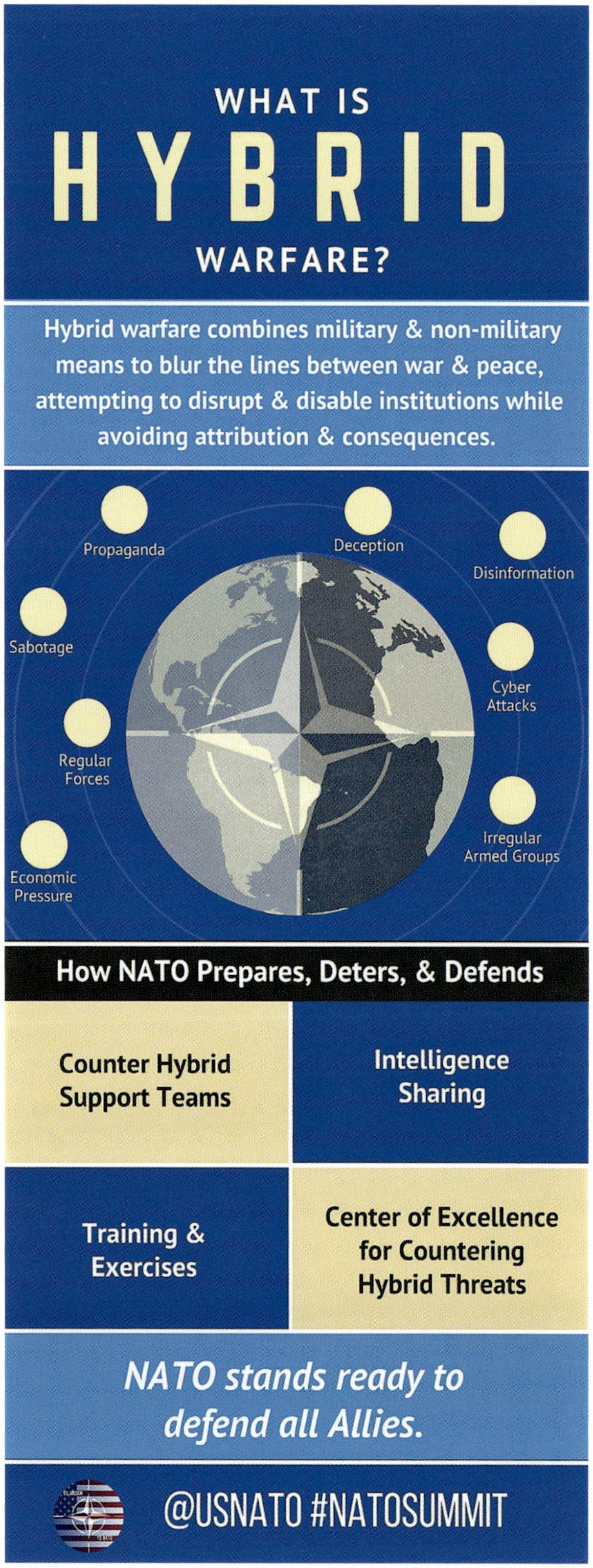

passive Erkennung und gerichtete Energiewaffen umfassen. Hybride Bedrohungen versuchen auch, eingeschränkte Einsatzregeln (Rules Of Engagement, ROE), Wetter- und Umwelteinschränkungen, multinationale Vorbehalte und andere politische Einflussfaktoren auszunutzen, während sie gleichzeitig die Nutzung von Präzisionsnavigations- und Informationsnetzwerken durch die Streitkräfte stören. Durch die Kombination traditioneller und nicht-traditioneller Waffen versuchen hybride Bedrohungen ständig, ihre Taktiken, Techniken und Verfahren (TTP) anzupassen, um asymmetrische Vorteile zu erlangen und die Überlegenheit der Heeresfliegerei am Kontaktpunkt zu überwinden. Hybride Bedrohungen setzen traditionell ungelenkte Waffen wie Handfeuerwaffen, schwere Maschinengewehre (12,7 bis 14,5 Millimeter), Panzerfäuste und modifizierte Luft-Boden-Raketen gegen Heeresflugzeuge ein. Diese Systeme haben in der Regel eine geringere Trefferwahrscheinlichkeit gegen Flugzeuge, die in größeren Höhen und in freizügigeren Umgebungen operieren. Hybride Bedrohungen haben einen begrenzten Zugang zu anspruchsvolleren Waffen, können aber auch Panzerabwehrlenkraketen, MANPADS oder IEDs gegen Flugzeuge einsetzen. Hybride Bedrohungen suchen weiterhin nach kostengünstigen kommerziellen Möglichkeiten, um die Kommunikation, Navigation und den Einsatz von Präzisionsmunition zu stören bzw. zu beeinträchtigen. Zusätzlich zur kommerziellen Standardanpassung verfügen gleichrangige und ähnliche Bedrohungen über spezifische Fähigkeiten zur Störung und Beeinträchtigung. Hybride Bedrohungen in der Luftfahrt können militärische und zivile RW (Rotary Wing)- und FW (Fixed Wing)-Luftfahrzeuge sowie militärische oder kommerzielle Standard-UAS (Unmanned Aerial Systems) umfassen. Hybride Bedrohungen können sich auch durch Angriffe auch Luftstreitkräfte am Boden mit IEDs (Improvised Explosive Devices) oder durch direktes bzw. indirektes Feuer darstellen.

Multifunktionale Luftbrigaden (Combat Aviation Brigade, CAB)

Das Haupthandbuch der US Army-Fliegerbranche (Field Manual, FM) 1-100 mit dem Titel »Army Aviation Operations« liefert in jeder Auflage umfassende Informationen über den Einsatz auf dem Schlachtfeld. FM 1-100 wurde 1997 veröffentlicht und war zu Beginn von OEF noch aktuell. Nach FM 1-100 wurden Army Aviation Brigaden hauptsächlich für drei Bereiche organisiert: Division, Korps und übergeordnetes Korps. Darüber hinaus gab es gepanzerte Kavallerie-Regimenter (Army Cavalry Regiments, ACR) und gepanzerte Kavallerie-Staffeln (Army Cavalry Squadrons) auf Korps- bzw. Divisionsebene.

Wohlgemerkt, bei den traditionsreichen Kavallerie-Einheiten, die sowohl schwere Fahrzeuge, Panzer, als auch Kampfhubschrauber führen, bezeichnet man eine Kompanie als »Troop« und ein Battaillon als »Squadron«. Dies führte zu Verwirrung, wenn eine Apache-»Squadron« mit einer kleinen Staffel der US Air Force gleichgesetzt und ein »Troop« für eine kleine Teileinheit einer Kompanie gehalten wird. Ansonsten sind die Kavallerie-Einheiten eher als leichte Scouts oder Späher bekannt. Im CAB-System werden jedoch sowohl Kavallerie als auch reguläre US Army Divisions-Einheiten mit ihren AH-64 als Luftkomponente angegliedert. Bis 2015 gemischt mit OH-58 Kiowa-Einheiten.

Obwohl die übergeordneten Einheiten (Echelons Above Corps, EAC) Aviation Brigaden in erster Linie die taktischen Einheiten auf Korps- und Divisionsebene unterstützten, konnten sie auch Sicherheits- und Reserveaufgaben im rückwärtigen Bereich übernehmen. Obwohl Korps und Divisionsluftfahrtbrigaden ähnliche Aufgaben hatten, wurde von den Korps-Armee-Luftfahrtbrigaden in erster Linie erwartet, dass sie das Operationsgebiet (Area of Operations, AO) des Korps gestalten, indem sie die Verfolgung der feindlichen Kräfte beeinflussen. Da die Division als unterste Ebene für Combined Arms akzeptiert wurde, sollten die Luftfahrteinheiten in erster Linie mindestens der Divisionsebene zugeordnet und von dieser eingesetzt werden. Allerdings konnten die Luftfahrteinheiten für verschiedene Aufgaben den anderen Manöverbrigaden unterstellt werden.

Der Hauptgedanke von FM 1 -100 war es, zu erklären, wie man Heeresfliegereinheiten als Ganzes oder in möglichst großen Elementen einsetzen kann, um operative Ziele zu erreichen. Zu Beginn von OEF gab es fünf Typen von Heeresfliegerbrigaden, die auf bestimmte Divisionstypen zugeschnitten waren: Luftangriff, Luftlandeeinheiten, schwere und leichte Divisionen sowie eine maßgeschneiderte Division, die in Korea eingesetzt wurde. Jeder Typ von Heeresfliegertruppen unterschied sich jedoch in Bezug auf die Organisation von den anderen, da sie über einzigartige Mittel und Fähigkeiten verfügten. Jede Fliegerbrigade war in erster Linie für eine bestimmte Mission wie Angriff oder Attacke ausgelegt. Zum Beispiel hatte die 101st Airborne Division, die in Fort Campbell, Kentucky, stationiert war, zwei organische Fliegerbrigaden. Die 101st Aviation Brigade wurde für den Angriffseinsatz konzipiert, bemannt, ausgerüstet und ausgebildet, während die 159th Aviation Brigade für die Luftangriffsoperationen der Division konzi-

Übersichtsgrafik zur Einbindung der Combat Aviation Brigade (CAB) im Gesamtkonzept US Army Aviation laut Field Maunal 2020.

Figure 2–1. Operational framework

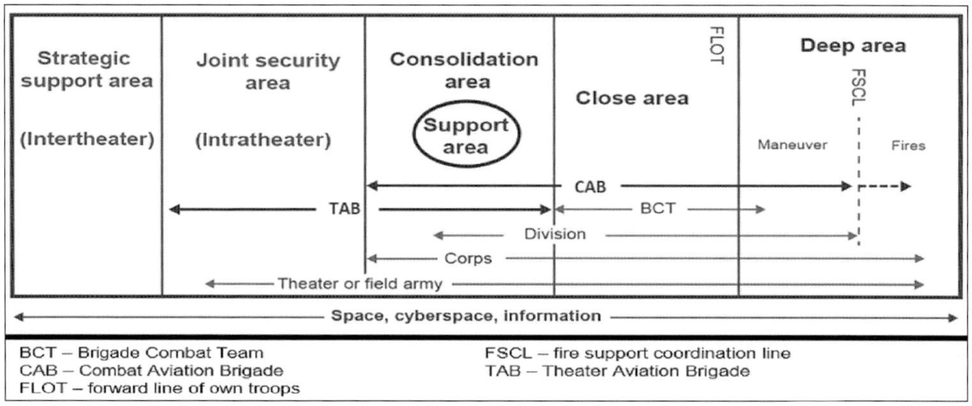

Idealtypische Organisation der Combat Aviation Brigade (CAB) in taktischen Zeichen laut Field Manual 2020.

Figure 2–2. Combat aviation brigade

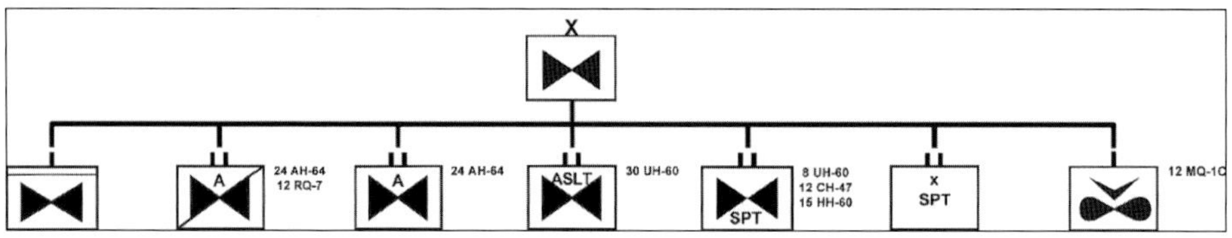

Idealtypische Organisation einer Air Cavalry Squadron in taktischen Zeichen laut Field Manual 2020.

Figure 2–8. Air cavalry squadron

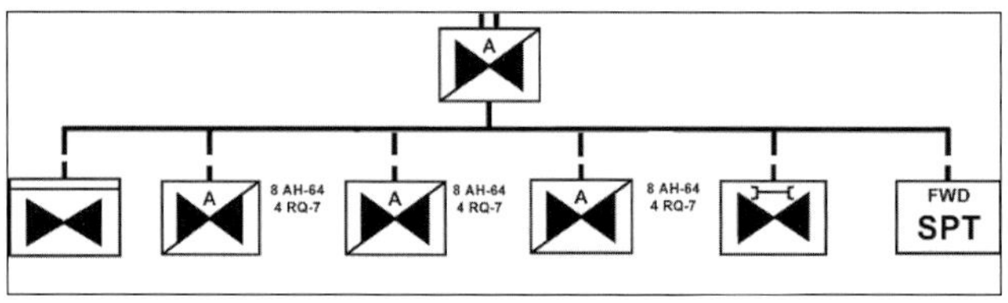

Idealtypische Organisation einer Air Cavalry Task Force in taktischen Zeichen laut Field Manual 2020.

Figure 2–18. Air cavalry squadron task force

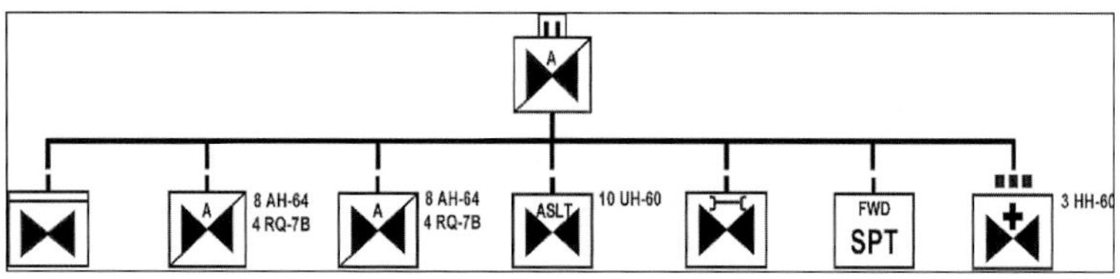

Idealtypische Organisation einer Attack Batallion Task Force in taktischen Zeichen laut Field Manual 2020.

Figure 2–19. Attack battalion task force

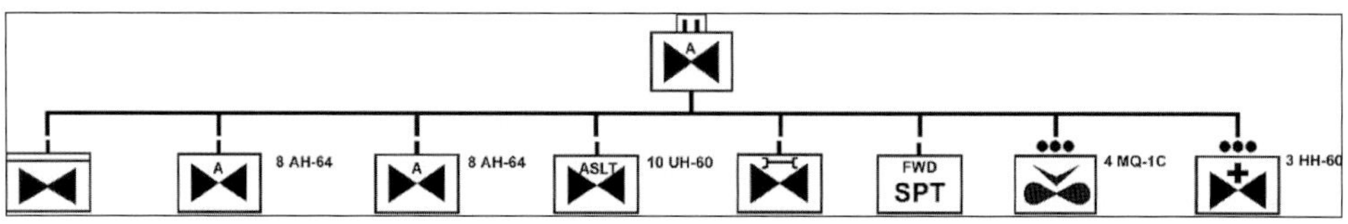

Idealtypische Organisation einer Assault Aviation Batallion Task Force in taktischen Zeichen laut Field Manual 2020.

Figure 2–20. Assault aviation battalion battalion task force

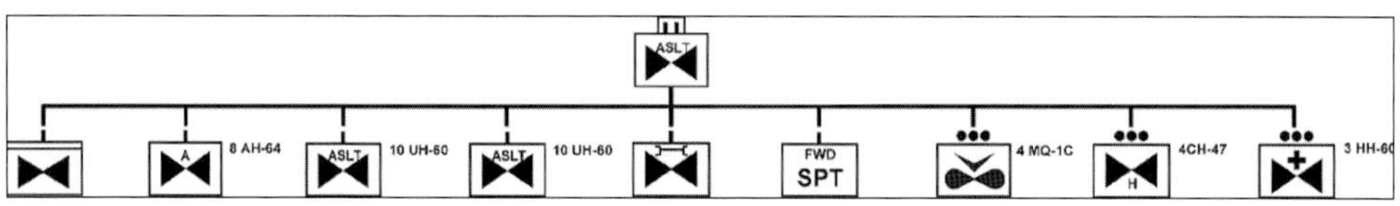

piert, bemannt, ausgerüstet und ausgebildet wurde.

Die Task Force (TF) Talon wurde 2002 als erste konventionelle Heeresfliegereinheit nach Afghanistan entsandt. Aufgabe war es, das 3rd Brigade Combat Team (BCT) der 101st Airborne Division, TF Rakkasan, zu unterstützen. Da keine der Luftlandebrigaden zu diesem Zeitpunkt über alle Arten von Luftfahrzeugen und Fähigkeiten verfügte, wurde die TF Talon durch die Zusammenführung verschiedener Mittel und Fähigkeiten von vier separaten Luftfahrteinheiten gebildet: eine CH-47 Chinook-Kompanie, eine AH-64A Apache-Kompanie, eine UH-60 Blackhawk-Kompanie, drei UH-60 MEDEVAC-Flugzeuge, eine Abteilung für Luftverkehrsdienste und zusätzliche Wartungsunterstützung, die alle unter einem Chinook-Bataillonshauptquartier organisiert waren. TF Talon unterstützte die Operation Anaconda am 2. März 2002 mit 24 Hubschraubern, darunter Chinook- und Blackhawk-Flugzeuge der 159th Aviation Brigade und Apache-Angriffshubschrauber ihrer Schwestereinheit, der 101st Aviation Brigade 45. Zu dieser Zeit war es unüblich, dass ein Chinook-Bataillon Befehls- und Kontrollbefugnisse über die anderen Arten von Luftfahrteinheiten hatte, insbesondere über Angriffshubschrauber. Wie viele andere Fliegerbataillone, die vor 2004 in Afghanistan eingesetzt wurden, wurde auch das 2nd Battalion, 10th Aviation Regiment zu einer Task Force aufgebaut. Vor seinem Einsatz in Kandahar im Jahr 2003 bestand das 2nd Battalion, 10th Aviation Regiment ursprünglich nur aus UH-60 Transportern. Als es jedoch nach Afghanistan entsandt wurde, umfasste es Apaches, Chinooks und MEDEVAC-Hubschrauber von verschiedenen Einheiten der Garde und Reserve aus dem ganzen Land. Die Zusammenführung verschiedener Einheiten und des Personals aus mehreren separaten Organisationen führte zu einigen Problemen im Einsatz.

Aus taktischer Sicht wurde die Planung und Durchführung der Operationen komplizierter und problematischer. Jede Einheit wurde von verschiedenen Organisationen mit unterschiedlichen Klimazonen und Kulturen eingesetzt. Außerdem verfügten sie nicht über gemeinsame Standard Operation Procedures (SOP) und Tactics, Techniques, and Procedures (TTP). Sie hatten auch nicht die Möglichkeit, vor dem Einsatz in Afghanistan gemeinsam zu trainieren. Diese Probleme wurden durch die Schaffung einer neuen Organisation mit verschiedenen Arten von Einheiten und Personal unter einem Bataillonskommandeur verschärft, der mit den Flugzeugtypen nicht vertraut war, was zu Reibungen bei der Einsatzführung führte. Zusätzlich zu den taktischen Problemen stellte sich die logistische Unterstützung als ein großes Problem heraus, da Einheiten in Kompaniestärke auf mehreren isolierten Stützpunkten weit entfernt von der Wartungsunterstützung und ihren internen Logistikeinrichtungen stationiert waren.

Parallel zur Umwandlung der Manövrierkräfte in BCTs nach 2004 wurden die Heeresfliegerbrigaden in kleinere, modulare, anpassungsfähige, agile, verlegbare und logistisch nachhaltige Strukturen umgewandelt: Multifunktionale Fliegerbrigaden (MFAB). Jede Fliegerbrigade wurde so konzipiert, dass sie bis zu fünf Manöver-BCTs unterstützen konnte. Von ihnen wurde erwartet, dass sie alle Arten von militärischen Operationen durchführen, wie Angriff, Verteidigung, Stabilität und Unterstützung der zivilen Behörden. Die Army entwarf drei primäre Typen von MFAB: schwere, mittlere und leichte Fliegerbrigaden. Der einzige Unterschied zwischen diesen Fliegerbrigaden war der Typ und die Anzahl der Kampfhubschrauberbataillone, über die sie verfügten. Während eine leichte Fliegerbrigade über zwei OH-58 Kiowa Warrior-Staffeln und eine schwere Fliegerbrigade über zwei AH-64 Apache-Bataillone verfügte, hatte eine mittlere Fliegerbrigade jeweils ein Bataillon davon. Unterhalb dieser Brigaden wurden standardisierte Fliegerbataillone aufgestellt. Sie setzten sich zunächst folgendermaßen zusammen:

1. Eine Angriffs/Aufklärungseinheit (Attack/Reconaissance) mit 30 OH-58 Kiowas.
2. Ein Bataillon mit 24 AH-64.
3. Ein Assault (Luftlande) Bataillon mit 30 UH-60.
4. Ein General Support Aviation Battalion mit vier EUH-60, vier UH-60, 12 CH-47 und 12 HH-60.

Alle Lufttransportkompanien unterhalb dieser multifunktionalen Lufttransportbrigaden wurden ebenfalls standardisiert. Je nach Flugzeugtyp wurden fünf Typen von Grundbausteinen auf Kompanieebene entworfen. Jede Kompanie bestand aus nur einem Flugzeugtyp. Die Grundbausteine auf Kompanieebene waren:

1. Eine Angriffskompanie mit acht AH-64 Apaches oder zehn OH-58 Kiowas.
2. Eine allgemeine Unterstützungskompanie mit acht UH-60 Blackhawks.
3. Eine Air Assault Kompanie mit zehn UH-60s Blackhawks.
4. Eine Schwerlast Transport Kompanie mit 12 CH-47 Chinooks.
5. Eine medizinische Evakuierungskompanie (MEDEVAC) mit 12 HH-60.

Als Ergebnis dieser Umwandlung verfügte jede Fliegerbrigade organisatorisch über jeden Flugzeugtyp. Ehemalige Einheiten auf Korpsniveau wie CH-47 Heavy Lift Helicopters, Air Ambulance Companies und Air Traffic Services Companies wurden den MFABs unterstellt. Die MFABs, die später als Combat Aviation Brigades (CAB) bezeichnet wurden, entwickelten sich zu bedeutenden Kraftmultiplikatoren, als sie mit Heavy Lift-, MEDEVAC- und Flugsicherungsfähigkeiten ausgestattet wurden. Damit erhielten die MFABs die notwendigen Fähigkeiten, um Operationen im gesamten Spektrum durchzuführen. Nach der Umstrukturierung wurden multifunktionale Aviation Task Forces (MATF), die sich aus mehreren Kompanien mit unterschiedlichen Fähigkeiten wie Angriff, Sturmangriff, MEDEVAC und Lufttransport aus derselben Aviation Brigade zusammensetzten, bei Bedarf zur direkten Unterstützung von BCTs eingesetzt. Darüber hinaus wurden sie in der Regel gemeinsam mit den von ihnen unterstützten Bodentruppen stationiert.

Im Jahr 2008 setzte die 101st CAB zwei MATFs ein, die mehrere Hubschraubertypen zur direkten Unterstützung von BCTs für Bodenmanöver umfassten. In ähnlicher Weise wurden 2009 die Bataillone des 82d CAB in MATFs umorganisiert, die aus verschiedenen Flugzeugtypen bestanden, bevor es zum Regional Command (RC) – South verlegt wurde. Wie andere Bataillone der 82d CAB wurde auch das 2d Battalion, das traditionell ein Angriffsbataillon war, aus Blackhawk-, Apache-, MEDEVAC- und CH-47-Einheiten gebildet. Das reorganisierte Bataillon, das über Angriffs-, Transport- und medizinische Evakuierungsfähigkeiten verfügte, war in der Provinz Zabul stationiert.

Die vielfältige Einsatzorganisation war der Hauptgrund dafür, dass die Luftlandebrigaden ihre Aufgaben in Afghanistans effektiv erfüllen konnten. MATFs waren sehr erfolgreich bei der Unterstützung der Bodentruppen durch die Bereitstellung von Assault- und Kampfhubschrauberfähigkeiten. Sie wurden in einer weitreichenden Rolle reaktionsfähiger und effektiver. Zusätzlich waren Planung und Ausführung einfacher, wenn sie über verschiedene Fähigkeiten innerhalb derselben Einheit verfügten. Darüber hinaus waren die MATFs in der Regel gemeinsam mit den von ihnen unterstützten Bodentruppen stationiert, um auf dem weiten, nichtlinearen und verteilten Gefechtsfeld fliegerische Unterstützung zu leisten.

Die Co-Lokalisierung und die enge Anbindung an das unterstützte BCT hatten mehrere Vorteile. In erster Linie erkannten sich sowohl die Bodentruppen als auch die Heeresfliegereinheiten gegenseitig an und gewöhnten sich aneinander. Das gemeinsame Training und die Stationierung auf demselben Stützpunkt führten zu einer effektiven Luft-Boden-Integration und Koordination. So waren beispielsweise die Piloten der 101st Air Assault Division in Afghanistan sehr erfolgreich bei der Integration, Koordination und Synchronisation ihrer Operationen mit den unterstützten Bodeneinheiten, mit denen sie gemeinsam stationiert waren.

Seit 2014 denkt die US Army erneut über eine Umstrukturierung der CABs nach, da sich aufgrund der sicherheitspolitischen Veränderungen die Nöte und Zwänge neuer Stationierungskonzepte vor allem an den sogenannten »Front Line«-Verbänden anbahnen. Vor allem Europa und Asien sind hier dauerhaft zu verstärken.

AH-64 Attack Battalion

Als Element der CAB sorgt das Angriffs-Bataillon (Attack Battalion bzw. seit dem Wegfall der OH-58 Attack and Reconaissance Battalion, AB/ARB) für eine genaue und zeitnahe Informationserfassung, bietet Reaktionszeit und Manövrierraum und vernichtet, besiegt, verzögert, lenkt ab oder stört feindliche Kräfte zur Unterstützung des Combined Arms Teams. Obwohl das AB in vollem Umfang in der Lage ist, Aufklärungs-, Sicherungs- und Angriffsmissionen durchzuführen, verfügt es aufgrund des Mangels an organischen UAS auf Kompanieebene über eine geringere Gesamtaufklärungsfähigkeit als das ACS, es sei denn, die Gray Eagle-Kompanie wird teilweise oder vollständig aus der Divisionskontrolle entlassen, um dedizierte MUM-T zur Unterstützung des AB durchzuführen.

Das AB setzt seine Kampfhubschrauber typischerweise in Formationen ein, die so klein sein können wie eine Rotte bzw. ein Trupp mit zwei Hubschraubern oder so groß wie Kompanie- (acht Hubschrauber) oder gar Bataillonsformationen (24 Hubschrauber). ABs gibt es sowohl als aktive reguläre Verbände als auch bei der Army National Guard (ARNG). Das AB ist auch für die Stabsplanung, Integration und Koordination von gemeinsamen und kombinierten Einsätzen für die Gray Eagle Drohnen-Kompanie zuständig. Die AB besteht aus einem Hauptquartier (Stabskompanie, HHC), drei Angriffskompanien (ACs), die mit jeweils acht AH-64 ausgestattet sind, einer Luftfahrzeugwartungskompanie (AMC) und einer Unterstützungskompanie (FSC). Das AB führt die folgenden Aufgaben aus: Angriff, Zonen-, Routen- und Gebietsaufklärung, Abriegelung, Bewachung und Gebiets- und Routensicherung (wenn aufgabenbezogen organisiert).

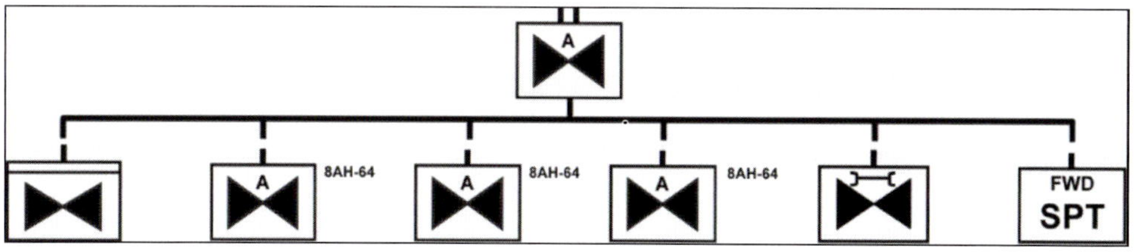

Figure 2–9.
Attack battalion

Idealtypische Organisation eines Attack Batallion mit seinen drei AH-64 Kompanien in taktischen Zeichen laut Field Maunal 2020.

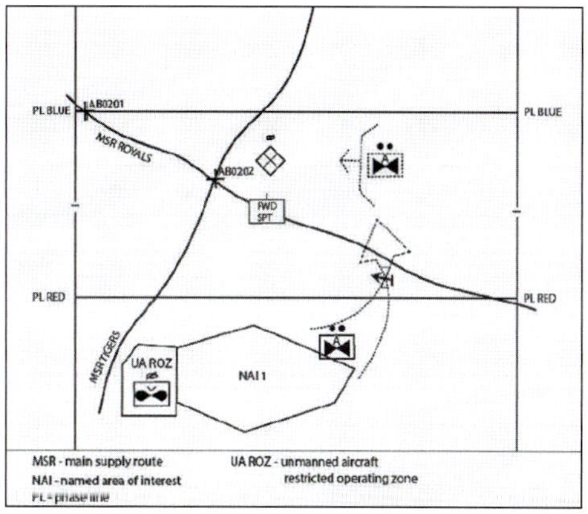

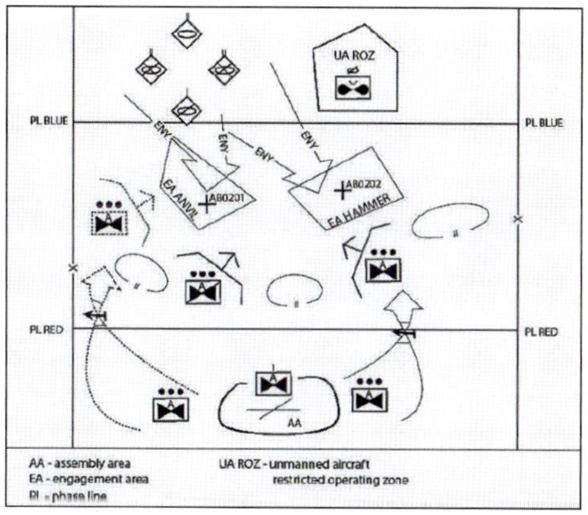

Links: Figure 3–3.
Hasty attack by an attack weapons team reacting to troops in contact

Rechts: Figure 3–4.
Deliberate attack by an attack company in support of a BCT's area defense

Grafische Darstellung der Angriffsvarianten in unterschiedlichen Zusammensetzungen im Rahmen der verfügbaren CAB- bzw. BCT-Strukturen in taktischen Zeichen laut Field Maunal 2020.

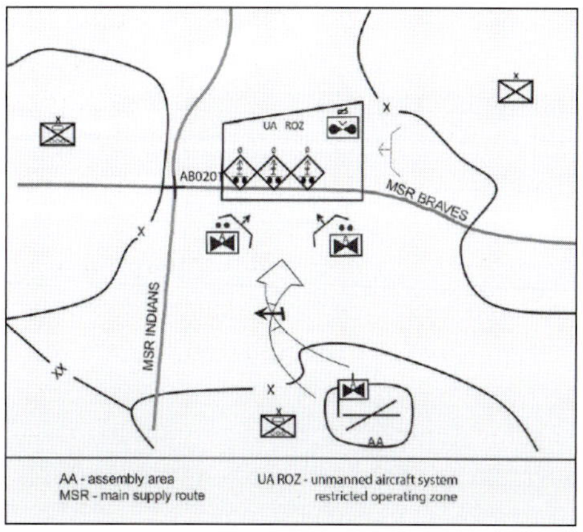

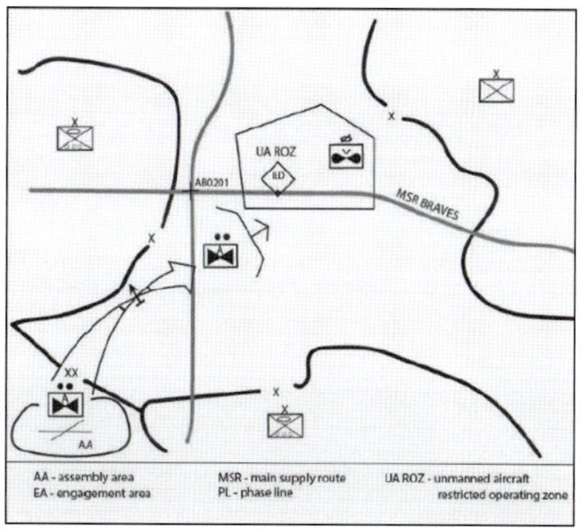

Links: Figure 3–5.
Hasty attack by an attack weapons team against an enemy force out of contact

Rechts: Figure 3–6.
Hasty attack by an attack platoon

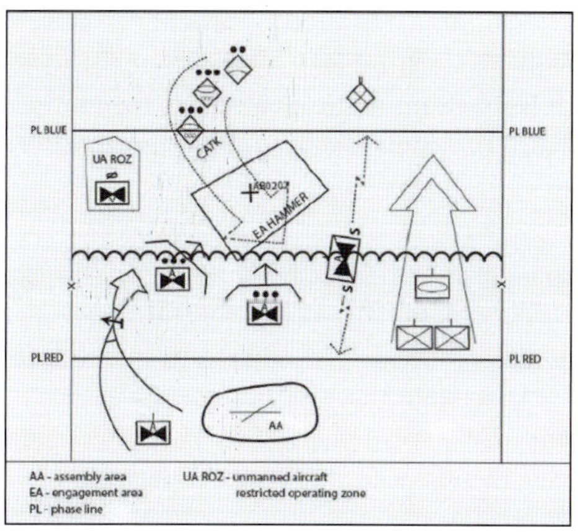

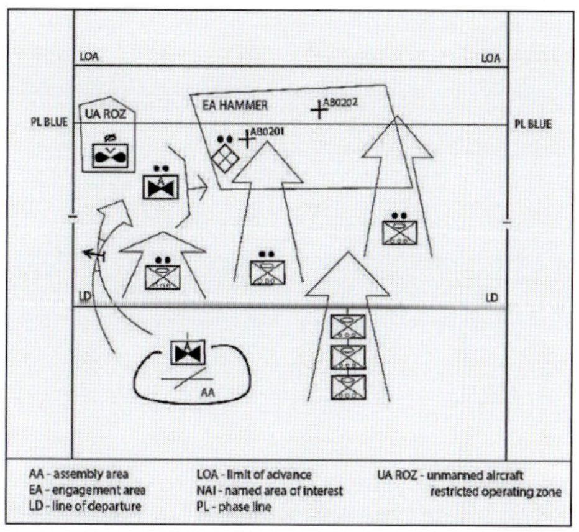

Links: Figure 3–7.
Deliberate attack by an attack company to defeat an enemy counter-attack

Rechts: Figure 3–2.
Delieberate attack by an attack weapons team in support of a Stryker batalion conducting a movement to contact

Eine Nahaufnahme eines schwebenden AH-64D Apache Longbow der 12th CAB beim Ausflug aus einer FARP im Frühjahr 2021. Während der Copilot/Gunner bereits seine Waffenanlage kalibriert, konzentriert sich der Pilot auf den reibungslosen Abflug. Beide tragen die sogenannten IHADSS-Helme (Integrated Helmet And Display Sight System) mit dem typischen Display-Monokel über dem rechten Auge. (Foto: Christian Rastätter)

Entwicklungsgeschichte des AH-64 Apache

Entwicklungsgeschichte seit 1970 – Vom Konzept bis zum Serienmodell

Die Entwicklungsgeschichte des AH-64 beginnt im Grunde mit den Erfahrungen der US Army während des Vietnamkrieges. Obwohl damals bereits AH-1 und OH-6 Hubschrauber mit zusätzlicher Bewaffnung im Einsatz standen, waren diese Muster lediglich umgebaute Transport- oder Aufklärungshubschrauber. Das erste Konzept eines Kampfhubschraubers wurde während der Vietnameinsätze erst durch den Bell AH-1 als Interimslösung umgesetzt. Die ersten AH-1 kamen 1967 in dieses Krisengebiet. Sie spielten dort eine wichtige Rolle und wurden sowohl von ihren Besatzungen als auch von den Bodentruppen hoch geschätzt. Letztere waren sehr stark an Luftnahunterstützung (Close Air Support, CAS) gebunden, da sie permanent außerhalb der Reichweiten ihrer Camps und teilweise auch der Artillerie operierten. Viele Veteranen des Vietnamkriegs verdanken nicht zuletzt eben diesen damals neu eingeführten Kampfhubschraubern ihr Leben.

Der Einsatz in Vietnam führte die Notwendigkeit eines Konzeptes vor Augen, welches Hubschrauber als reine Kampfplattform vorsah. Er brachte jedoch auch Unzulänglichkeiten ans Tageslicht und zeigte sowohl der Wehrtechnikindustrie in den USA als auch den Spezialisten im Verteidigungsministerium künftige Zwänge und Aufgaben bei der Weiterentwicklung von Kampfhubschraubern auf. Das AH-1-Konzept konnte von daher lediglich als Interimslösung betrachtet werden, auch wenn von 1967 an noch über 20 Jahre vergehen sollten, bis ein neues Kampfhubschrau-

Ein frühes Bild des Hughes YAH-64 Prototypen mit der frühen T-Leitwerk-Variante und noch ohne erkennbarer Sensorik in der Bugnase. (Foto: Archiv Boeing)

bergrundmuster als Weiterentwicklung des AH-1-Konzepts in Serie gehen sollte. Eines dieser Probleme zeigte sich in der mangelhaften Leistung der Triebwerke, beziehungsweise darin, dass überhaupt nur ein Triebwerk beim AH-1 verbaut war. Die tropischen Klimaverhältnisse in Südostasien ließen weder eine maximale Waffen- noch eine ausreichende Treibstoffzuladung zu. Die Missionen der AH-1 Kampfhubschrauber waren daher nur unter limitierten Bedingungen möglich. Beinahe schon enthusiastisch betrieb die US Army in dieser Zeit deren Einsatz, da sie vom davon ausgehenden Nutzen vollends überzeugt war.

Advanced Areal Fire Support System (AAFSS)

Künftige Kampfhubschrauber sollten von da an auch an die europäischen Einsatzgebiete der US Army angepasst werden. Weiterentwickelte Kampfhubschrauber sollten in der Lage sein, an der Grenze zum damals verfeindeten Warschauer Pakt operieren zu können, da man seitens des US-Verteidigungsministeriums einem modernisierten Kampfhubschrauber mit verbesserter Triebwerksleistung und einem guten Rundumschutz hohe Überlebenschancen gegen massive Luftverteidigungskräfte in Zentraleuropa prognostizierte. Der Kalte Krieg befand sich schließlich genau in dieser Zeit, der 1960er- und 1970er-Jahre, an seinem Höhepunkt. Zwar kam es bis dahin noch zu keinen direkten Auseinandersetzungen mit der Sowjetunion, doch ein geeignetes Mittel im Kampf gegen massive Panzerverbände sah man seitens der NATO vor allem in der Entwicklung eines Panzerabwehrhubschraubers, welcher exakt in diesem aggressiven Umfeld hohe Überlebenschancen haben sollte. Daher startete man bereits Mitte der 1960er-Jahre ein Entwicklungsprogramm mit dem Namen Advanced Areal Fire Support System (AAFSS). Den Zuschlag des Verteidigungsministeriums für das AAFSS Programm erhielt die Firma Lockheed, da der Prototyp des AH-56A Cheyenne überzeugte. Dieser Hubschrauberentwurf orientierte sich jedoch hauptsächlich an die in Vietnam gewonnenen Erkenntnisse und Taktiken, welche das Operieren auf Baumwipfelhöhe vorsahen, um als Kampfhubschrauber nicht der feindlichen Raketenluftabwehr zu begegnen. Der AH-56 war darauf ausgelegt, mit hoher Geschwindigkeit und in extremen Tiefflug für Luft-

Eine Formation von AH-64A Apache in der frühen Phase der Einführung 1986. (Foto: Archiv Boeing)

nahunterstützung zu sorgen. Der erste AH-56A Cheyenne startete bereits im September 1967 zu seinem Jungfernflug. Er wog 7.700 kg und wurde durch eine General Electric T64-GE-16 Gasturbine angetrieben, welche sowohl den vierblattrigen Hauptrotor, einen konventionellen Heckrotor sowie einen Druckpropeller am Heckausleger antrieb. Das Design des AH-56A, welches als Experimentalkonzept zu verstehen ist, wies deutliche Merkmale eines so genannten Compound-Hubschraubers auf. Denn um die geforderten Geschwindigkeiten zu erlangen, war nicht nur ein kraftvolles Triebwerk Grundvoraussetzung, sondern auch Flugeigenschaften, welche sich eher an einem Starrflügler orientierten. Dies bedeutete, dass der AH-56A seine Stummelflügel nicht nur zur Befestigung von Waffen, sondern eben auch für den Auftrieb bei schnellem Flug benötigte. Der Druckpropeller am Heck gab dem AH-56A zusätzlichen Schub. Daher spricht man von einem Kombinationshubschrauber (Compound Helicopter). Gefordert waren außerdem Tag-, Nacht- sowie eine für Hubschrauber ungewöhnliche Sturzflugfähigkeit. Jedoch definierte das Verteidigungsministerium bereits während der Entwicklung des AH-56A neue Grundsätze und Doktrinen für einen Gefechtsfeld-Kampfhubschrauber.

Seiner Zeit voraus: Der Erstflug fand als Lockheed AH-56A Cheyenne am 21. September 1967 statt. Meinungsverschiedenheiten zwischen der US-Armee und US-Luftwaffe, stark steigende Kosten aufgrund der Komplexität und die Bedrohung durch SA-7-Luftabwehrraketen, die genau in den Sturzflug des angreifenden Hubschraubers gefeuert werden konnten und ihn dadurch verwundbar machten, führten Anfang der 1970er-Jahre zum Ende des Projektes. Die US Army beschaffte eilig den AH-1, um ihn schnell in Vietnam ins Gefecht zu werfen. (Foto: Archiv Lockheed-Martin)

Diese besagten, dass es nicht nur auf hohe Geschwindigkeiten anzukommen hatte, sondern vor allen auf Agilität im Tiefflug. Der Cheyenne war somit nicht mehr doktrinkonform und betrat außerdem die konzeptionelle Ebene der US Air Force, welche sich traditionell gegen schnell fliegende Flugzeuge im Verantwortungsbereich der US Army stellten. Mit einem schnellen Kombinationsdrehflügler begab sich die US Army mit dem CH-56A absehbar in ein Kompetenzgerangel. So fiel der AH-56A den sich ändernden Rahmenbedingungen, den technischen Problemen, den sich anbahnenden Kompetenzstreitigkeiten sowie den steigenden Entwicklungskosten zum Opfer. Anstatt 500 bis 1000 AH-56A Cheyenne an das Verteidigungsministerium zu liefern, wurde Lockheed der Auftrag entzogen und das Programm 1969 eingestellt.

Die US Army stand im Grunde mit dem Rücken zur Wand, hatte sie doch inmitten der schwersten Kampfhandlungen in Vietnam keine Perspektive auf ein neues Kampfhubschrauber-System. Doch aus der Not machte man eine Tugend und so wurde die Vietnamkriegszeit die Geburtsstunde des AH-1 Kampfhubschraubers. Auf Basis des AH-1G sollte diese »Notlösung« noch weitere 40 Jahre sowohl bei der US Army als auch in deutlich verbesserter Form bei den US Marines zur Anwendung kommen. In der zweimotorigen Version AH-1W SuperCobra und AH-1-Z Viper steht das Bell-Konzept immer noch bei den US-Marines im Einsatz. Zu ihren markantesten Merkmalen zählen – damals wie heute – ihr extrem schmaler Rumpf, ein laut schlagender Zweiblattrotor und ein großzügig verglastes Tandem-Cockpit, in dem die beiden Besatzungsmitglieder hintereinander sitzen. Ein Vierblatt-Rotor wurde erst sehr spät zu Beginn der 2000er-Jahre im Z-Modell realisiert. Bei der Entwicklung des AH-1 war der amerikanische Hersteller Bell Helicopters äußerst pragmatisch vorgegangen. Unter der Bezeichnung Model 209 HueyCobra hatten die Konstrukteure die bewährten Komponenten ihres Mehrzweckhubschraubers UH-1C Huey in eine neue und sehr schlanke Zelle gepackt. Auch der Antrieb des ersten AH-1 war derselbe, wie in der bewährten Huey-Serie, nämlich das unverwüstliche Lycoming T-53 Turbinen-Triebwerk. Und selbst der Heckausleger des UH-1 konnte nahezu unverändert im AH-1 übernommen werden. Die ersten Cobras trafen im August 1967 auf der Bien Hoa Air Force Base in Südvietnam ein und wurden unverzüglich in den Einsatz geschickt. Dabei eskortierten sie zunächst hauptsächlich Transporthubschrauber bei Angriffsflügen oder unterstützten Bodentruppen durch Luftangriffe.

Später entwickelte die Army das sogenannte Hunter-Killer-Team, das aus einem AH-1 und einem OH-6 Cayuse – die militärische Version der Hughes 500 – zusammengesetzt wurde. Die Idee bestand darin, dass der Cayuse im Tiefflug über den Dschungel flog, um so den verborgenen Gegner aufzuscheuchen, während die Gunships in größerer Höhe folgten, um sich dann sofort auf den Gegner herabzustürzen. Ende 1968 setzte man bereits über 300 Cobras in Vietnam ein und übernahm nun auch andere Aufgaben, wie Aufklärung oder Zielmarkierung und gelegentlich sogar Search-And-Rescue-Einsätze (SAR). Ihre hohe Geschwindigkeit und Manövrierfähigkeit in Verbindung mit ihrer schmalen Silhouette hatten den AH-1 bei ihren Crews schnell beliebt gemacht. Auch die Feuerkraft war für die damalige Zeit beachtlich. So bestand eine typische Waffenzuladung aus mindestens zwei Raketenbehältern mit je 19 ungelenkten 70-Millimeter-Raketen sowie einer zusätzlichen 40-Millimeter-Kanone, die zur bereits vorhandenen 7,62-mm-Minigun unter der Bugnase montiert werden konnte. Bei Teilbetankung und damit verbundener reduzierter Reichweite konnten nochmals zwei weitere Raketenbehälter mit je sieben oder 19 70-Millimeter-Raketen an die Stummelflügel gehängt werden. Zwar war die Frage eines modernen Kampfhubschraubers nach der Einstellung des AH-56-Projekts in Anbetracht des sich technologisch fortentwickelnden Ost-West-Konflikts noch nicht gelöst, für den Vietnam-Konflikt wurde jedoch eine hervorragende Zwischenlösung mit dem AH-1 geschaffen, um den massiven Verlusten ein Ende zu bereiten. Der AH-1 erwies sich als sogenannter Game Changer im Vietnam-Konflikt.

Advanced Attack Helicopter-Programm (AAH)

Dennoch versuchte die US Army Anfang der 1970er-Jahre erneut, einen Aufgaben- und Anforderungskatalog für einen neuen Kampfhubschrauber zu erarbeiten. Ein neues Programm zur Entwicklung eines Angriffshubschraubers (Advanced Attack Helicopter, AAH) wurde bekannt gegeben. Das AAH-Programm sah einen Hubschrauber vor, welcher sowohl in seiner Performance, seiner Agilität als auch für Tiefflugeinsätze bei hoher Waffenbeladung eingesetzt werden konnte. Dieser neue Hubschrauber sollte die Interimslösung Bell AH-1 innerhalb der nächsten zehn Jahre ablösen. Vor allem das Manövrieren in Bodennähe, die Flugsicherheit und Kontrolle in der Nähe von natürlichen Begrenzungen sowie das Unterfliegen von Stromleitungen und Brücken waren neue Grundvoraussetzungen. Hohe Geschwindigkeiten waren im AAH-Programm eher zweitrangig. Offiziell startete das Programm im August 1972, wobei der Anforderungskatalog bereits im darauffolgenden September mit der Bitte um Vorschlagseinreichung an die heimische Luft- und Raumfahrtindustrie seitens des Verteidigungsministeriums ausgegeben wurden. Zu diesem Zweck veröffentlichte die US Army am 15. November 1972 eine Ausschreibung (Request For Proposals, RFP) für einen Advanced Attack Helicopter (AAH). Die Fähigkeitsanforderungen konzentrierten sich sehr stark auf die Tag- bzw. Nachtflugfähigkeit, das Fliegen unter schlechten Wetterbedingungen sowie auf eine hohe Überlebensfähigkeit im Umfeld eines »High-Intensity«-Konflikts. Dieses Umfeld vermutete man künftig in Zentraleuropa aufgrund der Ost-West-Konfrontation. Marschgeschwindigkeiten von mindestens 269 km/h, eine Waffenzuladefähigkeit von acht gelenkten TOW-Panzerabwehrraketen sowie eine Kampfeinsatzflugdauer von mindestens 1,9 Stunden. Die Leistungsparameter für die Einsatzgipfelhöhen wurden auf zwischen 1.220 m und 2.135 m angesetzt. Diese Höhenwerte entsprachen den durchschnittlichen Einsatzhöhen, welche beispielsweise im Vietnamkonflikt zu bewältigen waren. In Vietnam waren Einsatzhöhen von 1.800-2.400 m nicht selten. Zu den Spezifikationen gehörten auch die Forderungen nach einer besonderen Agilität vor allem

Das YAH-63 Ground-Test Vehicle (GTV) während Bodentests im Jahr 1975. Das Cobra-Konzept (schmaler, langer Rumpf, Tandemanordnung der Besatzung, Stummelflügel und der zweiblättrige Rotor) ist zwar angewandt, dennoch war der YAH-63 ein eigenständiges Modell. Besondere Merkmale waren das Tandem-Bugfahrwerk, ein ungewöhnliches Seitenleitwerk und die dreiläufige XM-188 30-mm-Kanone. Ungewöhnlich war auch, dass der Pilot auf dem Vordersitz saß, um in bewaldeten Gebieten Westeuropas eine bessere Übersicht zu haben. (Foto: Vertiflite Magazine, May/June 1975 S. 13)

Seine Fähigkeiten konnte der Hughes YAH-64-Prototyp bei seinen Testflügen ab 30. September 1975 eindrucksvoll unter Beweis stellen. Nach einer gründlichen Testphase ging der Hubschrauber im März 1982 in die Serienproduktion. (Foto: Archiv Boeing)

im Tiefflug, im Konturenflug sowie die für Hubschrauber äußerst ungewöhnlichen hohen Gravitationsbelastungsgrenzen von +3,5 g und -1,5 g. Um sich nämlich im so genannten »Nap-of-the-Earth-Combat-Flight« immer exakt an die Umgebung anzupassen, muss dem Hubschrauber und der Besatzung neben der hohen positiven G- auch eine negative G-Belastung zumutbar sein. Denn nur unter Anwendung negativer G-Belastung können abrupte Konturenflug-Anpassungsmanöver vollzogen werden. Die US Army bestand ferner darauf, dass ein potentieller AAH einen Beschuss von 12,7-mm-Geschossen widerstehen kann und darüber hinaus sogar bei Beschuss beziehungsweise Treffern durch 23-mm-Geschosse noch etwa 30 Minuten seinen Flug fortsetzen kann. Noch nie zuvor gab es derart hohe Anforderungen an ein projektiertes Hubschrauberkonzept.

Die Erfahrungen im Vietnamkonflikt zeigten, dass Hubschrauber regelmäßig durch Boden-Luft-Abwehr-Treffer beschädigt aus ihren Einsätzen zurückkehrten. Nicht selten wurden Hubschrauber im Einsatz sogar abgeschossen. Viele Besatzungen verloren dabei ihr Leben. Daher forderte die US Army im AAH-Projekt unter anderen auch verbesserte Absturzschutzkonzepte (die sogenannte »Crash Worthiness«) und verband sie gleich mit dem parallel laufenden UTTAS-Kriterienkatalog (Utility Tactical Transport Aircraft System) für einen Truppentransporter, wie wir ihn heute in der UH-60 Blackhawk-Klasse kennen.

Parallel-Projekt Utility Tactical Transport Aircraft System (UTTAS)

Die Projekt-Parameter für den künftigen AAH galten folglich auch für das parallel ausgeschriebene Konzept für den künftigen mittleren Transporthubschrauber. Letzteres Programm konnte Sikorsky im Verlauf der Ausschreibung bekanntlich mit dem UH-60 Blackhawk für sich entscheiden und im Gefolge dann Anfang der 1980er-Jahre in Produktion gehen. Die US Army suchte zu diesem Zeitpunkt auch über das UTTAS-Programm (Utility Tactical Transport Aircraft System) einen Ersatz für die UH-1-Flotte. Die Kriterien im UTTAS-Programm glichen bis auf den Waffeneinsatz sehr stark denen des AAH-Programms. Bei beiden Parallel-Projekten (Transport/Angriff) sollten konsequent jene Mängel der früheren Transporthubschrauber ausgemerzt werden, welche verantwortlich für eine hohe Anzahl an Verlusten durch Feindeinwirkung und Unzulänglichkeiten beim Einsatz in ungünstiger Topografie und unter extremen Umweltbedingungen waren. Im Gegensatz zum AAH-Programm musste der neue Transporthubschrauber in der Lage sein eine elfköpfige voll ausgerüstete Gruppe von Soldaten bei hohen Temperaturen auch bis in große Höhen transportieren zu können. Mit einer Marschgeschwindigkeit von 268 bis 324 km/h mindestens zwei Stunden und 20 Minuten lang fliegen zu können und dabei eine anfängliche Steigleistung von 2,3 bis 2,8 m/sek zu erzielen. Er musste mit voller Last weitaus manövrierbarer sein als seine Vorgänger. Das berühmte »UTTAS-Manöver« wurde daher etabliert, um sicherzustellen, dass der neue Hubschrauber in der Lage war, auch in hügeligem Gelände bei hoher Fluggeschwindigkeit knapp über dem Boden und somit auch in der Bewegung immer in Deckung bleiben zu können. Hierzu diente ein etwa 60 m hohes Hindernis, welches auf einer Gesamtstrecke von 335 m bei 278 km/h überwunden werden musste. Dieses Manöver erfordert eine Mindestbelastbarkeit von -0,5 g und +1,75 g, ähnlich dem AAH. Auch musste ein UTTAS seine gesamte Tragkraft auch unter »hot/high«-Bedingungen beibehalten können. In einer Höhe von 4.000 ft (ca. 1.220 m) und einer Temperatur von 95° Fahrenheit (35°C) sollte der neue Hubschrauber eine Mindeststeigrate von 450 ft (ca. 136 m) pro Minute erreichen und dabei nicht mehr als 95 % der maximalen Triebwerksdauerleistung einsetzen dürfen. Wie auch im AAH-Programm gefordert, musste die UTTAS-Flugfähigkeit auch mit schweren Kampfbeschädigungen beibehalten werden können. Sehr ambitioniert war auch die Forderung der Unverwundbarkeit durch einzelne 7,62-mm-Geschosse, welche aus der unteren Hemisphäre aus ca. 90 m Entfernung gegen ein beliebiges Bauteil einschlagen. Primärsysteme wie z.B. Treibstoffzellen und Triebwerke sollten auch durch ein 12,7-mm-Geschoss entweder in ihrer Funktion nicht beeinträchtigt werden können oder diese Schäden noch für mindestens 30 Minuten im Weiterflug überdauern. Und schließlich sollte auch nach einem Treffer durch 23-mm-Hochexplosivgeschosse – zu dieser Zeit standardmäßig das Luftabwehrgeschosskaliber der Ost-Block-Streitkräfte – in den Haupt- oder Heckrotor zu keinen gravierenden und den Weiterflug verhindernden Schäden führen. Um diese Bedingungen zu erfüllen mussten viele Versorgungssysteme (Hydraulik, Elektrik, Treibstoff, Triebwerke) sowohl doppelt und dreifach als auch räumlich voneinander getrennt installiert werden, um die Möglichkeit auszuschließen durch ein einzelnes Geschoss außer Gefecht gesetzt zu werden. »Systemredundanz« war das neue magische Wort für die besseren Überlebenschancen künftiger Kampfhubschrauber. Das zweite Zauberwort wurde die bereits erwähnte »Crash Worthiness«, denn das

Überleben der Besatzung bei einem Absturz sollte deutlich gesteigert werden. Bei einem Absturz mit einer Sinkrate von etwa 12 m/sek (ca. 40 km/h) und mit einer simultanen vorwärts gerichteten Aufschlagsbelastung von 20 g bei 10 g im Abwärtsfall mussten mindestens 85 % des Kabinenvolumens erhalten bleiben und keine Besatzungsmitglieder der Gefahr einer schweren Verletzung ausgesetzt werden. Für das AAH-Programm wurde sogar eine 95 %-Überlebenschance für die Besatzung gefordert. Und auch bei höherer Belastung durfte keines der über der Kabine liegenden schweren Bauteile (Rotorkopf, Hauptgetriebe, Triebwerke) ins Cockpit oder in den Laderaum eindringen. Die bedachte Bauweise des Rumpfes mit dem Ziel der Energieabsorption bei Abstürzen war sowohl im AAH- als auch im UTTAS-Programm von entscheidender Wichtigkeit. Die tödliche Aufprallenergie und die daraus resultierende Verformungsarbeit sollten durch innovative Bauweisen zu mehr Sicherheit für die Besatzungen führen, sollte es zu einem Absturz kommen. Der UTTAS-Hubschrauber sollte seine Aufgaben über einen längeren Zeitraum erfüllen können, auch wenn die logistische Infrastruktur und die personellen Kapazitäten seines Heimatstützpunkts nicht zur Verfügung stünden. Routineinspektionen im Feld mussten innerhalbeinerMannstundeproFlugstunde,Instandsetzungsmaßnahmen auf Staffelebene in knapp drei Mannstunden pro Flugstunde durchführbar sein. Ferner sollte der neue Truppentransporter ohne Umbauarbeiten innerhalb kürzester Zeit in eines der Standard-Transportflugzeuge der US Air Force verladbar und nach dem Entladen in ebenso kurzer Zeit wieder einsatzbereit sein. Maximal 6,5 Mannstunden Arbeitszeit pro Hubschrauber durften damals verbraucht werden, um einen Hubschrauber in eine C-130, zwei in eine C-141 und sechs in eine C-5 zu verladen.

Heute wird für die US Army die Luftverlegung vor allem durch die seit 1993 im USAF-Dienst befindlichen Boeing C-17 Globemaster III als wichtigste Transportmittel im Fokus militärstrategischer Dislozierheit abgedeckt, nachdem die Lockheed C-141 Starlifter bis 2006 außer Dienst gestellt wurden und die letzten verbliebenen 50 Lockheed C-5M Super Galaxy-Schwertransporter einen kritischen Klarstand aufweisen.

Mit Spannung wurden Anfang der 1970er-Jahre die Projekt-Skizzen der US-Hersteller für das AAH-Programm erwartet. Zu Beginn des Jahres 1973 erhielt die US Army für das AAH-Programm fünf verschiedene Vorschläge von Seiten der Rüstungsindustrie. Neben den zu erwartenden Entwurfseinreichungen der etablierten Hubschrauberhersteller wie Bell, Boeing-Vertol, Hughes und Sikorsky, mel-

Ein AH-64A Apache und ein UH-60A Blackhawk während der Operation Iraqi Freedom. Das Ergebnis der AAH- und UTTAS-Programme ist bis heute sichtbar. Apache und Blackhawk sind ein festes Team und lösten das Team UH-1 und AH-1 ab. (Foto: Sören Sünkler)

Ein UH-60M Blackhawk der 1st CAB, 1st ID steht mit laufenden Rotoren zum Abflug bereit und wartet nur noch auf einen zusteigenden Passagier (PAX). Der Sieger des Utility Tactical Transport Aircraft System (UTTAS) wird noch viele Jahre seinen wichtigen Dienst verrichten. Auch er unterlief viele Upgrades seit seinem Erstflug. (Foto: Christian Rastätter)

dete auch Lockheed erneut einen Entwurf an und versuchte an das AH-56A Cheyenne-Konzept anzuknüpfen. Die Firma Hughes unternahm jedoch als einzige den Versuch, ihren AAH-Entwurf auf einen deutlich kleineren und leichteren Hubschrauberentwurf zu konzipieren. Dabei nahm Hughes zunächst Bezug auf ihr bereits eingeführtes Erfolgsmodell OH-6A Cayuse, welcher sich als leichter Beobachtungshubschrauber bereits bei der US Army im Einsatz befand.

Jedoch erwies sich diese Denkweise schnell als völlig unzureichend für das AAH-Projekt. Der nächste Schritt war der Versuch eines völlig neuen Designs mit kleinen Abmessungen. Aber die ehrgeizigen von der US Army gestellten Anforderungen zwangen die Konstrukteure, Pläne für einen Hubschrauber zu entwerfen, der größer und und leistungsfähiger war als alle anderen, die das Unternehmen bis dahin gebaut hatte.

Hughes legte sehr zeitnah mit dem Prototypen Modell 77 nach. Das Unternehmen von Howard Hughes hatte bereits viel Erfahrung bei experimentellen Flugzeugprojekten. Gerade die Prototypen XH-17 und XV-9A, die 1952 bzw. 1964 ihren Erstflug hatten, waren Produkte der Hughes Aircraft Company als die Firma das Hauptaugenmerk noch auf den Flugzeugbau lenkte. Die Themenfelder Elektronik und Raketentechnologie sollten sich weiter etablieren. Hughes war der Haupterbe der Werkzeugfirma Hughes Tool Company, sein Vermögen investierte er in weitere Unternehmungen in der Luftfahrt und im Filmgeschäft. In den 1930er- und 1940er-Jahren stellte seine Hughes Aircraft einige Geschwindigkeitsrekorde auf, bei denen er teilweise selbst am Steuer saß. Auch besaß er zeitweise die weltweit agierende Fluggesellschaft Trans World Airlines. Parallel zu den Aktivitäten im Filmgeschäft begann sich Hughes für die Fliegerei zu interessieren und bezog eine Baracke in Burbank (Los Angeles County), um Flugzeuge zu entwickeln, die er als Pilot selbst testete. Da die Firma Hughes Aircraft nach dem Zweiten Weltkrieg ohne Geschäftszweck arbeitete, beschloss Hughes, in die sich gerade neu entwickelnde Luftfahrt- und Rüstungselektronik einzusteigen, und stellte aus allen namhaften Universitäten Experten ein. Zeitweise beschäftigte Hughes Aircraft 3300 promovierte Physiker. Der Aufwand zahlte sich aus, und die Firma wurde zum Monopolisten für Rüstungselektronik, zu dem das US-Verteidigungsministerium lange Zeit keine Alternative hatte. Heute ist sie einer der bedeutendsten Rüstungskonzerne. Sie fusionierte mit der Firma Raytheon und stellt Marschflugkörper, Raketen, Satelliten, Hubschrauber und Elektroniksysteme aller Art her.

1947 begann bei Hughes die Hubschrauber-Produktion. Der H-17 Sky Crane flog erstmals im Oktober 1952. Der kommerzielle Erfolg des Modells blieb allerdings aus. 1955 startete der Ableger Toolco Aircraft Division und begann, leichte Militärhubschrauber zu entwickeln. Im Mai 1965 bekamen sie den Zuschlag für einen Beobachtungshelikopter für die US Army, was zu Entwicklung des OH-6 Cayuse führte – ein bis heute noch unter verschiedenen Namen produzierter Hubschrauber. Hauptsächlich bei MD Helicopters. 1976 wurde die Toolco Aircraft Division in Hughes Helicopters umbenannt.

Aus diesem Hause stammt der berühmte AH-64 Apache Kampfhubschrauber, dessen Ur-Modell das Modell 77 war. Die ursprüngliche Konfiguration des Modell 77 war vom endgültigen AH-64A Apache-Serienmodell nicht allzu weit entfernt. Die Ähnlichkeiten waren sehr offensichtlich. Die Hauptunterschiede waren eine andere Cockpitkonfiguration, schmale Avionik-Seitenbehälter, verlängerte Startschienen für die TOW-Raketen und das Fehlen des bis heute berühmten und markanten Waffenturms unter der Bugnase. Für den Prototypen Model 77 verwendeten die Hughes-Ingenieure viele der kampferprobten Elemente des OH-6 Cayuse. Bis hin zur zerlegbaren Modular-Struktur flossen bewährte Bau- und Wartungslösungen in den Prototypen ein. Dennoch mussten viele Konstruktions-Details umgedacht und neu konzeptioniert werden. Bevor die Kooperationsverträge finalisiert wurden, mussten eine Reihe von Änderungen in den Spezifikationen vorgenommen werden. Das ursprüngliche AAH-Definitionsdokument, das Ende 1972 herausgegeben wurde, sah noch die drahtgelenkten TOW-Raketen vor, aber Studien zur künftigen Entwicklung der Bedrohungsszenarien überzeugten die US Army, dass die sogenannten Tube Launched Optically Tracked Wire Command-link Guided Missile (TOW) als rohrgestartete, optisch verfolgten drahtgelenkten Flugkörper nicht mehr zeitgemäß sein würden, wenn ein neuer Kampfhubschrauber die Arena des Kalten Kriegs in den 1980er-Jahren betreten sollte. Die Reichweite war in erster Linie das Problem. Die zur der Zeit verfügbaren ersten Modelle der TOW (BGM-71A und B) ab 1968 hatten eine Reichweite von 3.000 m und trug eine 3,9 kg schwere Hohlladung, mit der sie Panzerungen von bis zu 430 mm durchschlagen konnten. Für bodengebundene Abschussvorrichtungen, wie etwa auf Panzern, Jeeps und sogar auf Dreibeinlafetten, hat sich TOW bis heute weltweit in neuen Versionen in den Arsenalen gehalten.

Für Kampfhubschrauber war sie bald durch ein neues System deklassiert worden – gemeint ist die AGM-119 Hellfire-Rakete. Die Rockwell Hellfire-Rakete war zur Apache-Konzeption noch in einem frühen Entwicklungsstadium, bot aber eine Reichweite von mindestens 6.000 m und wies bereits eine Laser-Suchkopf-Konzeption auf, die eine bahnbrechende Punktgenauigkeit versprach. Die Abkehr von TOW war zunächst mit Risiken verbunden. Dennoch waren die Aussichten auf ein derart modernes Waffensystem zu verlockend für die US Army. Anfang 1973 wurde somit das TOW-Konzept zugunsten der Hellfire restlos im AAH-Bewaffnungskonzept gestrichen. Diese Umstellung der Raketenbewaffnung hatte einen erheblichen Effekt auf das Gewicht und auf die daraus resultierenden Entwicklungskosten für den neuen Kampfhubschrauber. Während im anfänglichen AAH-Programm für mit TOW bewaffnete AH-1 Cobras eine Einsatzdauer von 1,9 Stunden pro Mission veranschlagt wurde, musste das Programm an die Hellfire-Konfiguration angepasst werden, denn der Einsatz von Hellfire-Raketen erforderte zusätzliche Einsatzausrüstung, die dazu führte, dass der Hubschrauber schwerer wurde und mehr Treibstoff als geplant benötigte. Am 22. Juni 1973 gab das US-Verteidigungsministerium bekannt, dass die Entwürfe von Bell und Hughes für eine konkurrenzfähige Entwicklung ausgewählt wurden und somit beide den Auftrag erhielten die Phase 1 des AAH-Programms zu begleiten. Bell erhielt 44,7 Millionen Dollar für die Entwicklung, den Bau und den Testflug des hauseigenen Entwurfs unter der Bezeichnung YAH-63, während Hughes 70,3 Millionen Dollar für ein ähnliches Programm mit dem Modell 77, welches im Gefolge als YAH-64 bekannt werden sollte.

Beide Verträge umfassten die Konstruktion der Prototypen, sowie jeweils den Auftrag zum Bau bodengebundener Testmodelle (Ground Test Vehicles, GTVs) sowie zweier fliegender Erstmodelle. Der Erstflug der beiden Prototypen war für März 1975 geplant. Nach einer siebenmonatigen Test- und Evaluierungsphase sollte der Gewinner im Juli 1976 bekannt gegeben werden. Die Entwürfe, die von den konkurrierenden Firmen eingereicht wurden, ähnelten in ihrer Grundkonfiguration dem bestehenden AH-1, waren aber viel größer und schwerer. Der AH-1 wog rund 2.900 kg, während aber die neuen Bell- und Hughes-Modelle rund 6,000 kg auf die Waage brachten. Beide Prototypen waren

Prototypen in Formation. Ein Sikorsky YUH-60 (Vordergrund) und der Boeing-Vertol YUH-61 (hinten) während der Wettbewerbsphase um das Utility Tactical Transport Aircraft System (UTTAS) Mitte der 1970er-Jahre. (Foto: Sikorsky Archiv via Lockheed-Martin)

zweimotorig ausgelegt und benutzten die vorgegebenen General Electric YT700-Triebwerke. Letztere waren bereits für die Hubschrauber des UTTAS-Programms entwickelt worden. Die US Army hatte die Verwendung der neuen GE-Triebwerke zwar nicht formell angekündigt oder gar angeordnet, aber eine Verwendung des T700-Triebwerks von GE war so gut wie sicher. Aus heutiger Sicht sicher ein Akt des unlauteren Wettbewerbs, doch die gespannte Phase des Kalten Kriegs und die Zeiten quasi-nationaler Rüstungsunternehmen ließen Regierungen im Rahmen der nationalen Sicherheit viel Spielraum.

Wie dem auch sei, die Prototypen von Bell und Hughes unterschieden sich letztlich doch sehr voneinander. Sowohl in der Rumpfform als auch in der Anzahl der Rotorblätter. Der Rumpf von Bell war im Querschnitt rund, verjüngte sich zum Heckausleger hin. Die vertikale Heckfläche oberhalb und unterhalb des Heckauslegers gaben dem Hubschrauber ein haifischähnliches Aussehen. Die beiden T700-Triebwerke waren in Gehäusen untergebracht, die hinter dem Cockpit angebracht waren. Alle Hubschrauberkonstrukteure standen vor der Aufgabe die Hochgeschwindigkeits-Wellenrotation eines von einer Gasturbine auf die viel langsamere Drehzahl für das Rotorgetriebe umzuwandeln. Für den YAH-63 entschieden die Bell-Konstrukteure, eine Antriebswelle direkt an dem Triebwerksausgang zu koppeln. Der Hauptrotor war zweiblättrig und ähnelte der Konfiguration, wie sie sich im Einsatz bei UH-1 und AH-1 Hubschraubern in Vietnam bewährt hatte. Obwohl der YAH-63 viele konstruktive Elemente des AH-1 zur Kostenreduktion übernahm, wie zum Beispiel den schmalen, langen Rumpf, die Tandemanordnung der Besatzung und die Stummelflügel, stellte er dennoch ein eigenständiges Modell dar. Besondere Merkmale waren das Tandem-Bugfahrwerk, ein ungewöhnliches Seitenleitwerk und die dreiläufige XM-188 30 mm-Kanone. Ungewöhnlich war auch, dass der Pilot auf dem Vordersitz saß, wozu auch die Cockpitscheiben angepasst wurden. Der Pilot sollte so im Rahmen des Einsatzkonzeptes in den bewaldeten Gebieten Westeuropas eine bessere Übersicht erhalten, um in den Baumkronen fliegen zu können. Um die Transportfähigkeit der YAH-63 zu gewährleisten, konnte der Rotormast abgesenkt und das Fahrwerk teilweise eingefahren werden. Ein kleiner Nachteil war der Rotordurchmesser von 15,5 m, die um 91 cm größer im Radius war als die vierblättrige Variante von Hughes für den YAH-64. Der zweiblättrige Heckrotor befand sich auf der Backbordseite des Hecks und wurde von einer außen angebrachten Welle angetrieben, die oberhalb des Heckauslegers verlief, was einen guten Zugang für die Wartung ermöglichte. Hatten die Bell-Designer eine fliegende Kaulquappe entworfen, schienen sich die Hughes-Designer vom Haifisch inspiriert worden zu sein, und entwarfen eine kantig aussehende Konstruktion mit einem platten Rumpf und einem markanten Übergang zwischen Hauptrumpf und Heckausleger. Die Gehäuse für die T700-Triebwerke waren am Rumpf hoch angesiedelt und etwas weiter nach hinten platziert als beim YAH-63. Die YAH-64-Ingenieure beschlossen, das Problem der Verbindung von Motor und Getriebe in zwei Stufen zu lösen, indem ein Getriebe (bekannt als Nose Gearbox) direkt vor das Triebwerk montiert wurde, um die Drehzahl zu reduzieren, bevor die Energie auf die Antriebswelle, die das Drehmoment auf das Hauptgetriebe überträgt, einwirken konnte. Ein weiteres herausragendes Merkmal des YAH-64 (vom OH-6 angeleitet), war die Verwendung eines vierblättrigen Hauptrotors.

Die Diskussion um die Vorzüge von zwei- und vierblättrigen Rotoren ist bis heute spannend. Die Verwendung von drei- oder vierblättrigen Hauptrotoren war eine Hughes-Tradition. Bei zwei Hubschraubern mit ähnlichem Gewicht tragen die kleineren Blätter einer drei- bzw. vierblättrigen Konstruktion geringere Lasten, argumentierte die Firma. Kleinere Blätter führen auch dazu, dass der Rotor einen kleineren Radius aufweist, was signifikante Vorteile im Tiefflug und im engen Kurvenkampf haben kann. Die Erfahrungen in Vietnam hatten gezeigt, dass bei Kampfeinsätzen in niedriger Höhe zwischen Bäumen, der OH-6 besser in dicht bewaldeten Gebieten operieren konnte als der UH-1 oder OH-58. Dank seines kleineren Rotors. Der Heckrotor des YAH-64 war ebenfalls vierblättrig konzipiert. Er befand sich an der Backbordseite des Seitenleitwerks und wurde von einer Welle angetrieben, die in einem Rückgrat der Oberseite des Heckauslegers verlief. Die Oberseite der YAH-63-Heckflosse wies eine relativ kleine Fläche auf. Das Hughes-Team entschied sich jedoch für einen viel größeren Stabilisator, der an der Wurzel des Seitenleitwerks angebracht wurde. Wie bereits angesprochen, entschied sich Bell dazu, den Piloten im vorderen Cockpit zu platzieren, während der Co-Pilot bzw. Richtschütze (Co-Pilot/Gunner, CPG) leicht erhöht hinter ihm saß. Beim Hughes-Konzept war diese Anordnung genau umgekehrt.

Ferner hatten die Kampferfahrung mit dem AH-1 die Vorzüge einer auf einem Turm montierten Maschinenkanone aufgezeigt. Der AH-1 S trug eine dreiläufige 20 mm M197-Kanone, aber für den AAH wollte die US Army ein mächtigeres Geschütz und spezifizierte eine am Turm montierte 30-mm-Waffe mit mindestens 800 Schuss Magazin-Kapazität. Auch hier war zunächst General Electric im Gespräch, dessen Werk in Burlington bereits viele Bordkanonen entwickelt und ausgeliefert hatte. Berühmt war vor allem die nach dem Gatling-Prinzip arbeitende M61Al Vulcan in 20 mm. Sie war in den meisten US-Kampfflugzeugen verbaut. So war es nicht verwunderlich, dass GE die XM 188 anbot, welche ebenfalls eine dreiläufige Gatling-Maschinengewehr-Variante darstellte. Allerdings nicht für Fast Mover, sondern eben für Hubschrauber. GE war jedoch nicht der einzige Mitbewerber.

Hughes Helicopter hatte seine eigenen Ideen zum Bordgeschütz-Design und seit Ende 1972 arbeiteten die Ingenieure der Firma an einer Waffe – der XM230 Chain Gun (Ketten Kanone). Anfang 1985 erhielten beide Kanonenhersteller den Auftrag zur Lieferung von jeweils zwei Waffen jeden Typs an die US Army zu Bewertungszwecken. Bei der Positionierung der elektro-optischen Sensoren und der Kanone gingen die beiden Teams wieder unterschiedliche Wege. Bell Ingenieure entschieden sich für die Montage der General Electric XM188-Kanone an der Unterseite der Bugnase, während die elektro-optischen Sensoren in einem schwenkbaren Hängebehälter direkt unter der Frontscheibe des Piloten montiert wurden. Hughes sah dagegen den Platz für die Sensorik und Optronik in der Nasespitze. Dort sollten die Zielbeobachtungs- und Auffassungssensoren sowie der Laser untergebracht werden. Die Bordkanone XM230 Chain Chain Gun positionierte Hughes direkt unter dem vorderen Cockpit des YAH-64. Der AAH wurde ganz offensichtlich zu einem sehr teuren Unterfangen. Um die Kosten niedrig zu halten, fügte die US Army Klauseln in die Verträge ein, die es zuließen, Kompromisse einzugehen, wenn sie zu signifikanten Einsparungen in Sachen Kosten- oder Zeit führten. Die Stückkosten des AAH sollten im Jahr 1972 1,6 Millionen Dollar betragen und die gesamten Kosten der Entwicklung des Hubschraubers und der Herstellung bei einer geplanten Produktionsserie von 472 Exemplaren wurden 1972 auf knapp über 3 Milliarden Dollar geschätzt. Als die Prototypen immer mehr Gestalt annahmen, wurde schnell klar, dass beide Unternehmen mehr Geld ausgaben als erwartet. Um die Kosten dennoch in Grenzen zu halten, wurde Anfang 1975 eine sechsmonatige Verschiebung des Programmes vereinbart. Neben der Verzögerung kam es somit auch zu Zahlungsverzügen bei der Entwicklungshilfe für Bell und Hughes.

YAH-64 als Sieger

Als das YAH-64-Design zum ersten Mal entworfen wurde, schien die niedrige Position des Hecks die naheliegendste Lösung. Dies würde den Heckrotor in den Baumwipfeln schützen, während eine T-Leitwerkskonfiguration strukturelle Komplikationen mit sich gebracht hätte. Denn die Heckleitwerkskonfiguration war ursprünglich genau dieses T-Leitwerk. Diese ursprüngliche Konstruktion wurde beim YAH-64 geändert. Flugversuche mit einem mit hölzernen, niedrig angesetzten Leitwerk modifizierten OH-6 zeigten bald die vermeintlichen Probleme. Beim Übergang des Flugzeugs aus dem Schwebeflug in den Vorwärtsflug blies der Luftstrom des Hauptrotors über das Heck zurück und erzeugte sogenannte »Pitching Moment«-

Ein Hughes YAH-64 mit Lenkraketen-Attrappen, die dem späteren Original sehr nahekommen. Besonders war nicht nur das Design, sondern vor allem der multiplexe Datenbus, der bereits in den Prototypen für eine Computergesteuerte Avionikdatenverarbeitung sorgte und somit wie eine offene Systemarchitektur für zukünftige Upgrades bereitstand. Auch die Waffenplattform war völlig neu konzipiert. (Foto: Archiv NASA)

Änderungen, also das Abkippen des Hubschraubers, die die Piloten nur schwer ausgleichen konnten. Eine signifikante Änderung der Pitch-Trimmung war auch beim Übergang vom Horizontalflug in einen Steigflug mit maximaler Kraft zu vermerken. Obwohl der Heckausleger des Prototyps hätte schnell umgerüstet werden können, nahm man das T-Leitwerk zunächst in Kauf. Das überarbeitete Höhenleitwerk war jedoch rechtzeitig zum Erstflug fertig. Am 19. April 1975 begann Bell mit den Bodenlauf-, Prüflast- und Vibrationstests für das YAH-63 Ground Test Vehicle (GTV), und zwei Monate später begann Hughes mit dem Betrieb seines GTV.

Konfrontiert mit Bells Zeitvorsprung, investierte Hughes viele Arbeitsstunden um den Rückstand aufzuholen. Ingenieure arbeiteten lange, um die Daten vom Bodengerät zu sammeln und den ersten Prototypen für den Flug vorzubereiten. Es traten nur wenige Probleme auf, unter massivem Einsatz von Nachtarbeit schafften die Ingenieure es, den Prototypen AV02 (Air Vehicle No 2) am 30. September 1975 auf dem Palomar Airport in Südkalifornien in die Luft zu bringen. Es gab keinen AV01 als erste Flugzelle, da AV01 ein GTV war. Der erste Bell YAH-63 flog bereits am nächsten Tag. Ein Faktor, der Bell verlangsamt haben könnte, war der Hochgeschwindigkeitsantrieb zwischen dem Motor und dem Getriebe. Der Preis für den Verzicht auf ein Zwischengetriebe waren Probleme mit diesen hochbelasteten Komponenten. Am 22. November erblickte AV03 – der zweite Hughes-Prototyp – das Licht der Welt, während Bell am 21. Dezember 1975 zum ersten Mal mit seinem zweiten Testmuster flog. Die Tests der beiden Unternehmen wurden in der ersten Hälfte des Jahres 1976 fortgesetzt, wobei alle vier AAH-Prototypen im Sommer auf die Edwards AFB überführt wurden. Im März des desselben Jahres wurden die XM203E 1 Chain Gun und 2,75-Zoll-Raketen zum ersten Mal aus der Luft abgefeuert. Die Wettbewerber um die neue Borkanone waren drei Monate lang mit Bodentests im Rock Island Arsenal beschäftigt.

Am 4. Juni 1976, kurz vor der geplanten Übergabe, wurde einer der YAH-63-Prototypen bei einem Unfall beschädigt, während er von einem Army-Piloten auf dem Vordersitz und einem Bell-Testpiloten auf dem hinteren Sitz geflogen wurde. Eine Untersuchung ergab später, dass die Antriebswelle des Heckrotors versagt hatte, während der Hubschrauber sich im Seitwärtsflug nach rechts befand. Die Antriebswelle versagte bei diesem belastenden Manöver und ließ die Besatzung ohne das Antidrehmoment eines angetriebenen Heckrotors. Das Flugzeug machte etwas mehr als zwei Umdrehungen, schlug auf dem Boden auf und überschlug sich. Beide Besatzungsmitglieder überlebten den Unfall, aber der Prototyp war ein Totalschaden. Um der US Army zeitnah einen zweiten Prototypen bereitstellen zu können, musste Bell den GTV flugfähig machen. Nach der Auslieferung an die Edwards AFB wurden beide AAH-Entwürfe einem Wettbewerb unterzogen.

Während dieser Tests nahm ein anderer Teil der AAH Gestalt an – die komplexe und anspruchsvolle Sensoreinheit, deren zwei Hauptbestandteile das Zielsuch- und erfassungsgerät (Target Acquisition Designation Sight, TADS) und der Nachsicht-Sensor des Piloten (Pilot's Night-Vision Sensor, PNVS) waren. Das TADS, das vom Richtschützen benutzt werden sollte, kombinierte eine Direktsichtoptik mit einem vorwärtsgerichteten Infrarotsensor (Forward Looking Infrared, FLIR), einem TV-System, einem Laser-Entfernungsmesser/Designator und einem Laser Tracker. Die beiden Systeme wurden so konzipiert, dass sie als Sensorenpaket zusammenarbeiten und neben- und übereinander in einem einzigen stabilisierten Drehturm untergebracht werden konnten. Infolgedessen wird die Anlage für gewöhnlich als TADS/PNVS bezeichnet.

Am 27. November 1976 hatten Bell und Hughes ihre TADS/PNVS-Vorschläge, ihre Borkanonen-Konzepte sowie ihre fliegenden Prototypen final eingereicht. Am 10. Dezember 1976 verkündete die US Army einen doppelten Erfolg für Hughes. Der siegreiche AAH-Entwurf war der YAH-64. Die ebenfalls aus dem Haus Hughes stammende Borkanone M230 Chain Gun wurde als standardmäßige Kanonenbewaffnung ausgewählt. Ein grandioser Sieg für das Unternehmen, den Howard Hughes selbst leider nicht mehr erleben konnte, denn er verstarb bereits im April 1976. Auf Grund der umfassenden Aktivitäten und verwickelten Investitionen hinterließ Hughes eine Reihe von Firmen. Kernfirma seiner Aktivitäten in der Luftfahrt war die von ihm 1936 gegründete Hughes Aircraft Company. Sie war eine der größten Verteidigungs- und Luftfahrtfirmen der USA. Im Laufe der 1970er- und 1980er-Jahre wurden immer wieder Teile der Firma verkauft, so dass heute keine der Sparten (Hughes Electronics, Hughes Helicopters etc.) mehr unter dem Namen Hughes firmiert. Auf dem alten Firmengelände haben sich inzwischen Filmstudios der DreamWorks SKG angesiedelt. 1997 fusionierten Hughes Electronics und Raytheon; Hughes Space and Communications wurde im Jahr 2000 von Boeing aufgekauft. Die Hughes Aircraft war ursprünglich eine Ausgründung aus der Hughes Tool Company, die Hughes von seinem Vater als Erbe 1932 übernommen hatte. Diese Firma wurde aber bereits 1972, vor seinem Tod weiterverkauft. 1984 sollte dann Hughes Helicopters an McDonnell-Douglas für 500 Millionen US-Dollar verkauft werden. Die Firma wurde in McDonnell-Douglas Helicopters umbenannt. Nachdem der Konkurrent Boeing 1996 die Geschäftsfelder Militär- und Weltraumtechnik der bis 1967 eigenständigen North American Aviation von Rockwell International kaufte, fusionierten 1997 McDonnell Douglas und Boeing.

Doch bis zum Patent- und Firmierungswirrwarr sollten noch einige Jahre in der AAH-Entwicklung vergehen. Denn die Faktoren, die den Ausschlag für die Entscheidung 1997 gegen das Bell-Modell im AAH-Programm gaben, waren der Zweiblatt-Rotor und die kleine dreieckige Grundfläche des dreirädrigen Fahrwerkes. Auf unebenem Terrain hätte sich der YAH-63 leichter überschlagen können. Hughes Helicopters stand nun vor Phase 2 des AAH-Programms. In Phase 2 ging es darum, die Prototypen und deren Systeme zur Serienreife zu bringen. Dies sollte 50 Monate dauern, aber die USA hatten gerade einen Regierungswechsel hinter sich, als der neue Präsident Jimmy Carter Gerald Ford ablöste. Dies hatte auch Auswirkungen auf das sehr teure Testverfahren im AAH-Programm, denn die Administrationen hatten deutlich unterschiedliche Ansichten über die Priorität des AAH-Programms. Die Ford-Regierung hatte noch 200 Millionen Dollar für die AAH Phase 2-Entwicklung für das Jahr 1978 vorgesehen, aber Carter beschloss, diesen Betrag zu halbieren. Diese Kürzung hatte eine unmittelbare Auswirkung auf das Programm. Die Hughes Company war gezwungen, ihr Programm an das geschrumpfte Budget einzupassen und entwarf einen Plan, nach dem drei weitere Prototypen gebaut und mit Waffensystemen ausgestattet werden sollten. Die beiden bestehenden AV´s sollten auf den neuesten Stand gebracht werden, so dass sie auch für Waffensystemversuche geeignet waren. Statt der geplanten 50 Monate dauerte die verschlankte Phase 2 dennoch 60 Monate. Der US-Kongress war mit Präsident Carters Kürzungen nicht einverstanden und genehmigte seinerseits einen Kompromissbetrag von 165 Millionen Dollar. Diese teilweise Wiederherstellung erlaubte es Hughes, die Phase 2 um vier Monate zu verkürzen. Ein Gesamtwert von rund 390 Millionen Dollar wurde folglich aufgewendet.

Im Verlauf des Jahres 1977 wurde ein Paket von Modifikationen – bekannt als Mod 1 – schrittweise an den beiden fliegenden Prototypen und dem GTV angehängt. Die ersten Flugversuche mit AV02 und AV03 hatten zwei Probleme aufgezeigt: beim Fliegen von simulierten Tiefflug-Missionen (Nap of the Earth-Mission) neigten beide Flugzeuge dazu, in einer leicht nach oben geneigten Haltung zu fliegen, was die Sicht nach vorne minderte. Dies zwang die Piloten dazu, die Nase mit Hilfe der Flugsteuerung zu senken, bevor Raketen abgefeuert werden konnten. Bei anderen Flugtests, die das Flugzeug extremen Flugbedingungen aussetzten, schlugen die Rotorblätter auf die Kabinenhaube ein. Das Rotorproblem war leicht zu beheben. Die Hughes-Ingenieure gestalteten den Mast neu und vergrößerten sei-

Firmenreklame von Hughes 1983, die mit Stolz auf die Kooperation mit der US Army und dem Sieg im AAH-Programm hinwies. Ein Jahr später wurde Hughes verkauft und firmierte unter McDonnell Douglas. (Foto: Archiv Boeing)

Image-Poster von Hughes Helicopters während der Testphase mit den Prototypen YAH-64 AAH. Man beachte die T-Leitwerk-Konstellation sowie die modern wirkenden 4-fach TOW-Werfer. Ein TADS/PNVS-Sensorenpaket gab es zu diesem Zeitpunkt nicht. (Foto: Archiv Boeing)

Ein früher Mockup des Hughes YAH-64 als der AAH-Wettbewerb 1974 langsam in Rollen kam. Diese Maschine ist flugunfähig, wurde jedoch zu Anschauungszwecken möglichst realistisch vorbereitet. Hughes nannte den YAH-64 zunächst Model 77. (Foto: Archiv Boeing via Vertiflite Magazine von 1974)

ne Höhe um 24 Zentimeter. Das Problem der schrägen Fluglage erwies sich jedoch als aufwendiger. Beide Prototypen waren mit einem festen T-Leitwerk ausgestattet, dessen starr montiertes Höhenleitwerk an der Oberseite des Höhenleitwerks angebracht war. Die dynamische Umgebung des Hubschraubers war vielen Vibrationen ausgesetzt. Genau diese Probleme, die Hughes zuvor zu der Überzeugung geführt hatten, die Verwendung eines T-Leitwerks möglichst zu vermeiden, mussten nun behoben werden. Es wurde bald klar, dass eine alternative Konstruktion des Stabilisators benötigt wird. Folglich wurde der AV03 zeitnah mit einem tief angesetzten Stabilisator ausgestattet. Die Konfiguration mit dem überarbeiteten Stabilisator, als Teil des Mod 1, war vom Gewicht her sogar leichter als die ursprüngliche Version und wies eine gerade Vorder- und eine gepfeilte Hinterkante auf. Beim ursprünglichen Bauteil war die Vorderkante gepfeilt und die Hinterkante war gerade und wurde an der Oberseite der Seitenflosse angebracht.

Änderungen wurden auch am Heckrotor vorgenommen. Der Heckrotor als einer der Komponenten, die maßgeblich eine wichtige Rolle für eine gute Steuerbarkeit im Seitwärtsflug spielt, musste ebenfalls modifiziert werden. In der Vergangenheit hatten viele Design-Teams den Fehler gemacht, den Heckrotor zu klein zu bauen. Mit dem Ergebnis, dass im Seitenflug ein Punkt erreicht werden kann, an dem der Hubschrauber schwer zu handhaben ist. Angesichts der Tatsache, dass der Apache dazu bestimmt war, zwischen den Bäumen zu operieren und somit in einer Umgebung, in der eine gute Seitensteuerung benötigt wird, beschlossen die Konstrukteure, den Heckrotor dahingehend zu verbessern, dass sein Durchmesser um 7,6 cm vergrößert wurde.

Komprimierungseffekte wurden auch beim Hauptrotor festgestellt. Die variierenden Belastungen auf jedes einzelne Blatt über die gesamten 360° der Drehung zeigten im Belastungsdiagramm große Lastspitzen auf der vorlaufenden Seite des Rotors – d.h. auf der Steuerbord-Seite. Der Übergang der Vibrationen in das Blatthaltesystem und in die Zelle war eine potentielle Quelle für Ermüdungserscheinungen des Materials. Obsoleszenzen waren somit vorprogrammiert. Eine Diagrammspitze im Schallpegelbereich wurde ebenfalls festgestellt. Das Abknicken der Blattspitze milderte sowohl die Lastspitze als auch den Schallimpuls. Die Hauptrotorblätter erhielten folglich bei der Herstellung seitdem eine leichte horizontale Kante an den Blattspitzen, die bis heute ein markantes Zeichen sowohl beim Apache als auch beim Blackhawk darstellen. Später zeigte sich diese Methode auch bei weiteren Hubschraubern (EH/AW-101 Merlin, Westland Lynx, AW-159 Wildcat). Zudem wurde eine weitere Verlängerung des Hauptrotormastes um 15 cm durchgeführt.

Eine weitere Änderung betraf den Austausch der Triebwerksauslässe zur Reduzierung der Infrarot-Signatur der Abgase durch passiv gekühlte Kanäle – bekannt als Black Holes. Flugtests in White Sands (WS Missile Range) haben die geringe IR-Signatur des YAH-64 bestätigt.

Am 10. März 1977, genau drei Monate nach der Bekanntgabe, dass Hughes den AAH-Zuschlag gewonnen hatte, wurden die Entwicklungsaufträge für die TADS/PNVS-Entwicklung an zwei konkurrierende Firmen-Teams erteilt. Die Finanzierung in Höhe von 55 Millionen Dollar wurden zwischen Martin Marietta und Northrop aufgeteilt und nach einem Fly-Off der konkurrierenden Systeme an Bord des YAH-64 System-Prototypen hoffte die US Army, bis Anfang 1980 einen Sieger küren zu können.

Die Martin Marietta Corporation entstand 1961 durch die Fusion des Luftfahrt- und Rüstungsunternehmens Glenn L. Martin Company mit dem Baustoffkonzern American-Marietta Corporation. Die Firma war in verschiedenen Sparten mit verschiedenen Tochterfirmen tätig und produzierte unter anderem Flugzeuge und Flugzeugteile, Triebwerke, Elektronik, Baustoffe und Zement sowie Chemikalien. Sie nahm an dem durch das Weltraumrennen und das Wettrüsten mit der Sowjetunion ausgelösten Aufschwung der Luft- und Raumfahrtindustrie teil. Die Glenn L. Martin Company hatte bereits Erfahrungen im Bau von ballistischen Raketen und Marschflugkörpern gesammelt (Matador, Mace, Viking, Vanguard-Projekt). Zu den bekanntesten Produkten des Konzerns zählen die Titan-Interkontinental und -Trägerrakete und die Pershing-Mittelstreckenrakete, die noch in den 1950er-Jahren von Martin entwickelt wurden. 1993 übernahm man die Luftfahrt- und Satellitensparte von General Electric sowie die Raumfahrtabteilung von General Dynamics. 1995 erfolgte die Fusion mit der Lockheed Corporation zu Lockheed Martin.

Northrop wiederum wurde 1939 gegründet (Northrop Aircraft Inc. in Hawthorne, Kalifornien). Während des Zweiten Weltkrieges baute Northrop z. B. den Nachtjäger P-61 Black Widow. Am 2. Februar 1959 wurde die Northrop Aircraft Inc. zu einer Abteilung der Northrop Corporation. Northrop war besonders aktiv in der Entwicklung von Nurflügelbombern (YB-35, YB-49 und der Tarnkappenbomber B-2 Spirit). Die wichtigsten Serienmuster wurden jedoch die F-89 »Scorpion« und vor allem die zweistrahligen Jets der F-5/T-38 Serie. Nach der Niederlage bei der Advanced Tactical Fighter-Ausschreibung gegen Lockheed Martin und im Joint Strike Fighter-Programm schloss sich das Unternehmen im Jahr 1994 mit der Grumman Aerospace Corporation zur Northrop Grumman Corporation zusammen.

TADS/PNVS-Ausschreibung

Wie schon bei der Flugzelle verfolgten auch die Sensorik-Teams unterschiedliche Ansätze: Northrop plante die Installation des PNVS in einem Hohlraum über der Hubschraubernase und das TADS sollte darunter installiert werden. Das PNVS sollte bei Bedarf eingefahren werden. Martin-Marietta bevorzugte eine nicht einziehbare Variante. Die Entwicklungsarbeit ging immer weiter, aber die Zukunft des Apache geriet regelmäßig ins Wanken. Die gilt bis zum heutigen neuen Modell E, denn dies kostspieligen Projekte sind stets vom Wohlwollen der Politik und den haushalterischen Ansätzen der jeweiligen Legislaturperioden im Kongress und seinen Rüstungsausschüssen abhängig.

Der AH-64 war für die US Army ein dramatischer technologischer Schritt nach vorne. Diese Komplexität trieb jedoch unweigerlich die Kosten in die Höhe und macht den Apache zum wohl teuerste Hubschrauber der Welt. Bis heute, denn jetzt geht man von einem Stückpreis der neuesten Version von etwa 55 bis 65 Millionen Dollar aus. Ein Großteil der Kosteneskalation entstand aufgrund von Verbesserungen aufgrund der Auswirkungen der Inflation, die dem arabisch-israelischen Konflikt von 1973 folgte. Die Erinnerung an den AH-56 Cheyenne half, den Widerstand gegen einen weiteren komplexen und teuren Hubschrauber im Kongress zu brechen. Dennoch kann man im Nachhinein von Glück sprechen, dass das AAH-Programm nicht beendet wurde. Denn während sich aufgrund des endenden Vietnamkrieges die politische und gesellschaftliche Wahrnehmung bezüglich einer weiteren Bedrohungslage abschwächte, schöpften viele Kritiker Mut, um gegen das Apache-Programm zu opponieren. Der US Kongress war folglich sehr skeptisch gegenüber dem AAH-Programm. Dieser bezweifelte die Effektivität des Hubschraubers und seiner Raketenbewaffnung bei High Intensity-Kampfeinsätzen der Zukunft. Demensprechend enthielt der Verteidigungshaushalt des Jahre 1978 in seiner endgültigen Form nur die Hälfte der beantragten Mittel für die wehrtechnische Entwicklung. Die US Army wurde angewiesen, ihre Anforderungen zu überprüfen. Die Tests zum AAH in Phase 2 wurden dennoch im April 1978 abgeschlossen. Bis Mai 1978 waren alle technischen Änderungen von Mod 1 durchgeführt. Um mit einer weiteren Serie von Modifikationen zu beginnen, kamen die Prototypen wieder in die Werkstatt, damit das zweite Upgrade hin zur geplanten Produktionsreife – Mod 2 – starten konnte. Die offensichtlichste äußere Veränderung war eine deutliche Vergrößerung der Geräteverkleidungen an den Rumpfwänden – bzw. -backen. In der ursprünglichen Konfiguration reichten diese von kurz hinter der Bugnase nach hinten unter dem Teilungspunkt

Eine Vorserien-Maschine AH-64A während der ersten Schießversuche mit der neuentwickelten AGM-114 Hellfire. Da die TADS/PNVS-Ausschreibung ebenso wie die Bordkanonen-Ausschreibung separat liefen, hatte diese Maschine zu Testzwecken herkömmliche Nasen-Sensoren, um überhaupt mit den Raketen-Tests beginnen zu können. (Archiv: Lockheed-Martin)

von Cockpitvorder- und -rücksitz. Unter Mod 2 sollten die beiden Prototypen mit Bewaffnung, Feuerleiteinrichtungen und Navigationsgeräten ausgestattet werden. Um den zusätzlichen Platz für die Avionik-Geräte zu schaffen, wurden die Verkleidungen nach hinten verlängert und endeten bis knapp unter die Vorderkante der Stummelflügel. Die flachen transparenten Paneele der Kabinenhaube vibrierten im Flug zu stark. Diese Vibration wurde offenbar durch den Rotor ausgelöst, so dass die Kabinenhaube so umgestaltet werden musste, dass sie leicht gekrümmt waren, um so eine stabilere Strukturfestigkeit zu erlangen. Während der Phase-1-Tests wurden AV02 und AV03 insgesamt rund 700 Stunden geflogen. Prototyp AV02 wurde im November 1978 für Zellenstrukturtests herangezogen. Die Instrumente wurden mit Dehnungsmessstreifen versehen, um Verformungsarbeiten exakt messen zu können. Prototyp AV03 wurde für Getriebe- und Turbinentests verwendet. Ab Ende Dezember kehrten die Prototypen zum Flugbetrieb zurück. Bis zum Herbst 1979 hatten die beiden Hubschrauber insgesamt 1.000 Stunden erflogen. Trotz des überarbeiteten Heckleitwerks war das Fluglageproblem immer noch nicht gelöst. Wie ursprünglich vorhergesagt, führte die T-Leitwerkskonfiguration zu inakzeptablen Spannungen auf den hinteren Rumpf. Die Lebensdauer der Zelle wurde daraufhin auf weniger als 4.500 Stunden berechnet, sodass man den Vorgabenbereich der US Army unterschritt. Um die dynamischen Belastungsprobleme mit dem T-Leitwerk zu umgehen und um eine stabile horizontale Fluglage des Hubschraubers unter einem Breitenspek-trum von 40-48 km/h im Rückwärtsflug und bis 320 km/h im Vorwärtsflug zu erreichen, waren die Ingenieure gezwungen, die Komplikationen zu beheben und einen beweglichen Stabilisator zu planen. AV04 war der erste Prototype der zweiten Test-Serie und wurde sodann mit einem überarbeiteten Heckleitwerk ausgestattet. Das Höhenleitwerk blieb in der wie beim AV03 erprobten niedrigen Position, während die vertikale Leitwerksfläche um 7,6 cm erhöht wurde. Der Heckrotor wurde um 76 cm höher positioniert, um den Abstand zum endgültigen Design des Stabilisators zu wahren. AV04 sollte ursprünglich im Juni 1979 fliegen, aber im Frühjahr desselben Jahres kam es zu Verzögerungen bei der Lieferung von Komponenten. Zulieferer hatten den Termin auf August verschoben. Das Programm zog sich dennoch durch den Sommer und Herbst weiter, bis AV04 schließlich im November 1979 den Erstflug hatte. Verschiedene Größen von Stabilisatoren wurden mit dem AV04 geflogen bis die endgültige Version im März 1980 feststand. AV05 flog im Dezember 1979 und wurde für Systemtest verwendet. AV06, der als letzter Prototyp der Test-Serie flog, war der erste Hubschrauber mit einem 25 cm größeren Heckrotor als die früheren Test-Modelle. Bevor auch neueste Avionik- und Waffensysteme im Flug getestet werden konnten, wurden alle Apache-Systeme in flugunfähigen Bodenmaschinen integriert und im Labor getestet. Nach der Erprobung auf den Prüfständen wurden die einzelnen Systeme zusammengeschaltet und dann weiteren Prüfstandtests unterzogen. Im späten Frühjahr 1979 hatten die meisten der Apache-Systeme diese Hürden überwunden und wurden im Missions-Systemsimulator installiert. Hierzu diente Rumpfelement des AH-64. Ein komplett verkabelter Simulator wurde geschaffen, um ersten Test-Crews ein erstes Training zu ermöglichen. Vor dem Beginn der Systemflugtests auf dem Yuma Proving Ground waren diese »Trockenübungen« sehr wichtig. Diese Flugtests beinhalteten einen Fly-Off zwischen den konkurrierenden TADS/PNVS-Systemen, denn noch musste ja die Ausschreibung beendet werden. Geflogen wurden dann erstmals auf dem YAH-64-Prototypen im Sommer 1979. Das Martin Marietta-System wurde in AV02 installiert, die Northrop-Ausrüstung in AV03.

Januar 1980 begann der Fly Off der US Army. Hier traten die beiden Konkurrenzsysteme gegeneinander an. Dieser Kontest dauerte zwei Monate und beinhaltete Tag- und Nachtabschüsse von Hellfire-Raketen gegen Ziele, die sowohl vom Boden aus als auch autonom mit dem TADS im Hubschrauber anvisiert wurden. Die Auswahl der Mar-

Die verwendeten Sensoren (Kamera, Infrarot und Lasermarkierer) sind jedoch bereits in einem hochmodernen und gyrostabiliserten Kugelgehäuse (Gimbal) unter Nasenkante im Einsatz. Später musste das System bekanntlich in zwei Hauptsensoren-Ebenen und unabhängig voneinander konzipiert werden. Zusätzlich kam die Verknüpfung der Sensoren – und vor allem der Waffen – mit der Helm-/Kopf-Bewegung der Besatzung hinzu. Dies stellte neben der Bauweise des AH-64 den eigentlichen Innovationssprung dar. (Archiv: Lockheed-Martin)

tin-Marietta-Ausrüstung wurde im April 1980 bekannt gegeben. Die Ausrüstung hatte sich bei den Tests gut geschlagen. Drei Hellfire-Treffer bei drei Abschüssen wurden erzielt. Martin-Marietta (später Lockheed-Martin) erhielt einen 45,8 Millionen Dollar-Vertrag für ein 26-monatiges Programm für die Arbeit an dem System. Northrop hatte das Nachsehen. Der Produktionsstart war für Dezember 1981 avisiert.

Im Herbst 1980 waren viele Apache-Flugerprobungsziele erreicht. Nach Abschluss eines planmäßigen Modifikationsprogramms zur Einrüstung des neuen Stabilisators und Heckrotors führte Prototyp AV03 einen etwa 270 km langen Transferflug durch, was zum damaligen Zeitpunkt die längste Non-Stop-Reise eines YAH-64 darstellte. AV02 hatte eine Reihe von Bewaffnungs- und Feuerleittests absolviert, bei denen Hellfire-Raketen auf ein Panzerziel mit der bisher größten Entfernung abgeschossen wurden. AV02 war der letzte Test-Hubschrauber mit einem ursprünglichen Stabilisator und Heckrotor, aber dies wurde in einem Umbauprogramm behoben. Neu modifiziert wurde AV02 für weitere Waffenversuche einschließlich der M230 Bordkanone und 2,75-Zoll-Raketen eingesetzt. AV04 erreichte als erster Test-Hubschrauber eine Geschwindigkeit von 381 km/h.

Mehr als 500 Flugstunden hatten die Apache-Prototypen zu bewältigen. Dabei waren Flugmanöver mit mehr als 3 g und Geschwindigkeiten von 300 km/h keine Seltenheit. Als g-Kräfte werden Belastungen genannt, die aufgrund starker Änderung von Größe und/oder Richtung der Geschwindigkeit auf den menschlichen Körper, einen Gebrauchsgegenstand oder ein Fahrzeug einwirken. Es handelt sich bei der g-Kraft um eine »Kraft pro Masse«, sie hat daher die Dimension einer Beschleunigung und wird als Vielfaches der Fallbeschleunigung g angegeben. Hierbei wird dann die Beschleunigung oft als Vielfaches der Erdbeschleunigung $g \approx 9,81\ m/s^2$ angegeben.

Der automatische Stabilisator funktionierte wie vorhergesagt, während der neue Heckrotor Geschwindigkeiten von bis zu etwa 80 km/h im rechtsgerichteten Seitenflug aushielt. Die Maschine wurde dann in Schießversuchen eingesetzt, um zu bestätigen, dass der Stabilisator beim Abfeuern der Waffen nicht mit übermäßiger Belastung oder durch Trümmerteile beschädigt wird. November 1980 wurde AV04 von einer einer T-28 Trojan Turboprop-Maschine begleitet, die als Verfolgungsflugzeug das Verhalten des Apache-Leitwerks aufzeichnen sollte. Als die beiden in enger Formation flogen damit ein Fotograf im hinteren Cockpit der T-28 das Hubschrauberheck beobachten konnte, kollidierten die beiden Maschine und stürzten ab. Der einzige Überlebende war der Pilot der T-28. Das AAH-Programm geriet dadurch erneut in die Kritik und es drohte erneut die Streichung. Das Pentagon beschloss, das Programm aus dem Verteidigungsbudget für das Jahr 1981 zu streichen. Da die US Army den AH-1 parallel durch Aufrüstungen weiterentwickelte, wurde die Notwendigkeit eines komplett neuen AH-64 erneut angezweifelt. Zwar wurde der US Army schließlich die Finanzierung wieder zugesichert, doch das US-Verteidigungsministerium bestand auf eine Vergleichsbewertung von einem mit Hellfire bewaffneten UH-60 des UTTAS-Programms. Im Februar 1981 erhielt Hughes 25,1 Millionen Dollar für das erste geplante AH-64 Serienbaulos.

Erste Prototypen für die US Army

Kurz darauf übergab das Unternehmen drei Prototyp-Apachen an die US Army. Dabei handelte es sich um die ursprünglichen zwei Prototypen AV02, AV03 sowie AV06. Die Ausbildung der Flugzeugbesatzungen und des Bodenpersonals auf diesen Flugzeugen begann im Mai 1981. Innerhalb weniger Wochen gewöhnten sich die ersten Piloten und Richtschützen/Co-Piloten an ihre neuen Luftfahrzeuge. Die Einsatzerprobungsphase 2 startete somit. Die erste Phase der Einsatzerprobung war der Fly-Off zwischen den rivalisierenden Prototypen auf der Edwards AFB im Jahr 1976.

Bis zum Sommer 1981 hatten die fünf Prototypen rund 2.500 Flugstunden absolviert, davon allein 1.000 Stunden mit dem zweiten Prototypen AV02. Die Entwicklung war zu diesem Zeitpunkt so gut wie abgeschlossen, verkündete der damalige Projektleiter Generalmajor Edward M. Browne. Die Integration der komplexen Waffen- und Avioniksysteme lag im Zeitplan. Der operationelle Test II wurde im Sommer und Frühherbst 1981 durchgeführt und sollte die operative Effektivität des Hubschraubers und seiner Waffen in einer taktischen Umgebung bewerten und erfolgreich aufzeigen, dass der AH-64 die Ziele der US Army hinsichtlich Zuverlässigkeit und Wartungsfreundlichkeit erfüllt. Trainingsverfahren wurden evaluiert. Während der dreimonatigen Testflüge wurden alle Elemente des Waffensystems unter simulierten Gefechtsbedingungen getestet. Die Maschinen wurden Temperaturen von mehr als 43°C sowie feinem Staub ausgesetzt, während Soldaten der 7. US-Infanterie-Division die Rolle der zu unterstützenden Infanterie sowie der Aggressoren (OPFOR) so realistisch wie möglich übernahmen. Diese zermürbende Evaluierung wurde im August 1981 abgeschlossen. Zu diesem Zeitpunkt hatten die drei Testmaschinen der US Army mehr als 400 Flugstunden in drei Monaten absolviert. Die 3.000. Flugstunde des Programms wurde ebenfalls im August erreicht. Der endgültige Startschuss für die Produktion wurde jedoch noch zurückhalten, bis die Ergebnisse vollständig vorlagen. Die folgende Testphase 3 wurde daher von Dezember 1981 auf März 1982 verschoben, um sicher zu gehen.

Noch bevor sowohl die US Army als auch das Pentagon grünes Licht für die Produktion gegeben hatten, ging das Unternehmen Hughes das Wagnis ein und begann vorsorglich mit den Arbeiten an den vermeintlichen Produktionsanlagen. Das war ein riskantes Unterfangen, wäre das AAH-Programm nicht das erste Projekt, welches kurzfristig abgesagt hätte werden können. Im Juli 1981 gab das Unternehmen bekannt, dass es eine knapp 22.000 qm große Produktionsstätte in Mesa nahe Phoenix, Arizona plante. Als Hauptproduktionsstätte für die Endmontage und Abnahme von Flugtests geplant, sollte die 20 Millionen Dollar teure Fabrik etwa 1.800 Arbeiter beschäftigen, von denen zwar einige aus Culver City an den neuen Standort verlegt, jedoch der Großteil der Angestellten vor Ort in Arizona akquiriert werden sollten. Der Zeitplan ebenfalls war sehr ambitioniert, mussten doch sowohl die Werkzeuge und Konstruktionselemente für die Produktion beschafft und das Fließband in Gang gebracht werden. Um den geplanten Liefertermin für das erste Serienmodell im November 1983 einzuhalten, musste Hughes dieses Wagnis wohl eingehen. Der erste Spatenstich sollte dann vor Ende 1981 erfolgen, während Einstellung von Personal in der zweiten Hälfte des folgenden Jahres beginnen würde.

Die Serienproduktion wurde schließlich im April 1982 gestartet. Im Januar 1982 fanden die Vorführungen der Bewaffnung und Feuerleitanlage statt und im März wurden die Kältetests abgeschlossen. Die US Army hatte etwa 360 Millionen Dollar für die Beschaffung der ersten 14 AH-64 Serienmodelle im Rahmen des Haushalts 1982 beantragt. Während diese Zahl schließlich im Kongress zwar auf 444,4 Millionen Dollar erhöht wurde, genehmigte der Kongress dennoch nur 11 Maschinen für das Jahr 1982. Der US Senatsausschuss für Verteidigung verweigerte nämlich die Finanzierung einer ersten Serie von 48 Hubschraubern, bis eine endgültige Einigung über Kosten und Bedarf vorlagen.

Bis Anfang 1981 wurden alle Entwicklungsflüge mit dem brandneuen GE T700-700 Triebwerk des UH-60 Blackhawk durchgeführt, aber am 15. Januar 1982 begann Prototyp AV05 die Testflüge mit dem eigens für den AH-64 vorgesehenen T700-701. Die Qualifikationstests endeten im Mai des selben Jahres. Weitere Flüge galten der Erstellung des Flughandbuchs für Piloten. Im Gefolge der letzten Testflüge begannen auch die Flugerprobungen der geplanten Hauptrotorblätter aus Verbundwerkstoff, die für die Produktion vorgesehen waren. AV03 verbrachte den ersten Teil des Jahres 1982 in Minneapolis, um Vereisungs- und Kaltwettertests durchzuführen und begann dann eine Marketing-Tour zu vielen US-Stützpunkten während des Sommers. Mit AV06 wurden Tests mit der Feuerlöschanlage des Treibstoffsystems durchgeführt. Hinterher diente AV06 dann als Prüfstand für die Produktionsversion des TADS/PNVS.

Im Juli 1982 brach der Apache zu seiner ersten Europatournee auf. Im Laufe seiner über 9.000 km-Tour wurde der AV02 den NATO-Partnern sowie den US-Streitkräften in Deutschland vorgeführt. Die Reise erreichte ihren Höhepunkt im September 1982 mit dem Auftritt des Flugzeugs auf der Farnborough Airshow in Großbritannien. Als das Flugzeug zurück in die USA und auf dem Weg zur Jahrestagung der Association of the US Army flog, hatte sie 154 Flugstunden gesammelt. Während der Apache die Europäer beeindruckte, bereitete Hughes das zweite Produktionslos (Lot 2) vor, welches aus 48 Maschinen bestehen sollte. Die US Army hatte derweil ihre geplante Produktionsmenge von 472 auf 536 angesetzt, bevor sie gezwungen war, diese wieder auf 446 zu reduzieren, um das Programm nicht zu überlasten. Die Kosten stiegen nämlich bereits um 50 %. Trotz der Probleme mit den Kosten, machten die Befürworter des AH-64 ihre Ansichten deutlich. Ein Konzept, das verworfen werden musste war die Vorstellung, dass eine kostengünstige Alternative zu Stückkosten von etwa 4 Millionen Dollar statt der damals im Raum stehenden 15,1

Ein AH-64A bei der Erprobung durch die US Army 1984. Dieses Modell ist bereits beinahe in seiner finalen Erscheinungsform als Serienmodell im Testbetrieb der Army. Man erkennt noch die zusätzlichen Verstrebungen der Cockpit-Seitenscheiben sowie die noch verlängerten Waffenpylone unter den Stummelflügeln. (Foto: Archiv Boeing)

Das erste Baulos der AH-64A hatte noch immer die Merkmale der Testmaschinen (verlängerte Pylone), jedoch waren die Cockpit-Scheiben bereits ausgereift und widerstanden den Vibrationen. Die TADS7PNVS-Sensoren sind ebenfalls in ihrer für die A-Reihe typischen Konstellation verbaut. (Foto: Archiv Boeing)

Millionen Dollar für einen AH-64 (heute ist man bereits bei bis zu 65 Mio. Dollar für einen AH-64E der neuesten Version 6). Denn ein preiswerter AAH auf Basis des Bell AH-1 war undenkbar und vor allem unrealistisch. Die beste modifizierte Version des Cobra Gunship, die aus damaliger Sicht hätte entwickelt werden könnte, war die vorgeschlagene Version für die (west-)deutsche Bundeswehr in Gestalt des PAH-2 Konzepts.

1984 stellten die deutsche und die französische Regierung einen Anforderungskatalog für einen modernen Mehrzweck-Kampfhubschrauber zusammen. Ein aus der französischen Aerospatiale und der deutschen MBB bestehendes Joint-Venture wurde später als Hersteller festgelegt. Es mündete letztlich in der Entwicklung der UH Tiger. Die Entwicklung hätte unter amerikanischer Beteiligung vier Jahre Entwicklungszeit und 297 Millionen Dollar gekostet, wie es im Planungskomitee des Pentagon damals hieß. Er wäre teurer als der Apache und hätte nicht die Überlebensfähigkeit, Absturzsicherheit und Wendigkeit – und vor allem nicht die Schlagkraft – des Hughes-Modells gehabt, waren sich die US-Experten Anfang der 1980er-Jahre sicher. Ob sie damit Recht behalten hätten, sei dahingestellt.

AAH und die NATO-Anforderung

In einem Schreiben vom 22. Juli 1982 hat General Bernard W. Rogers, NATO Oberbefehlshaber Europa (SACEUR), an die Senatoren Ted Stevens und John Tower und die Abgeordneten Joseph Addabbo und Melvin Price auf die dringende Notwendigkeit des AH-64 für das potentiell gefährliche europäische Gefahrenumfeld hingewiesen und vor den Entwicklungsfortschritten der Warschauer Pakt-Armeen in Sachen Technologie und Effizienz ihrer Streitkräfte gewarnt. Die erfolgreiche Neuverhandlung der Hughes-Beauftragung führte im Gefolge zu einer Freigabe des Startschusses der Los 2-Produktion im November 1982. Hughes erhielt drei Verträge über insgesamt 105,6 Millionen Dollar für die Erstfinanzierung der nächsten 48 Maschinen. Während Politiker und Finanzexperten über eine Gesamtzahl von 515 AH-64 feilschten, wurde die Vorproduktion in einer gemieteten Anlage in der nahe gelegenen Stadt Tempe gestartet. Noch bevor das Werk in Mesa bezugsfertig war startete Hughes mit der Produktion.

Ein AH-64A des ersten Bauloses im engen Kurvenflug anfang der 1980er-Jahre. Der bewaldete und hügelige Einsatzraum sollte das Hauptbetätigungsfeld des Apache werden. Die Konfrontation mit den Warschauer-Pakt-Staaten hätte sich schließlich in den westeuropäischen Ländern – allen voran in Deutschland – abgespielt. Doch der Kalte Krieg blieb zum Glück eine Zeit der Ost-West-Balance und wurde bis zu seinem Ende 1989 auch nie zu einem heißen. (Foto: Archiv Boeing)

Im Herbst 1982 waren die Böden des Werks in Mesa verlegt und das Dach des Montagegebäudes war fertig. Die Fertigung begann im Dezember, zwei Monate früher als geplant. Bis Februar 1983 hatten die Apache-Prototypen insgesamt 4.000 Flugstunden erreicht. Zulieferer aus den ganzen USA lieferten Komponenten und Baugruppen nach Mesa.

Erstes Serien-Modell

Im März 1983 war die Produktionsstraße bereit, mit der Montage des ersten Serienmodells zu beginnen. Nur ein Jahr nach Beginn der Bauarbeiten. Wie die meisten US-Militärmaschinen ist auch der Apache ein Gemeinschaftsprodukt vieler Länder. Hughes hat nicht versucht, möglichst viel der Arbeit an sich zu reißen, sondern teilte sie mit Unternehmen in 36 Staaten der USA sowie Auftragnehmer in Kanada und West-Deutschland.

Einer der größten Unterauftragnehmer ist Teledyne Ryan Aeronautical, welche den größten Teil der Strukturen lieferte – Rumpf, Leitwerk, Tragflächen, Triebwerksgondeln, Avionikbaugruppen und Cockpithauben. Die von T. Claude Ryan 1924 unter dem Namen Ryan Airlines, Inc. gegründete Gesellschaft operierte in der Mitte der 1920er-Jahre auf der Strecke Los Angeles – San Diego recht erfolgreich. 1926 verkaufte Ryan die Firma an seinen Geschäftspartner Frank Mahoney und gründete die Ryan Aeronautical Corporation, die Flugzeugmotoren fertigte. 1934 wurde die Gesellschaft schließlich in Ryan Aeronautical Company umbenannt. Während des Zweiten Weltkriegs war das Unternehmen ein Lieferant des US-amerikanischen Militärs. 1969 übernahm Teledyne die Firma für 128 Mio. US-Dollar, die weiter unter dem Namen Teledyne-Ryan Aeronautical Company Experimental und Forschungs-Flugzeuge, Drohnen und Zielflugkörper entwickelte. 1999 übernahm Northrop Grumman die Firma. Die Geschäftseinheit in San Diego trägt weiter den Traditionsnamen Ryan Aeronautical Center. Der erste AH-64-Bausatz wurde Ende März 1984 im Werk in San Diego fertiggestellt und dann per LKW nach Mesa transportiert. Bevor er Teledyne Ryan verließ, wurde der Rumpf mit einer ATAF-Vorrichtung (Apache Transporter Assembly Fixture) montiert, die von der Firma Tracor entwickelt wurde. Rumpf und ATAF kamen noch im März in Mesa an, aber sie sollten noch für einige Zeit von Firmenangestellten und lokalen Würdenträgern begutachtet werden, bevor das ATAF-Gestell und seine Fracht auf der Montagestation 1 installiert wurden.

Das ATAF-System zeigte neben den Vorteilen beim Transport des Apache-Rumpfelements auch die Vorzüge in der Endmontage. Es erlaubte, den Rumpf auf eine geeignete Höhe für die Montagearbeiten anzuheben und um bis zu 90° zu drehen, um den Zugang zu erleichtern. Innerhalb weniger Minuten hatten sich die Techniker eingefunden, um zu beginnen, diese leere Hülle in einen Serien-Apache zu verwandeln. Das Band lief an. Bereits im Laufe eines Monats war das erste Produktionsmodell (Production Vehicle, PV01) bereits an der Montagestation 5 angelangt. Noch während die Arbeiten am Hubschrauber liefen, wurde der Bau des Werks in Mesa weiter vorangetrieben. Das Lager, die Lackiererei und der Hangar standen vor der Fertigstellung, während die Arbeiten zur Umwandlung

Interessiert lauscht die Belegschaft des Werkes in Mesa, Arizona, der Roll-Out-Zeremonie der Werksleitung als der erste Serien-Apache 1982 offiziell zu Testzwecken ausgeliefert wurde. (Foto: Archiv Boeing)

eines neun Hektar großen Geländes in ein Flugtestgelände umgewandelt und eine 7,6 m tiefe schalenförmige Grube auf einem anderen zwei Hektar großen Grundstück ausgehoben wurde. Letztere sollte einen Wirbelkanal beherbergen, der Rotorblatttests und andere Arbeiten mit dem Apache GTV unterstützen sollte. Der Rumpf für PV02 kam im Mai in Mesa an. Zu der Zeit startete die zweite Europa-Tour des künftigen Apachen, um erneut einen Auftritt auf der Paris Air Show durchzuführen. Das Produktionsprogramm benötigte eine große Anzahl von Testpiloten, so dass Mitte 1983 auch die AV03-Testpiloten der Firma und der US Army eingebunden wurden. Die Ausbildung begann zunächst in Yuma und wurde dann nach Mesa verlegt. Der dritte Rumpf erreichte Mesa im Juli, zeitgleich mit der Fertigstellung des Montage- und Systemtestzentrum. Zu diesem Zeitpunkt gelangte PV01 bereits bis zur Station 11 am anderen Ende des Montagegebäudes und befand sich auf den Rückweg auf der anderen Seite der Anlage. Er war jetzt an Station 14, direkt gegenüber der Station 9, wo PV02 bearbeitet wurde. Im August autorisierte der Kongress das Apache-Baulos für das Jahr 1984, welches 112 Maschinen vorsah. Ende September hatte PV01 schließlich seine Reise zur Montagestation 22 absolviert.

Sicht auf das Eröffnungspodium von der Auslieferungshalle aus. Hughes eröffnete das Werk 1982, nachdem die Produktionsbänder bereits zuvor angelaufen waren. Man wollte schließlich auch die Arbeitsabschnitte vorzeigen. (Foto: Archiv Boeing)

Im Beisein von einem Publikum, bestehend aus 1.600 Ehrengästen, der Presse sowie in Begleitung von einem leibhaftigen Apache-Indianer auf einem weißen Mustang und durch eine Flaggenehrengarde des US Army ROTC (US Army Reserve Officer Training Corps Color Guard) flankiert, wurde PV01 am 30. September 1983, zwei Monate früher als geplant, feierlich ausgeliefert. Fünf weitere Maschinen waren auf dem Fließband zu sehen. Mehr als 900 Mitarbeiter waren zur der Zeit bereits in Mesa beschäftigt. Mehr als doppelt so viele wie zu Beginn des Jahres. Aber um die geforderte Produktionsrate von 12 Maschinen pro Monat zu erreichen, wurden doppelt so viele Angestellte benötigt. Nach der Roll-Out-Zeremonie begann PV01 zügig eine umfangreiche Serie von Bodentests, bei denen die Subsysteme überprüft werden sollten. Am 17. November kam PV02 hinzu. Das erste Serienmodell, das mit voller Missionsausrüstung wurde sechs Wochen vor dem Zeitplan fertiggestellt. Weitere sechs AH-64 befanden sich nun in verschiedenen Stadien der Montage. Während diese Arbeiten liefen, kam es jedoch zu unternehmerischen Umbrüchen bei der Firma Hughes Helicopters.

Die Modulbauten an den verschiedenen Stationen konnten erstmals besichtigt werden. Hier zeigte sich bereits das Zusammenspiel der vielen Zulieferer mit dem Hughes Hauptwerk in Culver City und Teledyne Ryan, San Diego. (Foto: Archiv Boeing)

Auch die Transportmodule der vorgefertigten Rumpfteile konnten eingesehen werden. Die Transportmodule waren auch gleich die Fertigungsbühnen, welche in den Hallen bewegt werden konnten und somit die Fertigungsstationen durchliefen. (Foto: Archiv Boeing)

Das Ende von Hughes Helicopters – McDonnell-Douglas übernimmt

Nach dem Tod von Howard Hughes 1976 stand das von ihm aufgebaute Industrieimperium kurz vor der Zerschlagung. Im Juli 1983 gab der Vorsitzende von Hughes Helicopters – ein Treuhänder des Hughes-Nachlasses – bekannt, dass er plante, das Unternehmen für mehr als 500 Millionen Dollar zu verkaufen. Der große US-Luft- und Raumfahrtkonzern McDonnell-Douglas stand schon in kurzer Zeit als potentieller Käufer fest. Dezember 1983 trafen die beiden Konzerne eine Kaufvereinbarung und drei Wochen später war der Deal abgeschlossen. Januar 1984 gab McDonnell-Douglas bekannt, dass es Hughes Helicopters für 470 Millionen Dollar erworben hatte. Hughes Helicopters operierte zunächst weiter unter eigenem Namen als Tochtergesellschaft von McDonnell-Douglas. Nach der Übernahme beschloss McDonnell-Douglas jedoch, die Produktion in Culver City einzustellen und die Belegschaft an diesem Standort von 5.000 auf etwa 1.800 zu reduzieren, um jedoch als Ersatz ein neues Hughes-500-Werk in Mesa zu eröffnen. Das Werk in Culver City beschränkte sich nur noch auf die Produktion von Gussteilen, Schmiedeelementen, Blechbaugruppen und auf den Bau der M230 Chain Gun des AH-64 Apache.

PV01 flog zum ersten Mal am 9. Januar 1984. Der 30-minütige Flug bestätigte das Endergebnis von mehr als 4.500 Stunden Testfliegerei mit den Prototypen. Der Hughes-Cheftestpilot Steve Hanvey erklärte hinterher, dass PV01 reibungslos geflogen sei und hervorragend auf die Eingaben des Piloten reagierte – genau wie die Prototypen vorab, wenn nicht gar besser.

1947 begann bei Hughes die Helikopter-Produktion. Helikopter-Produzent Kellett verkaufte sein neuestes Modell an Hughes. Der H-17 Sky Crane flog erstmals im Oktober 1952. Der kommerzielle Erfolg des Modells blieb allerdings aus. 1955 startete der Ableger Toolco Aircraft Division und begann, leichte Militärhubschrauber zu entwickeln. 1976 wurde die Toolco Aircraft Division in Hughes Helicopters umbenannt. Howard Hughes, der berühmte Gründer, starb am 5. April 1976. Sein Nachlass in Form vieler Firmen wurde verkauft. (Foto: Archiv Boeing)

Zwei Wochen später, am 26. Januar, wurde der erste AH-64 Apache offiziell von der US Army abgenommen. Das Logbuch wurde dem kommandierenden Offizier der in Mesa stationierten US Army-Vertretung ausgehändigt. Die Übergabe war eine reine Formalität: wie PV02 würde der erste Apache nie in einer US Army-Einheit zum Einsatz kommen. Die ersten beiden AH-64 waren Testplattformen in US Army-Besitz und bis an den Rand mit hochsensiblen Instrumenten und Telemetrie-Ausrüstung ausgestattet. Sie trugen jeweils mehr als 450 kg an Testausrüstung mit sich und blieben auch in Mesa für die gesamte Dauer des AH-64A-Programms.

Im Februar 1984 wurde die erfolgreiche Entwicklung und Produktion des Apache zusätzlich durch den Gewinn der Collier-Trophy, einer Auszeichnung, die jährlich von der National Aeronautic Association für herausragende Leistung in der Luft- und Raumfahrt vergeben wird, gekrönt. Interessant zu erwähnen ist noch, dass Col Robert L. Stewart, der im AAH-Programm seit 1976 ein leitender Apache-Testpilot war, im Rahmen des Space-Shuttle-Programms als erster Astronaut der US Army einen Weltraumspaziergang ohne die Hilfe einer Rettungsleine mit der Martin Marietta Manned Manoeuvering Unit unternahm.

Im Frühjahr 1984 hatte PV01 mit mehr als 96 km/h Seitwärts- und Rückwärtsflüge durchgeführt. PV02 sowie 12 weitere Apaches waren in verschiedenen Stadien der Fertigstellung. Im März unterzeichnete die US Army Verträge im Wert im Gesamtwert von 848,1 Millionen Dollar für 112 AH-64, wie im Haushaltsplan für 1984 genehmigt.

PV03 war der erste Apache, der nach dem vollen Serienstandard gebaut wurde. Er wurde Mitte Mai 1984 an die US Army übergeben und wurde von Mesa nach Culver City geflogen. Dort mussten die Wartungshandbücher validiert und erstellt werden, damit US Army-Mechaniker (umgangssprachlich »Grease Monkeys« genannt) bald damit arbeiten konnten. Die meisten Maschinen, die ab dem Sommer 1984 geliefert wurden, wurden in Mesa und Yuma für das Initial Key Personnel Training (IKPT) eingesetzt. Wie der Name schon andeutet, war das IKPT ein Programm zur Ausbildung der Ausbilder der AH-64-Warte bei der US Army.

Im Juli fertiggestellt, waren PV04 und 05 die ersten Apaches, die an die Streitkräfte übergeben wurden. Sie wurden zum Yuma Proving Ground geflogen, um den Umgang mit den Waffensystemen sowie taktische Verfahren zu trainieren. Die Gesamtflugstunden der Prototypen und der Produktionsflotte hatten nun die 5.000-Stunden-Marke überschritten, während durch die Bodentests weitere 3.000 Stunden hinzukamen. Stolz kündigte die Konzernleitung an, den Betrieb in Mesa durch den Bau einer neuen Unternehmenszentrale und eines Advanced Development Center zu ergänzen. Die Ausbildung der ersten Gruppe von US Army-Piloten endete im August. Zu diesem Zeitpunkt waren PV04 und 05 durch PV06 und 07 ergänzt worden, sodass das neu qualifizierte Personal bald weitere Klassen von Army-Piloten schulen konnten.

Apache PV02 wurde der erste Serien-Apache, der eine Hellfire-Rakete abfeuerte und im selben Monat wurde AV02 als erster Veteran in den Ruhestand geschickt, nachdem er fast 2.000 Stunden geflogen war und das Ende seiner Test-Karriere erreichte. Später wurde AV02 nach Fort Rucker geschickt und diente dort als Exponat in der Dauerausstellung im Army Aviation Museum.

Auch der Name Hughes Helicopters wurde bald aus den Registern gelöscht: August 1984 wurde das Unternehmen formell in McDonnell-Douglas Helicopter Corporation umbenannt. Anfang September liefen bereits 20 Apaches auf dem Fließband, während das Unternehmen an eine Produktionsrate von drei Stück pro Monat gekommen war. Auch die Validierung der Apache-Handbücher war abgeschlossen, so dass PV03 den Hangar in Culver City verlassen konnte. Nach Abschluss der Army-Abnahmetests im Oktober 1984, wurde PV03 der Army Aviation Logistics School in Fort Eustis, Virginia, übergeben. Die letzte Gruppe von Hubschraubern, die der IKTP-Ausbildung zugewiesen wurden, bestand aus PV09, 11 und 12 PV08. 10 waren nicht dabei, da sie für eine andere wichtige Aufgabe ausgewählt worden waren. Denn der Apache wurde nicht als Einzelkämpfer konzipiert, sondern sollte mit dem OH-58D-Aufklärungshubschrauber (Scout) der Army zusammenarbeiten.

Die kleinere Scout-Maschine auf Bell JetRanger-Basis hatte in der damaligen Einsatz-Doktrin die Aufgabe, Ziele für den Apache zu lokalisieren und zu markieren. Der Bell OH-58D war ein verbessertes Scout-Muster im Vergleich zum kleinen Cayuse von Hughes. Die firmenintern als Modell 406 bezeichnete Variante entstand aus dem Army Helicopter Improvement Program (AHIP). Die verbesserten Wellen- und Kraftübertragung für Tiefflug wurden durch den Vierblattrotor auch akustisch gedämpft. Bezeichnend sind das Glascockpit und das McDonnell Douglas MMS (Mast Mounted Sight) Mastvisier, mit dem der Kiowa ab 1985 ausgestattet wurde. Diese über dem Hauptrotor befestigte Kugel bildet heute das Kernstück der Aufklärungsfähigkeiten des OH-58. Sie besteht aus einer Tageslicht-Fernsehkamera, einem stabilisierten FLIR sowie einem Laserentfernungsmesser und Zieldesignator. Das Gerät wurde bei der Aufrüstung der Kiowas zum Standard OH-58D in Serie verbaut. Ab 1987 wurden 15 Maschinen unter der Programmbezeichnung Prime Chance weiter modifiziert und bewaffnet. Die Bezeichnung für diese Maschinen lautete zunächst TF-118. Neben den neuen optischen Systemen verfügte der OH-58D Kiowa Warrior auch über ein neues übersichtlicheres Cockpit mit zwei Multifunktionsdisplays und Head-Up-Display für den Piloten. Neue Rotoren und stärkere Motoren und Getriebe machen ihn noch leistungsfähiger.

Das Werk in Mesa und die komplette Firma Hughes Helicopters wurden ab 1984 von McDonnell-Douglas übernommen. Nachdem der Konkurrent Boeing 1996 die Geschäftsfelder Militär- und Weltraumtechnik der bis 1967 eigenständigen North American Aviation von Rockwell International kaufte, fusionierten 1997 McDonnell Douglas und Boeing. (Foto: Archiv Boeing)

Doch für Oktober 1984 wurden zunächst Apache PV08 und PV10 zum Hunter-Liggett-Übungsgebiet nach Kalifornien geflogen, um dort die Einsatzerprobung mit den neu entwickelten OH-58D zu beginnen. PV13 wurde eine weitere Erprobungsaufgabe zugewiesen. Er flog nach White Sands in New Mexico, wo er für elektromagnetische Kompatibilitätstests vorgesehen war. Erst mit der Fertigstellung von PV14 konnten die Army-Crews endlich in einen Combat Ready-Apachen einsteigen. 12 Jahre nach der Entwicklung der AAH-Spezifikationen wurde ein Apache zum ersten Mal in seiner berühmten taktischen Lackierung ausgehändigt. Mit einer geheimen Radar-absorbierenden Masse vermengt sollte diese matte und dunkelgrüne (später dunkelgraue) Farbe ein Kennzeichen für den AH-64 werden.

Das Konzept AH-64 bei der ersten massiven Bewährungsprobe. Mitten in der Wüste versammelt sich ein Großverband von AH-64A Apache und OH-58D Kiowa Warrior der 101st Airborne Division an einer provisorisch eingerichteten Forward Operating Base (FOB) während der Operation Desert Storm 1991. (Foto: U.S.Army / Staff Sgt. Dean Wagner)

Umsetzung und Konzept – Plattform AH-64

Überlebensfähigkeit durch robuste Zellenstruktur

Der Apache mag hässlich aussehen, aber er ist so gebaut, dass er sehr viel aushält und auch nach schweren Beschädigungen im Gefecht seinen Flug fortsetzen kann. Das Geheimnis ist eine Kombination aus schierer Kraft und geschickter Konstruktion. Seit den Anfängen des AAH-Programms war die US Army davon überzeugt, dass der AH-64A brachial operieren müsste. Dementsprechend hat sie den wohl überlebensfähigsten Hubschrauber aller Zeiten entwickelt - beziehungsweise entwickeln lassen. Die Erfahrungen in Vietnam haben gezeigt, wie verwundbar Hubschrauber selbst durch leichten Flakbeschuss sein können, daher wurde viel Entwicklungsarbeit geleistet, um sicherzustellen, dass der AH-64 die A-10 der Drehflügler sein wird.

Die Entwicklung der Fairchild-Republic A-10 Thunderbolt II erfolgte innerhalb des Attack Experimental-(AX)-Programms der US Air Force, das im Juni 1966 initiiert wurde, um einen geeigneten Nachfolger für die Douglas A-1 zu finden. Diese zeichnete sich durch eine relativ einfache, robuste Konstruktion aus, konnte aber eine große Waffenzuladung mitführen, wodurch sie sich besonders für die Aufgabe der Luftnahunterstützung (Close Air Support – CAS) eignete. Eine Aufforderung zur Einreichung von Entwürfen richtete die Air Force am 6. März 1967 an 21 Unternehmen. Die Forderung der US Air Force hatte auch den politischen Hintergrund, dass sie ein Gegengewicht zu den Bestrebungen von US Army und US Marine Corps darstellte, die jeweils eine eigene Beschaffung von CAS-Flugzeugen durchzusetzen versuchten, jedoch allesamt in erster Linie

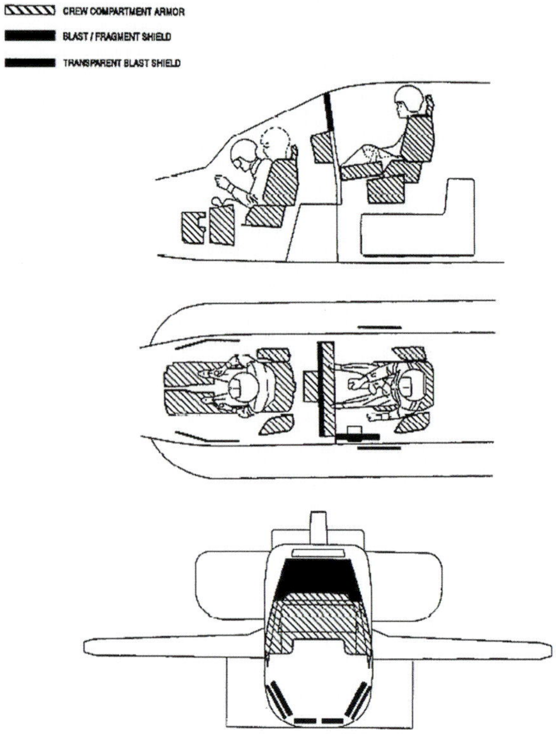

Schematische Abbildung der gepanzerten Elemente im Cockpitbereich laut Technical Manual AH-64A.

auf Hubschrauber abzielten. Nur die US Marines spielten ernsthaft mit dem Gedanken, moderne Starrflügler in ihrer Teilstreitkraft weiter zu etablieren, was auch gelang. Lehrstunden in Sachen Boden-Luft-Gefährdung konnten nicht nur in Vietnam gesammelt werden, sondern auch durch Erfahrungen von verbündeten oder befreundeten Staaten.

Der Jom-Kippur-Krieg war ein Krieg vom 6. bis zum 25. Oktober 1973, der von Ägypten, Syrien und weiteren arabischen Staaten gegen Israel geführt wurde. Nach dem Palästinakrieg (1948/49), der Sueskrise (1956) und dem Sechstagekrieg von 1967 war er der vierte arabisch-israelische Krieg im Rahmen des Nahostkonflikts. Die Verluste waren auf beiden Seiten hoch. Auf arabischer Seite gab es über 8500 Tote zu beklagen. Mehr als 2600 israelische Soldaten fielen, 7500 wurden verwundet und 300 gerieten in Gefangenschaft. Die israelische Luftwaffe erlitt große Verluste durch den Einsatz von Flugabwehr-Raketen, ZSU-23-4 Shilka-Flugabwehrpanzer und weiteren »Triple A« (Anti Aircraft Artillery) aus sowjetischer Produktion.

Kritische Bereiche des Apache, wie die Hauptrotorblätter und das Cockpit sind daher so konstruiert, dass sie einen Treffer von einer 23-mm-HEI (High-Explosive Incendiary) -Geschossen durch Shilka ZSU-23-Kanonen aushalten, ohne dass die Flugfähigkeit des Hubschraubers beeinträchtigt wird. Gegen kleinere Kaliber, wie etwa 12,7 mm und darunter ist der Apache praktisch unverwundbar. Selbst gegen panzerbrechende API-Wuchtgeschosse in 12,7 mm war der Apache standhaft. Mit seinem insektenähnlichen Profil gewinnt der AH-64 wohl kaum einen Schönheitspreis, aber dieses Aussehnen ist – wie alles beim Militär – rein pragmatisch-funktionaler Denkweisen geschuldet. Der Hubschrauber hat eine kleine Flügel- und Rumpffläche, gemessen an seiner Gesamtgröße, während seine kaulquappenartige Rumpfkonfiguration ebenfalls wenige Anhaltspunkte für gegnerische Luftabwehr bieten soll. Seine eckige Form beruht auf die bessere Anbringung von Panzerungen, die den Schutz vor allem auch für die zweiköpfige Besatzung gewährleisten muss. Aufgrund des Gewichts ist ein Rundumschutz durch schwere Panzerung jedoch kaum möglich, daher sind vor allem neuralgische und lebenswichtige Bereiche geschützt. Nur die weichsten und verletzlichsten Bauteile können so geschützt werden. In der Praxis stellen die Besatzung und empfindliche Punkte an Triebwerken und Getriebe solche neuralgischen Punkte dar, während Hydraulik und Ölleitungen durch leichteres verleimtes Kevlar-Verbundmaterial geschützt sind. Letzteres hat die Form einer Wanne oder Rinne, in der die Leitungen geführt werden. Viele Bereiche der Maschine und seiner Systeme sind einer großen Brandgefahr ausgesetzt und müssen daher auf andere Weise geschützt werden. Die Grundphilosophie bei der Überlebensfähigkeit des Apache lautet: Lebenswichtige Komponenten müssen entweder robust genug sein, um feindlichem Beschuss zu widerstehen

Die selbstdichtenden Tanks werden per Hand in ihre Rumpfposition gebracht, nachdem sie mit einer ballistischen Schutzschicht umhüllt wurden. Geschosse bis zu 12,7 mm können hier zwar eindringen, verursachen jedoch weder einen Brand noch eine bleibende Öffnung der Tanks. (Foto: Archiv Boeing)

Rumpfinnenbeschichtung mit ballistischen Matten und Schichten in Handarbeit. (Foto: Archiv Boeing)

Anstatt schwerer Metall- und Kevlar-Elemente werden nach wissenschaftlichen Untersuchungen wesentlich leichtere und dennoch schützende Verbundstoffe mit Kevlarfolien und Spezialklebestoffen verwendet, um Gewicht zu reduzieren. (Foto: Archiv Boeing)

oder so konstruiert sein, dass sie auch bei Beschädigung dem AH-64 zumindest ermöglichen, das rettende Weite suchen zu können. Eine Methode, die Komponenten durchhaltefähig zu gestalten ist die überdimensionierte Bauweise einzelner tragender Elemente. Zum Beispiel würde eine Antriebswelle mit einem Durchmesser von 7,5 cm problemlos in der Lage sein, die normalen Fluglasten zu bewältigen, aber mit einem Durchmesser von 17,75 cm haben die Konstrukteure sie in die Lage versetzt einen 12,7 mm-Einschlag zu verkraften und weiter zu funktionieren. Etwa 1.130 kg der Zelle sind dem ballistischen Schutz gewidmet. Wenn man bedenkt, dass der erste Serien-Apache etwa 5.000 kg wog sind das beträchtliche Panzerungsanteile. Dennoch blieb das Gesamtleergewicht des AH-64 noch 135 kg unter-

Der empfindlichste Part des AH-64 bleibt – nach dem Getriebe – der Heckausleger. Hier kann sich der AH-64 nur mit Leitungsredundanz und Glück vor schweren Schäden bewahren. Die beweglichen Bauteile, die vom Hauptgetriebe bis hin zum Heckrotor verlaufen, stellen die Achillesverse des AH-64 dar. (Foto: U.S. Army / Staff. Sgt. Isolda Reyes)

Die im Heckausleger verlaufenden Leitungen müssen regelmäßig kontrolliert werden. Kleinste Schrappnell-Teile nach einem Einsatz unter Beschuss können zur Katastrophe führen. (Foto: U.S. Army National Guard / Chief Warrant Officer Grant Hutcheson).

halb des von der US Army definierten Maximalgewichts. Der Rumpf des Apache ist in konventioneller Halbschalenbauweise (englisch: Semi-Monocoque) konzipiert und besteht aus einer Aluminiumlegierung, hergestellt von Teledyne Ryan Aeronautical, der Firma die auch den Großteil der AH-64A Zelle vorfertigt. Mit Halbschalenbauweise wird im Flugzeugbau eine Konstruktionsweise zum Aufbau von Flugzeug- und Raketenrümpfen bezeichnet, bei der die Stärke der Außenhaut dieser Bauteile so bemessen ist, dass sie einen Großteil der auftretenden Kräfte aufnehmen kann und daher auch beplankt ist. Gegenüber der reinen Schalenbauweise, die ohne innere Verstärkungen oder mit geringen Aussteifungen durch Querspanten auskommt, verwendet die Halbschalenbauweise zusätzlich auch Längsaussteifungen. Dies sind typischerweise Longerons (Rumpfholme) und Stringer (schwächere Longerons), die zur Entlastung der Außenhaut beitragen.

Die Triebwerksschächte sind weit voneinander und vom Rumpf entfernt, um zu verhindern, dass beide T700 Triebwerke gleichzeitig durch einen einzigen Treffer beschädigt werden können. Auch wird dadurch das Risiko einer übergreifenden Explosion minimiert. Des Weiteren verhindern Infrarot- bzw. Hitze-Unterdrücker an den Triebwerksauslässen, dass heiße Abgassignaturen entstehen, welche ein gutes Ziel für wärmesuchende Luftabwehr-Raketen der Ost-Block-Armeen, wie damalige SA-7 Grail und SA-9 Gaskin darstellten. Durch die Beimischung von kalter Luft und einer besseren Verwirbelung soll so die Erfassungsreichweite feindlicher IR-Systeme verringert werden. Die Firma Ceradyne bot dafür eine leichte Panzerung an, die sich an den Seiten und im Boden des Cockpits, aber auch zwischen den vorderen und hinteren Sitzen befand an und wurde für den Schutzbereich des Apachen in das Zulieferer-System aufgenommen. Ein weiterer Zulieferer war die Firma Simula. Diese fertigte die gepanzerten Besatzungssitze aus Kevlar-Material. Die Cockpitglaspanzerung wurden von PPG Industries gefertigt, während Sierracin für die transparente und hochbelastbare Blast-Barrier aus Acryl zuständig war. Diese Trennscheibe befindet sich zwischen dem vorderen und hinteren Cockpit und sollte einen zusätzlichen Schutz bieten, damit beim Eindringen von Projektilen nicht beide Piloten zwingend gleichzeitig ausfallen. Hohlladungen aus RPG-7 Raketenwerfern oder übergroße Artilleriemunition stellte ja nach wie vor eine große Gefahr für den AH-64 dar.

Die Cockpithauben sind absichtlich eckig und kantig gehalten. Sie verstärken nicht nur die Gesamtzelle, sondern reflektieren auch weniger Licht als rundgeformte Cockpithauben. Konventionelle Blasenform-Cockpits streuen auf weite Entfernungen eine typische Reflexions-Signatur, die ein Luftfahrzeug sofort verraten. Einzeln segmentierte Glasplatten verwerfen das Reflexionslicht besser. Der vordere Sitz verfügt über einen klappbaren Steuerknüppel (Cyclic), einen Collective (kollektiver Rotorblatt-Verstellhebel) und Heckrotor-Pedale sowie eine Grundausstattung an Fluginstrumenten. Die Sicht ist gut, obwohl der Richtschütze/Co-Pilot (Co-Pilot/Gunner, CPG) keine gute Sicht nach hinten hat. Der Sitz des Piloten ist um 46 cm erhöht, wodurch er eine bessere Sicht hat. Der CPG ist ein qualifizierter Pilot. Sollte ein direkter Treffer ein Besatzungsmitglied töten oder verwunden, sollte das Schutzschild zwischen den beiden Cockpits den zweiten Piloten schützen. Somit könnte das zweite Besatzungsmitglied die Maschine übernehmen und zurück zur Basis fliegen.

Das Heck besteht aus einer geschraubten Pylon-Struktur. Ebenfalls von Teledyne Ryan gebaut, beinhaltet es das vollbeweglichen horizontalen Höhenleitwerk (Stabilisator). Angetrieben von Stimmonds-Aktuatoren und Hamilton-Steuerelektronik, konnten Anstellwinkel von + 25° bis -5° erreicht werden. Die + 25°-Stellung wird verwendet, um den Abwärtsschub des Hecks im Schwebeflug zu minimieren. Der Winkel wird dann stetig reduziert, sobald Fluggeschwindigkeiten über 55 km/h erreicht werden. Bei etwa 70 km/h ist es dann nahezu horizontal eingestellt und reagiert auf die Collective-Hebeleingaben, Fluggeschwindigkeit und Nicklage.

Die Stummelflügel des Apache sind freitragende mittig montierte Einheiten mit geringer Streckung. Ebenfalls von Teledyne Ryan gebaut, sind sie abnehmbar und können an den Cockpitseiten befestigt werden, wenn der Hubschrauber eingelagert oder transportiert wird. Die Festpunkte unter jeder Tragfläche sind mit einem Treibstoffanschluss versehen. Diese Treibstoffanschlüsse ermöglichen das Mitführen von bis zu vier externen Tanks. Neben der Aufnahme von Waffen und Behältern dient der der Flügel auch als Schwingungsdämpfer, vor allem, wenn die Unterflügel-Pylone mit Wirkmitteln belastet sind.

Der Apache ist in der Lage, von vorgeschobenen Basen aus zu operieren und kommt ohne traditionelle Hilfsmittel wie Kräne und Arbeitsbühnen aus. Die Triebwerksverkleidungen können im Feld geöffnet und gleichzeitig als Arbeitsbühnen oder Trittbretter am Rumpf verwendet werden. Ein stabiler und rutschfester Laufsteg verläuft entlang der Oberseite des Rumpfes. Im Heckrotorausleger sind klappbare Stufen für die Wartungs-Teams im Rumpf integriert.

Die beiden internen Treibstofftanks haben ein Gesamtfassungsvermögen von knapp 1.400 Liter. Beide Tanks sind selbstdichtend und wurden so konstruiert, dass sie Treffer

Der fertiggestellte und ausgebreitete Kabelbaum des AH-64A mit beeindruckendem Umfang. (Foto: Archiv Boeing)

Die Kunst lag jedoch darin, den gesamten Kabelbaum fehlerfrei in die Rumpfsektion zu integrieren. Auch dies geht bis heute nur in Handarbeit. (Foto: Archiv Boeing)

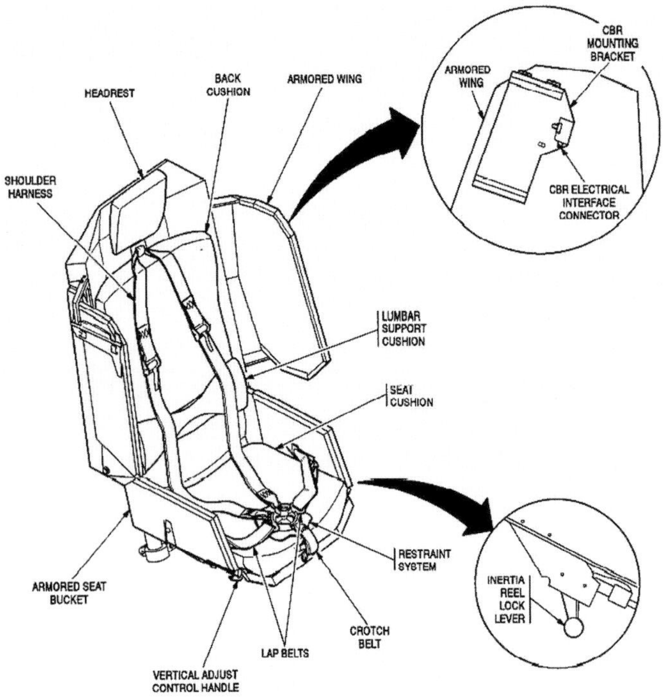

Schematische Abbildung der gepanzerten Pilotensitzelemente laut Technical Manual AH-64A.

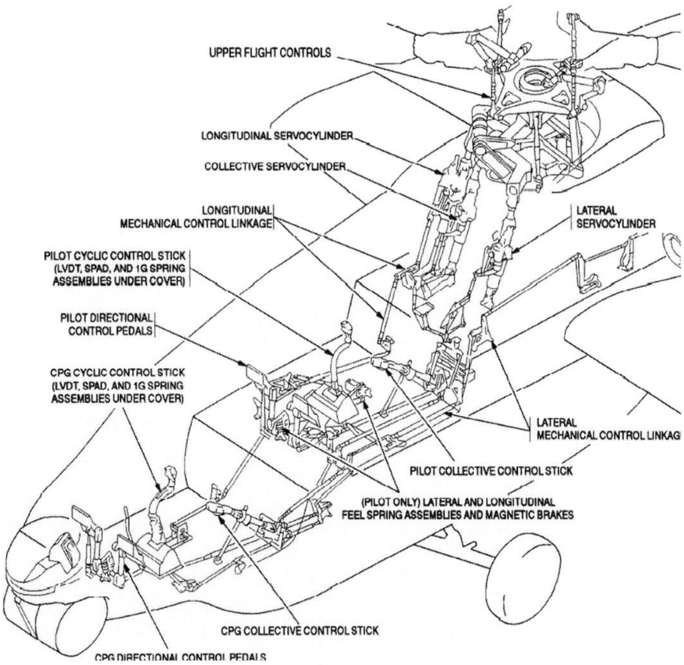

Schematische Abbildung der mechanischen Flugsteuerungselemente laut Technical Manual AH-64A.

bis zu 14,5 mm, später sogar 30 mm, verkraften können. Mit externen Treibstofftanks ausgestattet, können hohe Überführungsreichweite erzielt werden, um von den USA aus notfalls auch selbständig nach Europa oder anderen Teilen der Welt zu verlegen. Sie sind ebenfalls aus Kevlar gefertigt und haben jeweils eine Kapazität von knapp 1.000 Liter.

Anstelle des Standard-Hochdruck-Kraftstoffsystem werden die GE T700 Triebwerke über ein Ansaugsystem mit einer Ladungspumpe versorgt. Diese reduziert die Brandgefahr, ebenso wie ein Stickstoff-Versorgungsystem, welches von Clifton Precision gefertigt wurde. Das später eingeführte On-Board Inert Gas Generating System (OBIGGS) verbrennt den sauerstoffreiche Treibstoffdämpfen im Tankleerraum. Diese Dämpfe können zu Explosion und Feuer führen. Das Brandrisiko ist bei Hubschraubern aufgrund des Schwappens des Treibstoffs, der Vibrationen des Treibstofftanks und der Anfälligkeit für feindliches Bodenfeuer erhöht. OBIGGS erhöht die Überlebensfähigkeit, indem es das Treibstoffsystem des gegen ballistische Bedrohungen bis hin zu 23-mm-HEI (High Explosive Incendiary) -Geschossen und gegen Blitzschlag und statische Entladung schützt. Das OBIGGS der Firma Cobham leitet kontinuierlichen mit Stickstoff angereichertes Gas in die Treibstofftanks und eliminiert so das brennbare Treibstoff-Luft-Gemisch. Betrieben werden kann der AH-64 mit Kerosin-Typen JP-4 (MIL-DTL-5624U Jet Propellant / NATO Code F-40), JP-5 (Jet Propellant / NATO Code F-44), JP-8 (MIL-T-833133). Das schwer entflammbare JP-5 (High Flashpoint Kerosene) wird jedoch selten genutzt, da es sehr teuer ist.

Das Hauptgetriebe kombiniert die Kraft aus den beiden Nose-Gearbox-Getrieben und treibt damit den Hauptrotor, die Antriebswelle zum Heckrotor, Generatoren und Hydraulikpumpen an. 1967 begann General Electric an einem Demonstrator (dem GE12) für eine neue Wellenturbine zu arbeiten. Grund war das Interesse der US-Armee an einem Transporthubschrauber der nächsten Generation. Der Auftrag der Army führte zur Entwicklung des Sikorsky S-70 Black Hawk, der von zwei GE-T700-Turbinen (der Serienausführung des GE12) angetrieben wurden. Die T700 wurde ab 1973 getestet, 1976 zugelassen und ging 1978 in Produktion. Dessen erste Version, das T700-GE-700, ist eine Wellenturbine mit einem fünfstufigen Axial- und einem einstufigen Radial-Verdichter, die durch eine zweistufige Turbine angetrieben werden. Die Axial-Verdichterstufen sind als Blisk ausgeführt. Die Einlassleitschaufeln und die ersten zwei Statorstufen sind verstellbar ausgeführt. Die ringförmige Brennkammer mit zentraler Kraftstoffeinspritzung sorgt für eine gute Verbrennung des Treibstoffs und für eine geringe Rauchentwicklung. Die Abtriebswelle wird durch eine zweistufige Turbine angetrieben. Der Antrieb wurde auf eine hohe Zuverlässigkeit ausgelegt. So kommt am Lufteintritt ein Filter zum Einsatz, der Schmutz, Sand und Staub abscheidet (Inlet Barrier Filter, IBF). Das T700-GE-700 ist für eine Leistung von 1210 kW zugelassen. Für den Apachen hat die US Army 4.500 Stunden als Lebensdauer der Komponenten vorgegeben. Das Getriebe war schon immer ein wunder Punkt in Hubschraubern und kann sogar durch Handfeuerwaffen beschädigt werden. In Vietnam lernten Besatzungen schnell, dass es sich im Gefecht auszahlt, immer auf mögliche Schäden am Getriebe zu achten. Beim ersten Anzeichen einer steigenden Öl-Temperatur oder anderem ungewöhnlichem Verhalten brachen die Piloten den Einsatz ab und setzten die Maschine in der nächstbesten sicheren Zone ab, die gefunden werden konnte. Beim Apache jedoch ist die Antriebswelle immerhin resistent gegen 12,7-mm-Geschosse. Direkte Treffer sind nach wie vor heikel. Die Nose Gearbox der jeweilen T700-Turbinen sowie das Getriebe und die zugehörigen Schaltungen sind alle so ausgelegt, dass sie bei Treffern 30 Minuten weiterbetrieben werden können. Das Hauptgetriebe kann bis zu einer Stunde ohne Öl laufen, so dass ein Getriebeschaden nicht automatisch zum Verlust der Maschine führt. Notfalls kann eine Turbine bis zu sechs Minuten bei einer Leistungseinstellung von über 75 % laufen. Die Nose Gearbox ist zwar ölgeschmiert, hat aber bewiesen, dass sie ebenfalls 30 Minuten lang ohne Öl laufen kann. Dies wird durch eine Technik erreicht, die als »Wicking« bekannt ist. Es beschreibt das Dochtprinzip, wie es in einer Öllampe angewandt wird und versorgt sich quasi ohne weitere Hilfe mit Brennmaterial bzw. hier mit Schmierstoff. Die Materialien des Getriebes sind so konstruiert, dass sie ein wenig Flüssigschmiermittel an kritischen Lagern zurückhalten. Das Hauptgetriebe ist ölgeschmiert und verfügt über zwei durch eine Prallplatte getrennte Ölwannen, so dass im Fall eines Aufpralls nur die Hälfte des Öls verloren geht. Sollte durch einen Einschuss oder Aufprall beide Ölwannen beschädigt werden, kann das Getriebe bis zu 60 Minuten lang trocken laufen. Die Dochtwirkung der Schmierreste wird bis zu einem gewissen Grad genutzt, aber der größte Teil der Notschmierung kommt aus kleinen Ölreservoirs, die direkt in das Getriebegehäuse verbaut sind. Durch die Luftbewegung innerhalb des Getriebes und die Rotation der Getriebeelemente verteilt sich dieses eingeschlossene Öl nebelförmig, um die vorgeschriebenen 60 Minuten Betrieb zu gewährleisten.

1982 startete Hughes das Second-Source-Getriebeprogramm. Dieses sollte eine alternative Zuliefererkette für Getriebekomponenten und somit eine reibungslose Lieferung von Teilen an das Werk in Mesa gewährleisten, insbesondere wenn die Apache-Produktionsrate auf bis zu zwölf Flugzeuge pro Monat steigt sollte. Das erste komplette Set an Nose Gearboxen und Hauptgetrieben, die im Rahmen dieses Programms gebaut werden sollten, mussten zuvor 200 Stunden langen Qualifikationstests unterzogen werden. 1985 waren derartige Qualifikationstests etabliert und für den Einsatz in der Produktionslinie zertifiziert. Die Arbeiten wurden in einem neuen, 1,7 Millionen Dollar teuren Getriebe-Testbereich in Culver City gebaut. Bis zum Herbst desselben Jahres wurden 22 Getriebe gebaut und abgenommen und nach Mesa transportiert.

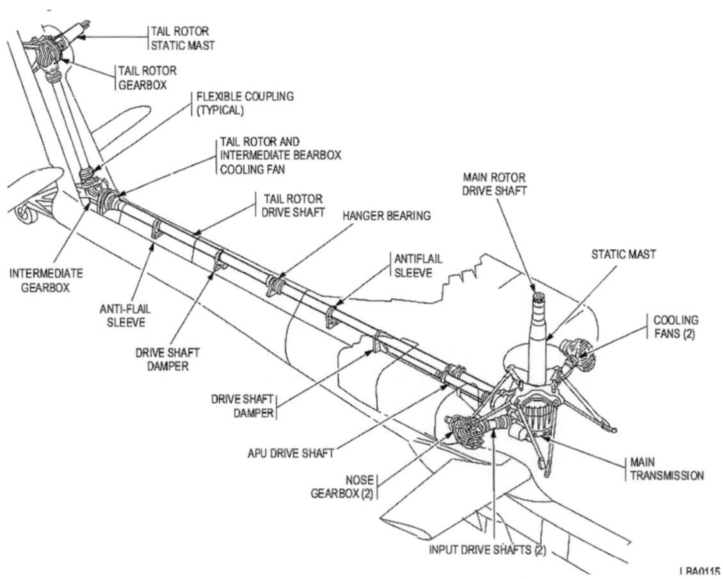

Schematische Abbildung der Getriebeelemente im Heckausleger laut Technical Manual AH-64A.

Rotormast

Acht mechanische Verbindungen halten die Mastträger an der Flugzeugzelle und bieten eine sehr feste Plattform für den Rotormast, der konisch geformt die zentrale Antriebswelle umgibt. Diese Welle treibt schließlich den Hauptrotor an. Diese Konfiguration hat mehrere Vorteile. Zum einen werden die Flugbelastungen über den statischen Mast auf die Zelle übertragen und nicht über die Antriebswelle und das Getriebe. Eine Anordnung, welche die Wendigkeit des AH-64 erhöht. Zum anderen ist das Hauptgetriebe direkt an der Basis der Mastträgerstruktur montiert und kann in einer Stunde gewechselt werden,

Freilegung des mächtigen und starren Rotormasts durch Wartungspersonal der 1st Combat Aviation Brigade an einem AH-64E in Illesheim (Bayern) 2019. Der Rücken des AH-64 ist wie eine Mechanikergrube konzipiert. Wenn man die oberen Längsklappen öffnet, erhält man Zugang zu Triebwerken, Getriebe, APU sowie zum Rotormast. Es wird im Feld im Grunde keine Hebebühne benötigt. Die Wartungshallen der CABs verfügen jedoch über arbeitserleichternde Geräte und Kräne. (U.S. Army / Georgios Moumoulidis)

ohne dass man den Hauptrotor abbauen muss. Der Vibrationspegel in einem Hubschraubercockpit ist in der Regel hoch und ermüdend. Vibrationen können das Ablesen der Instrumente erschweren – was in einem Kampfeinsatz ein Problem darstellen könnte. Im Vietnamkrieg war es nicht ungewöhnlich, dass AH-1-Besatzungen bis zu 10 Stunden pro Tag Einsätze flogen, wobei sie bei Tagesanbruch starteten und ihre letzte Landung in der Abenddämmerung stattfand. Die meisten Hubschrauber verwenden Schwingungsdämpfungssysteme: der UH-60 Blackhawk, zum Beispiel, trägt Schwingungsdämpfer. Diese müssen eingestellt werden, um Schwingungen ausgleichen zu können. Ähnlich dem Wuchten von Reifen, nur etwas komplizierter. Bei der Entwicklung des Hughes 500 in den späten 1960er-Jahren wagten die Konstrukteure den Schritt, die Schwingungsdämpfung wegzulassen. Dies funktionierte gut, so dass die Entscheidung getroffen wurde, das Gleiche mit dem Apache zu tun.

Die beiden Rotorsysteme haben viele Gemeinsamkeiten, obwohl sich der AH-64-Hauptrotor mit einer viel langsameren Drehzahl dreht als der Hughes/MD-500, so dass Vibrationen beim Apache spürbarer, sind während man beim MD-500 die Restenergie der sich schnell drehenden Rotoren kaum mehr als ein Summen verspürt. Aber beim Apache wird sie als Vibration wahrgenommen. Doch dies war zum Glück nur eine Theorie. Der Hauptrotor des AH-64 ist ein vierblättriges, voll bewegliches Element des Hubschraubers. Die Blätter wurden von der Firma TRE Composite Structures Division hergestellt, während die Hauptrotornabe und die Flugsteuerung von Fenn Manufacturing kamen. Alle oberen Flugsteuerungen sind bis zu 23 mm beschussfest konzipiert, ebenso wie die Rotorblätter. Jedes Blatt ist 6,7 m lang und hat einen hochgewölb-

Draufsicht auf den Rotorkopf des AH-64 mit einem Weitwinkelobjektiv. (Foto: U.S. Army / PAO 4th CAB)

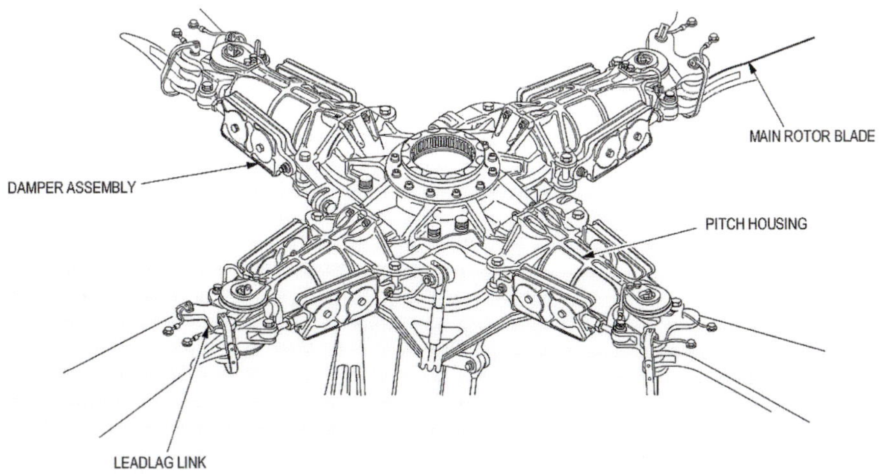

Schematische Abbildung des Rotorkopfes laut Technical Manual AH-64A/D.

tes Tragflächenprofil. Das erste Blattdesign war jedoch anfangs eine Ganzmetallkonstruktion. Diese absolvierte 1980 erfolgreich die Wirbelkanaltests auf einem Prüfstand. Die endgültige Konstruktion bestand dann aus Metall und Verbundwerkstoff. Der linkslaufende Hauptrotor ist ein Gelenkrotor, dessen Blätter mit Schlag- und Schwenkgelenken horizontal und vertikal angeschlossen sind. Die Hauptrotorblätter bestehen aus jeweils fünf Edelstahlholmen in einem Glasfaserbett und sind mit mehreren Lagen rostfreiem Stahl überzogen. Die Anzahl der Lagen nimmt zur Blattwurzel hin immer mehr zu. Die Hinterkante der Rotorblätter besteht aus Verbundwerkstoffen. Der Rest besteht aus Nomex-Waben. Diese unterteilen die Rotorblätter in vier Segmente. Die Rotoren verfügen über elastomere Dämpfer.

Schutz der Rotoren

Die sandige Umgebung in Vietnam haben den Rotorblättern, insbesondere den besonders schnell drehenden und leichteren Heckrotor stark zugesetzt. In den letzten Jahren des Kriegs wurden sie mit einem Erosionsschutzmittel behandelt. Eine bessere Technik ist die werkseitige Herstellung von verstärkten Rotorblattvorderkanten. Damals neuere AH-1-Rotoren verfügten über eine Vorderkante aus hartem Butyl-Gummi. Dies erwies sich als wirksames Mittel gegen Sanderosion, leider wurden Probleme durch Regenerosionen berichtet. Beim Apache haben die Hauptrotor- und Heckrotorblätter Vorderkanten aus Titan. Die Blätter sind für eine Lebensdauer von mindestens 4.500 Flugstunden ausgelegt und halten Treffern bis zu 23 mm stand. Der Heckrotor ist an der Backbord-Seite (also in Flugrichtung links) des Seitenleitwerks montiert. Der vierblättrige Heckrotor weist eine 55/125°-Scherenform auf anstelle der üblichen rechtwinkligen bzw. kreuzförmigen Anordnung. Die Blätter wurden ebenfalls von der TRE Composite Structures Division hergestellt. Die Antriebswelle zum Heckrotor verläuft entlang der Oberseite des Heckauslegers und ist mit einer einfachen Verkleidung abgedeckt, die Schmutz fernhalten soll. Ein Zwischengetriebe an der Basis des Seitenleitwerks bzw. Heckauslegers treibt eine Welle an, die nach oben zum Rotor läuft, wo ein 90°-Getriebe die Energie auf den Heckrotor überträgt.

Zum ersten Mal setzte die US Army fettgeschmierte Getriebe ein, um dem Getriebe eine Trockenlauffähigkeit zu geben. Schmierfette sind halbflüssige Schmierstoffe, die aus einem Schmieröl, einem Eindicker und verschiedenen Zusätzen oder Wirkstoffen (Additiven) bestehen. Bei normaler Betriebstemperatur wird das Schmierfett zähflüssiger, ist aber nicht so flüssig wie Öl, und im Falle einer Beschädigung eines Getriebes bleibt es tendenziell an Ort und

Frisch gewartete Rotorblätter warten auf die Rückmontage an einen AH-64D Apache Longbow. Die A-Version verfügte noch nicht über CFK-Blätter, dennoch ist die Form gleichgeblieben. Auch die markanten Endkanten der Rotorblattspitzen sind identisch zum A-Modell. (Foto: Christian Rastätter)

Das Apache Werk in Mesa heute. Weder die Stationssystematik, noch die Gruppenbauweise in mobilen Handarbeitsinseln haben sich geändert. Jedoch werden weit moderne Avionik- und Verbundstoffelemente verbaut. Hier im Bild sieht man den Umbau (Remanufacture) der in gelb gehaltenen Bauteile des D-Modells hin zum neuen E-Modell mit seinen eher türkis leuchtenden neuen Bauteilen. (Foto: Boeing, Mesa)

Stelle. Die Viskosität des Mittels sorgt dafür, dass es dickflüssiger (weniger fließfähig) ist. Diese Getriebe können Treffer bis 12,7 mm einstecken und funktionieren trotzdem für die geforderte Zeitspanne von 30 Minuten. Tests haben damals gezeigt, dass ein beschädigtes Heckgetriebe bis zu zwei Stunden laufen kann. Haupt- und Heckrotor werden durch Heizdecken der Firma Sierracin enteist, während die westdeutsche Firma AEG Telefunken damals das Enteisungssteuerungssystem lieferte. Das Hauptfahrwerk vom Typ Menasco besteht aus zwei großen Einzelrädern im Frontbereich. Diese sind mit hydraulischen Bremsen ausgestattet. Obwohl sie nicht einziehbar sind, sind sie nach hinten klappbar, um die Lagerhöhe in Transportflugzeugen zu reduzieren. Das Spornrad am Heck ist voll verankert und selbstzentrierend. Es kann vom Piloten arretiert oder entsperrt freilaufend gesteuert werden. Es ist das einzige Steuerungs- und Rangierelement des AH-64, wenn der Hubschrauber auf dem Boden rollt.

Bodenstabilität

Trotz seiner Höhe und dem schmalspurigen Hauptfahrwerk, bietet das Fahrwerk eine gute Bodenstabilität. Der Apache kann Steigungen von bis zu 12° in Bug-/Heckrichtung und 10° seitlich stabil bewältigen. Sinkgeschwindigkeiten von bis zu 3 m/sek sind im Normalbetrieb vom Fahrwerk mühelos hinnehmbar. Eine Sinkgeschwindigkeit von 3,65 m/sek führt jedoch dazu, dass den Fahrwerksstreben der Stickstoffdruck aus ihren Zylindern gepresst werden kann, wodurch das Fahrwerk kollabiert, um die Aufprallenergie zu absorbieren. Es wird quasi als Absturz gewertet bzw. Hard Landing. Bei einer höheren Sinkgeschwindigkeit werden die Reifen strukturell und automatisch zertrümmert und fangen die Energie weitestgehend ab. Bis 12,8 m/sek Fallgeschwindigkeit kann die Crew mit einer non-lethalen Landung rechnen. Zur Unterstützung der Integration von Komponenten und Subsystemen innerhalb der Zellenstruktur, verwendete Hughes eine Skelettversion des Hubschraubers. Diese wurde im August 1981 an das Unternehmen ausgeliefert. Das sogenannte System Development Fixture (SDF) gab wie ein Integration-Käfig den Ingenieuren einen guten Zugang zu allen Stellen innerhalb des Rumpfes und ermöglichte komfortable Positionen für die Verkabelung. Die Aktuatoren des Doppelhydraulik-Systems arbeitet mit etwa 1.500 kg/qm bzw. 207 bar und wurden von der Firma Parker Bertea geliefert. Garrett lieferte das Hilfstriebwerk des Hubschraubers, während die zwei 36 kVA-Generatoren, die Steuereinheit und der Transformator-Gleichrichter von Bendix stammten. Das integrierte Druckluftsubsystem, der Kompressor, Turbinenstarter, pneumatische Ventile, Temperaturkontrolleinheiten und vieles mehr kam von Garrett Air Research. Die Kühlluft gelangt zuerst zur Avionik, dann zum Cockpit. Das Apache-Cockpit wirkt wie ein effizientes Treibhaus, was den Avionik-Systemen anfangs zu schaffen machte. Druckluft von der APU (Auxiliary Power Unit) des Apachen – also der Hilfsgasturbine – oder durch Stickstoff aus einer Gasflasche an Bord können für den Turbinenstart verwendet werden. Ansonsten sorgte die APU für Strom, Druckluft und Hydraulik, wenn die Triebwerke noch nicht gestartet waren. Sobald ein Triebwerk läuft, ermöglicht ein Cross-Bleed-System den Start des anderen Triebwerks. Generell werden die Triebwerke nicht gleichzeitig, sondern hintereinander gestartet. Dieser Starter ist meist ein mechanisches Getriebe im Triebwerk, das über Druckluft der APU angetrieben wird. Die Druckluft des bereits laufenden

Ein AH-64A wird Anfang der 1980er-Jahre mit in einer C-5 Galaxy verladen. Die Luftverlastbarkeit mehrerer Apache in einer C-5 oder später in der C-17 war eine der Grundvoraussetzungen zur Teilnahme am AAH-Programm.
(Foto: Archive Boeing)

Bei einem verunglückten AH-64A berührte nach einem Windstoß der Rotor den Boden. Die Bodenstabilität des AH-64 war für viele Piloten anfangs sehr gewöhnungsbedürftig. Das Spornrad konnte vom Piloten arretiert oder bei Bodenfahrten entsperrt werden. Gelenkt wird es nicht direkt, spricht aber freilaufend auf die Cyclic- und Pedaleingaben an. Wilde Bodenmanöver sind bis heute nicht empfehlenswert. (Foto: Archiv Boeing)

Triebwerks wird zum Start des zweiten Triebwerks abgezapft. Das nennt sich Cross-Bleed Start. Im Buddy-Start-Modus wird eine Luftleitung vom Druckluftsystem des einen Apache zum Starten der Triebwerke eines anderen Apachen verwendet. Eine Technik, die für den Kampfeinsatz oder die Bergung eines beschädigten Flugzeugs angewandt wird. Ein Bodenstromaggregat kann ebenfalls verwendet werden. Im Falle eines Absturzes ist der Apache so konstruiert, dass er seiner Besatzung die bestmögliche Überlebenschance geben soll. Dies bedeutet eine 95%-Chance, eine Bruchlandung mit einer Sinkgeschwindigkeit von bis zu 12,8 m/sek zu überstehen. Sinkraten und Spezifikationen hierzu sind jedoch sehr theoretische Werte. Im Wesentlichen sollte die Besatzung des AH-64 einen Aufprall bei 48 km/h überleben. Ein Autofahrer, der einem Aufprall bei solchen Geschwindigkeiten überlebt, kann von Glück reden. Beim Apache ist dieses Versprechen jedoch deutlich realistischer. Bei einer Bruchlandung werden das Fahrwerk und die untere Rumpfstruktur nach einer ganz bestimmten vorgefertigten Systematik zerdrückt, sodass Aufpralllasten absorbiert werden können. Die Konstrukteure haben dafür gesorgt, dass bei der Verformung der Zellenstruktur beispielweise die am Unterrumpf montierte Chain Gun dem

Ein AH-64D in wetterfester Abstellung. Das Konzept des AH-64 sieht keine Garagenhaltung vor, sondern definiert die Maschinen als »mit der Truppe ziehend«. Starke Winde oder Stürme (Sandstürme) können jedoch zu Schäden führen. (Foto: Christian Rastätter)

Cockpitraum ausweicht. Der statische Mast ist so konstruiert, dass er den Rotor bei einem Absturz abwirft und als Überrollbügel dient, falls der Hubschrauber sich am Boden überschlägt.

Anfang 1986 versagten die Triebwerke eines AH-64A beim Start in Fort Rucker, kurz nachdem er den Schwebeflug beendet hatte. Die Maschine ging in einem Wald nieder. Wie ein riesiger Rasenmäher mit rotierenden Messern fällte der Hauptrotor mehr als 50 Bäume, aber als das Geräusch von splitterndem Holz und zerquetschtem Aluminium verklungen war, konnte die Besatzung unverletzt aus dem Wrack steigen. Die Hughes-Ingenieure waren von Anfang an angewiesen, den Apache robust zu bauen – und das taten sie. Unfälle sind unvermeidbar, besonders im Kampfeinsatz in derart niedriger Höhe, aber wenn der letzte Apache irgendwann in den 2040er-Jahren in die Schrottpresse gehen wird, werden viele ehemalige Flugzeugbesatzungen ihr Leben den Erbauern dieses Hubschraubers verdanken. Das durchdachte Konzept sollte sich seit den 1970er-Jahre über viele Jahrzehnte bewähren.

Triebwerke

Die US Army wollte ein Triebwerk, welches billiger zu betreiben und einfacher zu warten war als jedes andere in seiner Leistungsklasse. Dies sollte sich im General Electric T700-Triebwerk widerspiegeln. Das T700 wurde für das UTTAS-Transporthubschrauberprogramm entwickelt und war das richtige Triebwerk zur richtigen Zeit auch für den AH-64 Apache. Es sollte weder durch Regen, Schnee, Eis, maritimen Salzsprühnebel, Sand, noch durch große Höhe an nötiger Leistung verlieren. Damit der Apache unter allen topografischen, klimatischen und taktischen Bedingungen seine Aufgabe erfüllen kann. Die Zuverlässigkeit des T700 in Tests bewog die US Army dazu, eine Massenproduktion der Triebwerke auch für den AH-64 quasi ohne weitere Exitklauseln zu gewähren.

Bereits 1967 lobte die US Army einen Wettbewerb für die Entwicklung eines fortschrittlichen Hubschraubertriebwerks aus. In diesem Jahr begann die Firma General Elec-tric auch sogleich damit, an einem Demonstrator für eine neue Wellenturbine namens GE12 zu entwickeln. Man sprach seit Ende der 1950er-Jahren von Wellenturbinen, da anders als bei Turbinen-Strahltriebwerken nicht der erhitzte und beschleunigte Luftstrom zum Vortrieb dient, sondern allein die Wellenleistung einer Arbeitsturbine über ein Getriebe zum Rotorantrieb eingesetzt wird. Der Hauptvorteil gegenüber damals bereits veralteten Kolbenmotoren war das geringere Leistungsgewicht, das bei Hubschraubern wichtiger ist als bei Strahlflugzeugen, da beim Start stets das Gewicht des Motors senkrecht zu heben ist. Daneben kühlen Turbinen sich auch im Schwebeflug selbst, während bei Kolbenmotoren stets eine Zwangskühlung notwendig war. Das T700 wurde ab 1973 getestet, 1976 zugelassen und ging 1978 in Produktion. Dessen erste Version, das T700-GE-700, ist eine Wellenturbine mit einem fünfstufigen Axial- und einem einstufigen Radial-

Der Prototyp des General Electric XT700 (XT700-GE-700) Triebwerks. Unten die Rückansicht (Triebwerksauslass). (Foto: Smithsonian Museum / Dane A. Penland)

MOS-15R Mechaniker der 1st CAB, 1st ID warten das neueste Treibwerksmodell der AH-64-Generationen: das GE T700-701D des AH-64E. Die AH-64D nutzen das GE T700-701C.

Verdichter, die durch eine zweistufige Turbine angetrieben wurden. Die Axial-Verdichterstufen sind als Blisk ausgeführt. Das Wort »Blisk« ist eine englischsprachige Kurzform für »Blade Integrated Disk«, das sich aus den Wörtern Blade (Schaufel), und Disk (Scheibe) zusammensetzt. Es bezeichnet ein Bauteil, das im Triebwerk- und Turbinenbau Verwendung findet. Durch das Ersetzen von bis zu 120 einzelnen Blades je Disk durch eine Blisk entfallen die Montagekosten. Des Weiteren wird durch dieses Verfahren eine erhebliche Gewichtsersparnis erreicht, was vor allem im Bereich der Luftfahrt von großem Interesse ist. Vor allem weniger belastete Komponenten können durch Blisks ersetzt werden. Erst durch computergesteuerte Zerspanungsmaschinen können Blisks produziert werden. In den 1970er-Jahren ein absolutes Novum. Grundlage einer Blisk ist eine geschmiedete Scheibe, aus deren Außenkontur durch spanende Bearbeitung die Schaufelprofile ausgearbeitet werden. Ein weiteres mögliches Fertigungsverfahren ist das Aufsetzen der Schaufelprofile durch Reibschweißen. Die Scheiben der Verdichterseite sind in der Regel aus Titan, während die Triebwerkscheiben auf der Turbinenseite meist aus einer oberflächengehärteten Nickelbasislegierung bestehen. Die Einlassleitschaufeln und die ersten zwei Statorstufen sind verstellbar ausgeführt. Die ringförmige Brennkammer mit zentraler Kraftstoffeinspritzung sorgt für eine gute Verbrennung des Treibstoffes und eine geringe Rauchentwicklung.

Die Abtriebswelle wird durch eine zweistufige Turbine angetrieben. Der Antrieb wurde auf eine hohe Zuverlässigkeit ausgelegt. So kommt am Lufteintritt ein Filter zum Einsatz, der Schmutz, Sand und Staub abscheidet. Das T700-GE-700 wurde damals für eine Leistung von 1.210 kW zugelassen – also knapp 1.600 PS. Dem T700-GE-700 folgten verbesserte und leistungsgesteigerte Triebwerksvarianten, die im Verlauf der AH-64 Typen-Vorstellung noch näher beschrieben werden. Denn mit dem ersten T700-Triebwerk sollten zunächst die AH-64 A-Modelle bis Mitte der 1990er-Jahre in Serie gehen. Das erste T700-Triebwerk als Sieger der UTTAS-Ausschreibung, ging also im Februar 1973 in Serie, nur wenige Monate bevor der Auftrag zum Bau der Prototypen YAH-63 und YAH-64 an Bell and Hughes im AAH-Programm vergeben wurde. 1974 lieferte GE die ersten Einheiten für Bodentests. Die Vorläufige Flugerprobung wurde im Juli 1974 abgeschlossen und ermöglichte die Auslieferung der flugtauglichen Triebwerke im darauffolgenden Monat. Sikorskys YUH-60A flog zum ersten Mal am 17. Oktober 1974, sodass dieses Datum auch der Kick-Off für den künftigen AH-64 wurde. Ein Vorgang,

Performance Specifications (Sea level/standard day)

Ratings	SHP	(kW)	SFC
Contingency (2.5 min. OEI)	1,940	(1,447)	-
Maximum (10 min.)	1,890	(1,409)	0.462 (78.1)
Intermediate (30 min.)	1,800	(1,342)	0.460 (77.7)
Maximum continuous	1,662	(1,239)	0.459 (77.6)
Length		46 in (117 cm)	
Nominal diameter		15.6 in (39.6 cm)	
Weight		458 lb (208 kg)/456 lb (207 kg)	

SHP – Shaft Horsepower
OEI – One Engine Inoperative
SFC – Specific Fuel Consumption in lb/SHP-hr (µg/J)

Das GE T700-701C-Triebwerk der AH-D war bereits eine leistungsgesteigerte Version der 701-Varianten des AH-64A. (Grafik: GE)

Performance Specifications (Sea level/standard day)

Ratings	SHP	(kW)	SFC
Contingency (2.5 min. OEI)	2,000	(1,491)	-
Maximum (10 min.)	1,994	(1,486)	0.465 (78.0)
Intermediate (30 min.)	1,902	(1,418)	0.462 (78.0)
Maximum continuous	1,716	(1,279)	0.462 (78.0)
Length		46 in (117 cm)	
Nominal diameter		15.6 in (39.6 cm)	
Weight		456 lb (207 kg)	

SHP – Shaft Horsepower
OEI – One Engine Inoperative
SFC – Specific Fuel Consumption in lb/SHP-hr (µg/J)
Performance being evaluated

Der AH-64E Apache Guardian nutzt das erneut leistungsgesteigerte GE T700-701D. (Grafik: GE)

der heutzutage wettbewerbsrechtlich undenkbar wäre. Im Dezember 1976 wurde Sikorsky zum Sieger des UTTAS-Wettbewerbs erklärt und GE erhielt den ersten T700-Produktionsauftrag. Dieser umfasste die Herstellung der T700-GE-700 Triebwerke mit einer Dauerleistung von 1.250 PS und einer Zwischenleistung von etwa 1.550 PS. Die Auslieferungen begannen im März 1978. Sie markierten einen Meilenstein für GE und seiner damals erst 25-jährigen Forschung im Hubschrauber-Triebwerksbereich.

Die Version des UTTAS für die US Navy war der Sikorsky SH-60B Seahawk. Für ihn verlangte die US Navy rund 10% mehr Leistung. GE erhielt auch hier quasi automatisch einen knapp 550.000 Dollar-Auftrag zur Entwicklung des T700-GE-401. Die zusätzliche Leistung wurde durch die Erhöhung der Motorbetriebstemperatur, durch die Erhöhung des Wirkungsgrades des Zentrifugalkompressors und durch die Reduzierung der Luftleckage erreicht. Die Dauerleistung betrugt sodann 1.400 PS, während die mittlere Leistung 1.700 PS schaffte. Auch die Korrosionsbeständigkeit wurde für den Marinebetrieb verbessert: Im Sommer 1980 hatte das T700-GE-401 bereits 800 Stunden in Salzwasserumgebung absolviert.

Die GE-Ingenieure verwendeten das T700 als Ausgangspunkt für die Entwicklung des AH-64-Triebwerks. Hier entstand bald die Bezeichnung T700-GE-701, welche folglich die US Army-Version des 401er Triebwerks der Navy darstellte. Die äußeren Abmessungen und das Gewicht sind fast identisch mit denen der Vorgängermodelle. Die wichtigste technische Änderung war jedoch die Verwendung von Inconel 718 anstelle von Stahl für den Kompressor-Diffusor. Inconel ist ein Markenname der Firma Special Metals Corporation für eine Reihe von korrosionsbeständigen Nickelbasislegierungen. Sie werden vor allem für Hochtemperatur-Anwendungen benutzt. Im englischen Sprachraum werden sie oft mit »Inco« abgekürzt. Ansonsten lag die Gemeinsamkeitsrate zwischen den Triebwerken des Apache und des Blackhawk bei mehr als 95 %. Das Triebwerk ist überraschend klein, wenn man es in ausgebautem Zustand erblickt. Die Länge des 701er-Triebwerks für den AH-64A beträgt 46 Zoll (ca. 116 cm), der nominale Durchmesser nur 15,6 Zoll (knapp 40 cm). Das Gewicht beträgt rund 200 kg und ist identisch mit dem T700-GE-700 und 1,4 kg schwerer als die maritime 401er-Version der Navy.

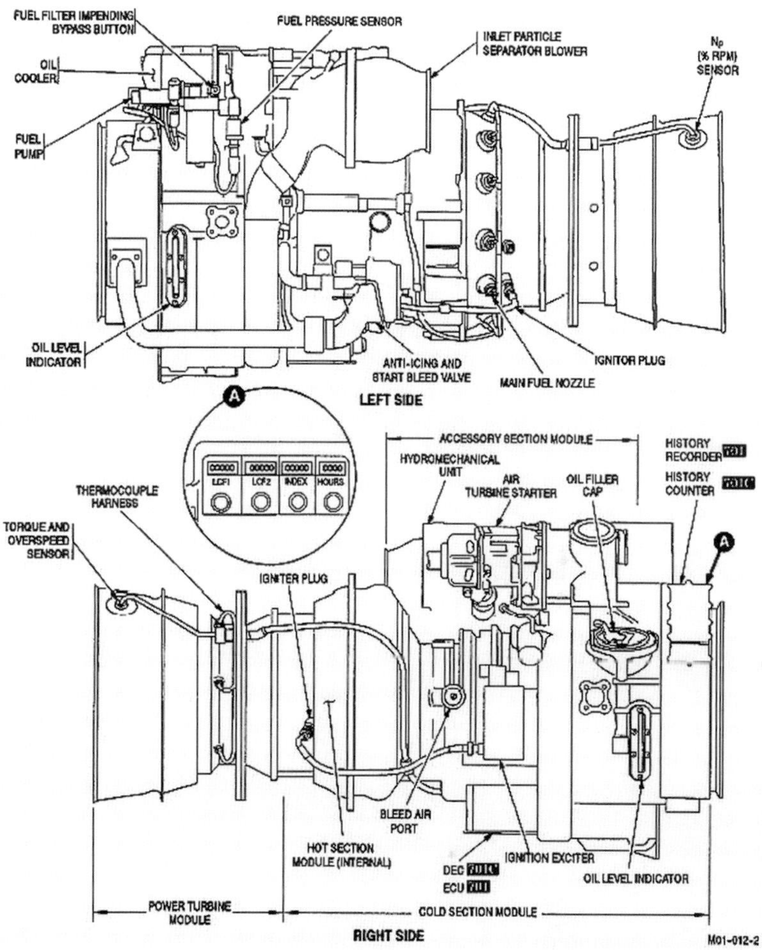

Schematische Übersicht der Triebwerkselemente T700-701 laut Technical Manual.

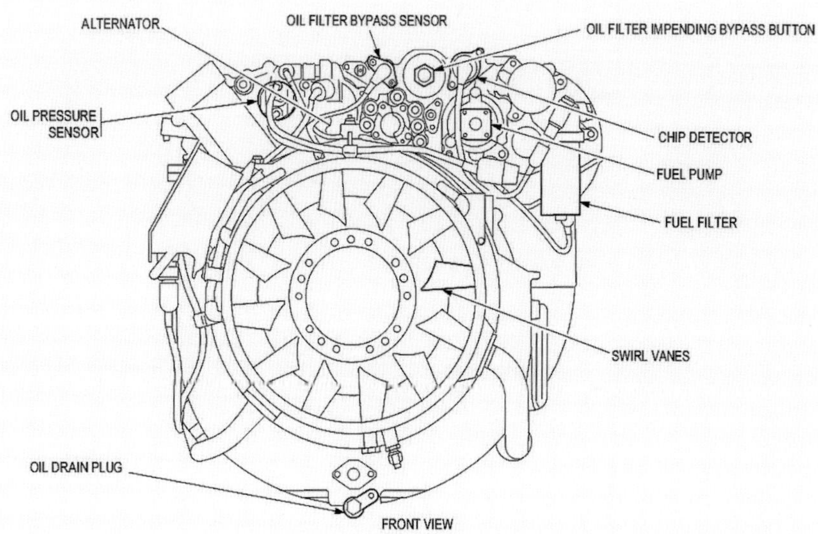

Schematische Draufsicht auf das T700-701-Triebwerk laut Technical Manual.

Wie die meisten modernen Flugzeugtriebwerke heutzutage, kann das T700 in eigenständige Module zerlegt werden, die funktional und mechanisch untereinander austauschbar sind. Das T700 besteht aus vier solcher Module bzw. Baugruppen, die sich in eine »heiße« Sektion, eine »kalte« Sektion, eine Leistungsturbine und in die Kategorie »Steuerung/Zubehör« einteilen lassen. Der ringförmige Ansaugtrakt verfügt über einen vereisungssicheren, integrierten Einlasspartikelabscheider, auch Inlet Barrier Filter (IBF) genannt, von Donaldson Flitration Solutions. Obwohl dieser keine beweglichen Teile hat, kann er bis zu 95% der Sand- und Staubpartikel sowie kleine Fremdkörper in der einströmenden Luft filtern. Ein Abscheidegebläse befördert dieses Material über die Seite des Triebwerks ab. Der Kompressor ist ein kombinierter Axial- und Zentrifugalverdichter und hat ein Verdichtungsverhältnis von etwa 15:1. Der Luftstrom beträgt ca. 4,5 kg pro Sekunde bei 44.720 U/min.

Ein einzigartiges Merkmal des Triebwerks ist, dass dieser Abschnitt aus nur elf Bestandteilen besteht. Jede der fünf Axialstufen, die auf der Triebwerkswelle montiert sind, tragen Scheibe und Schaufeln vereint in einem einzigen Bauteil. Die GE, die wie oben beschrieben, als »Blisks« bezeichnet werden, sind als Kompaktbauteile aus rostfreiem AM355-Stahl gefertigt. Die Eintrittsleitschaufeln und die Statorschaufeln der ersten beiden Stufen sind variabel, während die Spitzen der Schaufeln des Zentrifugallaufrads rückwärts gekrümmt sind. Das Verdichtergehäuse ist um die Achse geteilt, um die Wartung zu erleichtern. Die Luft strömt dann zu einer ringförmigen Brennkammer mit kompakter Bauweise. Der Brennstoff wird zentral eingespritzt. Dieses Verfahren verringert Kraftstoffverunreinigungen, minimiert Abgasrauchentwicklung und ermöglicht gleichzeitig eine gleichmäßige Temperatur. Das Flammrohr ist ringförmig und damals aus Hastelloy X gefertigt. Hastelloy X ist eine Legierung aus Molybdän, Chrom, Eisen und weiteren Elementen. Es kommt primär in der Herstellung von Schmelzöfen zur Anwendung, da es extrem hitzebeständig ist. Es ist gut schweißbar.

Ein duales Hochenergie-Zündsystem bezieht die Energie aus einer separaten Wicklung der am Triebwerk montierten Lichtmaschine. Der »Motor« besitzt zwei Turbinen. Die Hochdruckturbine (HP) für den Antrieb des Gasgenerators ist zweistufig aufgebaut und arbeitet bei Gastemperaturen von mehr als 1.100°C. Bei mittlerer Leistungseinstellung verlässt das Gas die Hochdruckturbine mit einer Temperatur von etwa 827°C und tritt dann in die zweistufige freie Nutzturbine zur Leistungsentnahme für die Antriebswelle. Entwickelt für einen hohen Wirkungsgrad bei niedrigeren Drosseleinstellungen wie etwa 30 und 60% der militärischen Leistung (Military Power), hat sie spitzenbesetzte

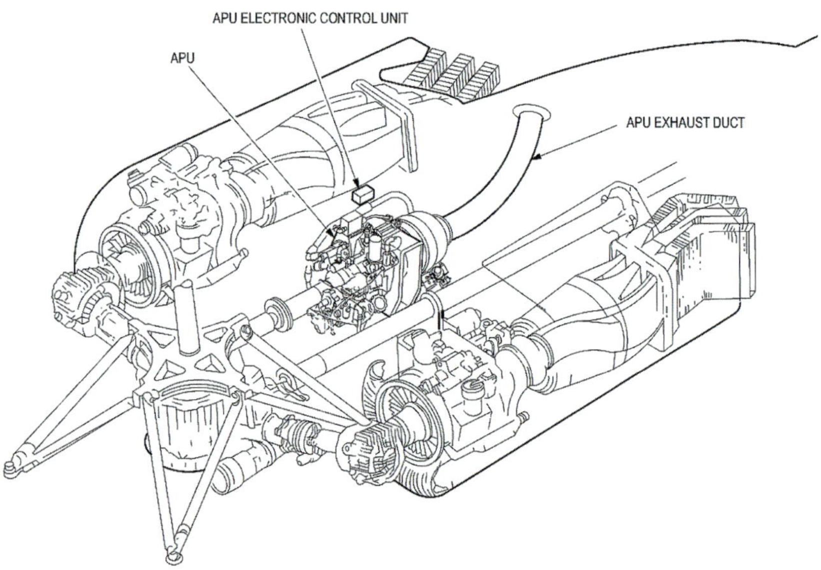

Die Verortung der APU im AH-64 laut Technical Manual.

Die Honeywell GTCP 36-155 Auxiliary Power Unit (APU) stellt zwar kein drittes Triebwerk dar, aber es ist ein Triebwerk, wenn auch nur ein kleines. Es sorgt für den nötigen System-Strom, solange die beiden Haupttriebwerke noch nicht hochgefahren sind. (Foto: Honeywell Produktbroschüre)

Schaufeln und segmentierte Düsen. Die Düsenleitschaufeln sind aus der Nickelbasislegierung Rene 77 gefertigt, die Rotorscheiben aus Inconel 718. Die Turbinenschaufeln werden aus der Legierung Rene 120 im Feingussverfahren hergestellt und mit einer Nickel-Aluminium-Beschichtung versehen.

Als alle im Einsatz befindlichen T700-Triebwerke Anfang der 1980er-Jahre zusammen 250.000 Betriebsstunden absolviert hatten, betrug der gesamte Wartungsaufwand weniger als ein Personenjahr (früher Mannjahr). Eine Personenstunde (früher Mannstunde genannt), ist eine Maßeinheit für Zeit, die eine durchschnittlich leistungsfähige Person eine Stunde aktiv arbeitend verbringt. Man verwendet diesen Begriff, um Schätzungen für die Gesamtmenge an Arbeit für die Erledigung einer Aufgabe zu errechnen. Ein ähnliches Konzept, Personenjahre (früher Mannjahr) wird für sehr große Projekte verwendet. Es ist die Arbeitsmenge, die eine Person durchschnittlich während eines Jahres arbeitet. Etwa 1700 Personenstunden wurden aufgewendet. Für jede Wartungsarbeitsstunde war das Triebwerk rund 30 Stunden gelaufen. Ein hervorragendes Ergebnis. Im Herbst des Jahres 1984 hatten die T700 die 500.000-Stunden-Marke bereits überschritten und Mitte 1986 standen mehr als eine Million Betriebs- und 5.000 Flugstunden in den Logbüchern.

Black Hole Ocarina – Infrarotsignaturunterdrückung

Die Bedrohung durch Infrarot (IR)-Lenkflugkörper wurde ab den 1980er-Jahren immer größer. Obwohl die Fähigkeiten der IR-Technologie bereits vor dem Ersten Weltkrieg bekannt waren, verlangsamte der anfängliche Erfolg von RADAR ihre Entwicklung bis 1960. Jüngste Entwicklungen in der IR-Sensortechnologie haben es praktisch unmöglich gemacht, der IR-Erkennung zu entgehen. Moderne bildgebende IR-Systeme können kleine Temperaturunterschiede unterscheiden und sind immun gegen konventionelle Gegenmaßnahmen, die als Punktquellen für IR-Strahlung auftreten. Flugabwehrraketen mit bildgebenden IR-Detektoren befinden sich in der Entwicklung und dürften bald einen Platz in der taktischen Kriegsführung finden. Daher fordern die Streitkräfte von zukünftigen Flugzeugen/Hubschraubern strengere IR-Gegenmaßnahmen (IRCMs). Die Überlebensfähigkeit gegen IR-gesteuerte Bedrohungen hat einen Platz in der Designphase selbst gefunden, was zu einem Aufschwung der Forschung zu verschiedenen Aspekten der IR-Signatur-

Benannt nach einer in der norditalienischen Region entwickelten Gefäßflöte ist das Umluftsystem des AH-64 (Black Hole Ocarina) von Beginn der Entwicklung des Apache an in das Konzept integriert worden, wie hier im Bild bei einem AH-64A. Die meisten Hubschrauber-Typen weltweit haben erst durch Nachrüstungen und Umbauten auf das Hitze- bzw. Infrarotsignatur-Problem reagiert. Die AH-64A sowie die frühen Baulose des AH-64D hatten parallel zum Heckausleger nach hinten blasende IR-Suppressoren. (Foto: Sören Sünkler)

Ansicht der blanken Heißluftleitungen, die sogenannten Primary Exhausts. (Foto: Hersteller / Ace Clearwater Enterprises)

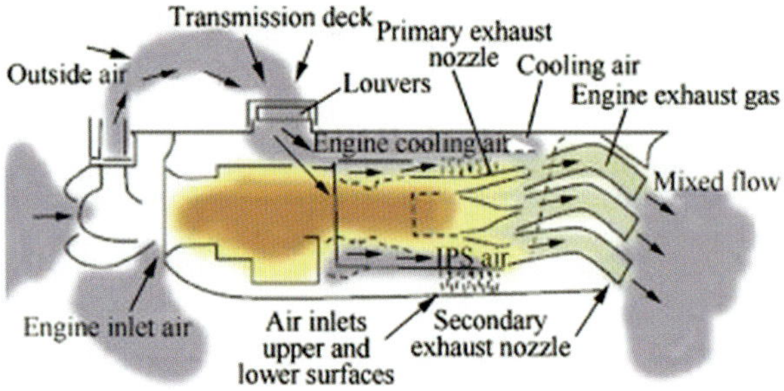

(a) Schematic of a BHO suppressor

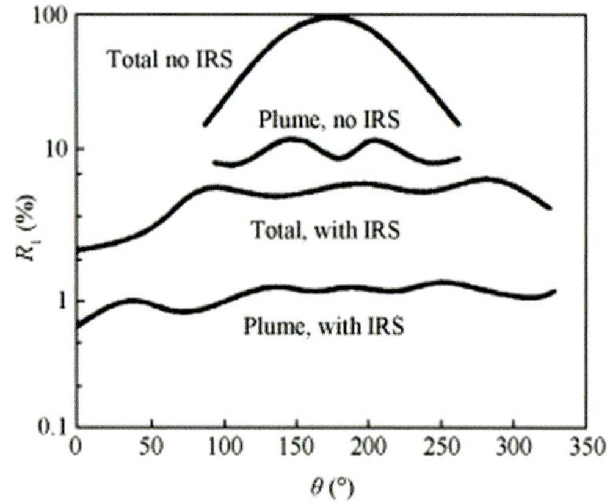

(b) IR signature with or without a BHO suppressor

Leistungsdiagramm aus der Wissenschaft mit der Kühlleistung der Triebwerksabluft mit und ohne IR-Suppression laut einer Studie des Chinese Journal of Aeronautics.

AH-64D: die IR-Unterdrücker wurden im Laufe der Zeit immer weiter verbessert. Seit etwa 2008 und auch mit dem Aufkommen von verbesserten Luftabwehrsystemen, wird die Abluft der Triebwerke bei den Modellen AH-64D und E nach oben abgeleitet. Daher wurde am Ende der Auslässe – ähnlich wie bei den russischen Mi-24 Hind – ein Umleitungsadapter monitiert. Zusätzlich wurde unterhalb der Triebwerksgondel ein Kühllufteinlass konzipiert. (Foto: Christian Rastätter)

AH-64E: IR-Suppressoren mit Aufwärtsabluft sind auch bei den E-Modellen Standard. (Foto: Christian Rastätter)

Vorhersage und -Management führt. 1977 führte Hughes Helicopter das Black Hole Ocarina (BHO) IRSS-System ein, um einen vollständigen Schutz vor hitzesuchenden Flugkörpern zu gewährleisten. Das Black Hole-System maskiert die heißen Triebwerksteile, während das Ocarina-System aus mehreren Auslässen die Abgasfahne zerstreut, um den Mischprozess zu verbessern. Das BHO-System wurde auf OH-6, OH-58, AH-IJ, YAH-64 Hubschraubern und U-21 (Turbo-Prop) Starrflügelflugzeugen installiert. Die Installation des BHO-Systems auf dem YAH-64-Hubschrauber führt zu einer Reduzierung der IRSL von heißen Metallteilen um 30 % und von der Abluftfahne um 40 %.

Das IRSS-System, hat seinen Ursprung im Defence Research Establishment Suffield (DRES), Kanada. Es besteht aus einem filmgekühlten Außenkanal und einer filmgekühlten Kugel, die als optischer Block dient. Die Einspritzung von Kohlenstoffpartikeln oder Wasserdampf in die Abgasfahne, so dass diese abgeschirmt wird, reduziert die Intensität der IR-Emissionen der Abgasfahne erheblich. Die Ausdehnung des Fahnenkerns, sein Volumen, die Temperatur und die Konzentration der an der IR-Strahlung teilnehmenden Gase, hängen vom Bypass-Verhältnis (BPR) ab. Trends bei den thermodynamischen Zyklusparametern, die den Zykluswirkungsgrad verbessern und den Kraftstoffverbrauch senken, verringern auch die Wärmeabgabe des Triebwerks. Daher senken diese Trends für einen gegebenen Betriebspunkt auch die IRSL des Triebwerks. Allerdings erhöht die Nachverbrennung die IR-Emissionen um fast das 10-fache. Eine nicht-achsensymmetrische Düse hat geringere IR-Emissionen als eine achsensymmetrische Düse, da die heißen Teile im Triebwerkinneren durch die nicht-achsensymmetrische Düsenhardware weitgehend maskiert werden. Eine nicht-achsensymmetrische, keilförmige 2D-Düse verbessert auch die Vermischung der heißen Abgase mit der Umgebungsluft, wodurch die IRSL der Abgasfahne reduziert wird. Die Verringerung der IR-Fahne kann auch durch eine bessere Vermischung der Abgase mit der Umgebungsluft erreicht werden, indem die folgenden Merkmale am Düsenaustritt vorgesehen wurden: gewellte Oberflächen, gezackte Kanten sowie Materialüberlappungen. Gewellte Dichtungen am Auslass reduzieren neben der IRSL-Reduzierung der Abgasfahne (engl. Plume) auch die akustische Signatur. Die Firma ACE Clearwater Enterprises ist seit über 30 Jahren mit der Herstellung der Triebwerksauslässe zuständig und war schon früh in die Planungen des AH-64 Projekts eingebunden.

Der Apache wird in hohem Maße von den Streitkräften eingesetzt und befindet sich häufig in den härtesten militärischen Betriebsumgebungen, die man sich vorstellen kann. Eine seiner wichtigsten Verteidigungsmaßnahmen ist die Art und Weise, wie er seine Wärmesignatur vor Infrarotsensoren verbirgt. Die von ACE hergestellten Primär-Abgasanlagen haben drei Kanäle, die sich biegen und so eine direkte Sicht auf die Triebwerke verdecken. Die sekundären Triebwerksauslässe, in die die primären Triebwerksauslässe passen, umhüllen sie mit einer dicken thermischen Isolierung, die Hubschrauber vor einer Entdeckung schützt. Die sechs Seitenteile und Basiskomponenten für jede dieser Hauptauslässe sind aus hochhitzebeständigem Inconel, einer austentischen (viereckig-flächenzentrierten) Superlegierung auf Nickel-Chrom-Basis, gefertigt. Dieses Metall ist auch oxidations- und korrosionsbeständig und damit ideal für extreme Umgebungen. Die Formen werden auf den Fallhämmern von ACE aus Blechen geformt, auf 5-Achsen-Laserschneider zugeschnitten und zu den Montage- und Schweißabteilungen transportiert. Dort werden die Elemente durch Vorrichtungen gesichert, die die Formen in präziser Ausrichtung für das Schweißen halten. Das Entgratungsteam schleift dann alle verbleibenden Unebenheiten zu einer glatten Oberfläche aus, um die strengen Kundenanforderungen zu erfüllen. Nach der gründlichen Inspektion, Auslieferung und Installation widersteht die einzigartige und komplexe Konstruktion des Primärauslasses der extremen Hitze und den Vibrationen der Apache-Triebwerke.

Ein ab 2012 bei allen D-Modellen durchgeführtes Upgrade des Selbstschutzes umfasst die Implementierung des Aviation Survivability Product Improvement-Programms, welches die neuen, nach oben gerichtete Abgasabweiser beinhaltet, um die Überlebensfähigkeitsmerkmale des Apache weiter zu steigern. Nach oben gerichtete Hitzeabweiser waren bis dahin eher an russischen Kampfhubschraubern sowie an einigen europäischen Modellen zu beobachten. Einsatzerfahrungen haben diesen Trend jedoch durchaus auch für amerikanische Hubschrauber zu einer Option werden lassen.

Avionik – Herzstück TADS/PNVS

Nach verzögerter Entwicklung und Erprobung in verschiedenen Maschinen wurde 1980 das Zielerfassungs- und Beleuchtungssystem TADS (Target Aquisition and Designation Sight) sowie der Nachtsichtsensor des Piloten PNVS (Pilot‘s Night Vision Sensor) von Martin Marietta zur Unterstützung für den Angriffseinsatz bei Nacht ausgewählt. Keine andere Avioniksuite im AH-64-Konzept trug mehr zum Ur-Verwendungszweck des Apachen als Panzerkiller bei als die TADS/PNVS-Sensoren. Nachtsichtgeräte und Laserentfernungsmesser waren bereits vor dem AAH-Programm in militärischer Verwendung, aber der Apache war der erste Hubschrauber, der sie in einem zusammenhängenden, integrierten System verwendete. Etwa 900.000 Dollar kostete ein Sensorik-Paket zu dieser Zeit. Doch um ein Navigations-und Feuerleitsystem dieser Qualität zu schaffen, mussten diese Kosten in Kauf genommen werden. Darüber wurde auf politischer Ebene auch hinreichend und kontrovers gestritten. Dennoch, das Schlüsselwort lautete »Integration«. Man hätte auch einfach Systeme von der Stange kaufen und quasi in Reihe schalten können. Das Ergebnis wäre jedoch eine Sammlung schlecht aufeinander abgestimmter Komponenten sowie eine große Bedienungsüberlastung für Piloten gewesen. Verschiedene, voneinander unabhängig arbeitende und durch jeweilige Panels zu bedienende Systeme führten bereits die Jahre zuvor dazu, dass sich Piloten im Einsatz nur noch um einen Teil der vorhandenen Systeme kümmern konnten. Man wählte in Kampfsituationen schlichtweg die wichtigsten und in der Situation dringend benötigten Systeme aus. Obwohl die Summe der Systeme an Bord insgesamt eine große Hilfe gewesen wären, konnten beispielsweise Piloten im Vietnamkrieg kaum mehr als drei Avionik-Systeme gleichzeitig bedienen, wenn sie während ihrer Einsätze von unzähligen Luftabwehrraketen sowie gegnerischen Kampf-

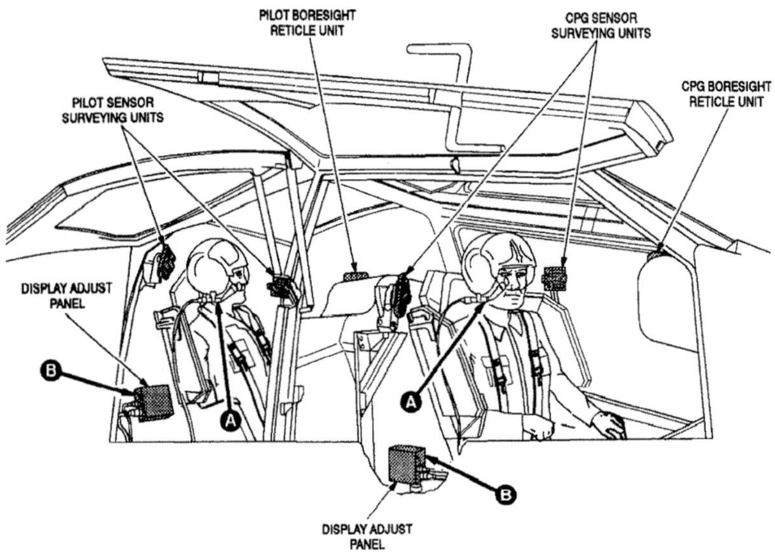

Grafische Darstellung der TADS/PNVS-Sensorenverknüpfung im Cockpit laut Technical Manual AH-64A.

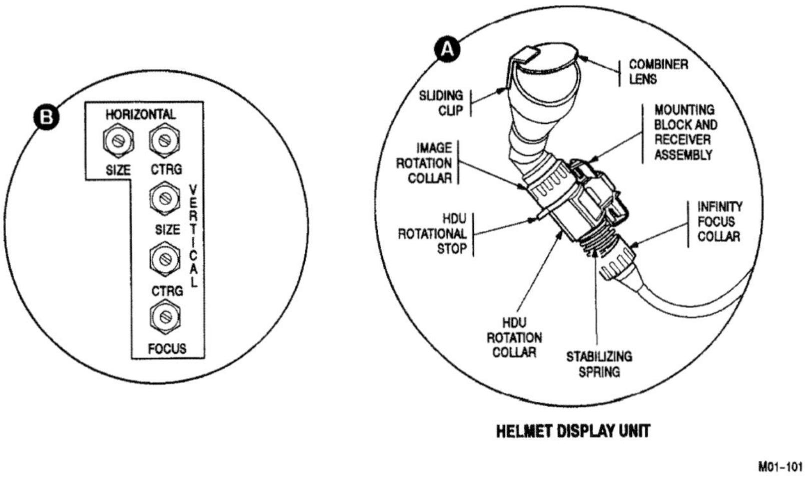

Figure 4-9. Integrated Helmet and Display Sight Subsystem

Grafische Darstellung der TADS/PNVS-HDU (über dem rechten Auge am Helm montierbar) laut Technical Manual AH-64A.

flugzeugen beschossen wurden und dennoch versuchten, ihre Bodenziele zu treffen. Dies galt zwar in erster Linie für damals hochentwickelte Starrflügler in der Jagdbomberrolle, jedoch wurde die Systembedienung schon bald ein Problem für Hubschrauberbesatzungen. Bei der Avionik- und Sensorik-Entwicklung des AH-64 wurde daher großer Wert auf die Systemintegration gelegt, damit die Bedienung der taktischen Grundsysteme möglichst in einem haptischen und ergonomischen System-Kanal zusammenlaufen. Bedienerfreundlichkeit war somit im Zusammenhang mit der Abrufung des maximalen Potentials der Systeme zu sehen. Nur auf diese Weise konnte der Apache überhaupt seine gewünschte Feuerkraft und Kampfeffizienz erreichen.

Alle Sensoren verwenden eine gemeinsame Zielerfassungsoptik, so dass sie schnell in die gleiche Richtung ausgerichtet und bewegt werden können, während die Schnittstelle zwischen Mensch und Maschine so einfach wie möglich gestaltet wurde. Dies bedeutete jedoch nicht, dass die Systembedienung des AH-64 »einfach« ist: AH-64-Crews haben ohne Zweifel die wohl anspruchsvollste Aufgabe, die es in der militärischen Hubschrauberfliegerei gibt. Auch wenn die Bedienung der vielen nicht digitalen Systeme im A-Modell durch die Einführung der moderneren Nachfolge-Muster zunächst Erleichterung versprachen, so wurde die Aufgabenbandbreite des AH-64 Apache massiv erweitert. Anfang der 1980er- galt das TADS/PNVS-System jedoch als revolutionär und sollte kontinuierlich verbessert werden. Martin Marietta setzte sich 1980 gegen Northrop durch und gewann den Entwicklungsauftrag des optronischen Systems. Dem 45,5-Millionen-Dollar-Entwicklungsauftrag folgten 1982 knapp weitere 95 Millionen Dollar sowie weitere 37 Millionen Dollar für die langwierige Produktion der Hardware. Der Fiskalpolitische Streit begleitete die gesamte Entwicklungsphase. Die Sitzungen des DSARC-Ausschusses (Defense Systems Acquisition Review Council) genehmigte dann 1982 die TADS/PNVS-Serienproduktion. Die ersten Lieferungen erfolgten im November des folgenden Jahres.

Die Sensoren für das TADS/PNVS sind bekanntlich in der »Nasenspitze« des Apache montiert. Das bedeutet, dass sowohl der Pilot als auch der Co-Pilot bzw. Richtschütze bei der Verwendung der Helmdisplays stets darauf achten müssen, dass ihre »wahren« Augen nun 2 bis 4 m weiter vorne liegen und die Drehgeschwindigkeit der Sensoren nicht der realen Kopfbewegung entsprechen. Zumindest nicht bei den zu diesem Zeitpunkt (1983) kurz vor der Serienproduktion stehenden A-Modelle. Die drehbaren Sensorturmbaugruppen boten dennoch eine hervorragende Sicht auf die vorwärts gerichtete Hemisphere des Vorderrumpfes. Das Sensorenpaket in der Bugnase zu verbauen war jedoch keine besondere Innovation. Europäische Konstrukteure planten bereits die Rotormastmontage, denn dies bot bedeutende taktische Vorteile, wie beispielsweise das Beob-

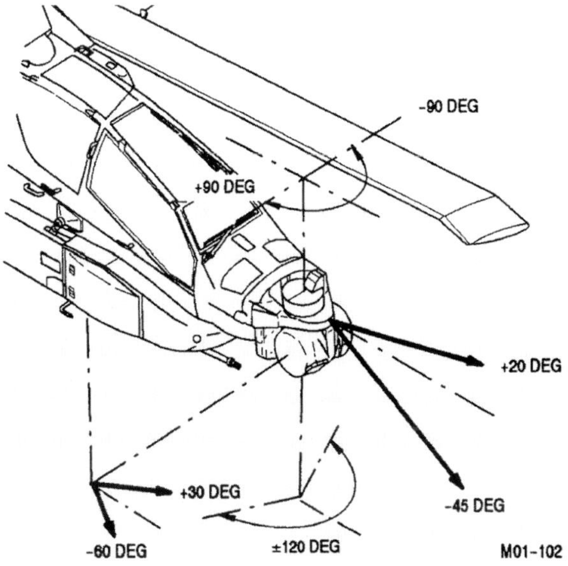

Grafische Darstellung der Schwenkbereiche des TADS/PNVS (oben PNVS des Piloten / unten TADS des Copilot/Gunner) laut Technical Manual AH-64A.

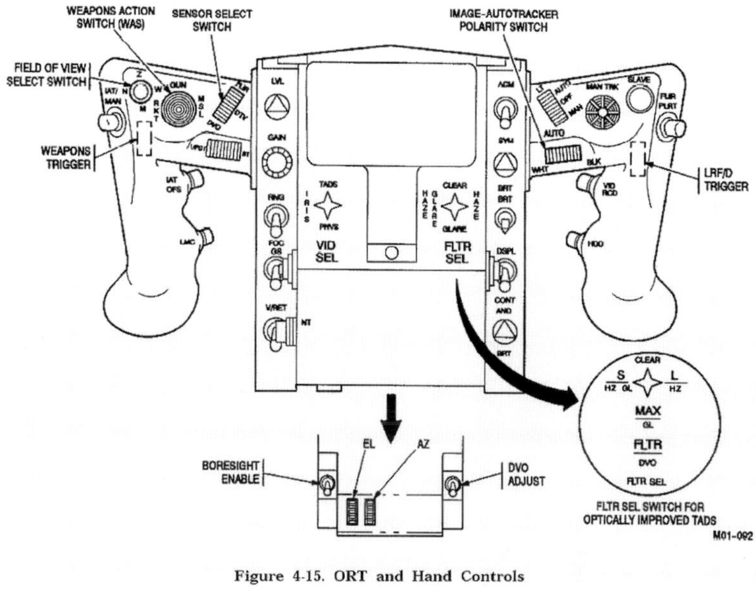

Grafische Darstellung der ORT-Waffenkonsole in der ersten Generation (AH-64A) laut Technical Manual AH-64A.

achten von Zielen, ohne die Deckung mit dem Hubschrauber völlig zu verlassen. Dies sollte dem AH-64 somit nicht vergönnt sein. Die US-Army empfand dies ebenfalls als Nachteil und forderte wenigstens für den zielzuweisenden OH-58D Combat Scout ein Mastvisier, um dem AH-64 im Rahmen des Scout-Konzeptes einen teilgedeckten Späher an die Seite zu stellen.

Sensor-Gehäuse

Der Ur-Apache, in seiner Ausführung als A-Modell, setzte früh die Maßstäbe auch im Sensoren-Designs. Ein Design, wie es bis heute und wohl auch in Zukunft noch unverändert umgesetzt wird, auch wenn die Sensoren seit den 1980er-Jahren immer wieder verbessert und modernisiert wurden. Folgendes Sensorik-Konzept wurde etabliert: Drei Gehäuse schützen die elektrooptischen Sensoren. Das PNVS sowie der FLIR-Sensor (Forward Looking Infrared) sind im oberen Drehturm untergebracht, welcher jeweils um 90° von einer Seite zur anderen bewegt werden kann. Aber auch horizontale Mindestwinkel (+20 und -45°) abdecken kann. Wird das PNVS nicht benötigt, kann die Optik des oberen Drehturms einfach beigeklappt werden. Die ersten PNVS-Modelle waren noch etwas einfach konstruiert und lediglich eine Sensor-Glasluke erhob sich aus dem Drehring des PNVS. Später (ab 2005 beim D-Modell) wurde das PNVS baulich verändert. Am Grundprinzip des PNVS, welches eine Infrarot-Kamera vorsah, die an die Kopfbewegungen des Piloten gekoppelt war, änderte sich jedoch nichts. Unterhalb des PNVS befindet sich das Drehgehäuse des TADS (Target Acquisition and Designation System). Das vom PNVS unabhängige TADS enthält stabilsierte elektro-optische Sensoren, u.a. ein Laser-Entfernungsmesser, einen Laser-Ziel-Designator, eine thermografische (Wärmebild) Kamera sowie eine monochrome Tageslicht TV-Kamera. Auch ein LST (Laser Spot Tracker) befindet sich im unteren Gehäuse, welcher von Dritten beleuchtete Ziele erfassen kann. Die TADS-Gondel kann +120 bis -120° horizontal (azimuth) und +30 bis -80° vertikal schwenken. Chamälionartig wirkt das unabhängig voneinander arbeitende Sensorenpaket des TADS/PNVS auf den Betrachter. Alle Bewegungen des TADFS sind mit den Kopfbewegungen des Co-Piloten/Richtschützen (im vorderen Cockpit) sensorisch gekoppelt und richten sich jeweils in Blickrichtung der Crew aus: das PNVS für den Piloten und das TADS für den Co-Piloten bzw- Schützen (Co-Pilot/Gunner, CPG). Dies erlaubt die Projektion des »Gesehenen« und »Erfassten« auch auf die Helmvisiere. Die Sensorenansicht über das Honeywell IHADSS (Integrated Helmet and Display Sight System) überlappt quasi die tatsächliche Umgebung mit taktischen und flugtechnischen Daten. Bei den

Nahaufnahme der TADS/PNVS-Gehäuse an einem AH-64A. Die PNVS-Sensoren sind bei Tageslicht zur Seite gedreht, da sie nur in der Nacht oder bei schlechtem Wetter zum Einsatz kommen. (Foto: Sören Sünkler)

Nahaufnahme der TADS/PNVS-Gehäuse an einem AH-64A. (Foto: Sören Sünkler)

ersten A-Modellen waren noch sogenannte Direct-View Optiken (DVO) verbaut, die dem Schützen im vorderen Cockpit eine alternative Zielansicht durch eine Optical Relay Tube (ORT) – also einem ganz gewöhnlichen Fernrohr – bot. Dieses Zielrohr wurde jedoch kaum genutzt und wich einige Jahre später einem digitalen Bildschirm (Multi Functional Display), welches einfache Außenansichten optional darstellen konnte. Die TV-Optiken sowie der Laserdesignator/Entfernungsmesser und Laser Spot Tracker befinden sich vom Schützen aus betrachtet im linken (backbordseitigen) TADS-Gehäuse. Zwei Sichtfenster kennzeichnen diese Hälfte des TADS (auch »Tagseite« genannt). Die an Steuerbord montierte »Nachtseite« mit dem großen Sensorfenster beherbergt das FLIR (Forward Looking Infrared) System und bietet bei Nacht und bei schlechtem Wetter freie Sicht für den Richtschützen. Basierend auf den gleichen IR-Modulen wie die PNVS-Einheit, bietet das FLIR drei wählbare Zoom-Funktionen.

Vier TADS-Elektronikeinheiten sind im Avionikschacht des A-Modells montiert. Zusammen mit einer einzigen Einheit für das PNVS nimmt es in der ersten Serien-Produktion noch keinen großen Platz in den »Seitenbacken« des A-Modells ein. Daher kennzeichnen die kleinen und verkürzten Avionik-Außenbehälter die A-Serie der ersten Apachen bis Anfang der 2000er-Jahre. Sowohl CPG als auch der Pilot können Videodaten von beiden Systemen (TADS und PNVS) abrufen. Das Weitwinkel FLIR im PNVS ist jedoch das bevorzugte Sichtsystem für den Piloten, da es eine weite Panorama-Sicht in der Nacht ermöglicht und in Echtzeit arbeitet. Die FLIR-Bilder konnten bereits beim A-Modell auf einem CRT-Display, der sogenannten VDU (Video Display Unit), angezeigt werden, aber für gewöhnlich wählten die Piloten das Honeywell IHADSS (Integrated Helmet and Display Sight System) direkt vor dem rechten Auge. Dazu musste am Helm der Bildträger mit dem kleinen Heads Up Display (HUD) am rechten Helmrand installiert werden. Das Mini-HUD wird über das rechte Auge der Piloten/CPGs installiert und kann bei Nichtgebrauch in der rechten Cockpitarmatur in einen ergonomischen Behälter verstaut werden. Ein klassisches Nachtsichtvisier mit Nachtsichtbrille war somit nicht mehr nötig.

Dennoch verfügen Apache-Crews als »Back-Up« auch über sogenannte NVG´s (Night Vision Goggles) in ihrer Ausrüstung mit, um im Notfall oder beim Ausfall der IHADSS nachtflugfähig zu bleiben. Der Einsatz des Monokels als Helmvisier hatte jedoch auch seine Tücken für Piloten, die sich noch in der Ausbildung befanden. Dies gilt bis heute bei der Ausbildung zum Apache-Piloten. Das Monokel-HUD des Apache war das erste, das seit 1985 vom der US

Army eingesetzt wurde und somit Zielinformationen und Infrarotbilder direkt in einen am Helm montierten Bildschirm einspeiste. Laut einem Bericht des Army Aeromedical Research Lab von 1988 über das neue System war das Pentagon vor allem von der Fähigkeit beeindruckt, einen an der Nase des Flugzeugs montierten IR-Bildsensor an die Kopfbewegungen des Piloten anzupassen – eine Fähigkeit, die schnell auch auf die 30-mm-M230-Kanone des Kampfhubschraubers übertragen wurde. Aber die Vernichtung von Feinden mit einer auf Blickkontakt reagierenden Kanone ist wie oben beschrieben bei weitem nicht die wichtigste Funktion des Helms.

Von allen im Inventar der US Streitkräfte befindlichen Luftfahrzeugen ist der Apache vielleicht eines der am schwierigsten zu fliegenden Maschinen. In seinem 2009 erschienenen Buch Apache: Inside the Cockpit of the World's Most Deadly Fighting Machine« beschreibt der ehemalige Pilot des British Army Air Corps, Ed Macy, die mentale und physische Leistung, die erforderlich war, um die maximale Leistungsfähigkeit aus dem Kampfhubschrauber abzurufen. Einen Apache zu fliegen bedeutete fast immer, dass beide Hände und Füße vier verschiedene Dinge auf einmal tun müssen. Auch die Augen müssen lernen, unabhängig voneinander zu arbeiten. Ein Monokel sitzt permanent über der rechten Iris. Ein Dutzend verschiedener Instrumentenanzeigen aus dem ganzen Cockpit werden darauf projiziert. Auf Knopfdruck können auch eine Reihe anderer Bilder auf dem grün leuchtenden Display-Panel eingeblendet werden, die die Kamerabilder des TADS oder PNVS und später in den späten 1990er-Jahren auch die Ziele des Longbow-Radars nachbildeten. Das Monokel ließ das linke Auge des Piloten frei, um sich innerhalb und außerhalb Cockpits umsehen zu können, was ihm die wenigen Sekunden ersparte, die er brauchte, um nach unten auf die Instrumente und dann wieder nach oben zu schauen. Es waren schließlich noch eine Reihe weiterer Instrumente und Anzeigen von links nach rechts im Cockpit vorhanden, die je nach Situationen eines kurzen Blickes bedürfen. Piloten in der Anfangsphase der Zulassung auf den Apache litten unter schrecklichen Kopfschmerzen, da das linke und das rechte Auge um die Dominanz konkurrierten. Vom Sehnerv bis zu den Gehirntätigkeiten wurde das Stereosehen plötzlich völlig anderen Regeln unterworfen. Wenn sich die Augen in den folgenden Wochen und Monaten an die voneinander unabhängige Nutzung gewöhnten, dauerte es zwar länger, bis die Kopfschmerzen einsetzten, jedoch setzten sie unweigerlich ein. Es dauert etwa ein Jahr, bis dieser Umstand zum Positiven wendet.

Die ersten PNVS-Bilder

Das System der ersten Apache-Modelle verfügte über keine Vergrößerung, so dass das Wärmebild für das Auge des Piloten maßstabsgetreu und direkt die Außenansicht überlagerte. Es gibt keine Zeitverzögerung zwischen der Direktansicht und dem Wärmebild. Da das PNVS nur über einen einzigen optischen Kanal verfügte, war das Wärmebild nur zweidimensional, doch die Besatzungen lernen schnell, die FLIR-Bilder richtig zu interpretieren. Wenn der Pilot auf seine Cockpit-Instrumente oder Anzeigen schaute, stand er vor dem Problem, dass diese im Nahbereich lagen, während die IHADSS Symbologie auf die Unendlichkeit fokussierte. Dies war sehr gewöhnungsbedürftig und stellte eine sehr große Herausforderung für Piloten dar.

Das PNVS kann bis heute auch tagsüber verwendet werden, da das IHADSS im Helmvisier dazu fähig ist, auch Fluginformationen und Zielmarkierungen zu liefern. PNVS Ist an das IHADSS gekoppelt, so dass Bewegungen des Kopfes des Piloten zu synchronisierter Sensoren-Arbeit führen. Die maximale Schwenkrate beträgt 120° nach links und rechts sowie 93° nach oben und unten. Beide Besatzungsmitglieder tragen IHADSS-Helmvisiere. Sie können sich sozusagen gegenseitig mit unterschiedlichen Blickwin-

Nahaufnahme des PNVS eines AH-64D Apache Longbow wie es seit 2005 genutzt wird. (Foto: Christian Rastätter)

Zielerfassung mit dem TADS

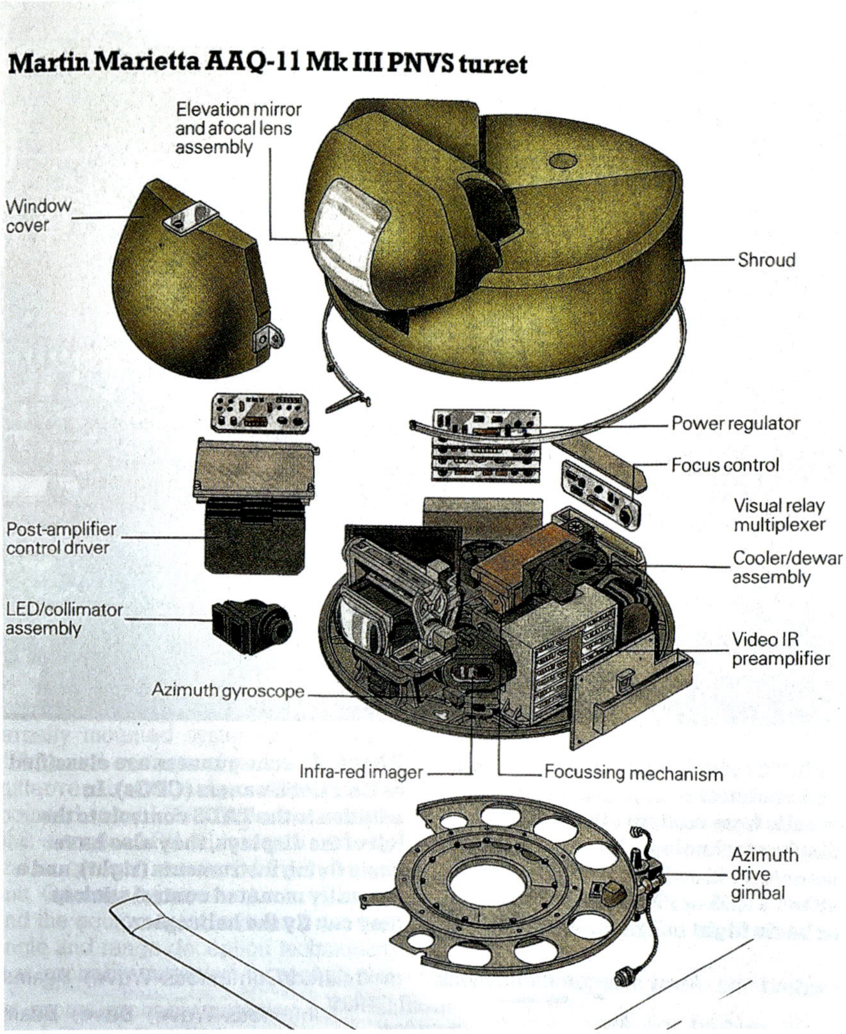

Grafische Darstellung des PNVS der ersten Generation in der Ausführung AN/AAQ-11 von 1984 bis 2005. (Grafik: Archiv Boeing / Doug Richardson)

keln, Sichtbereichen oder auch Zielen oder Umgebungsansichten bedienen.

Da jedoch die Besatzungsmitglieder nicht den selben Turm gleichzeitig nutzen können, ist immer jeweils entweder das PNVS oder das TADS einem Crew-Mitglied zugeordnet. Sobald etwa der Pilot den AH-64 mit Hilfe von PNVS in geeignete Zielposition gebracht hat, benutzt der Richtschütze das TADS zur genauen Zielerfassung und somit zur Generierung von Feuerleitdaten für die Hellfire-, die 2,75-Zoll-Raketen oder die 30-mm-Kanone.

Zielbilder können von einem der drei am unteren Turm montierten Sensoren gewonnen werden. Dabei verfügen die Tagesslichtsensoren über zwei Bilddarstellungskanäle: Das eine ist die TV/Laser Kobination im oberen Teil des TADS-Gimbal, während der zweite Kanal die Direct View Optiklinse unterhalb der TV-Kamera über einen sehr langen Spiegelkanal direkt CRT-Bildschirm ins Cockpit zur Augen-/Gesichtskonsole führt. Die Tagesbilder des TADS können natürlich auch am TADS-Display Schirm sowie auch direkt an die Monokel-Linsen der IHDASS-Helme geliefert werden, wo sie in der Realität auch am meisten genutzt werden. Alle Bilder und Daten können von beiden Piloten betrachtet und genutzt werden, auch wenn TADS und PNVS autonom voneinander verwendet werden. Während der Co-Pilot/Richtschütze seinen IHDASS-Helm in eine Richtung dreht und somit das TADS ebenfalls dorthin schwenkt, kann der Pilot mit seinem Helm eine völlig andere Richtung abdecken, um seinen Flugpfad zu kontrollieren. Dabei schwenkt das an ihn gebundene PNVS-Kombinat in seine Blickrichtung. Diese Bewegungen versetzen die Sensoren-Nase des Apache zum berühmten Chamäleon-Aussehen, wenn man nah genug an einen AH-64 während dieser Sequenzen heran kommt. Zu nah darf man allerdings nicht herantreten, da die Laser-Strahlen für menschliche Augen gefährlich sind. Zumindest waren sie es beim A-Modell. Später wurden Eye-Safe-Laser eingerüstet (sogenannte »Switchable Eyesafe Laser Rangefinder/Designator«).

Auch die Infrarot-Strahlung ist gefährlich für Außenstehende. Infrarotstrahlung wirkt direkt auf die Hautoberfläche. Die dadurch erzeugte Wärme gelangt durch Weiterleitung bis in die Unterhaut. Eine zu hohe Temperatur und ein dadurch verursachter Gewebeschaden bleibt durch dort fehlende Temperatursensoren oft unbemerkt. Auch wenn Infrarotstrahlen auf das Auge treffen kann das gefährliche Netzhautschädigungen verursachen. Der Körper erwärmt sich auf über 40 Grad. Das kann einen Kreislaufkollaps oder sogar eine Schädigung von wichtigen Organen auslösen.

Die TADS Tageslicht- oder Nacht-Sensoren können einzeln oder in Kombinationen je nach Wetter oder taktischen Bedingungen eingesetzt werden. Das größte verfügbare Sichtfeld erhielt man bei der A-Version des Apache durch den Einsatz des optischen Direktsichtsystems (Direct Vison Optic, DVO) mit seiner 3,5-fachen Vergrößerungsoption. Dieses Objektiv ist jedoch nur bei Tageslicht von Nutzen und verfügte über ein Sichtfeld von 18° bzw. auf 4° abfallend, wenn die 16-fache Vergrößerungsstufe gewählt wurde. Die Sichtlinie der am Turm montierten Optik zum Richtschützen wird durch die optische Relaisröhre (Optical Relais Tube, ORT), die in einem vor der Co-Pilot/Gunner-Armatur montierten Konsolen-Okular endet. Diese Konsole ist so konstruiert, dass sie bei hohen g-Belastungen abfällt, um das Gesicht des Richtschützen beispielsweise bei einer harten Landung zu schützen. Der Richtschütze muss nämlich, ähnlich wie bei einem Mikroskop, mit seinem Gesicht den Kontakt zur maskenähnlichen Konsole herstellen, um es nutzen zu können. Ein alternativer Optiksensor, der jedoch ein kleineres Sichtfeld aufweist, ist bei schlechtem Wetter, Rauch und Dunst die Infrarot-TV-Kamera des TADS. Diese bietet dem Richtschützen jedoch im A-Modell lediglich ein 4° breites und 0,9° schmales Sichtfeld. Wohlgemerkt, man unterscheidet das monokulare Gesichtsfeld des jeweils rechten und linken Auges, vom binokularen Gesichtsfeld, das die Summe der beiden monokularen Gesichtsfelder ist. Beim Menschen überlappen sich die Gesichtsfelder beider Augen in bestimmten Bereichen. Im binokularen Deckfeld findet eine Fusion der beiden Bilder des rechten und linken Auges zu einem einzigen statt. Der sogenannte Horopter ist eine Voraussetzung für die Entstehung von räumlichem Sehen. Bei einem Erwachsenen beträgt die horizontale Ausdehnung des binokularen Gesichtsfelds etwa 214° (etwa 107° auf jeder Seite), die vertikale zirka 60–70° nach oben und 70–80° nach unten. Die Nutzung des monokularen Helmvisiers mit nur einem Auge sowie das Umschalten auf die binokulare TADS Konsole stellt somit eine große Herausforderung dar. Hinzu kommt der normale Blick aus dem Cockpit, der das räumliche Sehen erzeugt.

Für Nacht- und Schlechtwetterangriffe verwendete der Richtschütze der ersten AH-64 Serie ein 23 cm (9 Zoll) FLIR, damals das größtmögliche Display seiner Art im militärischen Gebrauch. Dieses hatte drei Sichtfelder (50°, 10,1° bzw. 3,1° Breite). Der Wasserdampf in der Atmosphäre absorbiert IR-Energie, so dass schlechtes Wetter die FLIR-Leistung beeinträchtigen konnte. Daher war bereits im A-Modell FLIR ein Bildverstärker integriert. Regen oder Schnee waren daher kein zu großes Problem. Sobald der Schütze sein Ziel mit dem TADS erfasst hat, konnte es manuell oder automatisch verfolgt werden. Die Erfahrung zeigte bereits in den frühen 1980er-Jahren, dass in den meisten Fällen die automatische Verfolgung präziser war als die manuelle Verfolgung. Der Laserentfernungsmesser, der im gleichen Gehäuse montiert ist und die gleiche Optik nutzt, kann zur Überprüfung der Zielentfernung genutzt werden. Ziele können mit dem Lasergerät jedoch auch beleuchtet bzw. markiert werden, wenn man ihn als Designator nutzt.

Ein YAH-64 mit einem Mockup der TADS-Varianten. Der Wettbewerb um die TADS-Ausschreibung war ein spannender Prozess. Bis feststand, wie die Serien-Variante aussehen sollte. (Foto: Archiv Boeing)

Nahansicht des TADS-Sensorenpakets, wie man es seit den 1980er-Jahren kennt. Hier in der Version ab 2005 an einem AH-64D. (Foto: Christian Rastätter)

TADS-Zielerfassung bei Nacht im Einsatz mit dem Forward Looking Infrared (FLIR) aus dem Jahr 2003 in Afghanistan. Die Ansichten mit dem FLIR sind bis zum Jahr 2018 stets in Grautönen. FLIR-Ansichten (Thermalansicht) ist nicht mit den grünen Bildansichten der NVG (Night Vison Goggles) zu verwechseln. Grünliches Licht erfahren AH-64 Piloten nur, wenn sie die Notfall-NVG-Brillen aufsetzen oder um sie zur Sichtbarmachung der Lasermarkierungen bzw. -strahlen zu nutzen. Die Bordkanone (Chaingun) ist seit vielen Jahren achsparallel auch mit einem Laserpointer versehen, damit Bodentruppen mit NVG oder SOF-Einheiten erkennen, wo der Apache hinzielt. (Foto: Screenshot / Video U.S. Army)

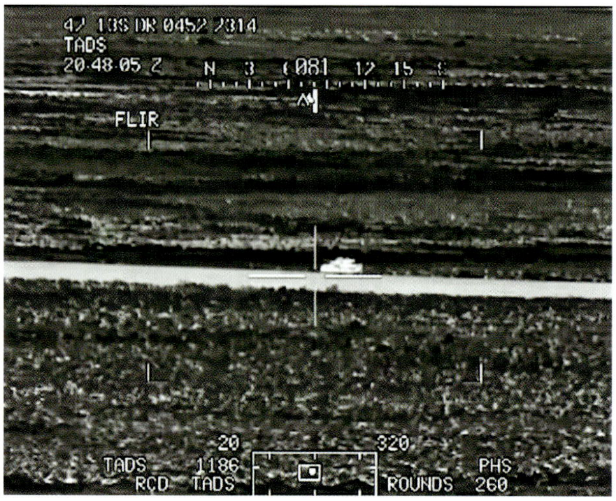

TADS-Erfassung bei Nacht mit dem FLIR bei beweglichen Zielen. Hier kann der CPG seinen Waffenmodus wählen. Hellfire, 2.75-Raketen oder die Bordkanone. (Foto: Screenshot / Video U.S. Army)

Die erste Generation der Hellfire-Raketen war nämlich genau von dieser Art der Zielmarkierung abhängig. Der Apache konnte jedoch auf diese Weise auch als Zielmarkierer für andere AH-64 oder gar für andere Waffengattungen dienen. Sowohl für gelenkte Artillerie-Geschosse oder für Luft-Boden-Waffen der Air Force wie beispielsweise lasergesteuerte Freifallbomben der Paveway-Serie. GPS oder Radar spielte zu dieser Zeit noch keine Rolle bei der Zieldesignation durch AH-64. Ein weiteres Merkmal des TADS ist ein Laser Spot Tracker. Dieser kann verwendet werden, um Ziele zu lokalisieren, die von Lasermarkiersysteme anderer Einheiten am Boden oder in der Luft beleuchtet werden. Die Entwicklung des TADS warf erhebliche Probleme bei der Stabilisierung der Sensoren auf. Flugbewegung des Hubschraubers, Triebwerks- und Rotorvibrationen sowie das Feuern etwa der Kanone beeinträchtigten anfangs die Sensor-Zuverlässigkeit. Die Lösung bestand in zwei Kardanringen. Die kardanische Aufhängung oder kardanische Lagerung (engl. gimbal) ist das Aufhängen eines Gegenstandes an einem Gestell mit Hilfe von zwei sich schneidenden, zueinander rechtwinkligen Drehlagern. Das gleiche technische Prinzip (zwei gekreuzte Drehgelenke) wird beim Kar-

Grafische Darstellung des Infrarot-Prinzips, wie es im Nachtmodus im TADS verwendet wird. (Grafik: Public Domain Smithsonian Museum)

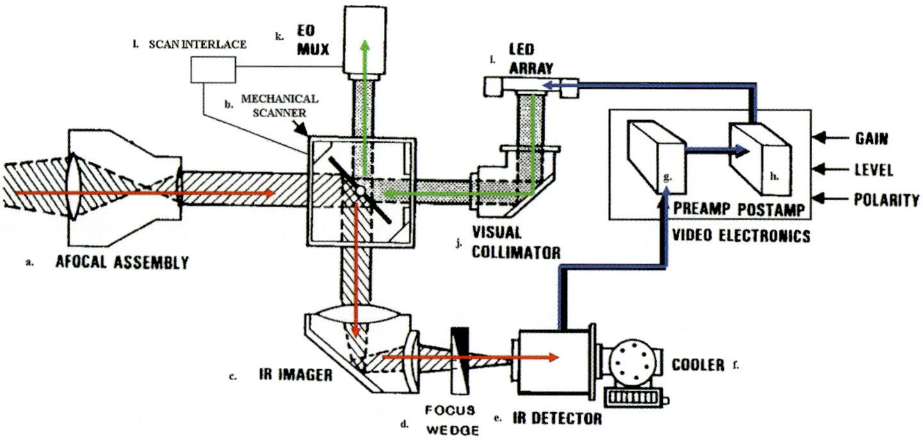

Sichtbarmachung der Mündungsrichtung der Bordkanone mit NVG. Auf dem modernen Gefechtsfeld ist mit bloßem Auge scheinbar alles ruhig und dunkel. Setzt man einen Restlichtverstärker oder Nachtsichtkameras (teilweise mit Infrarot gekoppelt) auf, verwandelt sich das Gebiet in eine Laser-Show. Die Unsichtbarmachung solcher Laserstrahlen, um dem Feind nicht die Positionen zu verraten, unterliegt bis heute der Geheimhaltung und wird von AH-64 und SOF in speziellen Einsätzen praktiziert. (Foto: Screenshot / Video U.S. Army)

Visualisierung der Lasermarkierung durch zusätzliche NVG-Ansichten. (Foto: Screenshot / Video U.S. Army)

dangelenk zum Übertragen einer Drehbewegung zwischen zwei gegeneinander schwenkbaren Wellen angewendet. Bei der Sensorik des AH-64 werden kardanische Aufhängungen daher zur Bildstabilisierung genutzt. Dieses Prinzip ist bis heute die Grundlage stabilisierter Optronik-Kugelbehälter in der Fliegerei. Elektro-optische Sensorbehälter müssen präzise arbeiten können, obwohl sich die Umgebung sowie der Träger bewegt. Nicht anders ist es beim AH-64 und seiner »Nasen-Sensoren«.

Die Einsatzerfahrung hat gezeigt, dass Apache-Besatzungen nicht immer ihre TADS/PNVS-Ausstattung in der vorgeschriebenen Weise nutzen. Vielmehr zeigten Besatzungen sehr schnell pragmatische Nutzungskombinationen, bei denen sie sich beider Systeme in einem Mix aus Überlappungsansichten und schnellem Sensor-Wechsel bedienten. Sowohl Pilot als auch CPG nutzen häufig alle Sensorträger im schnellen Wechsel, um unter Umschaltung auf geeignete Optiken schneller und präziser zum gewünschten Missionserfolg zu gelangen. Das Umschalten zwischen DVO- oder TV- und Infrarot-Bildern (Wärmebild) kann nützliche Anhaltspunkte über ein Zielobjekt liefern. Temperaturverhältnisse können eine hohe Aussagekraft gegenüber Zielen erzeugen. Ob Menschen in einem Fahrzeug sind (Wärmesignatur/Kollateralschadenvermeidung) oder ob sich ein motorisiertes Ziel in Betrieb befindet (warmer Motor). Auch Aussagen zu einem Terroristen-Camp lassen sich durch Wärmebilder leichter treffen (Feuerstelle warm). Zwar ist die TADS-Sensorik genau für diese Zielbekämpfungs-Zwecke für den CPG konzipiert worden, dennoch kann sich auch der Pilot im hinteren Cockpit jederzeit mit dem Weitwinkelmodus des TADS ein besseres Sichtfeld bei Nacht schaffen und es mit dem PNVS-FLIR im Azimut-Gyroskop ergänzen. Sollte das FLIR des Piloten im PNVS ausfallen, kann zudem das TADS hier eine Ersatznavigation darstellen. Sollte im Nachteinsatz die komplette Sensorik im Bug des Apache ausfallen, stehen immer noch klassische Nachtsichtbrillen zur Verfügung (Night Vision Goggle, NVG), welche an Helmaufhängungen angebrachte werden. Nur die Bilder des NVG erscheinen in grünem Licht.

Oft verwechseln Publikationen und Medienbeiträge die Darstellung der HDU (Helmet Display Unit) – also des IHDASS-Monokels über dem rechten Auge – mit der grünen Lichtgebung eines NVG. Die Ansicht über das HDU ist jedoch die thermale Ansicht. Bei Nacht oder schlechtem Wetter bewegt sich der Pilot oder CPG in einer schwarz-weißen Umgebung, die wärmere Objekte heller erstrahlen lässt als kühlere. Diese Identifikationsmethode ist bei Tageslicht nicht notwendig, da genügend Licht vorhanden ist, um Objekte scharf und in Farbe zu erkennen.

Avionik und Flugsteuerung

Der Apache der ersten Bauserie war mit einem dualen Sperry Flight Systems Digital Automatic Stabilisation Equipment (DASE) System ausgestattet. Im Jahr 1986 fusionierte Sperry mit der Burroughs Corporation. Die Geschäftsbereiche beider Unternehmen wurden unter dem Namen Unisys vereint. Die traditionsreichen Namen Sperry und Burroughs wurden aufgegeben. Sperry Gyroscope und Sperry Flight Systems war in den 1970er- und 1980er-Jahren sehr bekannt und deren Produkte (IFR-Ausstattung, Gyroskope, etc.) weit verbreitet. DASE bezieht beim A-Modell Informationen über den Hauptdatenbus des Apache. Geschwindigkeits- und Kursdaten wurden vom Litton Heading and Attitude Reference System (HARS) generiert und dargestellt. Luftmessungsdaten für niedrige Fluggeschwindigkeit und Windrichtung wurden aus dem Pacer System-Messgerät an der Spitze des Rotormasts erzeugt. Auch Luftgeschwindigkeit, Temperatur- und Luftdruckdaten wurden ebenfalls über den zentralen Datenbus zu den jeweiligen Waffensystemen geleitet, um derartige Daten letztlich auch dem Feuerleitrechner zuspielen zu können. DASE war im Grunde ein Vorläufer zur elektronischen Fly-By-Wire-Technologie. Das System passte nämlich alle Steuerungseingaben des Piloten als Feinjustierung an die Flugmanöver an und ermöglichte sanfte und angenehme Flugbewegungen. Elektrische Sensoren überwachen kontinuierlich die Steuereingaben des Piloten (Cyclic, Collective und Pedale) und stellen sicher, dass alle Steuerbefehle sanft, stabilisiert und präzise umgesetzt werden. Wenn die mechanische Kontrolle durch Versagen oder Beschädigung beeinträchtigt wird, erkennt dies ein Fly-By-Wire Back-Up Control System (BUCS) innerhalb des DASE-Systems und gleicht die mechanischen Unzulänglichkeiten (z.B. bei defekten Servomotoren) elektronisch aus, indem Befehle auf andere intakte Steuerungselemente übertragen werden. Auch nicht-elektronisch kann sich der Pilot notfalls selbst helfen. Denn sollte der Steuerknüppel mechanisch verklemmt sein und der Pilot keine Befehle an das BUCS senden können, kann der Pilot einen Sicherungsstift an der Basis des Steuerknüppels mit einem beherzten Griff lösen und so den Stick aus der verklemmten Position lösen. Dennoch wurde die Arbeit am Fly-by-Wire-System in dieser Phase der Entwicklung noch eher eine niedrige Priorität zugewiesen. Erst in den 1990er-

Der Co-Pilot/Gunner war ebenfalls umgeben von analogen Anzeigen. Seine Waffenbedienkonsole war ebenfalls noch mit dem »Optiker-Visier« (TDAC, TADS Electronic Display and Control) ausgestattet, wie es bei den AH-1 Cobras üblich war. Diese Konsole wurde auch beim D-Modell der ersten Bauarten beibehalten, bevor mit dem Block II D-Modell auch die Konsol-Optik durch ein MFD ersetzt wurde (Foto: Archiv Boeing)

Das Cockpit des Piloten (hinten) ist im A-Modell noch komplett analog, auf VFR (Visual Flight Rules) ausgelegt und sehr von Sichtflugbedingungen abhängig. Zu schlecht durfte das Wetter nicht sein. (Foto: Archiv Boeing)

Jahren kam der echte große Paradigmenwandel hin zum ganzheitlichen Fly-By-Wire-Denken.

Der erste Apache war im Grunde ein analog ausgelegtes, wenn auch für seine Zeit sehr modernes Konzept. Ein weiteres Element in der Avionik war auch das Basis-Navigationsgerät AN/ASN-128 von der Firma Singer Kearfott. Das ASN-128, als lichtes Doppler-Navigationssystem System (Lightweight Doppler Navigation System, LDNS), wurde von Singer Kearfott für den Apache entwickelt. Kearfott selbst gehört heute zum Konzern BAE Systems und war auch dafür bekannt, INS (Inertial Navigations) Systeme für die nuklearfähigen Mittelstreckenraketen Pershing entwickelt zu haben. Das LDNS des AH-64A war ein komplett eigenständiges Positionsbestimmungsgerät (Navaid), das in der Lage war, eine genaue Ortung des Hubschraubers, die aktuelle Position und Steuerungsinformationen von Bodennähe bis weit über 3.000 m zu liefern. Es bestand aus einer RT-1193-Antenne (Reciever/Transmitter) und einem CV-3338 Signal-Daten-Konverter. Zusammen bilden sie den Doppler-Radar-Geschwindigkeitssensor. Auch eine CP-1252 Computer-Anzeigeeinheit und Schwebefluganzeige (Steering Hover Indicator Unit, SHIU) standen dem Piloten zur Navigationshilfe zur Verfügung. Die Betriebsfrequenz befand sich im K-Band-Bereich (20-40 GHz), wobei vier FM/CW Sender/Empfänger frequenzmoduliert und als kontinuierliche Welle von einer Antenne am Unterrumpf auf den Boden gerichtet sind. Das zurückgesendete Signal vom Boden wird von der derselben Antenne empfangen und dann verarbeitet, um die Signale in Daten umzuwandeln. Mit den Daten über die Flugrichtung und Höhe kann das System die Position und Geschwindigkeit des Hubschraubers berechnen und den Piloten mit Navigationsinformationen versorgen.

Ansicht des Pilotencockpits der Vorserienversion AH-64A. Digitale Anzeigen und Displays suchte man anfangs noch vergeblich. (Foto: Archiv Boeing)

Als Doppler-Navigation wird in der Luftfahrt eine Genauigkeitssteigerung der Koppelnavigation bezeichnet, die auf dem Dopplereffekt beruht. Nach unten gerichtete Doppler-Radar-Antennen empfangen die vom Boden reflektierten Radarechos, deren Frequenzverschiebungen von der Fluggeschwindigkeit und vom Abstrahlwinkel abhängen. Daraus lässt sich die präzise Geschwindigkeit über Grund und die Abdrift berechnen, sowie aus dem Integral der Geschwindigkeit die genaue Flugstrecke. Heute werden diese Messdaten in die Displays für Integrierte Navigation eingebunden. Von einer satellitengestützten Navigation oder gar GPS war zu dieser Zeit noch keine Rede. Mehr als 1.500 AN/ASN-128-Systeme wurden damals für die US Army

Cockpitdetails laut Technical Manual AH-64A.

Links: hinteres Cockpit des Piloten.

Rechts: vorderes Cockpit des Co-Piloten (Co-Pilot/Gunner, CPG)

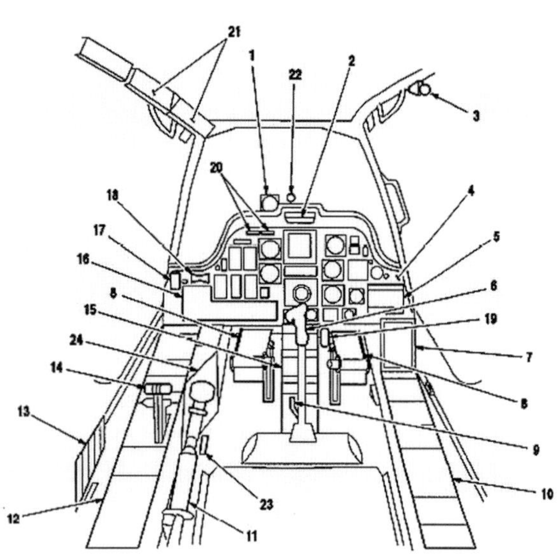

1. STANDBY COMPASS
2. MASTER CAUTION, WARNING PANEL
3. CANOPY DOOR RELEASE
4. INSTRUMENT PANEL
5. RDRCM, CHAFF, IRCM, AND AN/APR 39(V)1 CONTROL PANELS
6. CYCLIC STICK
7. CAUTION, WARNING PANEL
8. DIRECTIONAL CONTROL AND BRAKE PEDALS
9. PEDAL ADJUST LEVER
10. RIGHT CONSOLE
11. COLLECTIVE STICK
12. LEFT CONSOLE
13. AUXILIARY AIR VENT
14. POWER LEVERS
15. CENTER CONSOLE
16. FIRE CONTROL PANEL
17. TAIL WHEEL LOCK PANEL
18. CANOPY JETTISON HANDLE
19. PARKING BRAKE HANDLE
20. ENGINE FIRE PULL HANDLES
21. CIRCUIT BREAKER PANELS
22. BORESIGHT RETICLE UNIT
23. STABILATOR MANUAL CONTROL PANEL
24. STOWAGE BOX

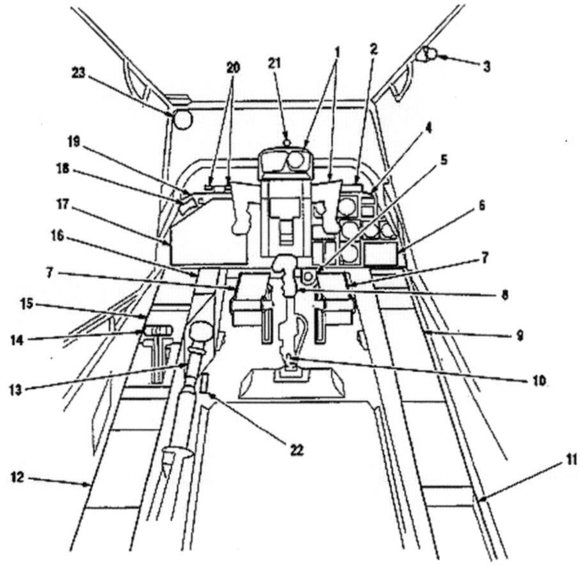

1. OPTICAL RELAY TUBE AND HANDGRIPS
2. MASTER CAUTION, WARNING PANEL
3. CANOPY DOOR RELEASE
4. RIGHT INSTRUMENT PANEL
5. CONDITIONED AIR OUTLET
6. CAUTION/ WARNING PANEL
7. DIRECTIONAL CONTROL AND BRAKE PEDALS
8. CYCLIC STICK
9. RIGHT CONSOLE
10. PEDAL ADJUST LEVER
11. MAP STORAGE COMPARTMENT
12. CIRCUIT BREAKER PANELS
13. COLLECTIVE STICK
14. POWER LEVERS
15. LEFT CONSOLE
16. DATA ENTRY KEYBOARD
17. FIRE CONTROL PANEL
18. CANOPY JETTISON HANDLE
19. LEFT INSTRUMENT PANEL
20. ENGINE FIRE PULL HANDLES
21. BORESIGHT RETICLE UNIT
22. STABILATOR MANUAL CONTROL PANEL
23. MIRROR

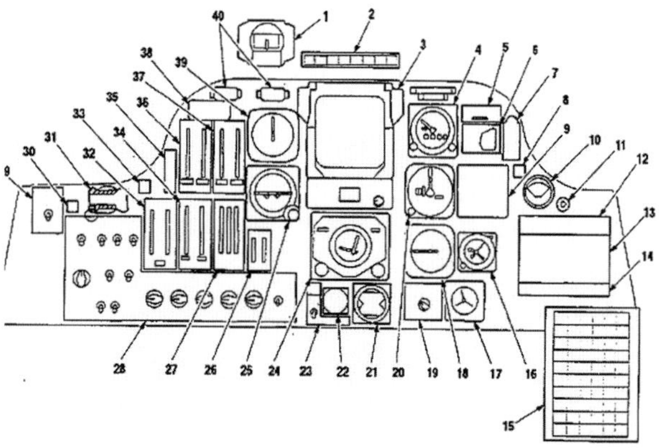

1. STANDBY MAGNETIC COMPASS
2. MASTER CAUTION, WARNING PANEL
3. VIDEO DISPLAY UNIT (VDU)
4. RADAR ALTIMETER
5. RADIO CALL PLACARD
6. STABILATOR POSITION INDICATOR
7. STABILATOR / AIRSPEED PLACARD
8. RADAR JAMMER INDICATOR
9. RADAR WARNING DISPLAY
10. ICING SEVERITY METER
11. PRESS-TO-TEST SWITCH
12. RADAR / INFRARED COUNTERMEASURES CONTROL PANEL
13. CHAFF DISPENSER CONTROL PANEL
14. RADAR WARNING CONTROL PANEL
15. CAUTION /WARNING PANEL
16. CLOCK
17. ACCELEROMETER
18. VERTICAL SPEED INDICATOR (VSI)
19. HARS CONTROL PANEL
20. ENCODING BAROMETRIC ALTIMETER
21. DUAL HYDRAULIC PRESSURE INDICATOR
22. UTILITY ACCUMULATOR PRESSURE GAGE
23. EMERGENCY HYDRAULIC PRESSURE SWITCH
24. HORIZONTAL SITUATION INDICATOR (HSI)
25. STANDBY ATTITUDE INDICATOR (SAI)
26. ENGINE OIL PRESSURE INDICATOR
27. ENGINE (N_P) AND ROTOR (N_R) INDICATOR
28. FIRE CONTROL PANEL
29. TAIL WHEEL LOCK CONTROL PANEL
30. ARM SAFE INDICATOR
31. CANOPY JETTISON HANDLE
32. FUEL QUANTITY INDICATOR
33. FUEL TRANSFER INDICATOR (UNMODIFIED CAUTION/WARNING PANEL)
34. ENGINE GAS GENERATOR (N_G) INDICATOR
35. INSTRUMENT DIM / TEST PANEL
36. ENGINE TURBINE GAS TEMPERATURE (TGT) INDICATOR
37. ENGINE TORQUE INDICATOR
38. FIRE EXTINGUISHER BOTTLE SELECT SWITCH
39. AIRSPEED INDICATOR
40. ENGINE FIRE PULL HANDLES

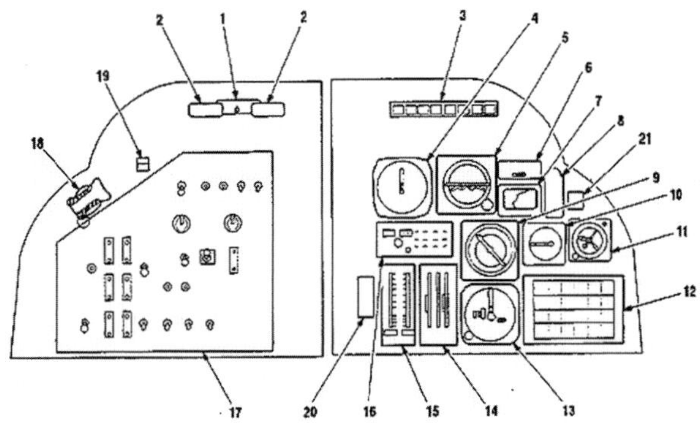

1. FIRE EXTINGUISHER BOTTLE SELECT SWITCH
2. ENGINE FIRE PULL HANDLES
3. MASTER CAUTION, WARNING PANEL
4. AIRSPEED INDICATOR
5. REMOTE ATTITUDE INDICATOR
6. RADIO CALL PLACARD
7. STABILATOR POSITION INDICATOR
8. STABILATOR/AIRSPEED PLACARD
9. RADIO MAGNETIC INDICATOR (RMI)
10. VERTICAL SPEED INDICATOR (VSI)
11. CLOCK
12. CAUTION/WARNING PANEL
13. BAROMETRIC ALTIMETER
14. ENGINE (N_P), ROTOR (N_R) INDICATOR
15. ENGINE TORQUE INDICATOR
16. SELECTABLE DIGITAL DISPLAY PANEL
17. FIRE CONTROL PANEL
18. CANOPY JETTISON HANDLE
19. ARM SAFE INDICATOR
20. ENGINE INSTRUMENT DIM/TEST PANEL
21. FUEL TRANSFER INDICATOR (UNMODIFIED CAUTION/WARNING PANEL)

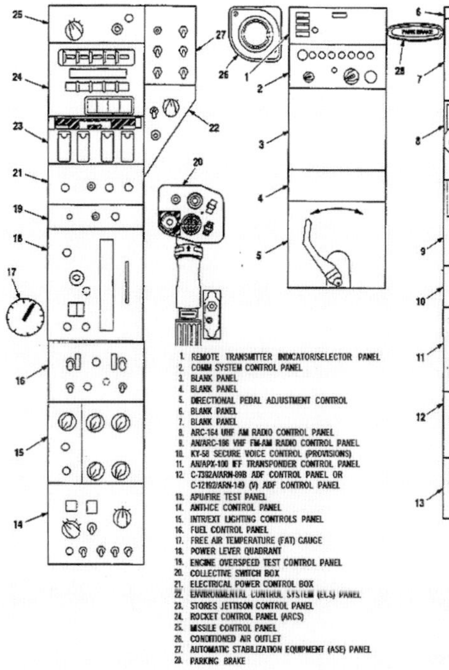

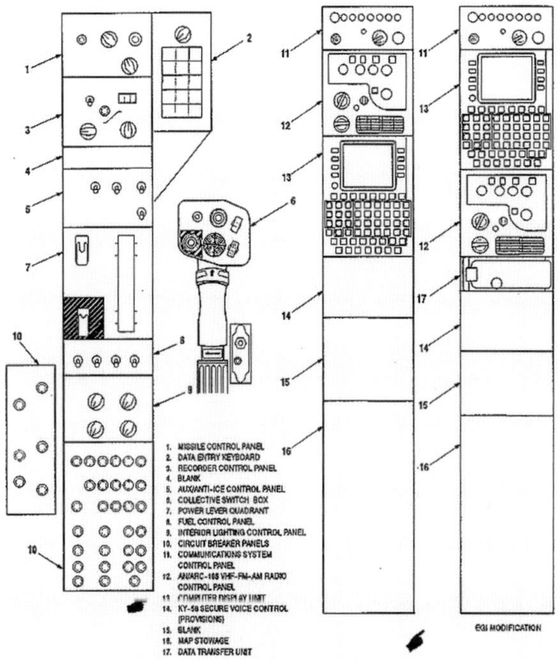

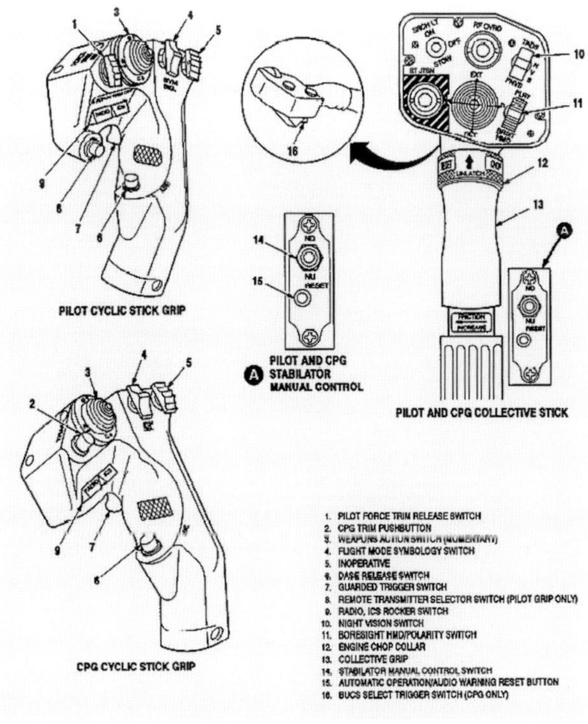

ausgeliefert und unter Lizenz von Standard Elektrik Lorenz in Westdeutschland für den Einsatz in Bo-105 PAH verbaut. Der Apache erhielt jedoch auch Navigationsgeräte vom Typ Litton AN/ASN-143 Kurs- und Fluglagenmesser (Attitude Heading Reference System, AHRS) und ein Emerson Electric AN/ARN-89B Funkpeilgerät (Direction Finder Set, DFS).

Selbstschutz und elektronischer Kampf

Wie ihre Starrflügler-Pendants tragen auch US-Kampfhubschrauber seit den späten 1980er-Jahren Systeme für den elektronischen Kampf (EloKa bzw. Electronic Warfare, EW) oder zur elektronischen Gegenwehr (Electronic Countermeasures, ECM), um feindliche Radare zu erkennen aber vor allem auch, um gegen sie gerichtete Radar- und infrarotgesteuerte Lenkraketen zu verwirren, abzulenken oder um sich nahezu unsichtbar für sie zu machen. Bei der Ausrüstung des Apache griff die US Army in der Anfangsphase auf Systeme zurück, die bereits

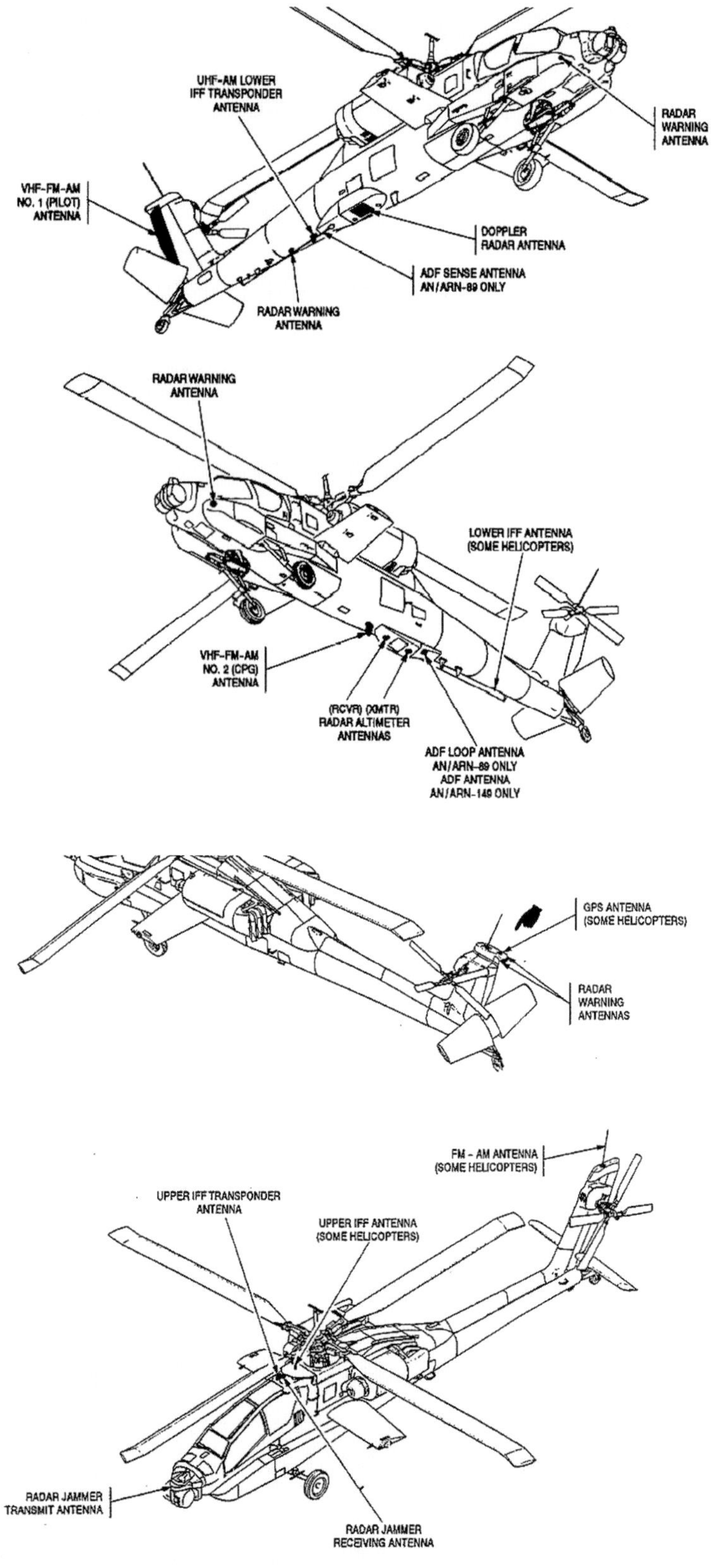

Grafische Übersicht der Funk-, Warn- und Störantennen laut Technical Manual AH-64A.

bei den AH-1 Cobra Gunships zur Anwendung kamen. Zu den elektronischen Gegenmaßnahmen gehört eine Reihe von passiven EloKa-Systemen. Systeme, welche vor Gefahren warnen, sie erkennen aber auch gegen sie vorgehen können.

Neben der zusätzlichen Zellen- und Cockpitpanzerung sowie den ohnehin massiven aktiven Waffensystemen verfügt der AH-64 auch über ein elektronisches Selbstschutzsystem. Allgemein besteht die Abwehr-Sensorik aus einer (passiven) EWS-Anlage (Electronic Warfare System). Hierzu gehören integriert der RWR (Radar Warning Receiver), der LWR (Laser Warning Receiver), das MAWS (Missile Approach Warning System) und die Täuschdüppel-Werfer (Flare/Chaff Dispenser). Diese Komponenten werden im EW-System vereint und korrespondieren auditiv und visuell mit dem Cockpit mittels eigenen Displays. Konkret sind dies beim AH-64 der A Reihe folgende Systemkomponente zur Abwehr von Bedrohungen (gegnerische Luft-Luft- bzw. Boden-Luft-Wirkmittel):

AN/APR-39 Radar- und AN/AAR-57 Raketen-Warnempfänger

Das digitale Bedrohungswarnsystem AN/APR-39 überwacht die Umgebung auf gepulste Radarsignale, charakterisiert und identifiziert diese und alarmiert die Besatzung über das Vorhandensein von Sendern. Das AN/APR-39 trägt zum volldimensionalen Schutz bei, indem es die Überlebenswahrscheinlichkeit des einzelnen Flugzeugs durch ein verbessertes Situationsbewusstsein der Luftfahrzeugbesatzung in Bezug auf die elektromagnetische Bedrohungsumgebung erhöht. Die Radarwarnempfänger (RWRs) der Serie AN/APR-39A(V) I/3 sind die am häufigsten verwendeten Zielerfassungssysteme (TSSs) der Army Aviation. Diese Familie von Radarwarnempfängern wurde entwickelt, um die Flugzeugbesatzungen vor radargesteuerten Luftabwehrbedrohungen zu warnen. Diese Systeme werden speziell für Flugzeuge eingesetzt und liefern unterschiedliche Warnstufen und -typen, damit die Flugzeugbesatzungen Ausweichmanöver einleiten oder aktive Gegenmaßnahmen ergreifen können. Das AN/APR-39(V)1 Radar Detecting Set (RDS) ist ein leichter Radarempfänger für allgemeine Flugzeuganwendungen – AH-1F, AH-64A, CH-47D, OH-58C/D, UH-1H/V, UH-60A/L.

Das System warnt vor radargesteuerten Bedrohungen, um entsprechende Ausweichmanöver und den Einsatz von Düppeln zu ermöglichen. Das System ist in der Lage, alle Radarimpulse zu erkennen, die normalerweise mit feindlichen Boden-Luft-Raketen, luftgestützten Abfangjägern und Flugabwehrwaffensystemen verbunden sind. Es hat zehn einzeln untergebrachte Komponenten, bestehend aus einer Steuerung, einem Indikator, einem Komparator, zwei Empfängern, zwei linken Spiralantennen, zwei rechten Spiralantennen und einer Blattantenne. Das Gesamtgewicht des Systems beträgt etwa 4 Kg. Das APR-39(V)2 Radar Detecting Set (RDS) ist eine spezielle Version der AN/APR-39(V)-Familie, die mit einem digitalen Prozessor und einem alphanumerischen Display ausgestattet ist, um vor radargesteuerten Luftverteidigungssystemen zu warnen. Das System ist in der Lage, alle Radarimpulse zu erkennen, die normalerweise mit feindlichen Boden-Luft-Raketen, luftgestützten Abfangjägern und Flugabwehrwaffensystemen verbunden sind. Die Bedrohungsanzeige wird auf ein alphanumerisches Symbol umgestellt, im Gegensatz zu dem Stroboskop im (V)1 System. Das AN/APR 39(V)2 RDS wurde entwickelt, um mit den Flugzeugvorrichtungen für das AN/APR-39(V)1 RDS kompatibel zu sein. Diese Kompatibilität ermöglicht den Ersatz des (V)1-Komparators durch einen (V)2-Digitalprozessor und der (V)1-Bedieneinheit durch eine (V)2-Bedieneinheit. Es sind keine Änderungen der Flugzeugverkabelung erforderlich. Das Gesamtgewicht des Systems beträgt etwa 10 Kg.

Das AN/APR-39A(V)1 RDS ist eine aufgerüstete Version des AN/APR-39(V)1 Systems. Es nutzt einen digitalen Prozessor, ein alphanumerisches Display und eine synthetische Stimme, um vor radargesteuerten Luftabwehrsystemen zu warnen. Dieses System hat eine größere Bedrohungsfähigkeit als das AN/APR-39(V)1 RDS. Die Bedrohungsanzeige ist im Gegensatz zum AN/APR-39(V)1-System auf alphanumerisch umgestellt. Synthetische Sprachwarnung und alphanumerische Anzeigesymbole erfolgen gleichzeitig. Das AN/APR-39A(V)1 RDS wurde entwickelt, um mit Flugzeugen kompatibel zu sein, die für das AN/APR-39(V)1 RDS

Ansicht der vorderen AN/APR-39 Radar-Warnempfänger am AH-64A. Man beachte den blanken Vorbau der nicht montierten AN/AAR-57 Raketen-Warnempfänger oberhalb des Radar-Warners. (Foto: Sören Sünkler)

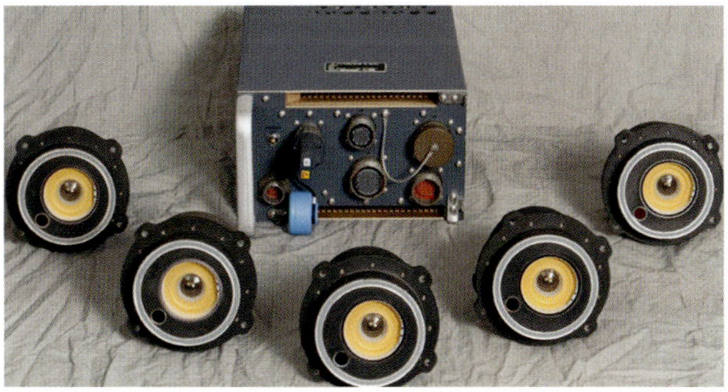

Das AN/AAR-57 Raketen-Warnempfänger-Set. Die runden Sensoren werden in nahezu 360 Gradabdeckung an dem AH 64 angebracht. Im Cockpit werden die Warnsignale mittels Leuchten und Warntönen anhand des Anzeigemoduls (hier Bildmitte) dargestellt. (Foto: BAE Systems)

Um anfliegende Raketen zu erkennen verfügt das AAR-57 über vier bis sechs passive optische Weitwinkelsensoren, welche die Abgasfahne von Lenkflugkörpern erfassen, verfolgen und identifizieren können. Es ist ein integraler Bestandteil des AN/ALQ-212-Eloka-Komplexes. Auch die Flare- und Chaff-Werfer des AH-64 sind mit diesem System gekoppelt und reagieren automatisch durch Ausstoß bei Gefahren. (Foto: Christian Rastätter)

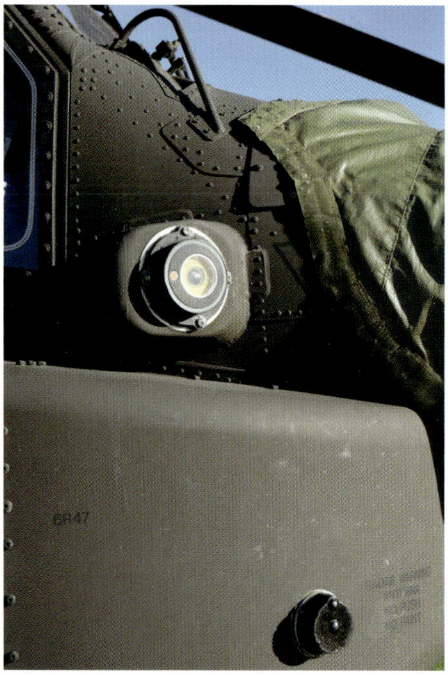

Links: Ansicht der vorderen AN/APR-39 Radar- und AN/AAR-57 Raketen-Warnempfänger am AH-64D Apache Longbow. (Foto: Christian Rastätter)

Rechts: Ansicht der vorderen AN/APR-39 Radar- und AN/AAR-57 Raketen-Warnempfänger am AH-64E Apache Guardian. (Foto: Christian Rastätter)

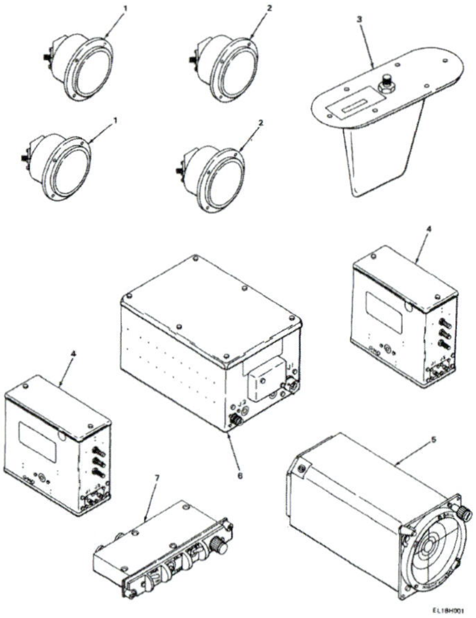

Grafische Ansicht der AN/APR-39 Radar-Warnempfänger-Sets samt Sensoren, Empfänger und Cockpit-Warn-Display laut Technical Manual AH-64.

vorgesehen sind (AH-1F, AH-64A/D, CH-47D, MH-47E, UH-60A/L, UH-60Q (MEDEVAC), MH-60K, OH-58C/D). Einige kleinere Änderungen an der Flugzeugverkabelung sind bei ausgewählten Flugzeugen erforderlich. Das System hat zehn austauschbare Einheiten, bestehend aus einer Steuereinheit, einem Indikator, einem Prozessor, zwei identischen Empfängern, zwei linken Spiralantennen, zwei rechten Spiralantennen und einer Blattantenne. Das Gesamtgewicht des Systems beträgt etwa 8 Kg.

AN/APR-48A Radar-Frequenz-Interferometer (RFI)

Das AN/APR-48A Radar Frequency Interferometer (RFI) wurde entwickelt, um eine 360-Grad-Abdeckung zur Identifizierung und Ausrichtung (nach Azimut) von Radaraktivitäten des Gegners für die Modelle OH-58D und AH-64D zu liefern. Das erst Ende der 1990er-

Nahaufnahme des AN/APR-48A Radar-Frequenz-Interferometer (RFI). Das System ist ab der AH-64D-Serie unterhalb des FCR-Radoms montiert und deckt nahezu 360 Grad ab. Hier im Bild an einem Apache Guardian. (Foto: Christian Rastätter)

Jahre entwickelte System reagiert sowohl auf boden- als auch auf luftgestützte Radar-Systeme. Bei den neuesten E-Versionen des Apache wird jedoch bereits das modernere AN/APR-48B von Lockheed-Martin genutzt. Somit werden auch feindliche Radarquellen modernerer Bauart erkannt.

Das AN/AVR-2 Laser-Warnsystem an einem AH-64A nahe des Rotormastes. Die Sensoren sind direkt links und rechts neben der »Diskokugel« angebracht. Man beachte auch die Abgasöffnung der APU rechts zwischen Triebwerk und Rumpf. (Foto: Christian Rastätter)

AN/AVR-2 Laser-Warnsystem

Das AN/AVR-2 Laser Detecting Set (LDS) ist ein passives Laserwarnsystem, das Bedrohungsinformationen empfängt, verarbeitet und anzeigt, die sich aus der Beleuchtung des Flugzeugs durch Laser ergeben. Die Bedrohungsinformationen werden auf der AN/APR-39A(V)1 Radar Detecting Set Anzeige im AH-1F Cockpit angezeigt. Das AN/AVR-2 LDS reagiert auf Laser, die mit Laserentfernungsmessern und lasergelenkten Waffen verbunden sind. Das AN/AVR-2 LDS besteht aus einem Interface Unit Comparator und vier identischen Sensoreinheiten. Das Gesamtgewicht des Systems beträgt etwa 10 kg. Das AN/AVR-2A ist ein passives Laserwarnsystem, das Bedrohungsinformationen empfängt, verarbeitet und anzeigt, die aus der Beleuchtung von Flugzeugen durch Laserdesignatoren, Entfernungsmesser und strahlgeführte Raketen resultieren. Die Bedrohungsinformationen werden auf der Anzeige des AN/APR-39A(V)1 Radar Detecting Set im Cockpit angezeigt. Das AN/AVR-2A LDS wurde aus dem AN/AVR-2 LDS abgeleitet, indem mehrere technische Änderungsvorschläge (ECPs) eingearbeitet wurden. Zu diesen ECPs gehören: die Integration der Schnittstelle zwischen

Vier AN/AVR-2-Sensoren sind am Rumpf verteilt. Zwei in Rotornähe und zwei am Heckausleger. (Foto: Christian Rastätter)

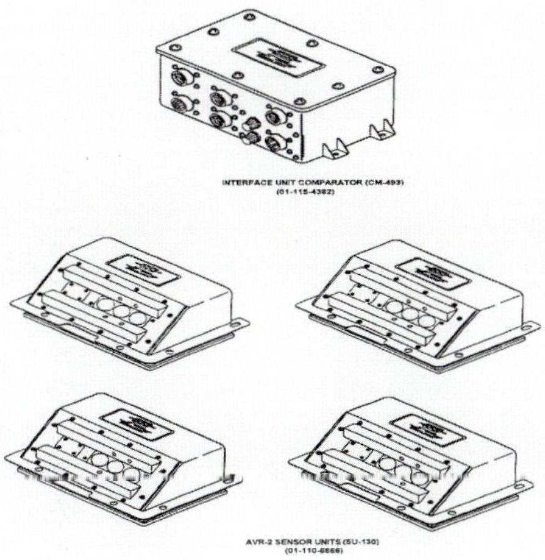

Grafische Darstellung des AN/AVR-2 Laser-Warnsystems laut Technical Manual AH-64A/D.

dem Multiple Integrated Laser Engagement System und dem Air-to-Ground Engagement System; die Integration eines abnehmbaren Benutzerdatenmoduls in die Komparatorschnittstelle, um Softwareänderungen und die Deklassierung des Systems zu ermöglichen; und eine erhöhte Band-III-Empfindlichkeit für eine verbesserte Leistung bei der Erkennung von Gefahren. Das AN/AVR-2A LDS besteht aus einem Komparator mit Schnittstelleneinheit und vier identischen Sensoreinheiten. Das Gesamtgewicht des Systems beträgt ebenfalls ca.10 kg. Das AN/AVR-2A Laser-warnsystem (LWS) für Hubschrauber und Transportflugzeuge (AH-64A/D, MH-47E, MH-60K, OH-58D, EH-60A) warnt im Voraus vor gegen das Luftfahrzeug gerichteter Laserenergie, einschließlich Laserentfernungsmesser und Laserleitsysteme, so dass die Flugzeugbesatzung Ausweichmaßnahmen ergreifen kann. Das Laser Detecting Set erkennt den Beschuss durch lasergestützte Waffen und warnt die Flugzeugbesatzung so rechtzeitig, dass lebensrettende Ausweichmaßnahmen ergriffen werden können. Bestehend aus vier Sensoreinheiten und einer zentralen Schnittstelleneinheit, erkennt, identifiziert und charakterisiert das System lasergestützte Waffen 360° um und +/- 45° in der Höhe um das Flugzeug. Das System fungiert auch als Laserempfänger für den MILES/AGES-Trainingsbetrieb. Das System wurde vom damals noch existierenden Konzern Hersteller Hughes entwickelt.

Jammer gegen das feindliche Radar AN/ALQ-136

Das AN/ALQ-136 Counter Measure System (CMS) ist ein luftgestützter, automatischer, elektronischer Radarstörsender, der die Verfolgungsfähigkeit feindlicher Impulsradargeräte aufhebt bzw. verringert. Wenn Bedrohungssignale identifiziert und verifiziert werden, beginnt die Störung automatisch und dauert an, bis das bedrohliche Radarsignal nicht mehr erkannt wird. Dann stellt das CMS die Störung ein, empfängt und analysiert aber weiterhin Radarsignale. Das AN/ALQ-136 CMS ist so programmiert, dass es auf die Impulsradarsignale der kritischsten Bedrohungswaffensysteme anspricht, die in der feindlichen Umgebung zu erwarten sind.

Das AN/ALQ-136(V)1 CMS, das auf dem Angriffshubschrauber AH-1F eingesetzt wird, besteht aus einer Empfänger/Sender-Baugruppe (RT) und zwei identischen Antennen. Die Bedieneinheit, die sowohl das AN/ALQ-136(V)1 CMS als auch den AN/ALQ-144(V)3 oder AN/ALQ-144A(V)3 Infrarot (IR)-Jammer bedienen kann, wird als Teil des AN/ALQ-144(V)3 oder AN/ALQ-144A(V)3 IR-Jammer geliefert. Eine Plenum-Baugruppe (NSN 5865-01-195-0857), die zur Unterstützung des Luftkühlsystems des AH-1F-Hubschraubers verwendet wird, ist an der Rückseite des RT angeschlossen. Das Gesamtgewicht des Systems beträgt 23 kg. Das AN/ALQ-136(V)2 CMS ist für das Special Electronics Mission Aircraft (SEMA) und das Special Operations Aircraft (SOA) – RC-12, MH-47E, MH-60K, EH-60A – vorgesehen. Dieses CMS ist so programmiert, dass es auf die Pulsradarsignale der kritischsten Bedrohungswaffensysteme reagiert, auf die SEMA und SOA in einer feindlichen Umgebung voraussichtlich stoßen werden. Es kann gegen mehrere Bedrohungswaffensysteme gleichzeitig eingesetzt werden. Es verfügt über programmierbare Module, deckt einen breiteren Frequenzbereich ab als das (V)1 CMS und verfügt über eingebaute, vorgeplante Produktverbesserungsmöglichkeiten. Das AN/ALQ-136(V)2 CMS besteht aus drei Typen von Line Replaceable Units (LRUs). Diese LRUs umfassen eine Empfänger/Sender-Baugruppe (RT), eine Kontrollanzeige-Baugruppe und vier Antennen. Die RT-Baugruppe verwendet modernste Gate-Array- und Galliumarsenid-Leichtbau-Leiterplatten. Das Gesamtgewicht des Systems beträgt 36 kg. Das AN/ALQ-136(V)5 CMS, das auf dem AH-64A/D eingesetzt wird, besteht aus einer Empfänger-/Senderbaugruppe und zwei verschiedenen Antennen.

Die Bedieneinheit, die sowohl das AN/ALQ-136(V)5 CMS als auch den AN/ALQ-144(V)3 oder AN/ALQ-144A(V)3 Infrarot (IR)-Störsender bedienen kann, wird als

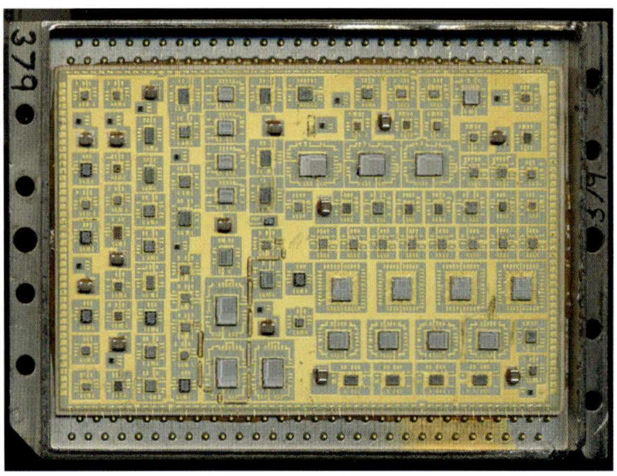

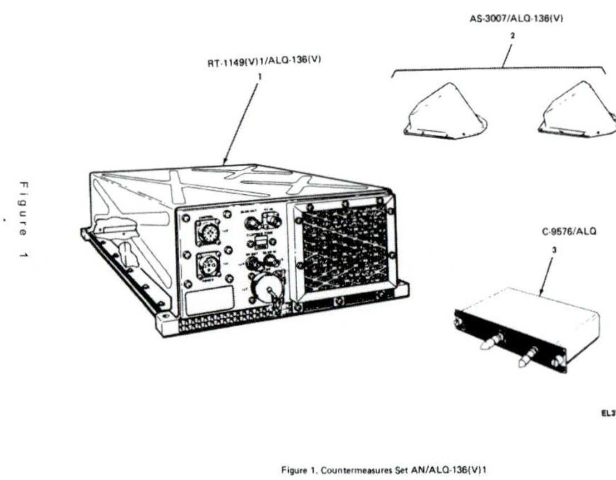

Links: Geöffnete Sensor-Platine des AN/ALQ-136 Jammers. (Foto: Christian Rastätter)

Rechts: Grafische Darstellung des AN/ALQ-136 Jammer Systems laut Technical Manual AH-64A/D.

Teil des AN/ALQ-144(V)3 oder AN/ALQ-144A(V)1 IR-Störsenders geliefert. Das Gesamtgewicht des Systems beträgt 23 kg. Das ITT Avionics ALQ-136 im AH-64A bestand aus einem LRU-1 Sender/Empfänger/Signalprozessor, einer bündig montierten spiralförmigen LRU-2A-Empfangsantenne und einer LRU-2B-Sendeantenne. Im Cockpit war dazu die Steuereinheit LRU-3 verbaut.

Wartung eines Infrarot Jammer AN/ALQ-144 (auch »Discokugel« genannt) durch einen US Marine-Techniker (AH-1W SuperCobra). (Foto: U.S. Marine Corps)

Infrarot Jammer AN/ALQ-144 »Discokugel«

Das AN/ALQ-144 System ist ein omnidirektionales Aktiv-Infrarot-Störsystem (Jammer), das die Luftfahrzeuge EH-1H, EH-1X, EH-60A, MH-60K, UH-60A, AH-1F, AH-64A, OV-1D und RV-1D vor Luft-Luft- und Boden-Luft-Wärmesuchraketen (Infrarot) schützte. Die in dieser Gerätefamilie enthaltenen luftgestützten Systeme sind für die Störung von anfliegenden IR-Raketensystemen ausgelegt. Es handelt sich um aktive, kontinuierlich arbeitende, rundum wirkende IR-Störsysteme, die IR-Raketensysteme verwirren oder auf suggerierte Ziele lenken sollen. Die AN/ALQ-144A (1) und (3) sind modernisierte Versionen der AN/ALQ-144 (V)1 und (V)3 für Hubschrauber, während die Modelle AN/ALQ-147A (V)1 und (V)2 für Starrflügler konzipiert wurden. Das AN/ALQ-144A(V)1 CMS ist die Upgrade-Version des AN/ALQ-144(V)1. Dieses CMS ist ein aktiver, kontinuierlich arbeitender, omnidirektionaler und elektrisch gezündeter Infrarot (IR)-Störsender, der für den Einsatz auf Hubschraubern entwickelt wurde, um bedrohliche IR-Raketensysteme zu verwirren oder zu ködern. Der AN/ALQ-144A(V)1 CMS besteht aus einer Senderbaugruppe

Grafische Darstellung des AN/ALQ-212 ATIRCM-Systems in der Version nach Einführung des AH-64D laut Hersteller. Im Gegensatz zu den aufspürenden passiven Sensoren ist das ALQ-212 ein aktiv-abwehrendes System. (Foto: BAE Systems)

und einem Bedienersteuergerät. Die Bedieneinheit hat eine neunpolige Steckerbaugruppe. Das Gesamtgewicht des Systems beträgt 30 Pfund. Das AN/ALQ-144A(V)1 CMS wurde entwickelt, um alle bekannten IR-Bedrohungsraketensysteme zu stören, wenn es auf Hubschraubern eingesetzt wird, die mit einem schwach reflektierenden Anstrich und Motorabgasunterdrückern ausgestattet sind. Zu den Armeehubschraubern, die dieses System verwenden, gehören der OH-58D, EH-60A, UH-60A/L und MH-60K. Das AN/ALQ-144A(V)3 CMS ist die Upgrade-Version des AN/ALQ-144(V)3. Dieser Jammer war für den Einsatz auf AH-1F- und AH-64A/D-Hubschraubern vorgesehen. Das AN/ALQ-144A(V)3 CMS wurde entwickelt, um alle bekannten bedrohlichen IR-Raketensysteme zu stören, wenn es auf Hubschraubern eingesetzt wird, die mit einem schwach reflektierenden Anstrich und Motorabgasunterdrückern ausgestattet sind. Das AN/ALQ-144A(V)3 CMS besteht aus einer Senderbaugruppe und einer Operator Control Unit (OCU). Die OCU steuert sowohl die AN/ALQ-136(V)1/5 als auch die AN/ALQ-144(V)3 oder AN/ALQ-144A(V)3. Das Gesamtgewicht des Systems beträgt ca. 15 kg.

Dispenser M-130

Das M130 General Purpose Dispenser System bietet effektive Überlebens-Gegenmaßnahmen gegen radargesteuerte Waffensysteme und/oder infrarotsuchende Raketenbedrohungen. Die M130 kann entweder 30 Täuschkörper (Hitzefackel/Flare von M206 von Kilgore) oder 30 Düppelpatronen (Chaff M-1) ausbringen. Eine zusätzliche Dispenser-Baugruppe und ein Nutzlastmodul auf bestimmten Flugzeugen erhöhen die Fähigkeit des Dispensersystems. Das System kann manuell oder automatisch durch den Raketendetektor AN/ALQ-156(V) gesteuert werden. Die Düppel, kombiniert mit Manövern, bieten Schutz gegen radargesteuerte Flugabwehrwaffensysteme. Wenn die M-130 Düppel auswirft, hat das Flugzeug Zeit, aus dem Radarstrahl der Flugabwehrwaffen zu manövrieren. Die Leuchtspur bietet, wenn sie ordnungsgemäß ausgebracht wird, Schutz vor infrarotgesteuerten (IR) Zielflugkörpern. Die Kombination aus M-130 und AN/ALQ-156 reduziert oder eliminiert die Fähigkeit des Gegners, das Flugzeug mit IR-Zielflugkörpern zu treffen und zu zerstören. Der M-130 General Purpose Dispenser wird elektrisch betrieben und ist in Modulen aufgebaut, um einen schnellen Austausch zu ermöglichen. Dieses System wurde über die Armament and Chemical Acquisition and Logistics Activity (ACALA) beauftragt. Der M-130 Dispenser besteht aus einer Dispenser-Baugruppe, einer Nutzlastmodul-Baugruppe, einem Elektronikmodul und einem Dispenser-Bedienfeld. Das Bedienfeld ist im Cockpit des Hubschraubers montiert. Das Bedienfeld steuert das Abfeuern der Düppel oder Leuchtraketen entweder im programmierten oder im manuellen Modus. Die Zähler zeigen die Anzahl der verbleibenden Flares oder Düppelpatronen (Chaff) an. Die Elektronikbaugruppe wird entweder im Inneren oder an der Außenfläche des Flugzeugs angebracht. Das Modul enthält einen Programmierer und eine Kabelbaugruppe, die eine 28-Volt-Versorgungsbuchse und einen Sicherheitsstift mit Flaggenbaugruppe enthält. Bei einigen Flugzeugen wurden die 28-Volt-Versorgungsbuchsen und der Sicherheitsschalter

Die beiden M-130 Dispenser eines AH-64E in der Nahaufnahme. (Foto: Christian Rastätter)

Anbringung eines aufmunitionierten Flare-Chaff-Kartuschenwerfers an einem AH-64E in Kuwait 2020. Die roten Kartuschen sind Flare-Fackeln, die grauen mit Aluminiumstreifen gefüllte Chaff-Düppel. Beide können im selben Werfer verwendet werden. Es kann bei Bedarf jedoch auch ein zweites Werferpaar am Heckausleger angebracht werden. (U.S. Army National Guard / Chief Warrant Officer Grant Hutcheson)

Flare-Ausstoß eines AH-64. Das System reagiert zwar autonom auf Gefahren, die Crew kann jedoch jederzeit selbst Flares oder Chaff ausstoßen. Auch die Intervalle oder Hitzemuster sind wählbar. Vom Einzelschuss bis hin zum kompletten Leeren der Werfer in Sekunden kann gewählt werden. (Foto: US Air Force)

im Flugzeugkabel verlegt und sind daher von der Elektronikbaugruppe entfernt. Das Modul hat 30 Kammern, die entweder Chaff- oder Flare-Patronen aufnehmen können. Die Fähigkeit, sowohl Flares als auch Düppel (Chaff) abzuwerfen, kann durch Hinzufügen einer zweiten Dispenser-Baugruppe und eines Nutzlastmoduls am Hubschrauber erreicht werden. Das Gesamtgewicht des Systems beträgt ca. 15 kg.

Northrop Grumman's AN/AAQ-24 Large Aircraft Infrared Countermeasure (LAIRCM)

Das System AN/AAQ-24 Large Aircraft Intrared Countermeasure (LAIRCM), auch als NEMESIS bezeichnet, wurde von Northrop Grumman entwickelt und ist bereits im Einsatz bei der USAF und den britischen Streitkräften. Auch die AC-130 Gunships und MC-130 Combat Talon-Flugzeuge des Air Force Special Operations Command (AFSOC) sind mit dem DIRCM-System ausgestattet. Der moderne AH-64E Apache Guardian nutzt das AN/AAQ-24 seit 2017. Das System besteht prinzipiell aus den Komponenten Flugkörperwarner, IR-Passiv-Tracker, Laser-Fein-Tracker und Zerstörlaser. Der Zerstörlaser blendet den IR-Detektor des anfliegenden Flugkörpers mit Hochenergiepulsen oder zerstört diesen.

Der Ablauf der Zielerfassung und -zerstörung erfolgt in sehr kurzer Zeit und in sicherer Entfernung vom zu schützenden Hubschrauber. Diese Technologiestufe stellt alle vorherigen Selbstschutzsysteme, wie etwas das teils unzuverlässige AN/APR-39 in den Schatten. Hinzu kam, dass auch Ultraviolet-Signaturen (UV) gegnerischer Raketen erkannt werden können. Diese Form der Erfassung ist seit den 2000er-Jahren immer mehr etabliert und erschwert es den Hubschraubern immer mehr, sicher über Gefechtsfeldern zu operieren.

Das active Northrop Grumman AN/AAQ-24 an einem AH-64E. Man beachte die Anbringung an die eigens dafür vorbereiteten Flügelaußenkanten. Die Exportversion des E-Modells verfügt auch wieder über Luft-Luft-Raketen-Anschlüsse, wie etwa FIM-92 Stinger im Doppelpack. Die ersten D-Modelle hatten diese Option ebenfalls, jedoch verzichtete die US Army auf Außenflügelstationen und ließ sie sogar rückbauen, sodass weder die A- noch die D-Modelle der US Army Stinger-Raketen eingesetzt hatten. Mit dem E-Modell ist die Option wieder gegeben, wird jedoch nicht genutzt. (Foto: U.S. Army / Capt. Stephen James)

Kommunikationssysteme des AH-64

Der AH-64 ist das erste Kampfhubschrauber-Projekt, bei dem sehr großen Wert auf die Kommunikation und auf die Distribution von Informationen gelegt wurde. Kommunikation ist ein wichtiges Element in der taktischen Fliegerei und erst recht auf dem sich anbahnenden Gefechtsfeld an der Schwelle zum 21. Jahrhundert. Schon die frühen Entwicklungsstufen des AH-64 haben gezeigt, dass es dringend notwendig sein wird, von Anfang an auf moderne Kommunikation zu setzen. Das Single Channel Ground and Airborne Radio System (SINCGARS) bezeichnet eine Familie von militärischen Funkgeräten des mobilen Landfunkdienstes, die besonders häufig innerhalb der NATO-Streitkräfte Verwendung finden. Der SINCGARS-Standard wurde nach dem Vietnamkrieg in den 1980er-Jahren entwickelt, um Truppenteilen auch unter Einfluss elektronischer Gegenmaßnahmen durch den Feind weiterhin Kommunikationsdienste anbieten zu können. Außerdem sollte das Abhören der Verbindung möglichst effektiv verhindert werden. Dies wird zum einen durch Frequency Hopping Spread Spectrum (FHSS) und zum anderen durch Verschlüsselung erreicht. SINCGARS-Funkgeräte sind modular aufgebaut und weisen die unterschiedlichsten Abmessungen und Fähigkeiten auf. Lediglich folgende Spezifikationen sind verbindlich für jedes Gerät:

Frequenzband: 30-87,975 MHz (UKW Ultra Kurzwelle/ englisch: Very High Frequency, VHF), Kanal-Bandbreite: 25 kHz und 100 Frequenzsprünge: pro Sekunde. Diese relativ freien Grenzen haben zu einer großen Variantenvielfalt geführt, die von leichten Systemen für den Soldaten zu Fuß, bis hin zu großen und leistungsfähigen Geräten für den Einsatz in Fahr- und Flugzeugen. Neben den üblichen Funksprüchen beherrschen alle aktuellen Systeme auch Funktionen zur digitalen Datenübertragung, die Datenrate bewegt sich meist im Kilobit-Bereich. Die Codes für das Verschlüsselungsmodul können bei den meisten Geräten entweder mittels einer Schlüsselkarte oder über einen Ziffernblock eingegeben werden. Es wurden insgesamt über eine halbe Million Geräte gebaut, so dass die Verbreitung besonders bei den NATO-Streitkräften sehr hoch ist und so die Kommunikation zwischen den einzelnen Kräften der Mitgliedsstaaten erleichtert. Die VHF-Kommunikation des AH-64 erfolgte zu Beginn der Produktionsserie über das taktische UKW-Funkgerät Collins ARC-186. Dieses Gerät beherrscht Frequenzen von 20 bis 88MHz mit AM und von 108 bis 152MHz im FM-Modus (Frequenzmodulation). Die Frequenzen 88-108MHz sind dem Rundfunk zugewiesen, daher spielen sie beim Militär kaum eine Rolle. Bis zu 20 Kanäle konnten im Apache für die Vorauswahl eines Fluges programmiert werden, während zwei spezielle Wahlschalterpositionen für die 40,5-MHz- und 121,5-MHz für die Notfallkommunikation verwendet wurden. Die maximale Ausgangsleistung des Senders beträgt 10 Watt. Die UHF-Abdeckung zwischen 225 und 400MHz wurde durch das Magnavox ARC-164 gewährleistet. Die AN/ARC-164 HAVE QUICK II-Funkgeräte werden für die Luft-Luft-, Luft-Boden- und Boden-Luft-Kommunikation in allen Hubschraubern der US Army eingesetzt. Diese Funkgeräte bieten störungsfreie, sichere Kommunikationsverbindungen für Joint Task Forces und Army Aviation Missionen. Die Einsatzkräfte des Heeres, die diese Funkgeräte nutzen, sind Luftwaffeneinheiten, Luftverkehrsdienste und Ranger-Einheiten. Darüber hinaus bietet es dem Heer die Möglichkeit, mit Einheiten der USAF, USN und NATO im UHF-AM-Modus zu kommunizieren, dem Kommunikationsband für taktische Luftoperationen. Das AN/ARC-164 HAVE QUICK II ist ein UHF-AM-Funkgerät. Es gibt drei wichtige Flugzeugkonfigurationen des AN/ARC-164-Funkgeräts und eine Bodenkonfiguration, AN/VRC-83. Die AN/ARC-164-Empfänger-/ Senderkonfigurationen (RT) umfassen eine Schalttafelmontage (RT-1518C), eine Fernsteuerung (RT-1504) und eine ferngesteuerte, datenbuskompatible (RT-1614). Ein weiteres Element der kommunikationstechnischen Ausrüstung des Apache war ein Bendix (heute Raytheon) APX-100. Dieses fällt zwar unter die Kategorie »Kommunikation« ist im Grunde aber ein Freund-Feind-Kennungssystem (Identification Friend or Foe, IFF). Das AN/APX-100(V) von Raytheon ist der kleinste und leichteste Mark XII Diversity Transponder der Welt. Der APX-100 wird seit 1978 produziert und durch kontinuierliche Verbesserungen optimiert. Das APX-100 ist in verschiedenen Konfigurationen erhältlich, einschließlich Panel-Montage für Cockpit-Installationen, MIL-STD-1553 für Datenbus-Luftfahrzeuge (Anm.: ein Bus ist ein System zur Datenübertragung zwischen mehreren Teilnehmern über einen gemeinsamen Übertragungsweg) wie der Apache und abgesetzte Einheiten mit einem separaten Bedienfeld. Wenn dieser Transponder ein Abfragesignal von boden- oder luftgestützten IFF-Systemen empfängt, sendet er eine kodierte Antwort, die den Apache auf den NATO-Radarschirmen als »freundlich« ausweist.

Auch bereits in den 1980er-Jahren besaß der AH-64 bereits ein Fehlersuch-System für vom Piloten durchführbare Pre-Flight Avionik-Tests. Beim Apache wurde dieses Test-System Fault Detection and Location System (auch »Fiddle« im Piloten-Jargon) genannt. Dies Fehlererkennungssoftware ist mit dem AH-64 MIL-STD-1553 Digitaldatenbus verbunden und im Kabelbaum des Apache integriert. MIL-STD-1553 (kurz MIL-Bus) ist ein Feldbus, den die US-Luftwaffe 1973 einführte. Daten werden seriell mit einer Geschwindigkeit von bis zu 1 Mbit/s übertragen. Übertragene Wörter bestehen aus 20 Bit: 16 Bit für die Information, drei vorangestellte Bit für die Synchronisation und ein nachgestelltes Kontrollbit für die (ungerade) Parität. Sie werden im Halbduplex-Betrieb übertragen und gehören entweder der Kategorie Daten, Command oder Status an. Die Abkürzung MIL steht für military und STD für standard. Der MIL-Bus ist im militärischen Flugzeugbau und in der Raumfahrt zur Ansteuerung der Systemkomponenten weit verbreitet, während sich im Automobilbau der CAN-Bus etabliert hat.

So ist der MIL-Bus in der Ariane 5, der ISS zu finden und war in den Space Shuttles im Einsatz. Allerdings setzt sich in der Raumfahrt für hohe Datenraten der SpaceWire durch. Die zivile Luftfahrt setzt hingegen ARINC-Busse ein, vorwiegend den ARINC-429-Bus, der heute in den meisten kommerziellen Flugzeugmodellen zu finden ist. Alleine die große Anzahl einzelner Systeme stellt bereits eine gigantisches High-Tech-Projekt dar, auf welches sich die US Army bereits Ende der 1970er-Jahre eingelassen hatte.

Doch die eigentliche Sensation sollte der wahre Grund der Entwicklung des Apache sein: seine Bewaffnung. Der AH-64 ist schließlich nichts anderes als ein hochentwickeltes Waffensystem, mit der einzigen Aufgabe, sein Gefechtsfeld zu beherrschen.

Abschuss einer 70-mm-Hydra-Rakete durch einen AH-64D der 12th CAB über eine Waldlichtung hinweg. (Foto: U.S. Army / Maj. Robert Fellingham)

Bewaffnungskonzept

Der Apache hat vier Waffenstationen – zwei unter jedem Stummelflügel. Die Positionierung der Flügel ist nahe dem Flugzeugschwerpunkt, so dass die Installation der Waffenpylone zu keiner wesentlichen Verschiebung des Schwerpunktes führt. Manche Vorserionmodelle flogen gar ohne Flügel. Der AH-64 verfügt auch über genügend Leistung, um mehr als 2.200 kg Nutzlast zu transportieren. Die primäre Luft-Boden-Waffe des Apache war von Anfang an die AGM-114A Hellfire-Rakete. Das Wort Hellfire bezog sich auf »Helicopter Launched Fire and Forget« (Hel-L-Fire). Ziele können auch mit ungelenkten 2,75-Zoll-Raketen oder der eingebauten 30-mm-Kanone bekämpft werden, aber die Hauptaufgabe des AH-64A bestand darin gegen gepanzerte Verbände des Warschauer Pakts mit der Hauptwaffe Hellfire vorzugehen.

Hellfire-Entwicklung

Die Hellfire-Rakete hat eine etwas langwierige Entwicklungsgeschichte hinter sich. Diese begann mit dem ZAGM-64A Hornet-Programm noch lange bevor das AAH-Programm in den 1960er-Jahren ins Leben gerufen wurde. North American Aviation entwickelte damals ein Raketenkonzept für das Anti-Tank Guided Aircraft Rocket (ATGAR)-Projekt der U.S. Air Force. Die ATGAR wurde letztendlich nicht produziert, aber die Air Force war so beeindruckt, dass sie North American 1963 einen Entwicklungsauftrag für die ZAGM-64A Hornet-Rakete erteilte. Die Hornet war als Gefechtsfeldrakete für den Einsatz gegen gepanzerte Fahrzeuge geplant, die mit einem elektro-optischen Leitsystem ausgestattet werden sollte. Der erste Testabschuss des Prototyps XAGM-64A fand im Dezember 1964 statt. Er wurde von einem schnell verbren-

Schussversuche mit dem AGM-114 Hellfire-Prototypen in den frühen 1980er-Jahren. (Foto: Archiv Boeing)

Eine AGM-114 Hellfire verlässt das Ejector Rack. Hier im Versuch an einem SH-60 Seahawk (Foto: U.S. Navy)

nenden Feststoffraketenmotor angetrieben. Das elektro-optische Lenksystem lieferte ein Live-Fernsehbild ins Cockpit während der Bediener die Rakete vor dem Start auf das gewünschte Ziel ausrichtete, auf welches die Rakete automatisch Kurs aufnahm. Die Air Force stellte die Entwicklung der AGM-64 jedoch schließlich ein, da sie der Meinung war, dass die ähnliche AGM-65 Maverick mehr Potenzial besaß. Obwohl die Hornet nicht als Waffe produziert wurde, diente sie als Prüfstand für verschiedene Lenksysteme, darunter verschiedene Varianten elektro-optischer Systeme. Das Programm wurde 1968 eingestellt. Die XAGM-64 wurde in den frühen 1970er-Jahren kurzzeitig wiederbelebt, wiederum um Raketenleitsysteme zu testen. Das Antriebssystem des Flugkörpers wurde aufgerüstet, wodurch die Reichweite auf bis zu 4 km erhöht wurde. In dieser Konfiguration testete die Hornet Laser-Lenksysteme, u.a. auch das elektro-optische System, das für die GBU-8/B und GBU-9/B Homing Bomb System (HOBOS) Gleitbomben entwickelt wurde. Auch das Terminal-Leitsystem für die AGM-114 Hellfire-Panzerabwehrrakete wurde hierbei getestet. Das Grundkonzept der Hellfire-Rakete wurde 1970 erstellt und zunächst mit modifizierten AGM-64 Hornets getestet. Das Ziel musste von einem Boden-Laser oder aus der Luft markiert und ausgeleuchtet werden. Vor allem für den Zielendanflug musste die Laserbeleuchtung gesichert sein. Schlechtes Wetter konnte die Sicht so weit einschränken, dass die Reichweite drastisch reduziert werden musste. Die Herausforderungen waren vor allem, wie man mehrere Ziele und mehrere Raketen in schneller Reihenfolge oder als Salve schnell genug lasern konnte. Konnte ein Laser schnell genug von einem gerade zerstörten auf ein neues Ziel umschalten, so dass die nächste Rakete ihr Ziel treffen konnte?

Die Auswahl eines endgültigen Suchkopfes sollte sich noch einige Zeit hinziehen, wollte man schließlich eine echte Fire-and-Forget-Rakete. Im Juni 1974 wurden Rockwell und Hughes schließlich mit der fortgeschrittenen Entwicklung der Hellfire Modular Missile System (HMMS) beauftragt. Dies mündete in der Entwicklung des IRIS (Infra-Red Imaging Seeker) für den Einsatz bei Tag und Nacht gedacht. Auf dem Schießplatz des Redstone Arsenal schossen zunächst AH-1G mit den Hellfire-Prototypen. Die Rockwell AAS-2 Airborne Laser Tracker Systeme zeigten gute Ergebnisse. Aber auch die Ford Aeronutronic Airborne Laser Locator/Designator erwies sich als zufriedenstellend, allerdings war letzterer in einem Zusatzbehälter unter dem Flügel mitzutragen, was einen großen Nachteil darstellte. Rockwell machte jedoch das Rennen, obwohl noch einige Verbesserungen erledigt werden mussten. Denn der Zielmarkierer (Designator) war nur der eine Teil des Konzeptes. Die Herausforderung lag auch darin, einen erkennenden Zielsuchkopf (Seaker) für die Hellfire zu entwickeln. Das Konzept, das die US Army dabei verfolgte, war der Dual-Mode-Suchkopf, der entweder auf Radar- oder Infrarot/Laser-Emissionen ansprach. Denn auf dieser Basis funktionierten die damals gefährlichsten sowjetischen Luftabwehr Systeme SA-6 Gainful und ZSU-23 Shilka. Um außer Panzer auch Flugabwehr-Systeme angreifen zu können, musste der Apache eben diese Signaturen erfassen können.

Anfang 1976 flogen die Prototypen YAH-63 und YAH-64 die Testschuss-Missionen mit den Hellfire-Prototypen. Rockwell wurde für die Entwicklung des endgültigen Flugkörpers ausgewählt und erhielt einen Vertrag zur technischen Entwicklung im Oktober 1976 und gewann bekanntlich zwei Monate später den AAH-Wettbewerb. Die endgültige Wahl für die ersten semiaktiven Hellfire-Suchköpfe gewann dann aber Martin Marietta (heute Lockheed-Martin). Rockwell war aber Gesamtkonzept-Träger der Hellfire. Der Abschüsse aus einem AH-1G Cobra-Versuchsflugzeug begannen am 21. Oktober 1978, und der erste luftgestützte Schuss der Hellfire fand Ende 1978 statt. Die Erprobung mit der YAH-64 begann mit einer Reihe von ungelenkten Testschüssen, die am 18. September 1979 zum ersten gelenkten Hellfire-Abschuss führten. Die Erprobung fand im Rahmen der Operational Testing (OT) 1980 statt, die Entwicklungstests endeten im Dezember desselben Jahres. Die abschließenden Vorserien-Tests trugen sich im Sommer 1981 im Hunter Liggett Army Reservation in Kalifornien zu. Der Startschuss für die Produktion von Apache und Hellfire sollte ursprünglich gleichzeitig stattfinden, aber 1982 entschied das Pentagon, dass die beiden Programme getrennt behandelt werden sollten. Am 31. März 1982 wurde die AGM-114A Hellfire für die Produktion freigegeben. Die Raketen rollten 1984 vom Band.

Die Hellfire-Rakete hatte aber auch ihre eigenen Produktionsprobleme. Mitte der 1980er-Jahre wurden mehr als 5.500 Flugkörper pro Jahr produziert. 1987 kaufte die US Army weitere 6.500 Raketen. Auch die US Navy und die US Marines wurden Abnehmer. In der Praxis schien die Produktion bei Martin Marietta und Rockwell trotz Finanzierungsproblemen im Pentagon nicht Gefahr zu laufen, eingestellt zu werden. Die Raketenlieferungen lagen zwischen vier und fünf Monaten hinter dem Zeitplan zurück. Es wurde damals bereits erwartet, dass die AGM-114 bei der US Army und beim USMC bis zum Ende des Jahrhunderts im Einsatz bleiben würden. Dass sie bis weit ins 21. Jahrhundert die Standard-Waffe darstellen würde, hätte damals niemand gedacht. Mehr als als 50.000 Raketen wurden bis Ende der 1980er-Jahre beschafft. Zwei Drittel davon von der US Army. Die Gesamtkosten für diese gigantische Beschaffung belief sich damals auf über 2,5 Milliarden Dollar. Als die Produktion von Hellfire im Jahr 1982 begann, kostete jede Rakete etwa 60.000 Dollar, 1985 nur noch 34.000 Dollar, da sich der Preis bei Großbestellungen immer positiv veränderte. Dieses Prinzip gilt in der Rüstungsindustrie bis heute. Bis 1992 wurde die AGM-114A produziert. Ihr folgten eine ganze Serie an verbesserten Versionen, die das Konzept wohl noch weit bis in 2040er-Jahre hineintragen werden. Die meisten Varianten sind wie bei der ersten A-Version der Hellfire lasergelenkt, wobei eine Variante, die AGM-114L »Longbow Hellfire«, radargelenkt ist. Die Laserlenkung kann entweder vom Werfer aus erfolgen, z. B. durch die an der Nase montierte Optoelektronik des AH-64 Apache Kampfhubschraubers, durch andere luftgestützte Zieldesignatoren oder durch bodengestützte Beobachter, wobei die beiden letzteren Optionen dem Werfer erlauben, die Sichtlinie zum Ziel zu unterbrechen und Deckung zu suchen.

Aus Sicht des Piloten lässt sich die Hellfire in zwei verschiedenen Modi einsetzen. Zielerfassung vor dem Start (LOBL, Lock On Before Launch) und Zielerfassung nach dem Start (LOAL, Lock On After Launch). Für die AGM-114L gilt dies allerdings nicht, da sie generell nach dem Prinzip Fire-and-Forget operiert und völlig ohne Sichtverbindung zum Ziel eingesetzt werden kann. Im LOBL-Modus visiert der CPG vor dem Start der Rakete das Ziel mit dem Laser an, anschließend feuert der Pilot die Rakete ab. Während die Rakete im Anflug ist, sollte die Sichtverbindung zwischen Helikopter und Ziel möglichst nicht unterbrochen werden, da die Rakete ansonsten das Ziel verlieren könnte. Dies bedeutet natürlich auch potenziell höhere Gefahr für die Luftfahrzeugbesatzung. Im LOAL-Modus wird die Rakete zunächst ohne ein Ziel abgefeuert, woraufhin sie zunächst auf eine gewisse Höhe steigt und dann versucht, einen Zielbezeichnungs-Laserstrahl zu finden, auf den sie zusteuern kann. Auf diese Weise ist es beispielsweise möglich, die Rakete aus der Deckung über einen Hügelkamm zu feuern und erst kurz bevor die Rakete das Ziel erreicht, aufzusteigen, um das Ziel zu beleuchten und zu zerstören. In beiden Fällen versucht die Rakete das Ziel möglichst so anzufliegen, dass sie von oben einschlägt, wo die Panzerung der meisten Gefechtsfahrzeuge dünner ist.

Hellfire-Weiterentwicklung

Die Hellfire II, die in den frühen 1990er-Jahren entwickelt wurde, ist ein modulares Raketensystem mit mehreren Varianten. Die semiaktiven Laservarianten der Hellfire II – AGM-114K High-Explosive Anti-Tank (HEAT), AGM-114KII mit externer Blast-Fragmentierungsladung, AGM-114M (Blast-Fragmentierung) und AGM-114N Metal Augmented Charge (MAC) – erreichen eine hohe Zielgenauigkeit, indem sie einen reflektierten Laserstrahl auf das Ziel richten. Im Jahr 2008 löste der Einsatz der Variante AGM-114N mit metallverstärkter Ladung (MAC) eine Kontroverse im Vereinigten Königreich aus, als berichtet wurde, dass diese thermobarische Munition dem Arsenal der britischen Armee hinzugefügt wurde. Thermobarische Waffen wurden von Menschenrechtsgruppen verurteilt.

Eine lasergelenkte AGM-114 Hellfire an einem AH-64D Longbow Apache in der Forward Operating Base Salerno, in Khost, Afghanistan. (Foto: U.S. Army / SSG Isaac A. Graham)

Die Vierfach-Ejector-Racks für die AGM-114 stehen zur Anbringung an einem AH-64D bereit. (Foto: Christian Rastätter)

Waffenmix: ein Viererbündel mit AGM-114 Hellfire. Man beachte die unterschiedlichen Varianten. Die Rakete mit der weißen Haube ist eine radagelenkte Version, die semi-aktiv im Zusammenspiel mit dem Longbow FCR-Radar Ziele bekämpft. (Foto: Archiv Raytheon)

Das britische Verteidigungsministerium bezeichnet die AGM-114N als »enhanced blast weapon«. Predator und Reaper UCAVs tragen die Hellfire II, aber die Hauptplattform ist der AH-64 Apache, der bis zu 16 dieser Raketen tragen kann. Die AGM-114L oder Longbow Hellfire ist eine »Fire-and-Forget«-Waffe. Ausgestattet mit einem Millimeterwellen (MMW)-Radarsuchkopf benötigt sie nach dem Start keine weitere Lenkung – sie ist sogar in der Lage, ihr Ziel nach dem Start zu erfassen – und kann ihr Ziel treffen, ohne dass sich der Apache oder eine andere befreundete Einheit in Sichtweite des Ziels befindet. Sie funktioniert auch bei schlechtem Wetter und bei Verdunkelungen des Gefechtsfeldes, wie z. B. Rauch und Nebel, die die Position eines Ziels verschleiern oder verhindern können, dass ein Ziellaser eine erkennbare Reflexion bildet. Jede Hellfire wiegt 47 kg, einschließlich des 9 kg schweren Gefechtskopfes, und hat je nach Flugbahn eine Reichweite von 7 bis 11 km.

Anfang 2003 wurde bekannt, dass zwei Drittel der Hellfire-Raketen im US-Arsenal mit einem schwerwiegenden Fehler behaftet waren: Beim Start konnten Teile der Rakete den Hubschrauber beschädigen. Es sah zunächst so aus, als ob diese Tatsache die US-amerikanischen Pläne zum Einmarsch in den Irak ernsthaft gefährden könnte. Ohne Unterstützung durch Kampfhubschrauber wären die Panzertruppen der US Army gegen die irakischen Panzerdivisionen auf sich selbst gestellt beziehungsweise auf Unterstützung durch die US-Luftwaffe angewiesen gewesen. Die Ursache für den festgestellten Fehler lag in einem Kunststoffbauteil,

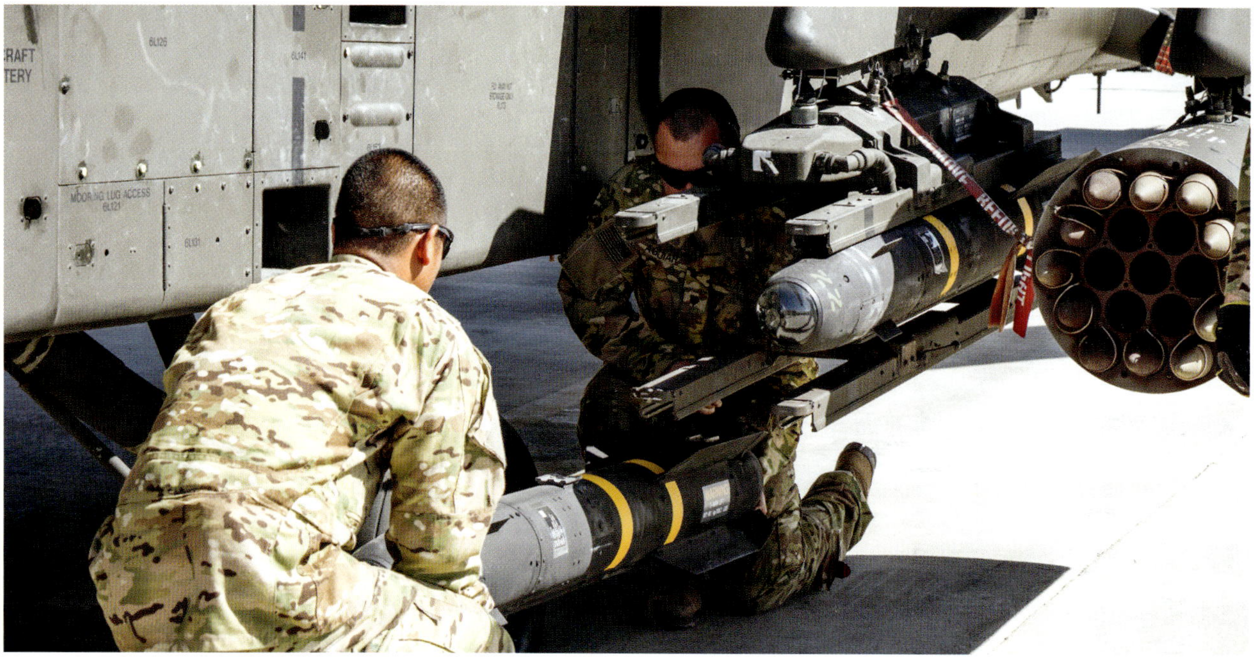

Ein Waffen- und Wartungs-Team der U.S. Army munitioniert einen AH-64E der Task Force Tigershark, der 16th Combat Aviation Brigade, 7th Infantry Division mit einer AGM-114 Hellfire II missile auf. Die Aufnahme entstand 2017 auf dem Jalalabad Airfield, Afghanistan als die Operation Freedom's Sentinel lief. (Foto: U.S. Army / Capt. Brian Harris)

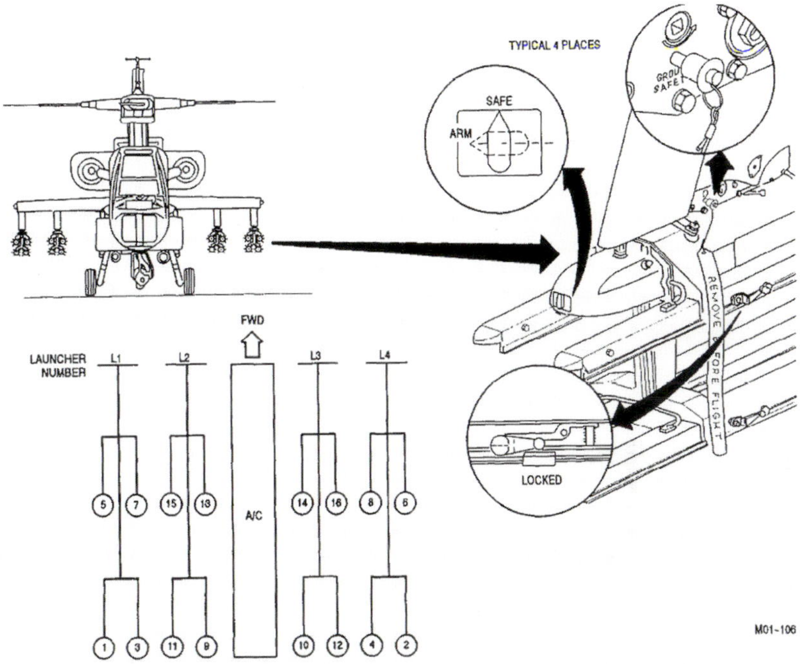

das im Strahlrohr der Rakete saß, beim Start normalerweise in viele kleine Teile zerfallen und nach hinten ausgestoßen werden sollte. Bei etwa 10.000 AGM-114 aus dem Hause Hercules flog dieser Pfropfen jedoch in größeren Stücken aus dem Rohr und schlug dann möglicherweise in die kleinen Stabilisatorflossen am Heck der AH-64 Apache ein. Unter bestimmten Bedingungen war es sogar möglich, dass der Stopfen den Heckrotor traf, was bei Hubschraubern generell eine sehr gefährliche Situation ist, die häufig zum Absturz führt. Das Problem wurde zuerst während einer Übung in Polen im Jahr 2000 beobachtet, damals hielt man die Beschädigungen an den Stabilisatorflossen jedoch zunächst für Einwirkungen durch Bodentrümmer. Erst im Verlauf weiterer Untersuchungen fand man die wirkliche Ursache. Zunächst erging die Order, dass das Abfeuern von Hellfires außer in unmittelbaren Notfällen (feindlicher Angriff) zu unterbleiben hätte. Ausgenommen davon waren Raketen am äußeren rechten Waffenpylon Nr. 4, deren Trümmer den Heckrotor nicht treffen konnten (der Heckrotor liegt beim Apache an Backbord, also links). Einschläge in den Stabilisatorflossen waren zwar unangenehm, aber verkraftbar. Auch für den leichten Kampfhubschrauber Bell OH-58 erging ein ähnlicher Befehl, da von Backbord abgefeuerte Hellfires mit ihren Stopfen den Rumpf beschädigen konnten. Die betroffenen Raketen wurden als »beschränkt kampftauglich« klassifiziert. Später lockerte man die neuen Vorschriften dahingehend, dass die Apache-Besatzungen nun je ein Paar Hellfires von den beiden äußeren Pylonen im Abstand von drei Sekunden feuern durften. Zum Schutz vor Raketentrümmern sollten entsprechende Abweiser an den Apaches und Kiowas installiert werden. Die Kosten für einen Ersatz aller fehlerhaften Raketenmotoren wurden auf knapp 36 Millionen US-Dollar geschätzt. Bei Anbruch des Irak-Kriegs 2003 war bereits ein Drittel neu ausgerüstet, so dass die Helikopter wieder uneingeschränkt mit den Raketen feuern konnten.

Links: Eine M36E8 Hellfire Captive Air Training Missiles (CATM) Übungsrakete an einem AH-64D. Hellfire-Schüsse sind sehr teuer und werden nur auf ganz wenigen Schießplätzen in den USA zu Übungszwecken verschossen, daher verfügen die CABs meist nur über diese Trainingsvarianten mit Lasersuchkopf zur simulierten Attacke. (Foto: Christian Rastatter)

Rechts: Grafische Darstellung der AGM-114 Racks laut Technical Manual Ah-64A/D.

AGM-114R »Romeo«

Die AGM-114R »Romeo« Hellfire II wurde Ende 2012 in Dienst gestellt. Sie nutzt ein semiaktives Laser-Zielsuchsystem und einen K-Ladungs-Mehrzwecksprengkopf, um Ziele zu bekämpfen, für die bisher mehrere Hellfire-Varianten erforderlich waren. Sie wird die AGM-114K-, M-, N- und P-Varianten im US-Einsatz ersetzen. Im Oktober 2012 bestellten die USA 24.000 Hellfire II-Raketen, sowohl für die US-Streitkräfte als auch für ausländische Kunden. Ein möglicher neuer JCM-Nachfolger namens Joint Air to Ground Missile (JAGM) wird in Erwägung gezogen. Aufgrund von Budgetkürzungen wurde die JAGM-Entwicklung in Stufen aufgeteilt, wobei sich Stufe 1 darauf konzentrierte, die Hellfire-R mit einem Millimeterwellen-Radar auszustatten, um sie mit einem Dual-Mode-Suchkopf auszustatten, der es ihr ermöglicht, bewegliche Ziele bei schlechtem Wetter zu verfolgen. Hierzu begannen die Entwicklungen bereits bei der Einführung des Ur-Apachen AH-64A in den 1980er-Jahren.

Die AGM-114 war die Munition der Wahl für gezielte Tötungen aus der Luft, die hochrangige Terroristen wie Ahmed Yassin (Hamas-Führer) im Jahr 2004 durch die israelische Luftwaffe, Anwar al-Awlaki (in den USA geborener islamischer Geistlicher und Anführer von Al-Qaida auf der arabischen Halbinsel) im Jemen im Jahr 2011 umfassten, Abu Yahya al-Libi in Pakistan im Jahr 2012, Moktar Ali Zubeyr (auch bekannt als Ahmad Abdi Godane, Anführer von al-Shabaab) in Somalia im Jahr 2014 und Mohammed Emwazi in Syrien im Jahr 2015.

AGM-114R9X

Die Hellfire R9X ist eine Hellfire-Variante mit einem kinetischen Gefechtskopf mit herausspringenden Klingen anstelle von Sprengstoff, die gegen bestimmte menschliche Ziele eingesetzt wird; ihre Tödlichkeit beruht auf 45 kg dichtem Material mit sechs Klingen, die mit hoher Geschwindigkeit fliegen, um die anvisierte Person zu zerquetschen und zu zerschneiden – sie wurde als Ninja-Bombe und als Flying Ginsu bezeichnet. Sie soll Kollateralschäden reduzieren, wenn sie auf bestimmte Personen zielt. Im Jahr 2017 im Geheimen eingesetzt, ist ihre Existenz seit 2019 öffentlich. Diese Variante wurde bei den Tötungen von Jamal Ahmad Mohammad Al Badawi, dem mutmaßlichen Drahtzieher des Bombenanschlags auf die USS Cole im Jahr 2000, und Abu Khayr al-Masri, einem Mitglied der Al-Qaida-Führung, verwendet. Die Waffe wurde auch in Syrien und in Afghanistan gegen einen Taliban-Kommandeur eingesetzt. Im Jahr 2020 wurde sie zweimal gegen hochrangige Al-Qaida-Kommandeure in Syrien verwendet. Im September 2020 schätzten amerikanische Beamte, dass sie etwa sechsmal im Kampf zum Einsatz kam.

Hellfire-Verschuss über dem Meer: Auch maritime Ziele müssen erfolgreich bekämpft werden können, um auch in der küstennahen Kriegsführung (Littoral Warfare) effizient zu sein. (Foto: Archive U.S. Army)

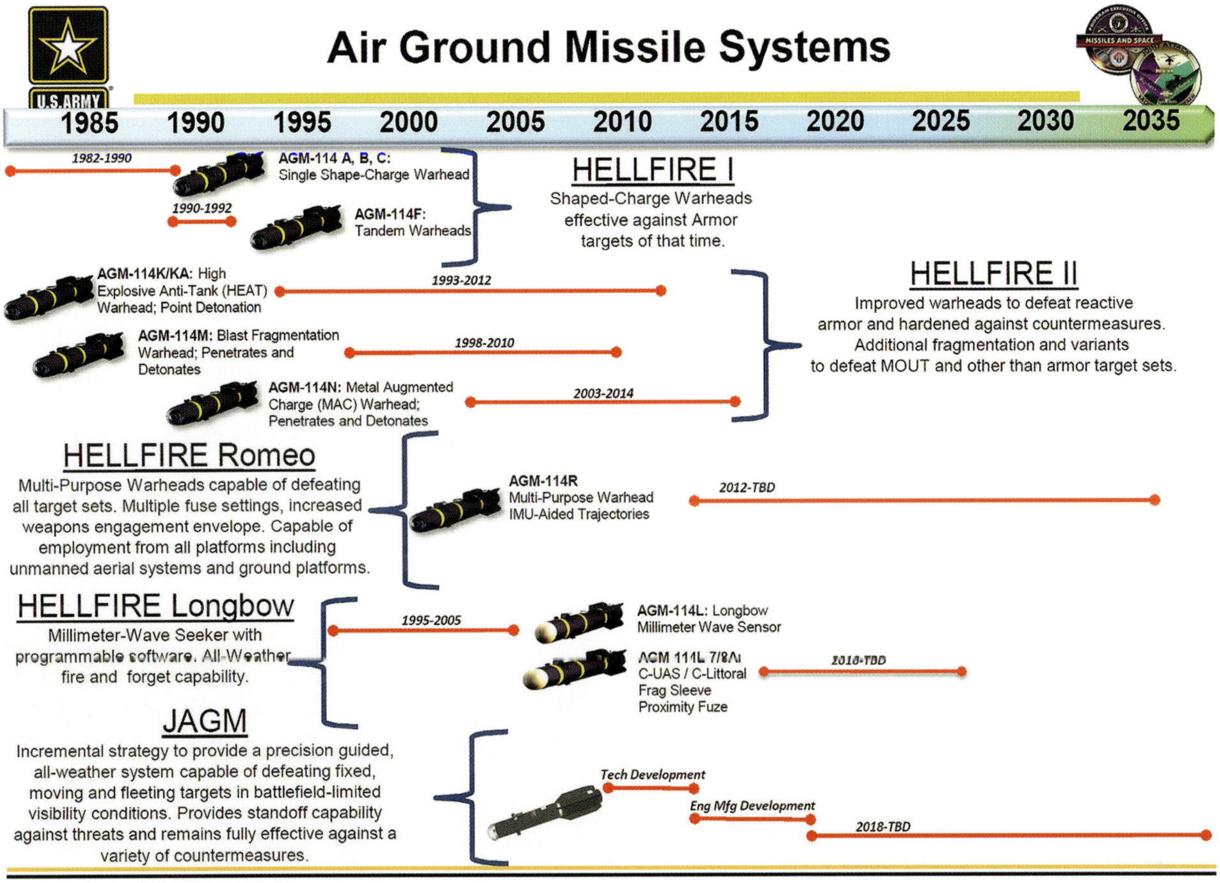

Grafische Darstellung der Hellfire Evolution. (Grafik: U.S. Army)

Die AGM-114 wurde gelegentlich auch als Luft-Luft-Rakete benutzt. Der erste operative Luft-Luft-Abschuss mit einer Hellfire fand am 24. Mai 2001 statt, nachdem ein ziviles Flugzeug vom Typ Cessna 152 mit unbekannten Absichten vom Libanon aus in den israelischen Luftraum eingedrungen war und sich weigerte, auf die wiederholten Warnungen der Flugsicherung umzukehren, zu antworten oder ihnen nachzukommen. Ein AH-64A-Apache-Hubschrauber der israelischen Luftwaffe schoss auf die Cessna, was zu ihrer vollständigen Zerstörung führte. Der zweite operative Luft-Luft-Abschuss mit einer Hellfire erfolgte am 10. Februar 2018, nachdem eine iranische Drohne von Syrien aus in den israelischen Luftraum eingedrungen war. Ein AH-64 der israelischen Luftwaffe feuerte eine Hellfire-Rakete auf die Drohne ab und zerstörte sie erfolgreich. Im Januar 2016 berichtete das Wall Street Journal, dass eine Trainingsrakete ohne Gefechtskopf 2014 nach einem Trainingseinsatz in Europa versehentlich nach Kuba verschifft wurde. Sie wurde später zurückgegeben. Ein US-Beamter aus dem Pentagon sagte, dass es sich dabei um eine inerte »Dummy«-Version des Lockheed-Systems handelte, die ihres Gefechtskopfes, des Zünders, der Steuerungsausrüstung und des Motors beraubt wurde, bekannt als »Captive Air Training Missile«.

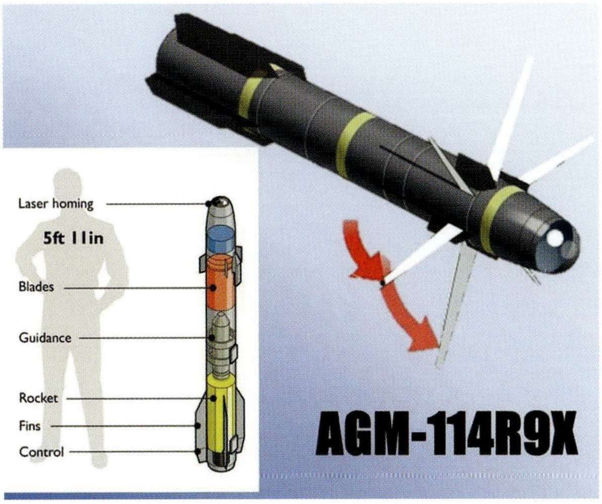

Eine Ausnahme in der Hellfire-Familie stellt die AGM-114R9X dar. Ob sie überhaupt von AH-64 eingesetzt werden kann, ist nicht öffentlich bekannt. Auch über deren Einsatz gegen »weiche Punktziele« hält man sich im Pentagon bedeckt. Was man darüber weiß, ist, dass die R9X ohne Sprengmittel, sondern als Wuchtgeschoss (kinetisches Fallenergie) arbeitet. Darauf deuten viele Bilder auf Twitter hin. Sie erzeugt kein großes Aufsehen, durchschlägt jedoch Fahrzeuge oder Barracken und ist somit eher im Verwendungsbereich der SOF-Einheiten oder anderer Dienste der Covert Action-Dimension. (Grafik: Washington Post)

2,75-Zoll-Raketen

Hellfire ist in erster Linie für den Einsatz gegen Panzer und andere Kampffahrzeuge gedacht. Für Angriffe auf weiche Ziele kann die Apache-Besatzung ungelenkte 2,75-Zoll-Raketen (Kaliber 70 mm) verwenden. Tests der 2,75-Zoll-Raketen an Hubschraubern begannen bereits 1956 mit OH-13 und dem H-34, aber der Einsatz begann aber erst in der Frühphase des Vietnamkriegs. Die Mk.40-Rakete wurde zum Standard für Hubschrauber. Trotz ihrer grundlegenden Einfachheit wurde die 2,75-Zoll-Rakete stetig verbessert. Die US Navy entwickelte einen Mk.66-Antrieb mit höherer Schubkraft. Dies sollte sich bis heute für alle Teilstreitkräfte durchsetzen. Für den Apache und AH-1 Cobra fertigte Hughes Aircraft leichte Aluminium-Werfer mit 7- und 19-Schuss-Konfiguration. Entwickelt im Auftrag des Redstone Arsenals der US Army Missile Command werden die Behälter durch Pressen und nicht durch Schweißen oder Nieten zusammengebaut, eine Technik, die das Gewicht und Arbeitskosten reduzieren sollte. Obwohl als Einweg-Behälter konzipiert, sind sie stabil genug, um einen längeren Einsatz zu überstehen. Während der Tests waren zwei Sieben-Schuss-Werfer nach 65 Schüssen noch voll funktionsfähig. Beide Abschussvorrichtungen haben sich als zuverlässig erwiesen. Ein 4,3-Millionen-Dollar-Produktionsvertrag für 1.185 M260 (7 Schuss) und 785 M261 (19 Schuss) wurde im November 1979 vergeben. Von da an lief die Produktion bis heute. Sobald die Geschosse in die einzelnen Rohre geladen sind, hält eine Verriegelungsvorrichtung die Geschosse sicher in Position. Mit einem M261-Werfer an jeder Unterflügelstation kann der Apache 76 Schuss tragen. Die Raketen können einzeln, paarweise oder in Vierersalven abgefeuert werden, wobei das Intervall zwischen den einzelnen Zündungen 0,06 Sekunden beträgt. Der Zünder kann vom Cockpit des Apache aus

Einschlag mehrerer Hydra-Raketen im scharfen Einsatz in Afghanistan. Eine Stellung der Taliban wird hoch oben in den Bergen unter Beschuss genommen, da sie das Vorrücken der US Truppen verhindert. (Foto: Screen shot U.S. Army Video via Youtube)

Doppelsalve mit Hydra-Raketen über Grafenwöhr. Seit 2019 werden auch gelenkte Hydra-Raketen verwendet. Das AGR-20 Advanced Precision Kill Weapon System (APKWS) ist ein Umbau von ungelenkten Hydra-70-Raketen mit einem Laserlenksatz von BAE Systems, um sie in präzisionsgelenkte Munition (PGM) umzuwandeln. In Zeiten finanzieller Engässe sind solche Lösungen sehr beliebt. (Foto: U.S. Army / Maj. Robert Fellingham)

ferngesteuert eingestellt werden. Wenn die Rakete gezündet wird, wird ein elektrischer Impuls vom Zündschalter zum Raketenmotor über einen schwenkbaren Kontaktarm, der am hinteren Ende des Startrohrs montiert ist, übertragen. Wenn der Raketenmotor zündet, drücken die heißen Gase den Kontaktarm nach hinten, wodurch eine mechanische Verbindung das Geschoss entriegelt und der Rakete erlaubt, das Rohr zu verlassen. Die 2,75-Zoll-Rakete ist im Wesentlichen eine Flächenwaffe. Sie hat eine maximale nutzbare Reichweite von 5 km und kann mit hochexplosiven Sprengköpfen oder weißem Phosphor geladen werden. Sie arbeitet mit verschiedenen Zünd-Systemen. Auch die Gefechtsköpfe waren Gegenstand regelmäßiger Upgrades und Verbesserungen, um eine breite Palette für den Einsatz mit dem Hydra-System zu schaffen. Der M259- Rauchgefechtskopf basierte auf weißem Phosphor, aber der neuere M259E1 verwendet roten Phosphor und einen elektronischen Zünder. Die Entwicklung des Mehrzweck-Submunitionsgefechtskopfes M261 (Multi Purpose Sub Munition, MPSM) mit einem ferngesteuerten Zünder wurde 1981 abgeschlossen. Diese Streumunition ist ebenfalls in der Öffentlichkeit umstritten und führte zumindest beim Exportnutzer Großbritannien zu einem Verbot der Waffe in den späten 2000er-Jahren. Die Hydra-70-Rakete stellt eine Wei-

Aufmunitionieren in der FARP: Boden-Teams der 12th CAB arbeiten in Schichten und rund um die Uhr während der Gunnery-Übung. (Foto: Christian Rastätter)

Aufmunitionieren in der FARP: jederzeit kann der Befehl kommen und das feldmäßige Arbeiten wird zum Ernstfall. Übungen sind wichtig. (Foto: Christian Rastätter)

Munitions-Station mit verschiedenen Hydra-Varianten an der FARP-Box. (Foto: Christian Rastätter)

Links: Unterschiedliche Befüllungsoptionen der Hydra-Werfer, je nach Missions-Auftrag. (Foto: Christian Rastätter)

Rechts: Grafische Darstellung der 70-mm-Hydra-Familie laut Hersteller.

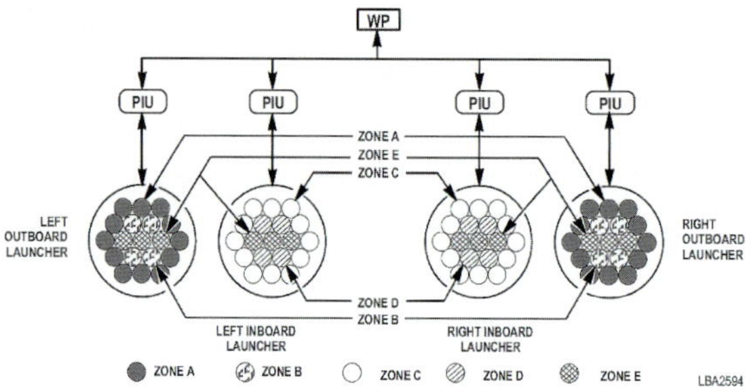

Befüllungsschema der 70-mm-Werfer laut Technical Manual AH-64A/D.

terentwicklung der bis Anfang der 1980er-Jahre üblichen Rakete FFAR (Folding Fin Aerial Rocket, zu Deutsch Rakete mit ausklappbaren Stabilisatoren) dar. Zur Flugstabilisation dienen bei beiden Mustern drei ausklappbare Aluminium-Heckflossen. Daher stammt auch die Typenbezeichnung WA oder WAFFAR (Wrap Around Folding Fin Aerial Rocket, zu Deutsch Rakete mit umwickelten ausklappbaren Stabilisatoren) des Ausgangsmusters. Es stehen seit dem auch eine große Bandbreite an Trainingsversion der Hydra-Raketen zur Verfügung. Unter anderen die M267 Rauch-/Blitzgefechtskopf. Die M262-Leuchtmunition ist ähnlich wie die frühere M257, jedoch mit einem elektronischen Zünder. Auch Flechette-Munition gegen weiche Ziele (Truppenansammlungen) kam hinzu. Ungelenkte Hydra-Raketen wurden in unzähliger Größenordnung gefertigt. Die Weiterentwicklung ist bis heute noch nicht beendet und gipfelte Anfang des 21. Jahrhunderts sogar in gelenkten Varianten der 2,75-Zoll-Raketen. Auch andere Hersteller übernahmen das Grundkaliber 2.75 Zoll und entwickelten daraus gar Laser gelenkte Modelle.

Bordgeschütz M230 Chain Gun

Im Jahr 1972 begann Hughes Helicopters die Entwicklung einer einläufigen Maschinenkanone, die M50 20-mm-Geschosse der US-Armee verschießen konnte. Der erste Schusstest, jedoch mit stärkerer 30-mm-Munition, wurde im April 1973 mit einem Prototyp (»A Model«) absolviert. Im Januar 1975 wurde das »C Model«, eine Version mit gurtfreier Munition für den geplanten Angriffshelikopter (Advanced Attack Helicopter) YAH-64 vorgestellt; der Hubschrauber ging schließlich unter dem Namen Hughes AH-64 »Apache« in Produktion. Dieser besitzt die M230 Chain Gun »C Model« als Standardbewaffnung. Ein zusätzliches Modell mit gegurteter Munition war für die AH-1S Cobra geplant, wurde jedoch später verworfen. Für die zyklische Bewegung des Verschlusses der Waffe wird nicht die Energie des Rückstoßes (Rückstoßlader) oder der Explosionsgase (Gasdrucklader) genutzt; die

Nahaufnahme während der Schussabgabe mit der 30-mm-Bordkanone eines AH-64D im winterlichen Grafenwöhr 2021. (Foto: Christian Rastätter)

Ein AH-64D feuert seine M230 Chaingun im Vorwärtsflug auf Bodenziele ab. (Foto: Christian Rastätter)

Nahaufnahme einer werksneuen M230E1 Chaingun an dem ebenfalls neuentwickelten M139 Automatic Weapon Station (AWS) Trägergestell am AH-64E. Man beachte auch den coaxialen Infrarot-und Laser-Scheinwerfer. Er wird unter anderem zur Visualisierung der Zielanvisierung der Bordkanone für befreundete Bodentruppen sowie Special Operations Forces (SOF) eingesetzt. (Foto: Christian Rastätter)

M230 benutzt dafür einen Motor, der das Laden, Verriegeln und den Hülsenauswurf antreibt. Dieser Ablauf wird durch einen Kettenantrieb gesteuert, bei dem ein Kettenglied mit Steuernocke den Verschluss mitnimmt und bewegt. Daher stammt auch die englische Bezeichnung Chain Gun. Der große Vorteil des Kettenantriebes liegt in seiner Zuverlässigkeit, da ein Zündversager die Waffe nicht stilllegt: Eine nicht gezündete Patrone wird einfach herausrepetiert. Außerdem kann so die Feuerrate stufenlos reguliert werden. Die obere Grenze liegt bei etwa 625 Schuss pro Minute. Da die M230 über nur einen Lauf verfügt und luftgekühlt ist, würde ihn eine höhere Kadenz zu stark erhitzen und verschleißen lassen. Um Selbstentzündungen der Munition im heißen Patronenlager zu verhindern, ist die M230 zuschießend und feuert aus offener Verschlussstellung heraus. Im Gegensatz zu Gasdruck- oder Rückstoßladern ist die Waffe nicht au-tark und muss ihre Energie aus dem Bordnetz beziehen. Den Antrieb übernimmt ein Elektromotor mit einer Leistung von 3 PS. Die Maschinenkanone wird derzeit nur am Bug von Kampfhubschraubern des Typs Hughes AH-64 montiert und als Anbausatz am AH-60L Direct Action Penetrator (DAP) eingesetzt. Eine technisch sehr ähnlich aufgebaute Kanone ist die M242 Bushmaster im Kaliber 25 mm. Im Jahr 1972 begannen die Ingenieure von Hughes Helicopters ein unabhängiges Forschungs- und Entwicklungs-

Feldmäßige Aufmunitionierung der M230 Kanone. Mit einem Spezialschlüssel muss der Waffenwart sicherstellen, dass die über das Munitionspanel eingeführten Patronen im Förderkanal bis zum Verschluss vorgerückt sind. Um sicher zu stellen, dass die Waffe funktionsfähig ist, dreht er die Förderkette manuell solange vor, bis die erste Patrone herausfällt. Dann arretiert er die Vordrehschraube und die Waffe ist bereit. Das System der Chaingun wirft auch unverschossene Munition aus, um unanfälliger gegenüber Störungen zu sein. (Foto: U.S, Army / Capt. Brian Harris)

programm mit dem Ziel, eine extern angetriebene Einrohrwaffe zu entwickeln, welche die M50 20mm-Geschosse abfeuern können sollte. Hughes hatte eine solche Waffe bereits im Kaliber 7,62 mm entwickelt (Externally-Powered Armor, EPAM Machine Gun). Das Konzept mit zwei Zuführungen, die eine hohe Zuverlässigkeit im Vergleich zu konventionellen Maschinengewehren zeigte, war eine gute Motivation für Hughes, eine neue Waffe darauf aufbauend zu entwickeln. Was die Hughes-Ingenieure wollten, war eine Methode, den Bolzen im Verschluss zu befestigen und ihn dort auch bei Abschuss der Patrone zu halten. Durch eine sanfte Bewegung nach hinten sollte die abgeschossene Hülse herausgezogen werden ohne weitere Berührung der nachfolgenden Patrone und ohne dass sich der Vorgang durch irgendeine Störung behindert werden konnte. Störungsfreiheit ist der Schlüssel zum effizienten Kampf. Die Lösung für diesen präzisen und immer wiederkehrenden, fast schon robotisch-feinmechanisch anmutenden Ablauf, war ein Stück einer Industriekette, wie sie als Antriebskette für Maschinen verwendet wurde. Unterhalb und hinter dem Verschluss der Kanone ist ein durchgehender Kettenriemen in einer horizontalen rechteckigen Schiene gezogen. Drei unangetriebene Kettenräder großen Durchmessers sowie ein viertes angetriebenes Kettenrad halten den Kettenkreislauf in der gewünschten rechteckigen Form

Waffenwarte der 12th CAB beim »Reload« in einer FARP. Die Munition wird ungegurtet über das automatische Beladepanel eingeführt. (Foto: Christian Rastätter)

Die ausgebaute M230 Chaingun im Detail. (Foto: Christian Rastätter)

am Laufen. Die lange Achse der Kette verläuft parallel zum Lauf. Der Verschluss befindet sich in einem T-förmigen Verschlussträger, der in horizontaler Position hinter dem Verschluss montiert ist und der sich frei vorwärts und rückwärts bewegt. Während sich die Kette dreht, werden der Verschlussträger und der Verschluss nach vorne gezogen und eine Patrone in das Patronenlager gelegt. Der Bolzen entriegelt nach der Schussabgabe und bewegt sich nach hinten. Dabei zieht er die verbrauchte Hülse heraus. Ob eine Patrone verschossen wurde und dann nur noch die Treibladungshülse entsorgt wird oder ob die Patrone unverschossen extrahiert wird, spielt bei diesem Kettenkonzept keine Rolle, da der aufschießende und automatische Drehprozess nicht in Abhängigkeit von Gas, Druck oder Rückstoß steht. Der Arbeitszyklus ist ferner auch nicht abhängig von der Sauberkeit der Waffe. Das Prinzip war somit klar, jedoch war das Kaliber mit 20 mm noch nicht ausreichend für die US Army. Zu diesem Zeitpunkt suchte die US Army nach einer 30-mm-Waffe für die Bewaffnung der AAH. Der AH-1 war mit einer 20-mm-Waffe bewaffnet und etwas limitiert. Durch den Umstieg auf 30 mm für den Apache würde man zusätzliche Reichweite und Schlagkraft gewinnen. Die Hughes-Ingenieure stellten fest, dass das vorgeschlagene XM552/639-Geschoss, das die neue Kanone abfeuern sollte, in Größe und Impuls der 20 mm M50 ähnelte. Die Entwicklung des damaligen Modells XM230 begann im Dezember 1972. Die Arbeit schritt schnell voran, und der Prototyp des Modells A wurde im April 1973 zum ersten Mal getestet. Im Januar 1974 begann das verbesserte B-Modell eine Serie von Schießversuchen, die mehr als 50.000 Schuss umfassen sollten.

Nachdem das Vertrauen in die Grundkonstruktion geschaffen war, konnten sich die Hughes-Ingenieure der nächsten Aufgabe annehmen: eine gurtlose Waffe zu entwickeln – das C-Modell der M230. Letztere wurde dann für den Apache übernommen. Anfang 1976 entschied das Pentagon, dass die Kanone der AAH eine andere Patrone abfeuern sollte als die NATO-Partner. Das Kaliber blieb mit 30 mm gleich, aber die britisch-französische ADEN/DEFA-Munition wurde durch US-Munition ersetzt. Im März 1978 wurde die überarbeitete Waffe, die nun als XM230E1 bekannt war, getestet. Der Apache blieb jedoch bei der US-Munitionsvariante. Zur Standard-Munition wurde seitdem die M789 und M799, während die M788 für die Ausbildung verwendet wurde. Die maximale Feuerrate beträgt zwischen 600 und 660 Schuss pro Minute. Der Lauf hat eine Lebensdauer von bis zu 10.000 Schuss. Wenn das M230 abgefeuert wird, wird ein 6,6-PS-Elektromotor verwendet, der die endlose Kettenschleife in ihrer Führung dreht. Die Waffe benötigt 0,2 Sekunden, um die volle Feuergeschwindigkeit zu erreichen, und stellt das Feuer innerhalb von 0,1 Sekunden nach dem Feuerstopp ein. Nachdem Hughes nicht mehr als Lieferant zur Verfügung stand, wurde McDonnel Douglas (MDD) zum neuen Partner für die M230-Lieferungen. Noch bevor auch MDD von Boeing übernommen wurde, unterzeichnete das US Army Tank-Automotive and

Ein Waffenwart der Bravo Company, 222nd Aviation Regiment, 1st Aviation Battalion, 128th Aviation Brigade, inspiziert den Munitionskanal der M230 während eines AH-64 Armament/Electrical/Avionic Systems Repairer-Kurses auf der Joint Base Langley-Eustis, Virginia, 2019. Der Förderkanal durchzieht den größten Teil des Rumpfes und muss störungsfrei funktionieren. (U.S. Air Force / Airman 1st Class Monica Roybal)

Einsatz der M230 Chaingun in Afghanistan gegen Aufständische. Die Streuung der Waffe ist den hektischen Flugbewegungen und der schnellen Abgabe mehrerer Feuerstöße geschuldet. Im schwebenden Flug sind die Trefferergebnisse deutlich verbessert. (Fotos: Screenshots U.S. Army Video / Youtube)

Grafische Details der M230 Chaingun 30-mm-Kanone laut Technical Manual AH-64A/D. Das E-Modell verfügt über einen erneuerten Waffenträger für die M230E1-Kanone (M139 Automatic Weapon Station), der noch mehr Präzision zulässt.

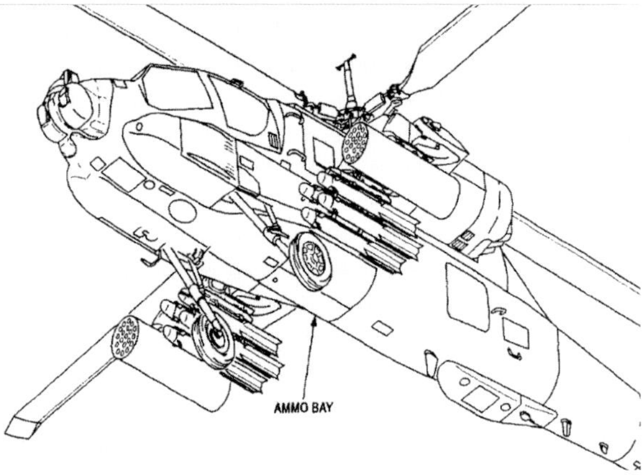

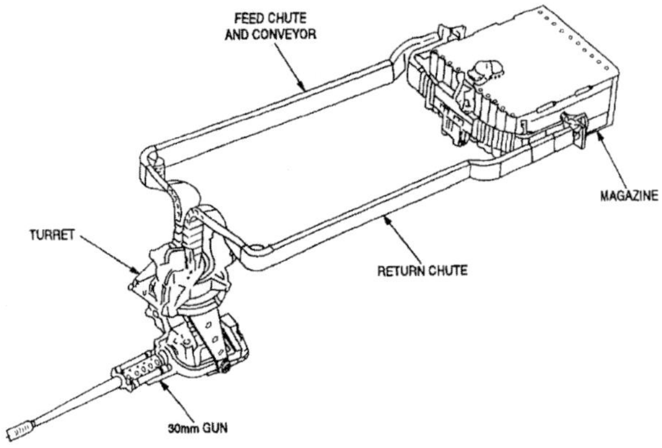

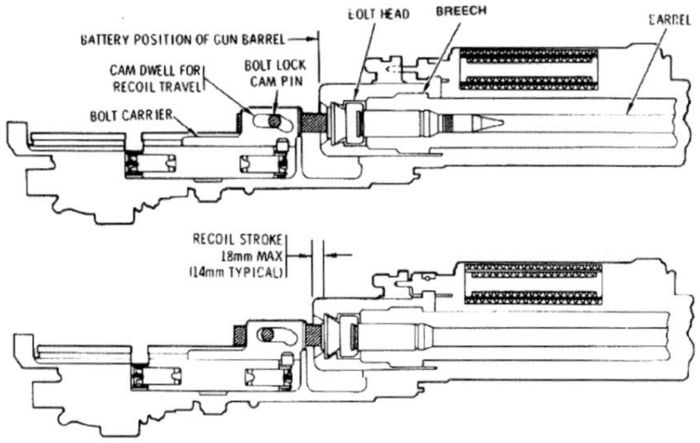

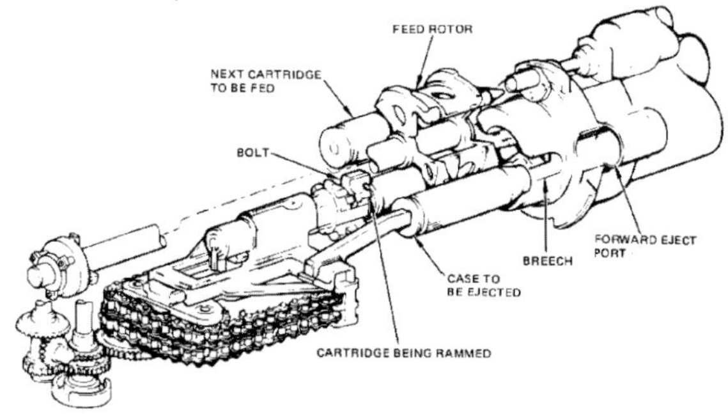

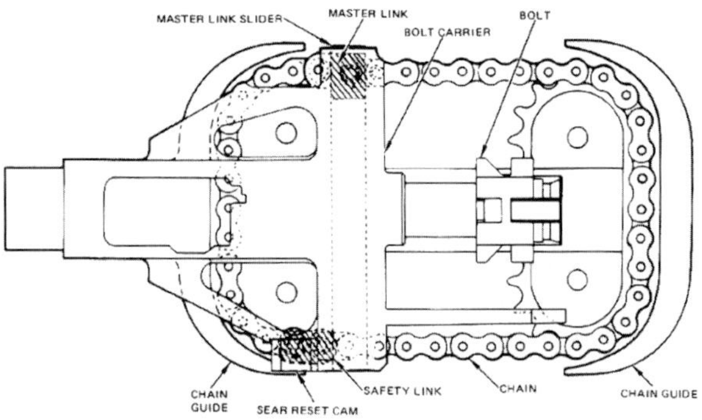

Armaments Command Armament and Chemical and Logistics Activity (TACOM-ACALA) und McDonnell Douglas Helicopter Systems (MDHS) 1998 den ersten Vertrag über die Lieferung von Ersatzteilen für die M230 für den AH-64. Der Vertrag sah vor, dass die Teile direkt aus einem Katalog bestellt werden konnten, anstatt über den traditionellen Vertragsprozess. Außerdem konnte die Regierung die Teile bedarfsgerecht bestellen, wenn die US Army sie benötigte, anstatt Mengen zu prognostizieren. Dadurch ist die Regierung nicht mehr verpflichtet, bestimmte Mengen im Voraus zu beschaffen und unnötige Lagerbestände werden reduziert. Außerdem erfolgte die Lieferung direkt an die Truppen im Feld und nicht an das Lager, wo es zu Verzögerungen bei der Auslieferung kommen konnte. Diese Auftragsvergabe verkürzte die Verwaltungs- und Produktionsvorlaufzeiten, reduzierte die Bestellzeit von neun Monaten auf weniger als einen Monat, senkte die Verwaltungskosten und minimierte die Belastung der Personalressourcen, einschließlich derjenigen von DCMC und DCAA sowie von TACOM-ACALA und MDHS, während gleichzeitig angemessene Preise für den Ersatzteilbedarf beibehalten wurden. Die Produktion der M230 übernahm nach der Auflösung von Hughes die Firma Alliant Techsystems Inc. (ATK), die später in der Orbital ATK aufging. Orbital ATK wurde 2018 von Northrop Grumman übernommen. Die Konsolidierung der Rüstungsindustrie in den USA führte unweigerlich dazu, dass die große Firmenvielfalt, die man noch in den 1980er-Jahren kannte spätestens in den 1990er- massiv reduziert wurde. Die vielen kleinen und mittelgroßen Betriebe wurden früher oder später in eines der großen Konzerne (Lockheed-Martin, Boeing, Northrop-Grumman, General Dynamics, Raytheon, etc.) eingebettet oder schlichtweg zerschlagen. Die Konsolidierung der US-Rüstungsindustrie war ein großes Thema in den 1990er-Jahren.

AH-64A – Indienststellung und Ausbildung ab 1986

Am 26. Januar 1984 wurden die ersten AH-64A an die US Army ausgeliefert. Als erste Einheit meldete das 6th Cavalry Regiment im Juli 1986 die volle Einsatzfähigkeit mit dem AH-64A. Bis Juli 1993 wurden 800, bis Oktober 1995 insgesamt 900 und bis ins Jahr 2000 dann 1048 AH-64 Apache in verschiedenen Versionen gebaut und ausgeliefert. Die A-Baureihe wurde bis 2012 betrieben. Die Aufgabe der Ausbildung von AH-64-Personal wurde noch vor der Serienfertigung auf drei Basen des Training and Doctrine Command (TRADOC) gestartet – Fort Eustis in Virginia, Fort Rucker in Alabama und Fort Gordon in Georgia.

AH-64-Piloten und -Besatzungen durchlaufen seitdem ein intensives Training, um den Hubschrauber sicher zu fliegen und die Waffensysteme bei Nacht in tiefen Einsätzen einzusetzen. Vor allem Fort Rucker wurde zum Hauptausbildungsplatz für die künftige APACHE-Crews und auch des Bodenpersonals. Bis heute wurde die Ausbildung immer weiter verfeinert und an die technologischen Fortschritte angepasst. Bis heute durchlaufen alle Piloten die Auzsbildung in Fort Rucker. Allerdings sind diese Piloten und Besatzungen nicht immer zu 100 % für den Kampfeinsatz ausgebildet, wenn sie zum AH-64 Lehrgang erscheinen. Eine durchschnittliche Besatzung muss den Hubschrauber etwa fünf Stunden pro Woche fliegen, um die Fähigkeit für Kampfeinsätze zu erhalten. Kann dies nicht eingehalten werden, sinkt die Leistungsfähigkeit der Besatzung.

Schießfertigkeiten sind ein wichtiges Element der Ausbildung. Schießtraining und -qualifikation werden in einer sehr anspruchsvollen Umgebung durchgeführt. In einer 2019 durchgeführten Studie des United States Army Aviation Center (USAAVNC) wurden Daten von Schießständen für Angriffshubschrauber der United States Army Europe (USAREUR) vorgestellt. Die AH-64-Besatzung kann durch psychologische und physiologische Faktoren beeinträchtigt werden. Zu diesen Faktoren gehören Ermüdung, Schwindelgefühl, visuelle Einschränkungen und toxische Gefährdungen. Das normale Missionsprofil für Deep Operations (Einsätze tief im Feindesland) verursacht akute Ermüdungserscheinungen, die zu geistiger und körperlicher Erschöpfung führen können. Nach mehreren Einsätzen im Laufe einer Kampagne kann die Besatzung unter chronischer Müdigkeit leiden. Dieser Zustand ist extrem gefährlich und kann bereits nach drei bis fünf aufeinanderfolgenden Nächten mit tiefen Einsätzen auftreten.

Wie bereits erwähnt, beeinträchtigen die Nachtsichtsysteme des AH-64 die visuelle Wahrnehmung der Besatzung. Sie beeinträchtigen die Sehschärfe, das Sichtfeld, das Farbsehen und die Tiefenwahrnehmung. Außerdem verursacht es Augenrivalität, belastet den Kopf des Besatzungsmitglieds zusätzlich und verursacht Stress durch den gestörten zirkadianen Rhythmus, der bei nächtlichen Einsätzen auftritt. Diese verschlechterten visuellen Wahrnehmungen in Kombination mit Stress und Müdigkeit können bei der Besatzung visuelle Täuschungen und Fehler hervorrufen.

Nahaufnahme eines frühen AH-64A nach der Übergabe an die US Army 1984. Man beachte die zusätzlichen Verstrebungen zur Entstörung der Cockpitvibrationen, die anfangs noch Sorgen bereiteten. (Foto: Archiv Boeing)

AH-64A Apache während der frühen Phase der Operation Desert Shield 1990. (Foto: U.S, Army / Staff Sgt. F. Lee Cockran)

Ein AH-64D Apache Longbow der 12th CAB im Schwebeflug kurz vor dem Abflug zu einer Trainingsmission im bayerischen Katterbach 2018. (Foto: Christian Rastätter)

Weiterentwicklung zum D-Modell – AH-64D Apache Longbow

Vom »Advanced Apache« zum »Delta«-Modell

Der »Advanced Apache« kam nicht zustande, aber sein Erbe an Upgrades hat in einigen Fällen überlebt, entweder in ursprünglicher oder modifizierter Form. Der vorgeschlagene »Advanced Apache« verfügte über ein Kassetten-Missionsdaten-Ladesystem, einen Ringlaser, ein kreiselbasiertes Trägheitsnavigationssystem (INS), ein automatisches Zielübergabesystem, stärkere 2.000-PS-Motoren, eine rückwärtsgerichtete TV-Kamera und Luft-Luft-Raketen vom Typ Stinger. Der Kern der D-Version kristallisierte sich jedoch erst in den Jahren 1988 und 1989 heraus, als das kurzlebige MSI-Programm (Multi-Stage Improvement Program) gestartet wurde. Dieses umfangreiche Upgrade sollte bessere Sensoren, Feuerleitsysteme und Waffen beinhalten, die die Allwetter- und Nachtkampffähigkeit verbessern sollten. Außerdem waren ein digitaler Datenbus und modifizierte Cockpit-Displays vorgesehen, um die erhöhte Menge an taktischen Informationen zu verarbeiten. Die US-Armee veranstaltete auch einen Wettbewerb zur Lieferung des Radars, aus dem der Longbow hervorging. Das Ganze wurde schließlich zum Longbow Apache verschmolzen. Drei Hauptmerkmale bildeten die Grundlage für die Verbesserung: das mastmontierte Longbow-Radar, ein erweitertes Waffenarsenal mit bis zu 16 abfeuerbaren Panzerabwehrraketen und ein Echtzeit-Datenmodem zur Übertragung digitalisierter Gefechts-

Serienherstellung des AH-64. Blick auf die Werkstationen im Boeing-Werk Mesa, Arizona, im Jahr 2004. All zu viel hat sich bei den Grundabläufen seit den 1980er-Jahren nicht geändert. (Foto: Boeing / Sarah Pringle)

feldinformationen an andere Nutzer. Das komplette Apache Longbow-Programm wurde im Dezember 1990 vom US Defense Acquisition Board genehmigt, das einen Zeitrahmen von 51 Monaten für das Projekt festlegte. Der Teil der Zelle wurde jedoch später um 19 Monate verschoben, damit die Hubschraubersysteme gleichzeitig mit der Lockheed Martin Radiofrequenz (RF) Hellfire II, einer neuen radargelenkten Panzerabwehrrakete, entwickelt werden konnten.

AH-64B

Obwohl ein AH-64A im März 1991 mit einer Radar-Attrappe am Mast geflogen wurde, flog der erste AH-64D-Prototyp erst gut ein Jahr später. Ebenfalls 1992 wurde eine geplante kurzfristige Aufrüstung von mehr als 250 AH-64As auf einen vorgeschlagenen »B«-Standard fallen gelassen. Der AH-64B, der 1992 aufgegeben wurde, stellte eine Versuchs-Zwischenrüststufe dar. Angedacht waren rund 250 AH-64As mit GPS, neuen Funkgeräten, neuen Rotorblättern und verbesserten Navigationssystemen aufzurüsten. Der AH-64B sollte eine verbesserte Zielübergabefähigkeit und sichere Funkgeräte beinhalten. Im November 1991 genehmigte der Kongress 83 Mio. Dollar für AH-64 Apache Modifikationen, wie im Budget des Präsidenten vorgeschlagen. Der Kongress erklärte, dass der Zweck dieser Finanzierung darin bestand, Modifikationen am »Apache B« in Angriff zu nehmen, einschließlich Verbesserungen, die als Ergebnis der Erfahrungen aus Desert Shield/Storm genehmigt wurden. Weitere 21 Mio. Dollar wurden für die Forschung und Entwicklung von »Apache C«-Modifikationen bereitgestellt. Der Kongress erwartete, dass das Apache Modifikationsprogramm auf diese Konfiguration umgestellt werden würde, wenn die Apache C-Modifikationen für die Produktion zugelassen würden. Dies sollte einige »Lessons Learned« aus dem Golfkrieg 1991 einbeziehen und sichere Kommunikation, (SINCGARS), Zielübergabefähigkeit und ein globales Positionierungssystem (GPS) beinhalten. Diese Funktionen wurden auch in den Longbow übernommen.

AH-64C

Der AH-64C war die ursprüngliche Bezeichnung für die AH-64A-Modelle, die auf nahezu AH-64D-Standard aufgerüstet wurden, einschließlich aller Upgrades außer dem Longbow-Radar und den neuen, verbesserten T700-GE-701C-Triebwerken. Ungefähr 540 Maschinen sollten aufgerüstet werden, aber die Bezeichnung wurde nach 1993 aufgegeben. Ab 2001 war beabsichtigt, nur etwa die Hälfte der 501 AH-64A-Apaches, die auf die AH-64D-Konfiguration gebracht werden sollten, voll aufzurüsten, obwohl alle als AH-64D bezeichnet wurden. Im Jahr 1991 stellte das Repräsentantenhaus zusätzliche 11 Mio. Dollar für die Umsetzung eines Plans zum »Überspringen« des AH-64B-Modells und zur Umstellung auf eine AH-64B+-Konfiguration bereit. Der Senat erklärte, dass ein AH-64-Upgrade-Programm für die Aufnahme in das FY93-FY98-Budget in Betracht gezogen werden sollte und wies die Armee an, ihre Finanzierungsprioritäten für dieses Programm neu zu bewerten. Im November 1991 stimmte der Kongress zu, zusätzliche 21 Mio.Dollar für ein Programm zur Aufrüstung des AH-64 auf eine »C«-Konfiguration (Apache Longbow, ohne das T-800 Triebwerk und das mastmontierte Radar) bereitzustellen. Diese Mittel konnten jedoch erst gebunden werden, als der Verteidigungsminister dem House and Senate Appropriations Committee einen Masterplan für die Modifikation des AH-64 sowie einen Zeitplan und ein Budget vorlegte und bescheinigte, dass dieses Programm im Rahmen des Future Year Defense Program (FYDP) für die Jahre 1993-1998 im Bereich RDT&E und Beschaffung vollständig finanziert war. Der Antrag auf das Verteidigungsbudget 1994 enthielt 5,6 Millionen Dollar für das AH-64 Apache Hubschrauberprogramm für das Geschäftsjahr 1995.

Es gab eine potentielle siebenmonatige Produktionspause im AH-64 Apache Hubschrauberprogramm zwischen der letzten AH-64A- und der ersten AH-64C-Lieferung. Diese Lücke war das Ergebnis eines geplanten ausländischen Militärverkaufs, der nicht zustande kam, und einer Verzögerung im AH-64C Entwicklungsprogramm. Die Kosten für eine Produktionsunterbrechung würden die Kosten für eine fortgesetzte Beschaffung im Niedrigpreissegment übersteigen. Dementsprechend empfahl der Kongress die Genehmigung von 78 Millionen Dollar für die Beschaffung von 6 AH-64A Flugzeugen für das Geschäftsjahr 1995.

Härtetests

Bis 1993 wurden vier AH-64D-Prototypen geflogen, und im Mai desselben Jahres wurde die erste Radar-Frequenz-Rakete (RF) Hellfire II gestartet. Im Dezember wurde ein weiteres entscheidendes Element des Programms erreicht, als die erste Luft-Boden-Datenkommunikation mit dem verbesserten Datenmodem (IDM) von Symetrics Industries erreicht wurde. Bis 1994 befanden sich sechs Prototypen (zwei davon ohne Radar) in der Erprobung und die ersten Army-Piloten wurden zu Longbow-Apache-Instruktoren ausgebildet. Im Oktober 1994 wurde der Aufbau bis zur Produktionsfreigabe fortgesetzt, als drei Longbow Apache Prototypen einer Force Development Test and Experimentation Übung unterzogen wurden. Dies war ein Vorläufer des letzten und wichtigsten Tests, der von Januar bis März 1994 stattfand. Alle sechs Prototypen nahmen an der Initial Operational Test and Evaluation (IOT&E) teil, die den letzten »Härtetest« für jedes neue große Waffensystem des US-Militärs darstellt, bevor die Serienproduktion genehmigt werden kann. Ungewöhnlich starke Regenfälle im Januar und Februar fegten über das Testgebiet am China Lake in Kalifornien, was selbst für die verfolgten Boden-»Ziele«, die versuchten, den Apaches zu entkommen, Probleme verursachte. Trotz der Probleme, die dazu führten, dass der Zeitplan für die Tests verschoben und die finanziellen Mittel schneller als erwartet ausgegeben werden mussten, wurde die I&OTE als ein herausragender Erfolg gewertet und mehrere Wochen früher beendet. Erste Ergebnisse zeigten, dass in 14 von 16 Testszenarien die Überlebensfähigkeit des Longbow Apache gegenüber den A-Modellen um das Sechsfache gesteigert werden konnte.

Etwa 30 AH-64As wurden während der Tests »zerstört«, verglichen mit nur fünf AH-64Ds. Außerdem zeigten die Tests, dass die mit einem Feuerleitradar (FCR) ausgestatteten Hubschrauber mehr als viereinhalb Mal so viele feindliche Ziele (einschließlich Panzer, gepanzerte Mannschaftstransporter und Flugabwehrziele) zerstörten wie die AH-64As.

Die D-Version sollte um ein Vielfaches tödlicher sein als die A-Version. Die Essenz des A-Modells ist sein Mehrzweckpotenzial, das sich aus seiner Nutzlast ableitet. Die Essenz des D-Modells besteht darin, die Missionsflexibilität des A-Modells auf das digitale Schlachtfeld zu übertragen und zu erweitern. Ein erfahrener Pilot drückte den Generationenwandel folgendermaßen aus: »Das A-Modell hat Dinge getan, die kein Kampfhubschrauber zuvor auf dem Gefechtsfeld getan hat. Der Delta Apache wird dasselbe (Anm. d Verf.: Dinge, die keine anderen Hubschrauber tun) auf dem digitalen Gefechtsfeld tun.«

Mehrere AH-64D der 12th CAB stehen auf der »Platte« in Katterbach und warten auf ihre Wartungs- und Tankteams. (Foto: Christian Rastätter)

Sensoren und Waffen

Der Schlüssel zur Modernisierung des Apache und die offensichtlichste sichtbare Veränderung gegenüber dem AH-64A-Modell ist das Longbow FCR (Fire Control Radar), welches prominent oben auf dem Rotormast montiert ist. Das Longbow-Radar wird von einem Joint Venture zwischen Lockheed Martin und Westinghouse hergestellt und erkennt, lokalisiert, klassifiziert und priorisiert automatisch Luft- und Bodenziele. Das Millimeterwellen-Radar fungiert als Augen und Ohren der Besatzung, während der Hubschrauber außer Sichtweite hinter dem Gelände schwebt, was ihn zum ersten taktischen BVR-Kampfhubschrauber (Beyond Visible Range, BVR) der US Army machte. In der Fast-Jet-Fliegerei ist BVR bereits lange zuvor ein wichtiges Merkmal des modernen Luftkampfs gewesen, was den klassischen »Dogfight« als Ultima Ratio verstand. Ergänzt wird das FCR im Sichtflugbetrieb durch das Lockheed Martin TADS/PNVS (Target Acquisition Designation Sight/Pilot Night Vision Sensor), das bei allen Apaches zur Standardausrüstung gehört. Bis zu 256 Ziele werden laut Hersteller auf der taktischen Situationsanzeige des Radars nach jedem 360-Grad-Sweep angezeigt. Auch Luftziele können während des Radom-Schwenks (Sweep) im Luft-Bo-

Oben: Nahaufnahme des TADS/PNVS des AH-64D. (Foto: Christian Rastätter)

Links: Wartung im Freien. MOS-15-Teams gehen nach der Landung sofort in Stellung und erklimmen den AH-64D mit gekonnten Handgriffen, um an die wichtigen Service-Points zu gelangen. (Foto: Christian Rastätter)

TADS Zielauffassung bei Tageslicht. Ob die CPG das System bei Tag oder Nacht nutzt, spielte in der Farbgebung keine Rolle, da die Wärmebilder beim AH-64D stets in Schwarz-Weiß-Grau-Tönen erscheinen. Dies änderte sich jedoch mit dem E-Modell. (Fotos: Screenshots U-S. Army Video / Youtube)

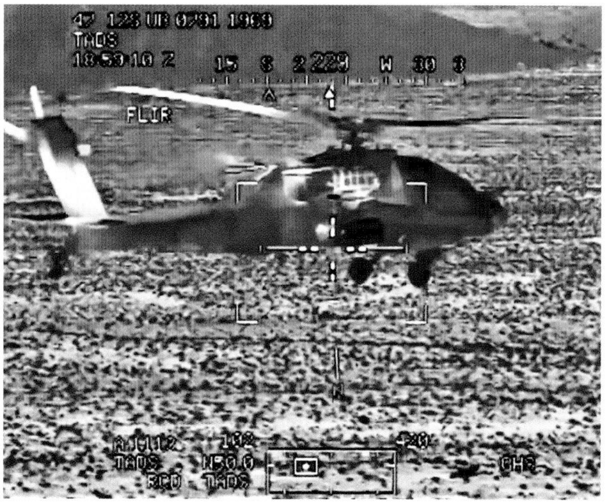

TADS-Schwenk auf den Wingman. Hier hat sich der CPG wohl kurz mit seinem Kopf nach links gedreht, um die Position des Flügelmanns zu sehen. Das TADS schwenkte mit. (Fotos: Screenshots U-S. Army Video / Youtube)

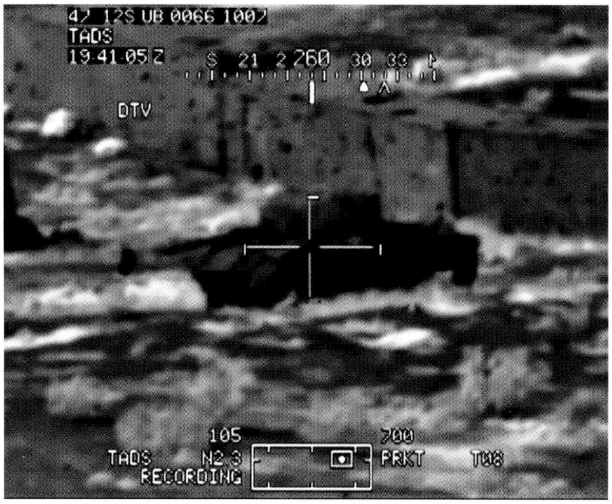

Erfassung von harten Zielen mit dem TADS des AH-64D. (Fotos: Screenshots U-S. Army Video / Youtube)

den-Modus erkannt werden, obwohl das FCR des D-Modells über keinen expliziten Luft-Luft-Modus verfügt (im Gegensatz zum E-Modell ab 2016). Sobald ein Ziel erkannt wird, bestimmen Prozessoren im Longbow-System seine genaue Position, Geschwindigkeit und den Vektor. Die Ziele werden klassifiziert, ob es sich um Ketten- oder Radfahrzeuge, Flugabwehr, Hubschrauber oder Starrflügler handelt, bevor eine Priorisierung vorgenommen wird. Es werden jeweils die gefährlichsten oder vorrangigen Ziele im Feld angezeigt und der Besatzung mitgeteilt, während das System die Daten automatisch über das IDM (Identification Module) an andere, ebenfalls mit IDM ausgerüstete Apaches oder Nutzer weiterleitet. Das System an Bord des mit FCR ausgestatteten Hubschraubers teilt außerdem das Kampfgebiet auf und weist den am besten positionierten AH-64Ds vorrangige Feuerzonen zu. Anschließend überträgt es die Feuerzonen an das Angriffsteam und leitet den Kampf ein, indem es den ersten Satz RF (Radio Frequency)-Hellfire-Raketen abfeuert.

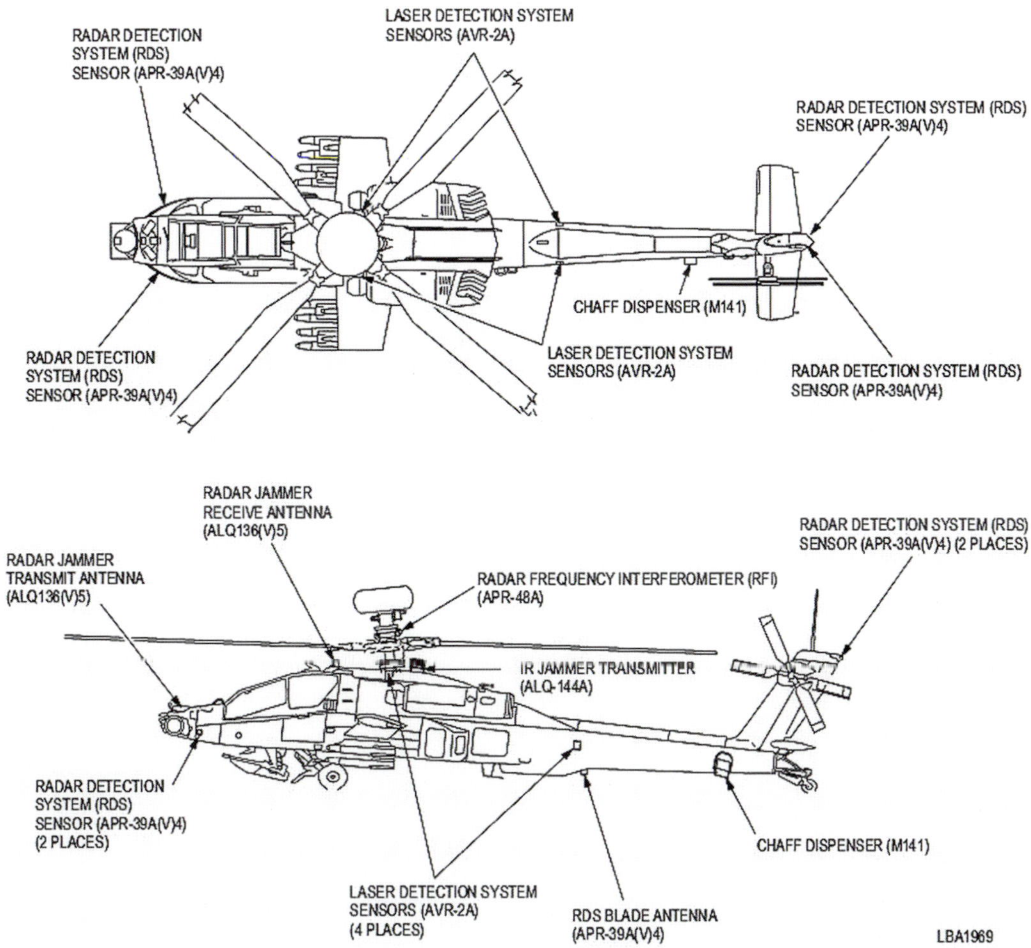

Grafische Darstellung der aktiven und passiven Sensoren laut Technical Manual AH-64D.

Die IOT&E (Initial Operation Tests and Evaluation) bewiesen, dass die gesamte Sequenz, von der Demaskierung des Radars für einen einzelnen Datenerfassungs-Sweep bis zum Abschuss der Raketen, in weniger als 30 Sekunden durchgeführt werden konnte. Einige frühe Entwicklungsprobleme wurden dadurch verursacht, dass sogenannte »Clutter« das Radar verwirrten und eine korrekte Klassifizierung von stationären Zielen verhinderten. Aber diese Probleme sind schnell behoben worden. Die Zielinformationen wurden über das IDM in einem digitalen Datenburst mit 16.000 Bits/s gesendet. Das Modem empfing auch Daten über den sicheren VHF/FM-Funk des Hubschraubers. Neu kam später hinzu, auch Echtzeit Videobilder über das IDM zu übertragen, das auch mit bodengestützten Gefechtsständen und dem luftgestützten E-8 Joint STARS-Gefechtsstand verbunden war.

Radargelenkte Hellfire

Der Longbow dient als Waffenträger vor allem für die Panzerabwehrrakete Hellfire II. Das nächste wichtige Merkmal des AH-64D. Im Gegensatz zur lasergesteuerten Version der von Lockheed Martin produzierten Hellfire II (oder AGM-114K) ist die Radiofrequenz (RF)-Version eine autonome Fire-and-Forget-Rakete. Der Suchkopf in jeder 1,6 m langen RF Hellfire II ist mit denselben Ka-Band-Leistungsverstärkermodulen ausgestattet, die auch im Radar verwendet werden. Der Flugkörper kann vor dem Start auf das Ziel eingeloggt werden oder auf vom Radar gelieferte Koordinaten gerichtet werden und sich dann im Flug auf das Ziel aufschalten. Anstelle der Hellfires kann der Hubschrauber auch bis zu 76 70-mm-Raketen oder eine Kombination aus beidem tragen. Die M230 Chain Gun des A-Modells bleibt ebenfalls in ihrer ursprünglichen Position zwischen den Hauptfahrwerksbeinen erhalten. An den

Tragflächenspitzen waren beim D-Modell der ersten Baulose zwei zusätzliche Hardpoints vorgesehen, die vier Stinger, vier Matra Mistral, Short Starstreak oder zwei AIM-9 Sidewinder (Sidearm) Luft-Luft-Raketen tragen können. Die US Army nutzte diese Option jedoch kaum und bestellte die Verkabelungen sogar ab der späteren Baureihe ab. Exportnutzerstaaten waren hier jedoch aktiver, vor allem asiatische Nutzerstaaten, wie Japan, Südkorea und Singapur. Andere Nutzer wiederum nutzen die Außenflügelstationen zum Anbau alternativer Störbehälter, wie beispielsweise die niederländischen AH-64D mit den dänischen Terma MASE (Modular Aircraft Survivability Equipment Pods). Die Positionslichter an den Flügelspitzen an Backbord und Steuerbord wurden an die Rumpfseiten verlegt, um Platz für die Änderung zu schaffen. Die Überlebensfähigkeit wird durch den Einbau eines Radar-Frequenz-Interferometers (RFI) verbessert, das sich unter der Longbow-Antenne auf der Rotorwelle befindet. Das luftgestützte elektronische Unterstützungsmaßnahmensystem APR-48 von Loral (ehemals IBM) Federal Systems warnt vor feindlicher Radarenergie und vergleicht die Eigenschaften des Senders mit den in seiner Bedrohungsbibliothek gespeicherten Daten, um die Bedrohung zu klassifizieren und zu priorisieren.

Digital vs. Analog

Trotz des äußerlich offensichtlichen Radars und der Hellfire II-Raketen sind die meisten Neuerungen, die den D vom A unterscheiden, unter der Haut des Apache verborgen. Um den erweiterten Anforderungen an die digitalen Daten gerecht zu werden, hat MDC die Systemarchitektur komplett neu gestaltet und den MIL STD-1553B Datenbus für das zentrale Nervensystem des Hubschraubers verwendet. Der AH-64D verfügt über redundante 1750A-Prozessoren für Waffen und Systeme und hat zwei Prozessoren für die neuen Multifunktionsanzeigen (MFDs) im vorderen und hinteren Cockpit.

Die überarbeitete Architektur führte zu einem voll integrierten System, was bedeutet, dass einige dedizierte Teile der AH-64A-Architektur, wie z.B. der Feuerleitrechner, entfallen konnten, da ihre Aufgaben nun von den Waffensystemprozessoren übernommen werden. Um das Situationsbewusstsein der Besatzung für das digitale Gefechtsfeld und die neue Fülle an Daten, die von Radar und IDM geliefert werden, zu verbessern, wurden in beiden Cockpits große neue Displays eingebaut. Die Aktivmatrix-Farb-Flüssigkristall-Displays von Allied Signal Aerospace sind 150 x 150 mm groß und ersetzen die früheren monochromen Kathodenstrahlröhren-Displays, die in den Prototypen verwendet wurden. Die Farbdisplay-Prozessoren, die die MFDs ansteuern, können modifiziert werden, um ein zukünftiges digitales Karten-Upgrade zu ermöglichen. Insgesamt wurde durch die Überarbeitung des Cockpit-Layouts die Anzahl der Schalter von 1.200 in der A auf etwa 200 in der D reduziert. Hamilton Standard konnte die Vorteile der digitalisierten Apache-Architektur durch die Entwicklung eines leichtgewichtigen Flugmanagement-Computers nutzen. Das auf einem 32-Bit-Prozessor basierende System bietet eine integrierte Stabilitätserhöhung, Luftdatenverarbeitung und Stabilitätskontrolle. Das System passt den Anstellwinkel des Höhenleitwerks an, um es im Schwebeflug mit dem Abwind des Hauptrotors in Einklang zu bringen. Es passt sich auch automatisch an, um die beste Rumpflage während aller Flugphasen zu halten. Die Luftdaten werden von einem omnidirektionalen Sensor am Rotor geliefert, der den markanten Spike auf der Rotornabe des A-Modells ersetzt. Das überarbeitete Flugmanagementsystem ist in einem einzigen Gehäuse untergebracht, anstatt in vier wie beim A-Modell, was eine Gewichtsersparnis von etwa 12 kg bedeutet. Der Serien-Longbow-Apache wird außerdem mit dem integrierten Global-Positioning- und Trägheitsnavigationssystem (EGI) der US-Streitkräfte ausgestattet. Zwei der Prototypen, die im Rahmen der IOT&E in Fort Hunter Liggett, Kalifornien, betrieben werden, wurden mit dem EGI ausgestattet, das auf der Nase direkt vor dem vorderen Cockpit montiert ist.

Das größere Volumen der Avionik des Longbow Apache ist in vergrößerten Schächten entlang beider Seiten des Rumpfes untergebracht. Die erweiterten vorderen Avionikschächte (EFABs) werden für die Serienflugzeuge aus Verbundwerkstoffen gefertigt, um die Herstellung zu vereinfachen und Gewicht zu sparen, obwohl sie bei den Prototypen aus Aluminium gefertigt wurden. Die Schächte sind nach hinten unter den Stummelflügeln sowie nach außen und oben verlängert. Der steuerbordseitige EFAB ist abgeschnitten, um den Zugang der Besatzung zu beiden Cockpits zu erleichtern. Der vordere Teil des EFAB enthält immer noch die gleiche grundlegende TADS/PNVS-Avioniksuite wie in der ursprünglichen A-Version, aber er wurde erweitert, um die neuere Avionik und den Kompressor für die Klimaanlage aufzunehmen. Ein Dampfkreislauf-Kühlsystem wird verwendet, um die Wärme der Avionik in den EFABs abzuführen. Das Klimatisierungssystem verwendet eine umweltfreundliche Form, die als R134A bekannt ist. Abgesehen von lokalen Verstärkungen wurde die Grundstruktur gegenüber dem ursprünglichen Design des Hughes Model 77 kaum verändert. Die Apache-Zelle ist strukturell für ein

Cockpiansicht des CPG an einem niederländischen AH-64D Block I. Man beachte das alte TADS Electronic Display and Control, TDEC). Mit dem Block II-Upgrade wurde das MFD ergänzt, sodass der CPG über drei Displays verfügte. (Foto: Christian Rastätter)

Nahaufnahme des Co-Pilot/Gunner-Arbeitsplatzes: Im Vergleich zum A-Modell fallen sofort die digitalen Anzeigen sowie die MF-Displays auf. Einige analoge Anzeigen sind noch verblieben. Letztere wurde spätestens dann beim E-Modell digitalisiert. (Foto: Christian Rastätter)

Nahaufnahme des Piloten-Cockpits (hinten). Der Pilot kann ebenfalls jederzeit die Waffen bedienen und abfeuern. Im fehlt für die größte Präzision bei Hellfire-Raketen jedoch das Bedien-Panel des TADS. Im Gegensatz dazu kann der CPG auch jederzeit den AH-64 fliegen und das Kommando bei Bedarf übernehmen. (Foto: Christian Rastätter)

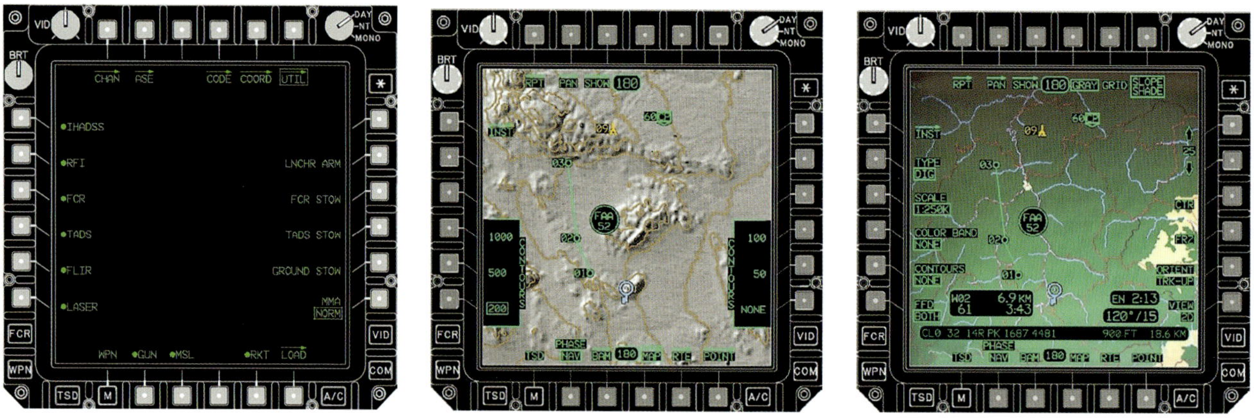

Grafische Beispielansichten der neuen MFD-Bildschirme im AH-64D laut Technical Manual AH-64D.

Gewicht von bis zu 9.990 kg ausgelegt, was dem Konstruktionsgewicht in der Fährenkonfiguration entspricht, so dass das typische maximale Missions-Bruttogewicht von etwa 7.860 kg viel Spielraum bietet. Dank der traditionellen Verwendung des statischen Mastkonzepts von MDC war keine Verstärkung erforderlich, um das zusätzliche Gewicht von 136 kg des Longbow-Radars und der zugehörigen Avionikboxen zu tragen. Drehmomentlasten werden vom Rotor durch das Getriebe geleitet, aber alle Auftriebs- und anderen Rotorlasten, einschließlich des Gewichts des Radars, werden über starre Rahmen auf die Kielträger übertragen. Das Radar selbst ist auf einer Grundplatte montiert, die auf einer De-Rotationseinheit sitzt. Die Kabelverbindungen vom Radar, RFI und anderen Sensoren in der Rotoreinheit werden in einem Kabelbaum gesammelt, der durch ein am statischen Mast befestigtes Torsionsrohr verläuft. Die größere -701C-Version der General Electric T700-Turbowelle wird als Standardtriebwerk für den schwereren

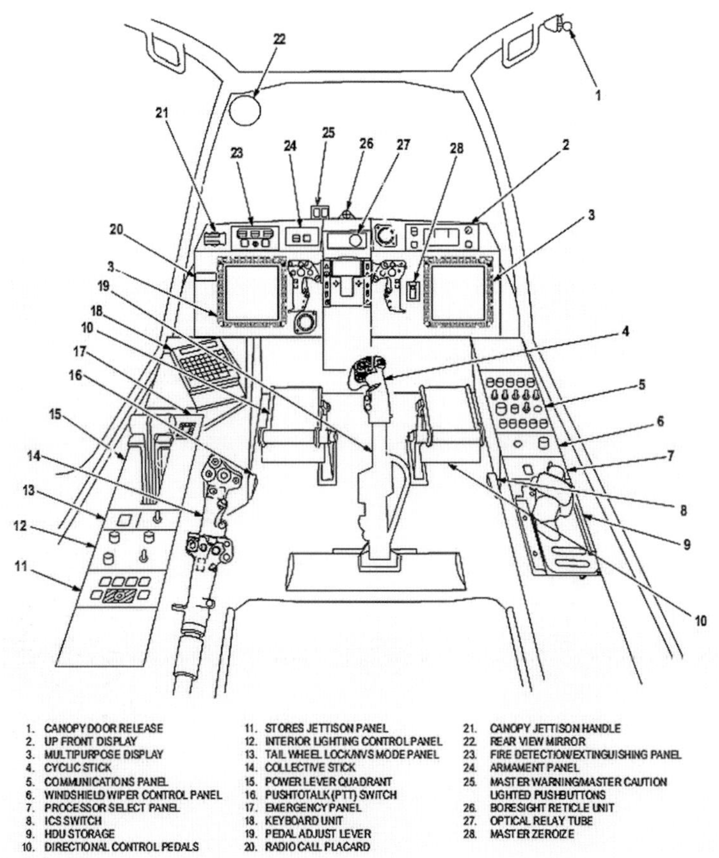

Grafische Darstellung des CPG-Cockpits (vorne) im AH-64D laut Technical Manual AH-64D.

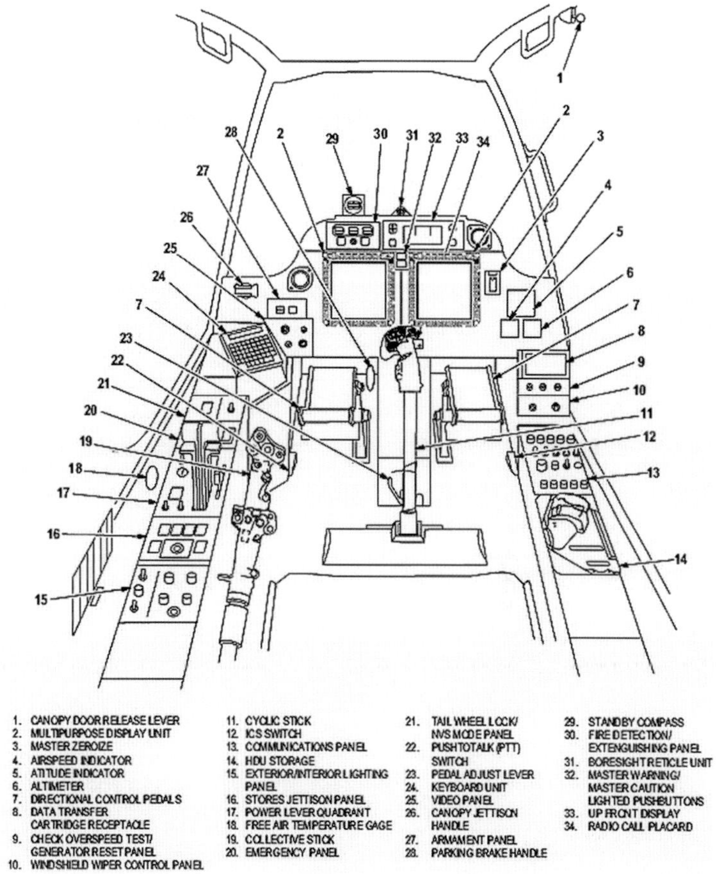

Grafische Darstellung des Piloten-Cockpits (hinten) im AH-64D laut Technical Manual AH-64D.

Grafische Darstellung des CPG-TADS-Bedienpanels für die Waffenanlage im AH-64D laut Technical Manual AH-64D.

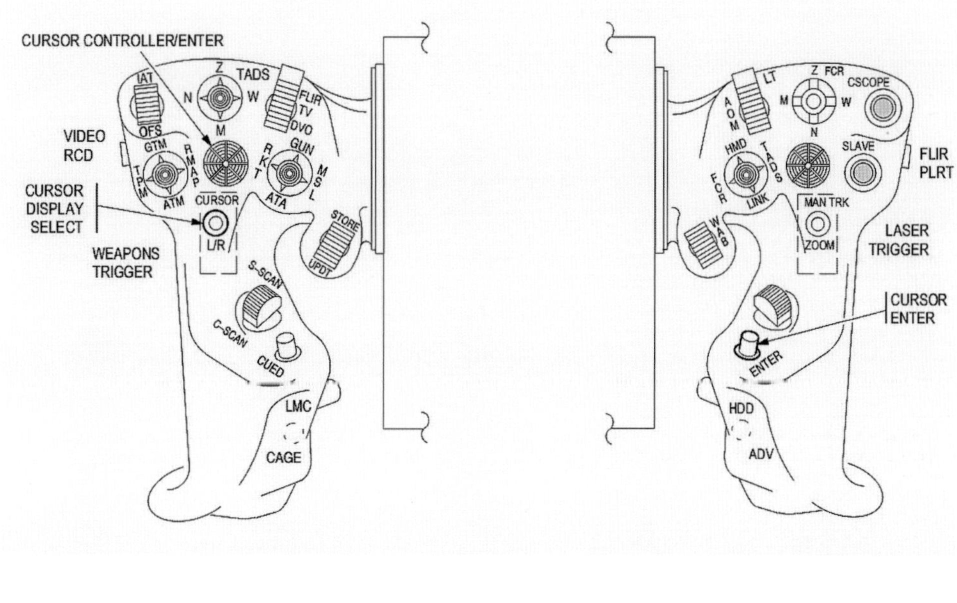

AH-64D verwendet und wurde in alle A-Versionen ab der 604. eingebaut. Der -701C hat eine maximale Dauerleistung von rund 1.410 kW, verglichen mit 1.265 kW beim Basistriebwerk. In einmotorigen Notfällen kann das -701C 1.447 kW erzeugen. Die Triebwerke treiben auch einen größeren 70kVA-Spitzenstromgenerator an, um den höheren elektrischen Anforderungen des Longbow Apache gerecht zu werden.

Zwei D-Modelle

Der AH-64D wurde in zwei Konfigurationen eingesetzt. Die Vollversion des AH-64D enthält alle oben aufgeführten Verbesserungen. Darüber hinaus sollte auch eine Version des AH-64D (früher als AH-64C bezeichnet) ohne das FCR zum Einsatz kommen. Diese Version würde weder das neue Radar-Frequenz-Interferometer (RFI) noch die verbesserten Triebwerke erhalten, dafür aber die anderen Longbow-Modifikationen. Bei allen D-Modellen – ob mit oder ohne FCR – spricht man von Apache Longbow. Der AH-64D ohne FCR ist in der Lage, die Longbow Hellfire-Rakete abzuschießen. Boeing lieferte den ersten überholten Longbow-Apache im März 1997 aus.

Insgesamt sollten 501 AH-64A-Apaches auf die AH-64D-Konfiguration umgerüstet werden, von denen 227 mit dem FCR ausgestattet werden sollten – also knapp die Hälfte. Beide Konfigurationen des AH-64D, einschließlich aller ausgebauten Teile, sollten an Bord von C-141B, C-5A oder C-17 Flugzeugen transportiert werden können. Das Flugzeug sollte auch in der Lage sein, unter Deck von Hubschrauberträgern vom Typ Landing Platform Helicopter (LPH) bzw. Landing Dock Helicopter (LDH) unter anderen der Tarawa-, Wasp- und America-Klasse, Fast SeaLift-Schiffen, Roll-on/Roll-off, LASH, SEABEE-Schiffen und Trockenfrachtschiffen des Military SeaLift Command (MSC) transportiert und gelagert zu werden. Außerdem musste der AH-64D mit einem militärischen M270A1-Anhänger und einem kommerziellen »Air-Ride«-Anhänger oder einem gleichwertigen Fahrzeug transportiert werden können. Für die Bergung aus der Luft – im sogenannten DART (Downed Aircraft Recovery Training) regelmäßig bei der US Army geübt – sollte der AH-64D extern mit einem CH-47D/F Chinook unter Verwendung des Unit Maintenance Aerial Recovery Kit transportierbar sein. Zwei AH-64D plus ein FCR-Longbow waren mit einer C-141 Starlifter (seit Mitte der 2000er-Jahre ausgemustert), sechs AH-64D (mit mindestens drei FCR-Missionssätzen) sind mit einer C-5M Galaxy und drei AH-64D

Ein AH-64D 1-3 ARB der 12th CAB wartet auf den Ausflug aus der FARP während einer taktischen Übung in Grafenwöhr 2021. (Foto: Christian Rastätter)

samt drei FCR-Missionssätzen sind mit einer C-17 Globemaster III luftverlastbar. Der AH-64D Longbow Apache bietet durch den Einsatz des IDM erweiterte Datenübertragungsmöglichkeiten wie SITREPs (Situational Reports), Gefechtsschadensberichte (Battle Damage Reports, BDA), Zielübergabe und Echtzeitbilder des Gefechtsfeldes (Situational Awareness der ersten Stufe).

Das IDM ist ein Tri-Service-Gerät, das Rückwärtsfähigkeiten für das luftgestützte Zielübergabesystem (ATHS) des OH-58D und das taktische Feuer (TACFIRE) bietet. Mit der TACFIRE-Integration konnte der Longbow Zielinformationen an das gesamte damals neue TACFIRE-Netz zur sofortigen Unterdrückung senden. Neben der Zielübergabe bietet das IDM die Möglichkeit, fragmentarische Befehle (FRAGOs), Aktualisierungen der feindlichen/freundlichen Position, Grafik-Updates und -Änderungen sowie alle anderen relevanten Informationen vom Kommandanten an die Longbow Apache-Kompanie, den Longbow Apache-Trupp oder an den andere Hubschrauber zu senden, während er sich auf dem Weg zur oder in den Kampfraum befindet. Dieser zeitnahe Informationsaustausch reduziert die Zeit für die manuelle Erfassung von Informationen und erhöht das Einsatztempo, so dass der Kommandeur das Gefechtsfeld gestalten kann.

Das Datentransfermodul (DTM), das im Longbow Apache montiert ist, wird zum schnellen Hochladen der Missionsdaten und zur Initialisierung der Flugzeugsysteme für die Mission verwendet. Die Daten können in alle Flugzeuge geladen werden oder in das erste Flugzeug geladen und über das IDM an alle anderen Flugzeuge in der Mission übertragen werden. Nach Abschluss der Mission speichert der DTM (Digital Task Manager) alle Missionsdaten, um sie für die Nachbesprechung zu übermitteln. Darüber hinaus stellt der DTM dem Wartungsbereich (MOS) Daten für die Fehlersuche zur Verfügung und reduziert so die Wartungsausfallzeiten.

Longdow Feuerleitradar AN/APG-78

Das Longbow FCR verbessert die Schlechtwetter-Kampffähigkeiten des AH-64D-Hubschraubers erheblich, bietet eine echte »Fire-and-Forget«-Fähigkeit und steigert die Effizienz und Effektivität der Zielerfassung, was die Effektivität und Überlebensfähigkeit auf dem Schlachtfeld erhöht. Die Maschine ist in der Lage, mehr als 128 Ziele zu erkennen und zu klassifizieren, die 16 gefährlichsten Ziele zu priorisieren, die Informationen an andere Luftfahrzeuge zu übermitteln und einen Präzisionsangriff einzuleiten – und das alles in weniger als 30 Sekunden. Mit dem Einbau eines neuen und hochentwickelten FCR, besser bekannt als Longbow FCR, wurde der AH-64D zu einem der fortschrittlichsten Luftkampffahrzeuge der Welt. Das FCR verleiht dem Apache die Fähigkeit, stationäre und bewegliche Ziele sowohl am Boden als auch in der Luft zu erkennen, zu klassifizieren und zu priorisieren. Mit modernster Feuerleitanlage, digitaler Kommunikation, automatischer Zielklassifizierung und vielen anderen hochmodernen Funktionen wird der AH-64D Longbow Apache das Schlachtfeld auf Jahre hinaus dominieren. Der AH-64D Apache Longbow erhöht die Kampfeffektivität gegenüber dem AH-64A durch eine flexiblere digitale Elektronikarchitektur und die Integration von computergestütztem On-Board Built-In Test Equipment (BITE), Automatic Test Equipment (ATE) und Bedienerhandbüchern in Papierform oder Interactive Electronic Technical Manual (IETM) zur Fehlersuche und Wartung, die Änderungen aufgrund des Systemwachstums leicht berücksichtigen können. Darüber hinaus wurden die elektrischen Stromversorgungs- und Kühlsysteme aufgerüstet und die vorderen Avionikschächte erweitert, um die Installation des FCR zu ermöglichen und für zukünftiges Wachstum gerüstet zu sein. Die Genauigkeit des Navigationssystems wird durch die Integration eines miniaturisierten integrierten Global Positioning System (GPS)/Inertial Navigation Unit (INU) (EGI) und eines verbesserten DOPPLER Velocity Rate Sensor (DVRS) verbessert.

Der voll integrierte AH-64D ohne Longbow Mission Kit bietet durch die Verwendung der Familie der Semi-Active Laser (SAL) Raketen (einschließlich der HELLFIRE II) und der Longbow HELLFIRE RF Missile eine größere Geschützfähigkeit und Flexibilität als der AH-64A. Der AH-64D ohne Longbow Mission Kit kann im Einklang mit dem mit FCR ausgerüsteten AH-64D operieren und kann eine Zielübergabe annehmen und den Longbow-Flugkörper mit minimaler Gefährdung durch feindliche Kräfte abfeuern. Der AN/APG-78 FCR ist ein Multimode-Millimeterwellen-Sensor (MMW), der in den Apache Longbow integriert ist, wobei sich die Antenne und der Sender über dem Hauptrotorkopf des Flugzeugs befinden. Er erweitert die Fähigkeiten des Longbow-Systems durch die schnelle automatische Erkennung, Klassifizierung und Priorisierung von mehreren Boden- und Luftzielen. Das Radar bietet diese Fähigkeit auch bei schlechtem Wetter und bei Verdunkelung des Gefechtsfeldes. Das FCR hat vier Modi: (1) den Air Targeting Mode (ATM), der feste und rotierende Bedrohungen erkennt, klassifiziert und priorisiert; (2) den Ground Targeting Mode (GTM), der Boden- und Luftziele erkennt, klassifiziert und

Ein AH-64D-Pilot steht auf dem rechten Stummelflügel seiner Maschine nach einer Mission. Man beachte das mächtige Radom des Longbow Radars. (Foto: Christian Rastätter)

Ein Longbow FCR spitzt über eine Bergkante. Konzipiert wurde dieses Radar eigens für diese Situationen: das teilgedeckte Ermitteln von Zielen über die Radarantenne. Diese erhöhte Position des Radoms erlaubt eine Radaraufklärung ohne dass der Hubschrauber selbst eine Deckung verlassen muss. Zum Feuern musste der Apache dann nur noch kurz auftauchen. Bei späteren Hellfire-Versionen ist nicht einmal mehr das Auftauchen von Nöten. (Foto: Lockheed-Martin)

Das AN/APG-78 ist zusammen mit einen Interferometer für Radaraufklärung in einem Radom oberhalb der Hauptrotoren angebracht. Das Radar ist in der Lage, bis zu 128 Ziele zu begleiten und innerhalb von 30 Sekunden gegen 16 von ihnen das Feuer zu eröffnen. Im Radar ist eine Schnittstelle integriert, die über Funk mit anderen Hubschraubern oder Bodenstellungen verbunden werden kann, und somit ein zusammengefasstes Feuer auf die Ziele ermöglicht, die nur ein Hubschrauber erfasst hatte. (Foto: Northrop-Grumman)

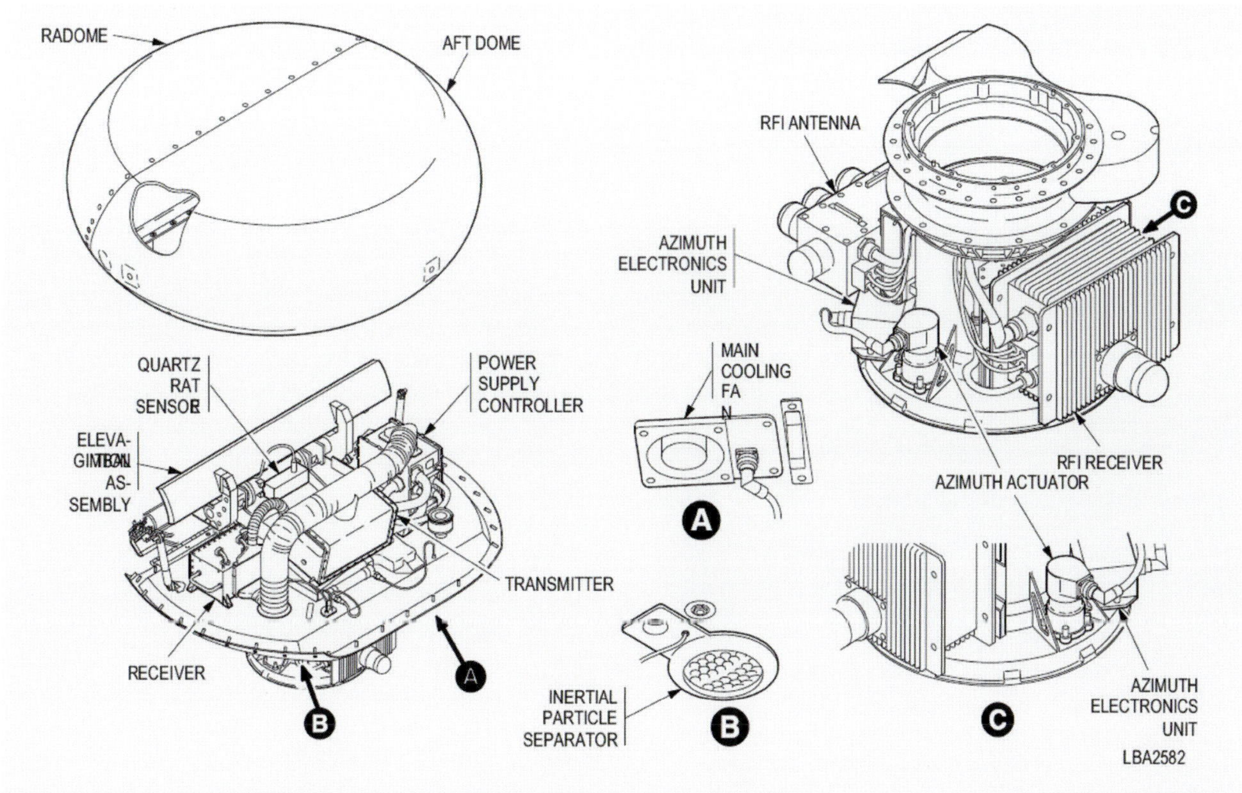

Grafische Darstellung des AN/APG-78 laut Technical Manual AH-64D.

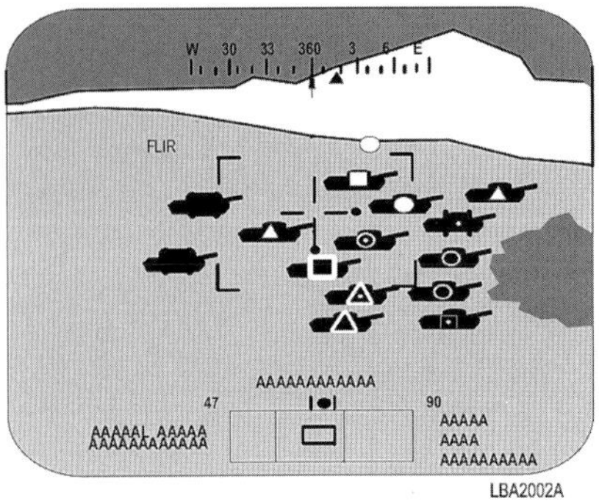

Figure 4-24. FCR Target Symbols in C-Scope (example TADS FLIR WFOV)

Figure 4-26. FCR Profile Lines and Obstacles in C-Scope

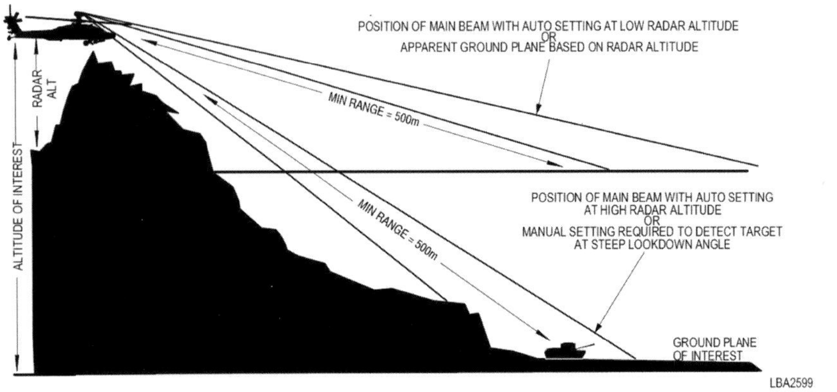

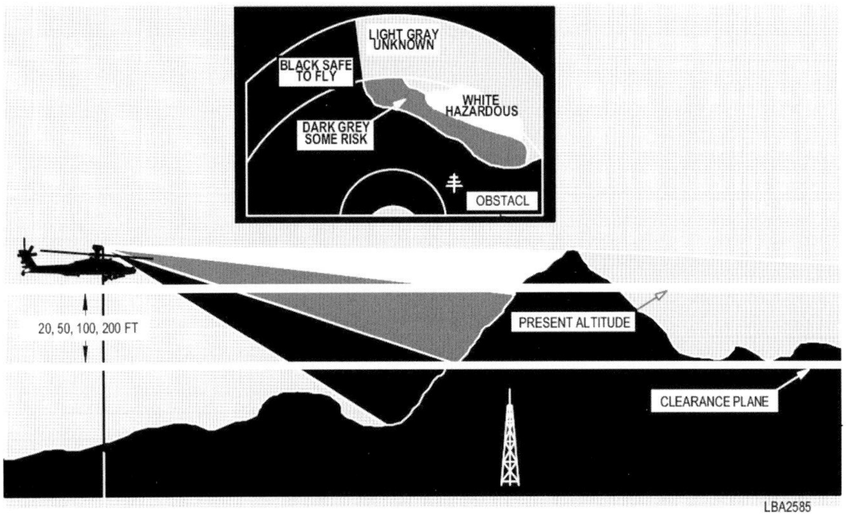

Figure 4-53. FCR Terrain Profiles

Grafische Darstellung der Funktionsweisen und Anwendungsbereiche des AN/APG-78 im Zusammenspiel mit dem TADS laut Technical Manual AH-64D sowie Field Manual Army Aviation 2007.

priorisiert; (3) den Terrain Profiling Mode (TPM), der die Longbow-Besatzung bei der Hinderniserkennung und der Steuerung bei schlechtem Wetter unterstützt; (4) und den Built in Test (BIT) Mode, der die Radarleistung während des Fluges überwacht und elektronische Fehler vor und während der Wartung isoliert. Der Longbow RF-Flugkörper und der Longbow HELLFIRE Launcher (LBHL) werden als Longbow Hellfire Modular Missile System (LBHMMS) bezeichnet. Das System beinhaltet einen Fire-and-Forget-Flugkörper, der primäre und/oder sekundäre Zielinformationen vom FCR und einzelne Zielinformationen von TADS oder einem anderen Hubschrauber akzeptiert, um Ziele zu erfassen und zu bekämpfen. Ähnlich wie das FCR bietet der RF-Lenkflugkörper die Möglichkeit, Bedrohungen auch bei schlechtem Wetter und bei Verdunkelung des Gefechtsfeldes zu bekämpfen. Zwei Erfassungsmodi, Lock-On-Before-Launch (LOBL) und Lock-On-After-Launch (LOAL), ermöglichen die Bekämpfung von Boden- und Drehflüglern über größere Entfernungen. Im LOBL-Modus erfasst und verfolgt der Flugkörper bewegliche oder stationäre Ziele in kurzer Entfernung, bevor er die Startplattform verlässt. Im LOAL-Modus erfasst der Flugkörper stationäre Ziele mit großer Reichweite kurz nach Verlassen der Startplattform.

Longbow HELLFIRE Flugkörper ist eine radargesteuerte Version des lasergesteuerten HELLFIRE Panzerabwehr-Luft-Boden-Flugkörpers. Die Army verwaltet den Longbow HELLFIRE-Flugkörper als separates Programm. Der Longbow Hellfire verfügt über einen aktiven Millimeterwellen-Suchkopf und einen doppelten Tandem-Gefechtskopf, der für die Bekämpfung reaktiver Panzerung ausgelegt ist. Entweder das FCR oder das Target Acquisition and Designation Sight können dem Flugkörper vor dem Start Zielortungsdaten liefern. Die Longbow Hellfire kann bewegliche oder stehende Fahrzeuge bekämpfen. Der Flugkörper wurde durch die Programme Home-on-Jam/Anti-Jam (HOJ/AJ) und Counter-Active Protection System (CAPS) aufgerüstet. Das HOJ/AJ-Upgrade ist eine Software-Revision, die die Steuerungslogik ändert, um die Effektivität gegen selbstabschirmende und abstandshaltende Störsender zu verbessern. Das CAPS-Upgrade umfasst Hardware und Software, um aktive Gegenmaßnahmen für den Flugkörper bereitzustellen. Die Kombination aus dem integrierten FCR, LBHMMS und dem Apache verbessert die Gefechtsfeldwahrnehmung durch die Abdeckung des Gefechtsgebiets auf größere Entfernungen, durch die Verringerung der operativen Abhängigkeit von Wetter- und Gefechtsfeldbedingungen und durch die schnelle Anzeige der erkannten Ziele. Darüber hinaus verbessert es die Kampfkraft und Überlebensfähigkeit des Longbow-Systems durch die schnelle Erkennung und Bekämpfung von mehreren Zielen, Navigationshilfen und ein »Fire-and-Forget«-Waffeneinsatzsystem.

Das zusätzliche Longbow FCR bietet einen zweiten und völlig unabhängigen Zielerfassungssensor, der von einem der beiden Besatzungsmitglieder bedient oder kombiniert werden kann, um ein gewisses Maß an Multisensorsynergie zu erreichen. Bei unabhängigem Betrieb könnte der Pilot den FCR zur Suche nach Luftzielen im ATM-Modus verwenden, während der Copilot/Gunner (CPG) mit dem Target Acquisition Designation Sight (TADS) nach Bodenzielen sucht. Der gemeinsame Einsatz von TADS und FCR kombiniert die einzigartigen Vorteile beider Visiere. Die schnelle Suche, Erkennung, Klassifizierung und Priorisierung von Zielen durch das Longbow FCR kann dann mit Hilfe der Elektrooptik des TADS schnell und positiv identifiziert werden. Die Sichtmitte kann auf den Standort des Ziels mit der höchsten Priorität fokussiert werden und das CPG kann auf Knopfdruck eine der beiden Anzeigen sehen. Alternativ kann die FCR-Mittellinie mit dem TADS verbunden werden, so dass eine schnelle und enge Suche eines vermuteten Zielgebiets durchgeführt werden kann.

Das RFI ist ein integraler Bestandteil des Longbow FCR. Es hat eine Empfindlichkeit über ein HF-Spektrum, um Bedrohungssender zu erkennen, wenn sich ein Bedrohungsradar im Such- und Erfassungsmodus befindet und auch, wenn der Bedrohungssender direkt auf das Longbow-System »schaut« und es verfolgt. Das RF-Band wurde über dasjenige erweitert, das für den OH-58D Kiowa Warrior am unteren Ende des RF-Spektrums entwickelt wurde, um neu identifizierte Luftabwehrbedrohungen zu erkennen. Das RFI verfügt über eine programmierbare Bedrohungssender-Bibliothek, damit zusätzliche Bedrohungssignaturen gespeichert und/oder aktualisiert werden können.

AH-64D Longbow Upgrades – Feine Unterschiede in der »Delta«-Reihe

Der Plan der Army, acht Longbow-Apache-Bataillone zu aktivieren und einzusetzen, lag seit Beginn der Indienststellung im Jahr 1998 im Zeitplan. Während des Einsatzes der Flugzeuge wurden Konfigurationsänderungen geplant, um die Effektivität, Zuverlässigkeit und Überlebensfähigkeit des Systems zu verbessern. Die Änderungen umfassten ein modernisiertes Zielerfassungssystem (M-TADS), die mögliche Integration der Suite of Integrated Infrared Countermeasures (mit Schwerpunkt auf dem fortschrittlichen Flare Dispenser und den fortschrittlichen Flares) und die Integration des internen Zusatztreibstoffsystems (IAFS, ein neuer absturzsicherer und ballistisch toleranter Treibstofftank und ein Munitionsmagazin, das sich im Inneren des Flugzeugs befindet. Die AH-64D Apache Longbow, FCR und Longbow Hellfire Modular Mis-

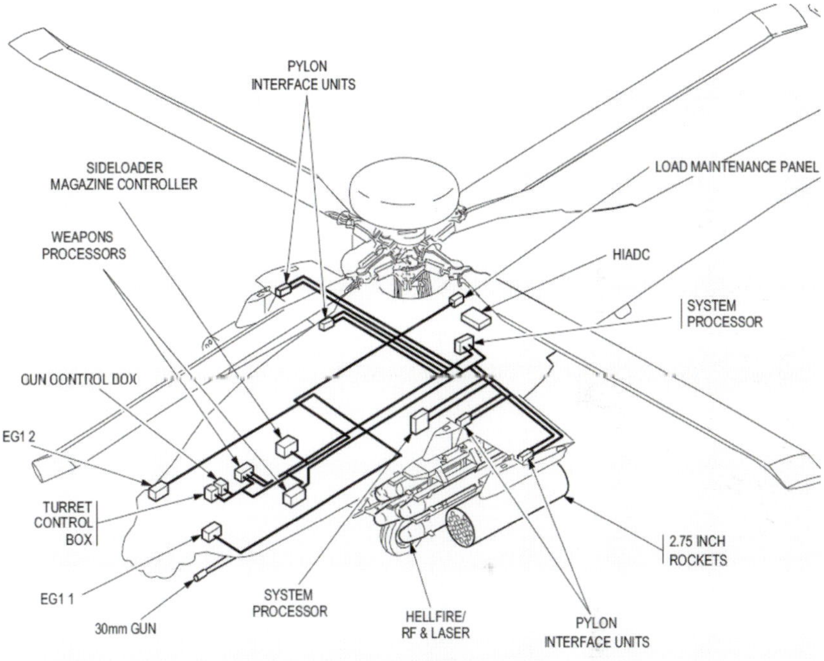

Oben: Übersicht der Haupt- und Unterprozessoren und Schnittstellen-Kreisläufe laut Technical Manual AH-64D.

Links: Zielauffassung mit dem TADS. Darstellung laut Technical Manual AH-64D.

sile System (LBHMMS) wurden ab Juli 1998 mit dem 1/227 Attack Helicopter Battalion in Dienst gestellt. Das Office of the Deputy Chief of Staff for Operations and Plans (ODCSOPS) war für die Entscheidung verantwortlich, welche Einheiten den AH-64D in welcher Reihenfolge erhielten. Das AAH PMO (Project Management Office) veröffentlichte und verteilte die Maschinen basierend auf dem Zeitplan des ODCSOPS. Die Zeitpläne für den Einsatz änderten sich von Zeit zu Zeit, und der Zeitplan im MFP war daher zum Zeitpunkt der Veröffentlichung aktuell. Der erste Entwurf für den MFP (Military Force Plan) eines jeden wurde etwa 26 Monate vor dem Einsatz der ersten Maschinen und Ausrüstungen veröffentlicht. Der endgültige MFP wurde ca. 8 Monate vor der Aufstellung der ersten Einheit veröffentlicht. Der Einsatzplan vom 1. Juni 1997 enthielt nicht die Maschinen, die für die TRADOC-Trainingsflotte in Ft. Rucker bestimmt waren. Ft. Rucker erhielt seine AH-64D im Juni 1999. Der TRADOC First Draft MFP verließ das AAH PMO im Mai. System-Upgrades durch neue/aktualisierte Hardware-Integration in die Lose III bis XIII waren für die TADS/PNVS-Systeme umgesetzt. Ziel war es, eine gemeinsame TADS/PNVS-Rüststufe für alle AH-64D (501 Umrüstmaschinen sowie 120 Extended Block II Upgrade Maschinen) in der finalen Stärke zu erhalten. Diese Modifikation erleichterten den Mechanikern den Zugang zu den TADS/PNVS-Systemen und ermöglichten so eine verbesserte Wartungseffizienz. Darüber hinaus wurden die Anforderungen an das Programmwachstum und die Verlängerung der Lebensdauer erfüllt und die Unterstützung von externen Auftragnehmern für die Aufrüstung/Integration von Hardware in das TADS/PNVS ermöglicht. Ab 1999 war die Finanzierung aller Apache-Sensoren, einschließlich TADS/PNVS, MTADS, FCR, RFI und TEDAC erfolgreich umgesetzt. Das modernisierte TADS/PNVS befand sich unter einem im Oktober 2000 unterzeichneten Entwicklungsvertrag und lag im Zeitplan. Der Zeitplan für das Programm war sehr straff. Beginn der Produktion war 2003. Die ersten Lieferungen der Sensor-Upgrade-Maschinen erfolgten im April 2004. Das Upgrade war ein Nachrüstsatz für den Einsatz vor Ort, dessen Installation etwa 8 Stunden dauerte.

Longbow Block I (Lose 1-6)

Die ersten 284 AH-64D der Army, die die Lose 1-6 des Überholungsprogramms umfassen, wurden in der ursprünglichen Konfiguration gebaut, die als Block I bezeichnet wurde. Der erste McDonnell Douglas Apache Longbow für die US Army absolvierte am 17. März 1997 seinen Jungfernflug. Jede Kampfhubschrauberkompanie sollte drei Maschinen mit FCR und fünf ohne FCR erhalten. Im Rahmen dieses Plans wurden die AH-1 Cobras bis Oktober 2001 ausgemustert und die UH-1 Iroquois sowie die OH-58 Kiowas der Modelle A und C bis 2004 in den Ruhestand versetzt. Laut Plan sollten die UH-1 durch UH-60 Black Hawks ersetzt werden. Die Cobras und Kiowas sollten durch AH-64D Apaches und schließlich durch RAH-66 Comanches ersetzt werden, ein geplanter Aufklärungs- und Kampfhubschrauber, der ab 2008 hätte aufgenommen werden sollen. Der RAH-66 Comanche wurde jedoch bekanntlich fallen gelassen und restlos gestrichen. Spätere Kiowa-Modelle sollten laut Plan im Fiskaljahr 2013 ausgemustert werden. Die U.S. Army plante, ihre gesamte AH-64A Apache-Flotte von mehr als 750 Flugzeugen über ein Jahrzehnt hinweg zu überholen. Im November 2000 erhielt McDonnell Douglas Helicopter Systems, Mesa, Arizona, eine Modifikation des Festpreis-Mehrjahresvertrags DAAH23-00-C-0001 für das AH-64D Apache Longbow Programm in Höhe von 412.140.391 US-Dollar. Diese Verpflichtung bezog sich auf Los 6 für 52 AH-64D Apache Longbows, besondere Bodenausrüstung, Ersatzteilversorgung, AH-64D Apache Longbow Wartungs- und Bedienerschulungsgeräte sowie die Vorabbeschaffung für Los 7 des AH-64D Apache Longbow-Programms. Die bisher ausgelieferten D-Modelle kamen in mehreren Auslieferungs-Wellen in den Army-Bestand. Die Lose 2-5 (263 Maschinen) beziehen sich auf diese Phase.

Koordination der ersten D-Modell-Umstellungen

Die Armee plante bis 2006, weitere 269 Maschinen zu beschaffen, was die Gesamtzahl auf 501 erhöht hätte. Die Auslieferungen des Radars näherten sich weiterhin der Gesamtzahl von 227 FCRs. Die US Army war auch dabei, einen Auftragnehmer für die Entwicklung des modernisierten TADS/PNVS auszuwählen. Das Heer begann im April 2001 mit dem Einsatz von Flugzeugen des Loses 5. Damit war die Auslieferung der Block I Maschinen abgeschlossen. Es folgten Los 6 und Los 7, da mit dem Wegfall des Comanche-Programms nun mehr AH-64 auch an die Cavalry übergeben werden mussten. Die 21st Cavalry Brigade (Air Combat) in Fort Hood war verantwortlich für Empfang, Ausrüstung, Einsatz, Ausbildung, Evaluierung und Zertifizierung aller Angriffs- und Kavallerieeinheiten der Army, einschließlich der Bataillone, die den AH-64D Longbow Apache einsetzen sollten. Beginnend mit dem 1st Battalion,

227th Aviation der 1st Cavalry Division in Fort Hood, waren alle Einheiten während der 204 Tage, die sie der 21st Cavalry Brigade für den intensiven Trainingsprozess zugewiesen waren, nicht einsatzfähig. Alle Piloten erhielten ihre Grundausbildung in Fort Rucker, Alabama, während die Instandhalter der Einheit ihre Ausbildung in Mesa und Fort Eustis, Virginia, erhielten. Das Unit Fielding and Training Program, das von der Brigade entworfen und vom Department of the Army genehmigt wurde, wurde geschaffen, um ein Bataillon zu einer Einheit aufzubauen, die mit ihrer neuen Ausrüstung voll kampffähig ist. Das Bataillon kehrt dann an seinen Heimatstandort zurück und ist bereit, mit seinem eigenen höheren Hauptquartier das Training der Mission Essential Task List zu beginnen. Der Fielding-Prozess gipfelt dann in einer Übung auf Bataillonsebene und einer Bewertung durch die 21. Kavalleriebrigade. Wenn alle Anforderungen erfüllt waren, wurde das Bataillon als kampfbereit zertifiziert und kehrte zu seiner Heimatstation zurück. Der Materiel Fielding Plan (MFP) war im Wesentlichen eine zentrale Anlaufstelle für alle Anforderungen an die Feldaktivitäten. Er zeigte, wer ein Gerät und die dazugehörigen Werkzeuge, Testgeräte, Reparaturteile und Trainingsgeräte entwickelte, einführte, erhielt und lagerte. Der MFP beschrieb, wofür das Gerät verwendet wurde, wer es benutzt, wer es repariert, welche Wartungs- und Versorgungsstruktur für den Lebenszyklus-Support vorhanden sein sollte und welche Schulungsanforderungen mit dem System verbunden waren. Es wurden mehrere MFP-Entwürfe veröffentlicht, um einen Dialog zwischen dem Entwickler und dem Endanwender herzustellen, um den Feldeinsatzprozess zu vereinfachen und zu beschleunigen.

AH-64D Longbow Block II / Extended Block II (Lose 7-13)

Beginnend mit Los 7 und über die verbleibenden 501 geplanten Umrüstungen werden die AH-64Ds in einer Apache Extended Block II (EB2) Konfiguration für die Frontverbände vorgesehen. Block II beinhaltete neue Avionik sowie digitale Verbesserungen und Kommunikations-Upgrades. Zu den Neuerungen gehörten eine digitale Karte, ein Hochfrequenz-Funkgerät und ein JVMF zur Nachrichtenübertragung. Das erste Block II Flugzeug wurde im Februar 2003 an die US Army ausgeliefert. Die Finanzierung des AH-64 Extended Block II Upgrade unterstützt die überarbeitete Modernisierungsstrategie für den Apache-Hubschrauber, die vom VCSA am 1. November 2004 genehmigt wurde. Der Plan sah die Umrüstung von weiteren 120 AH-64A Flugzeugen auf die AH-64D (Lose 11-14) Konfiguration vor. Der Zeitplan sah vor, dass die Kampfkraft der Kampfhubschrauber für den Einsatz im Krieg schneller erhöht wurde und die Modernisierung der Reservekomponenten durch die schrittweise Übergabe von Longbow Block I Flugzeugen direkt an USAR und ARNG Apache Bataillone beschleunigt wurde. Im Irak und Afghanistan wurden die Maschinen dringend benötigt. Mit der Modernisierung weiterer AH-64As trug die Army den Bedenken des OSD und des Kongresses Rechnung, indem es eine Strategie für die gesamte Apache-Flotte entwarf.

Bodenmannschaften der 12th CAB bei Wartungsarbeiten in Katterbach 2018. (Foto: Christian Rastätter)

Nahaufnahme eines AH-64E Apache Guardian der 1st CAB, 1st ID »Big Red One« 2019 in Hohenfels, Bayern. (Foto: Christian Rastätter)

Weiterentwicklung zum E-Modell – AH-64E Apache Guardian

Vom »Delta« AH-64D Block III zu »Echo« AH-64E

Im November 2009 führte die Army den Apache Block III (AB3) Limited User Test (LUT) durch, um die Entscheidung für eine Low-Rate Initial Production (LRIP) zu unterstützen. Während des LUT hat ein Air Weapons Team, bestehend aus zwei AB3-Maschinen und einer Drohne (Unmanned Aerial System, UAS), neun von zwölf Missionen in einer realistischen Einsatzumgebung erfolgreich abgeschlossen.

Die US Army führte Entwicklungstests von Subsystemen durch, einschließlich des verbesserten Antriebssystems, der Hauptrotorblätter aus Verbundwerkstoff, der integrierten Überlebensausrüstung des Hubschraubers, des Feuerleitradars (FCR) und des 701-D-Triebwerks mit verbesserter elektronischer Steuerung. Das Apache Program Office setzte ihr Programm zur Steigerung der Zuverlässigkeit fort, indem es potenzielle Verbesserungen der Zuverlässigkeit von AB3- und älteren Komponenten untersuchte. Der AB3 ist also eine modernisierte Version des AH-64D. Die US Army beabsichtigte damals, den AB3 in 24 CABs zu organisieren und einzuführen. Das Beschaffungsziel der Army wurde 2009 auf 690 AB3-Hubschrauber festgelegt und genehmigt: 634 sollten dabei aus AH-64D überarbeitet (Remanufacture) und 56 komplett neu gebaut (New-Build) werden. Die AB3-Maschinen umfassten bereits eine Level 2 bis 4 UAS-Steuerung (Level 2 empfängt UAS-Videofeeds,

Testflug des AH-64 Block III 2011 (ab 2012 AH-64E). (Foto: Archiv Boeing)

Level 3 steuert die UAS-Sensoren und Ebene 4 die UAS-Sensoren und deren Flug). Auch eine verbesserte Radar-Elektronikeinheit für ein passives Radiofrequenz-Interferometer wurde eingeführt. Es erweiterte dadurch die Reichweite des Feuerleitradars. Neu war auch die Möglichkeit, maritime Ziele zu erfassen. Daher wurden erstmals auch maritime Operationen mit dem Apache durchgeführt und in das Standard-Training aufgenommen. Schiffe sind seit dem auch als potentielle FARPs eingeplant, um die Apache-Operationen zu unterstützen. Hintergrund war der pazifische Raum und die neue sicherheitspolitische Verschärfung im südchinesischen Meer.

Die Block III Version zeichnete sich jedoch durch viele weitere Neuerungen aus, die im heutigen E-Modell verfeinert wurden: eine verbesserte Leistung durch 701D-Triebwerke, Hauptrotorblätter aus Verbundwerkstoff, Gewichtsreduzierung durch Prozessor- und Avionik-Upgrades und ein verbessertes Antriebssystem.

Juni 2010 erfolgte der Abschluss der Nunn-McCurdy-Berichts vor dem Kongress, indem zwei Programme definiert wurden: das Programm Apache Block IIIA (AB3A) und Apache Block IIIB (AB3B). Im Oktober 2010 erfolgte der Zuschlag für einen Low Rate Initial Production (LRIP)-Vertrag zur Beschaffung von insgesamt 51 AH-64 Block III Remanufacture-Modellen. Auch eine verbesserte Überlebensfähigkeit mit integrierter Flugzeugüberlebensausrüstung und zusätzlicher Panzerung für Besatzung und Avionik sollten folgen. Ein integriertes Kommunikationspaket sorgten zudem für die Fähigkeit, im globalen Flugverkehrsmanagement, der Satellitenkommunikation und mit der Link 16-Datenverbindung auf dem neuesten Stand zu kommen. Verbesserte Zuverlässigkeit (mind 75 % Klarstand im Einsatz) sowie ein noch besserer Wartungsfreundlichkeit durch Embedded-Diagnosen auf Systemebene. Als Reaktion auf Mängel, die beim Limited User Test (LUT) im November 2009 festgestellt wurden, hat das AB3-Programm auch das IHADSS überarbeitet und erneut getestet sowie Softwarekorrekturen vorgenommen. Mit dem M-TADS wurde auch die Zielerfassung und die taktische Optronik verbessert. Im Zentrum der Neuerungen stand vor allem auch das MUM-T-Verfahren. Hier wurden Interoperabilitätsflugtests zwischen dem AB3 und dem unbemannten Flugsystem (UAS) Gray Eagle begonnen.

Apache Block III Roll-out-Zeremonie und Übergabe des ersten Exemplars 2011 (Foto: Archiv Boeing)

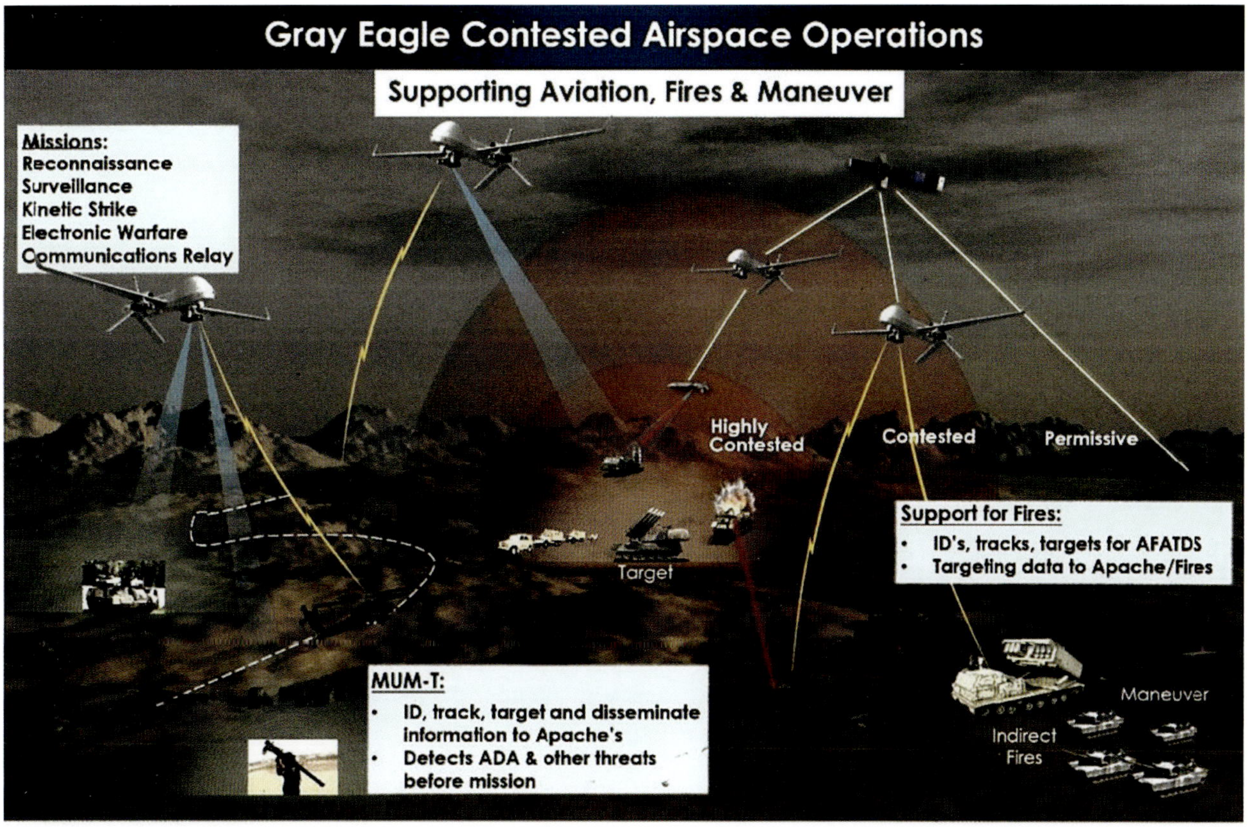

Das künftige Gefahren- und Einsatzumfeld des AH-64E Apache Guardian im Rahmen des Network Centric Warfare-Prozesses bzw. Multi Domain Battlefield. (Grafik: U.S. Army)

Vom AH-64D Block III zu AH-64E Apache Guardian

Die erste Apache AH-64D Block III (Remanufacture) Auslieferung erfolgte mit einer feierlichen Auslieferungszeremonie am 2. November 2011. Die Tests waren soweit abgeschlossen und die der AB3 konnte in Serie gehen. Im Juni 2012 beantragte das Apache Project Office eine Umbenennung des AB3 und erhielt die Genehmigung für die Namensänderung der Missionsdesignserie für AH-64D Block III. Der AH-64E wurde offiziell geboren. Auch die die beiden Programme AB3A und AB3B wurden anschließend in AH-64E Apache Remanufacture bzw. AH-64E Apache New Build umbenannt. In kleinen und vorsichtigen Bauschritten und Genehmigungen ging das E-Modell langsam in Serie. 2013 genehmigte der zuständige Ausschuss für das AH-64E Apache Remanufacture-Programm 12 LRIP-Maschinen für das AH-64E Apache New Build-Programm. Dies war das erste Baulos (Lot1).

Im Juni 2014 legten die US-Regierung und Boeing bereits den Bau von Los 3 und Los 4 fest. Dieser Vertrag bezog sich auch auf die 72 AH-64E (Remanufacture) Apache. Im August 2014 war auch der AH-64E Remanufacture Capability Version 4 (Follow-on Operational Test & Evaluation) erfolgreich abgeschlossen. Hierzu wurde auf der Eglin Air Force Base in Florida Tests durchgeführt. Von da an sprach man allgemein nicht mehr von Baulosen (Lot), sondern von Versionen. Man bezog sich auf eine Rüststufe und nicht auf Bauloskontingente. Denn die AH-64 Version 1, 2 und 3 waren schnell technologisch überholt und wurden lediglich durch IT-Updates auf Version 4 gebracht, weil Version 4 der damalige neueste Stand war. Diese Etappen änderten sich relativ schnell und mündeten in der Ziel-Rüststufe Version 6. Die Auslieferung der Version 4-Apaches war zu dem Zeitpunkt für 2016 geplant. Die Army führte vom 4. bis 15. August 2014 die AH-64E FOT&E I auf der Eglin AFB, Florida, durch. Die Verbesserungen beziehen sich stets auf elektronische und optronische Feinheiten, welche wohl noch bis 2030 der Geheimhaltung unterliegen, wenn das Waffensystem bereits etabliert ist. Gleiches gilt für Baupläne, Technical- und Fieldmanuals zum AH-64E. Exportkunden des AH-64E wurden unter Androhung schwerer Sanktionen dazu verpflichtet, diese Geheimhaltungsstufe ebenfalls zu wahren.

2017 wurde die Beauftragung der U.S. Army über die Weiterproduktion bei Boeing in Mesa gebührend gefeiert. (Fotos: Boeing)

Der AH-64E wird es nämlich sein, der einem hochentwickeltem Gegner entgegentreten muss, sollte es zu einem Konflikt in den nächsten 10 bis 15 Jahren kommen. Hierzu möchte man sich nicht in die Karten blicken lassen. Die Grundneuerungen sind jedoch relativ klar formuliert.

AH-64E Los 1 bis Los 4 (Version 1-4)

Im Jahr 2014 wurde sodann die erste US Army Aviation-Einheit, das 1-229 Attack Reconnaissance Battalion, mit dem E-Modell in einen Kampfeinsatz entsendet und nahm an diesem mit sehr großem Erfolg teil. Im selben Jahr wurden 83 AH-64E Remanufacture Modell an die US Army ausgeliefert. In Mesa liefen die Bände auf Hochtouren. Dies war auch ein langersehnter Prozess für Boeing, denn bisweilen hielt man sich nur mit Reparaturen über Wasser oder baute für Exportkunden Kleinserien.

2015 wurde der Manned/Unmanned Teaming Expanded Capabilities-Wettbewerb abgeschlossen und der

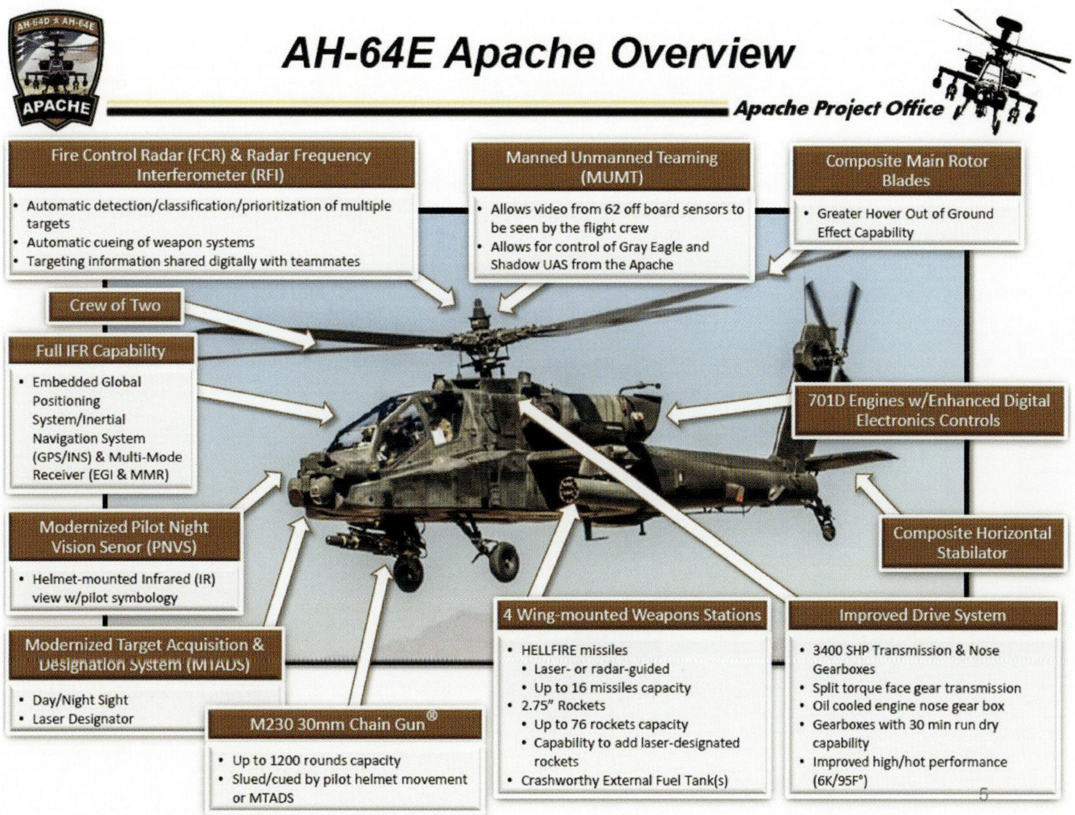

Oben: Ein AH-64E Apache Guardian der 1st CAB kurz vor dem Start aus einer Waldlichtung 2019 in Hohenfels. Die AH-64E der 1st Squadron, 6th Cavalry Regiment, 1st Combat Aviation Brigade, 1st Infantry Division nahmen an der Übung Combined Resolve XII im Joint Multinational Readiness Center in Hohenfels teil und waren als Rotationskräfte aus Fort Riley, Kansas für Atlantic Resolve nach Europa abkommandiert. (Foto: U.S. Army / Sgt. Thomas Mort)

Links: Grafische Eckdaten zum AH-64E laut US Army/PEO Aviation-Bericht 2018.

Nagelneue AH-64E der Baulose 4 stehen 2012 aufgereiht zur Übernahme durch die Truppe bereit. (Foto: U.S. Army)

Ein vorschriftsmäßig verpackter AH-64E des 4. Bauloses steht vor dem Feld-Hauptquartier der 1st Infantry Division in Hohenfels 2019 bereit für den nächsten Nachteinsatz. (Foto: Christian Rastätter)

Die 1st Squadron, 17th Cavalry Regiment, 82nd Combat Aviation Brigade erhält ihr erstes Echo-Modell. Die AH-64Ds sind somit seit 2019 langsam aber sicher Geschichte bei der 82nd Airborn Division. (Foto: U.S. Army / Staff Sgt. Sharon Matthias)

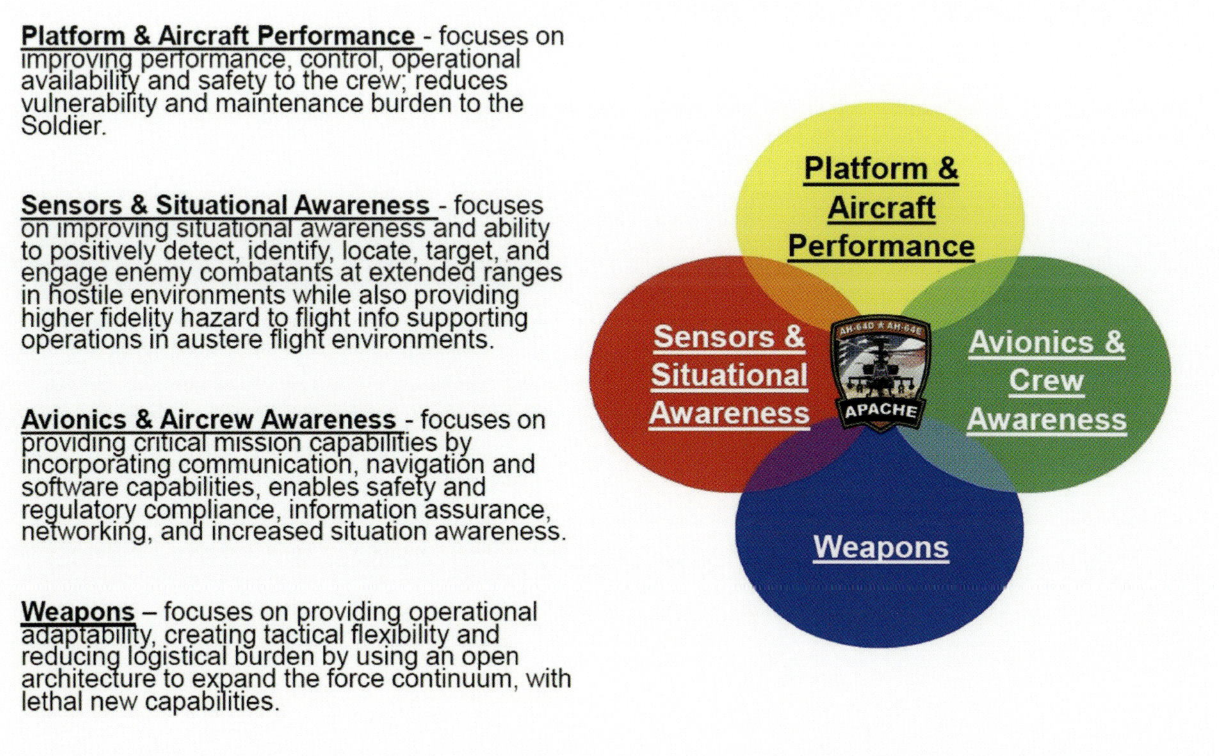

Grafische Zusammenfassung der Neuerungen des E-Modells laut dem Apache Project Office des Pentagons.

Auftrag demensprechend erteilt. Die Tests des Feuerleitradars im maritimen Modus fanden von August bis September 2015 auf der Joint Base Little Creek, Virginia, statt.

Mit dem 2-17 Cavalry vom 3-101 Attack Reconnaissance Battalion wurde die vierte Einheit der US Army mit AH-64E ausgestattet. In 2015 wurden auch die 20 aus Illesheim in Deutschland abgezogenen AH-64D zu einer neuen AH-64 Einheit, dem 1-25 ARB in Fort Wainwright, Alaska. Hier wurde erstmals auch ein Mischverband aus AH-64D und AH-64E Hubschraubern für die erstmalige Stationierung in einer arktischen Umgebung aufgestellt.

AH-64E Los 5 (Version 5)

Der erste AH-64E aus dem Produktionslos 5 rollte 2016 im Boeing-Werk in Mesa vom Band. Diese Maschine war der erste Serien-AH-64E mit Version 4-Fähigkeit. Gleichzeitig wurde auch die Erteilung des Vorbeschaffungsauftrags für das AH-64E Produktionslos 6 erteilt, nachdem für Los 5 und Los 6 insgesamt 117 Apache AH-64E Remanufacture definiert wurden. Die Ereignisse folgten Schlag auf Schlag: Im Januar 2017 wurden sechs AH-64E nach Fort Rucker, Alabama abgestellt sowie Genehmigungen für die Lose 7 bis 11 für insgesamt 244 AH-64E Remanufacture genehmigt. Im selben Jahr schloss das 1-227th ARB, Fort Hood, Texas auch den Feldversuch erfolgreich ab. In diesem Zug wurde sodann auch das Army Acquisition Objective um 77 Maschinen von 690 auf 767 erhöht. Das genehmigte Beschaffungsziel blieb jedoch bei 634 Remanucature und 56 neu gebauten Maschinen.

Auch die Ausbildung an den E-Modellen wurde intensiviert. 2017 neun weitere AH-64E nach Fort Rucker verlegt und 24 weitere Maschinen in das 4-4 ARB, Fort Carson, Colorado, integriert. 2018 war das 1-6 Cavalry Regiment, Fort Riley, Kansas an der Reihe. Die 1st CAB der 1st Infantry Division (»Big Red One«) erhielt ihre ersten Echo-Modelle.

AH-64E Version 6 – Tests ab 2018

Die Army hat den AH-64E in zwei Versionen (1 und 4) in Dienst gestellt. Der AH-64E der Version 4 behielt die Fähigkeiten der Version 1 bei und fügte Hard- und Software für die Teilnahme am Link 16-Netzwerk hinzu. Die Army führte im Mai 2018 FOT&E II Tests mit der Version 6 AH-64E durch, wobei mehrere Verbesserungen umgesetzt wurden. Das Beschaffungsziel der Army war nach wie vor auf 767 AH-64E vorgegeben. Die Umrüstung der im Einsatz befindlichen AH-64E-Flugzeuge der Version 1 auf die Version 4 startete 2018. Es wurde beschlossen, alle im Einsatz befindlichen AH-64E auf die Version 6 umzurüsten, sobald die Version 6 im Einsatz ist. Auch mit der Chain Gun wurden Tests durchgeführt, um die Genauigkeit einer neu gestalteten AH-64E-Apache-Kanonenlafette zu überprüfen. Die neu gestaltete Lafette korrigierte einige Fehler in der akkuraten Punktgenauigkeit der Waffe, die von Einheiten aus dem Einsatz mit dem AH-64E gemeldet worden waren. Die Zielsysteme des Apache erzeugten große Zielortungs- und Zielgeschwindigkeitsfehler, die die Leistung der neuen Joint Air-to-Ground Missile (JAGM) beeinflussten. Diese Fehler wurden ebenfalls korrigiert.

AH-64E Los 6 (Version 6) – Der neue Standard

Die US Army beendete 2019 die FOT&E II-Tests der Version 6 mit sehr gutem Ergebnis. FOT&E II umfasste Schulungen, realistische taktische Vergleichsszenarien mit AH-64E der Version 4, Schießen mit scharfer Munition und Tests zur Cybersicherheit. Die Version 6 enthält zahlreiche Verbesserungen, die die Letalität, operative Effektivität und Überlebensfähigkeit verbessern. Die Modernized Day Sensor Assembly (MDSA) erhöht die Reichweite, in der die Besatzung Ziele bei Tageslicht eindeutig identifizieren kann und ermöglicht so eine größere Reichweite bei der Bekämpfung. Das Modernized Radar Frequency Interferometer (MRFI) ermöglicht eine passive Geolokalisierung von Radarbedrohungen. Die Hinzufügung eines maritimen Modus und die Erweiterung der Reichweite bestehender Modi auf dem Feuerleitradar (FCR) erweitert die Einsatzmöglichkeiten. Die Effektivität des Manned-Unmanned Teaming (MUMT) für Einheiten der Versionen 4 und 6 war während der FOT&E II begrenzt. Flugzeugschnittstellen, Einsatzkonzepte, Verfahren und Dokumentation sind nicht anfangs nicht ausgereift genug gewesen und trugen zur mangelnden Interoperabilität zwischen AH-64E-Flugzeugen und unbemannten Flugzeugsystemen bei. Das Adversarial Assessment (AA) der Version 6 ergab keine kritischen Schwachstellen, die unmittelbar zu einer Beeinträchtigung der Vertraulichkeit, Verfügbarkeit oder Integrität des Musters durch eine Insider- oder Near-Sider-Bedrohungslage führen würden. Die US Army führte sogar einen gemeinsamen Live-Fire-Test des Branderkennungssystems durch, mit dem eine Erhöhung des Schutzes der Einsatzkräfte bei Bränden des Heckauslegers nachgewiesen werden konnte. 2020 brachte Boeing für die US Army trotz der Corona-Pandemie planmäßig 49 AH-64D auf den Stand des E-Modells. Ebenso auch im Jahr 2021, als 52 Umbau-Modelle umgesetzt wurden. Im April 2020 hat Boeing in seinem Werk in Mesa den 500. Kampfhubschrauber des Typs AH-64E Apache Guardian gebaut und ausgeliefert und konnte ein erfreuliches Jubiläum verkünden.

Echo-Modell Version 6 dringend benötigt seit 2014

Die Entwicklung der E-Version erhielt auch politisch einen Anschub, denn die aggressive Expansion Chinas im Südchinesischen Meer und die Einnahme der Krim durch Russland veranlassten die USA 2014 dazu, ihren Verteidigungsschwerpunkt von der Aufstandsbekämpfung (Counter Insurgency, COIN) im Nahen Osten neu zu definieren um einem klassischen militärischen Gegner in der Nähe des eigenen Landes oder Bündnisgebiets gegenübertreten zu können. Waren es zunächst die Einsatzerfahrungen im Irak und Afghanistan, so kamen neue Fähigkeitsvorstellungen seit 2014 hinzu. Von einer symmetrischen Kriegsführung konnte jedoch bei der russischen oder chinesischen Militärstruktur nicht mehr die Rede sein, denn die vermeintliche hybride Kriegsführung Russlands sowie die massive Modernisierung der chinesischen Streitkräfte waren es, die bei den AH-64-Planern Kopfzerbrechen auslösten. Die Veränderungen in der Verteidigungslandschaft waren der Hauptantrieb für die letzte Apache-Variante – den AH-64E Apache Guardian. Die aktuellen Bedrohungsszenarien spiegeln sich vor allem in der Update Version V6 wider. V6 soll der künftige Standard-Rüstzustand der Apache-Flotte werden, um überhaupt eine Rolle im hochmodernen Gefechtsfeld spielen zu können.

Die Entwicklung wurde in drei Block-Upgrades unterteilt, wobei die AH-64E-Updates V1 und V4 in den Jahren 2015 und 2017 abgeschlossen wurden. Das letzte und ehrgeizigste Update, die V6, begann 2018 mit der Entwicklung. Fünf Jahre früher als erwartet, in der letzten Januarwoche 2021, wurden die ersten sechs brandneuen Apache V6 in Dienst gestellt. Der neue Apache V6 verfügt über eine Reihe neuer Funktionen, um den Anforderungen des modernen Gefechtsfeldes gerecht zu werden. An der Nase des Apache V6 ist die neueste Version des Modernized Target Acquisition Designation Sight/Pilot Night Vision Systems (M-TADS/PNVS) von Lockheed-Martin montiert.

Das E-Modell ist ausdrücklich auch für maritime Einsätze zertifiziert worden. Eine FARP kann somit durchaus auch ein Schiff sein. Ziele können auch andere Schiffe sein, die neuerdings auch bekämpft werden können. Hier im Bild ein AH-64E der Task Force Lightning Horse vom 1st Battalion, 25th Aviation Regiment, 25th Combat Aviation Brigade im pazifischen Ozean an Deck des Landunsgschiffs USS Peleliu (LHA 5) während der Großübung Rim of the Pacific (RIMPAC) 2014. (Foto: U.S. Army / Chief Warrant Officer 3 Adam Leung)

Ein AH-64E Apache der 1st Squadron, 6th Cavalry Regiment, 1st Combat Aviation Brigade, 1st Infantry Division klärt das bewaldete Gebiet auf während Combined Resolve XII in der Hohenfels Training Area 2019. (Foto: U.S. Army / Sgt. Jeremiah Woods)

Ebenfalls ein Echo-Modell der 1st Squadron, 6th Cavalry Regiment, 1st Combat Aviation Brigade, 1st Infantry Division beim Schwebeflug während einer simulierten Angriffs-Mission bei Combined Resolve XII 2019. (Foto: U.S. Army / Sgt. Jeremiah Woods)

M-TADS/M-PNVS

Das Modernized TADS/PNVS-Programm ersetzt sechs der aktuellen LRUs durch neue. Dabei handelt es sich um das PNVS, PNVS Shroud, NSA, BSM, TEU, TPS und PEU. Auch an anderen Komponenten werden leichte Änderungen vorgenommen, um andere, im Laufe der Jahre identifizierte Wartungsgründe zu beheben. Der DSA und der Laser werden nicht modifiziert. Die Modernisierung beinhaltet die Umstellung auf ein zweistufiges Wartungskonzept für die neuen LRUs. Die Line Replaceable Units (LRUs) wurden so konzipiert, dass kleinere Line Replaceable Modules (LRMs) fehlerisoliert und ausgetauscht werden können, anstatt die gesamte LRU. Die Grundkonfiguration und das äußere Erscheinungsbild des M-TADS/PNVS sind fast identisch mit dem aktuellen System. Die PNVS-Abdeckung sieht anders aus, weil sie jetzt zwei Sensoren hat, den neuen FLIR und einen Bildverstärkungssensor (im Grunde eine eingebaute 18-mm-NVG-Röhre). Der Pilot ist nun in der Lage, zwischen den beiden Sensoren umzuschalten und mit demjenigen zu fliegen, der für die vorhandenen Bedingungen am besten geeignet ist. Es wurden vollständige Vorkehrungen getroffen, um die beiden Bilder eventuell zu verschmelzen. Die Abdeckung ist in zwei LRMs (Abdeckung und Fenster) unterteilt, was die Demontage deutlich vereinfacht. Der aktuelle W-10-Kabelbaum wird durch ein zweiteiliges Design ersetzt. Das neue FLIR hat eine viel bessere Bildqualität als das derzeitige System. Es verfügt über 4 Pixel in der Breite und 480 Pixel in der Tiefe (4x480), verglichen mit der derzeit üblichen 1x180-Konfiguration des Moduls. Das bedeutet, dass das System eine viel bessere Drahterkennung und Grenz-

Grafik des neuen M-TADS. Man erkennt das neue System an dem zusätzlichen kleinen Sensor-Fenster rechts am TADS-Gehäuse. (Foto: Lockheed-Martin)

TADS-Inspektion durch zivile Techniker von Lockheed-Martin. Ab 2005 wurden die TADS/PNVS-Sensoren durch das eine größere Reichweite und höhere Auflösung liefernde Arrowhead-System von Lockheed Martin ersetzt. Mit dem M-TADS wird jedoch ein weiterer Quantensprung vollzogen (Foto: Lockheed-Martin)

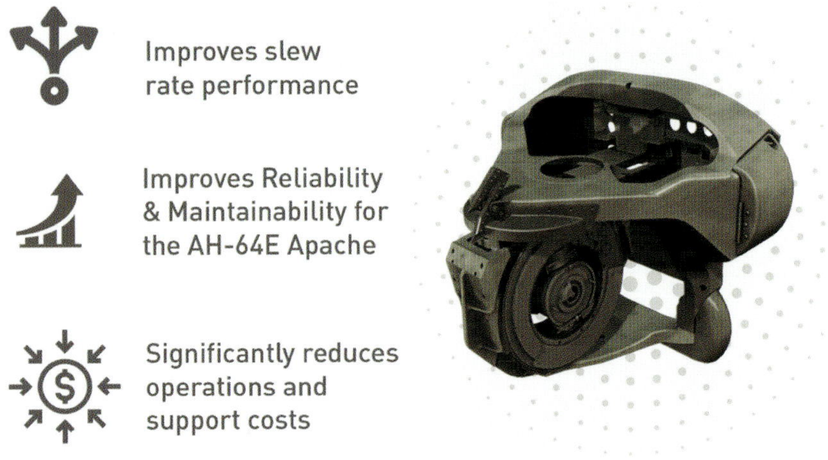

Das neue Gehäuse und Sensor-Trägersystem des M-TADS, wie es in den Version 6 Echo Modellen eingebaut sein wird. (Foto: Lockheed-Martin)

wetterleistung hat, mindestens 20/45 Sehschärfe, im Vergleich zu den bisherigen 20/80. Das Boresighting-Modul wurde durch ein neues Modul ersetzt, um die Notwendigkeit des Boresighting-Verfahrens von außen zu eliminieren. Das Boresighting würde automatisch nach der Auslösung durch den CPG durchgeführt werden. Die gesamte Boresight-Prozedur würde weniger als 2 Minuten in Anspruch nehmen. Das bestehende Zielverfolgungssystem wurde durch eine neue, robustere Konstruktion ersetzt. Das neue Multi-Target-Tracker-System wird in der Lage sein, bis zu sechs Ziele zu verfolgen. Die NSA wird weiterhin über drei Sichtfelder verfügen: weit, mittel und eng. Außerdem soll es einen 2X-Zoom ohne Zeitlimit geben. Das System würde Algorithmen zur Reichweitenerweiterung enthalten, um noch größere ID-Reichweiten zu erzielen. Dies würde zu einer fast doppelt so großen Reichweite wie beim aktuellen System führen. Es wurde erwartet, dass der CPG-Lotsenmodus (Wide FOV FLIR) der bestehenden PNVS-Lotsenleistung entspricht. Für die Wartung stehen drei Methoden zur Fehlerisolierung zur Verfügung, darunter das Fehlererkennungs-/Lokalisierungssystem (FD/LS) des Flugzeugs.

Darüber hinaus verfügen ausgewählte LRUs über LCD-Anzeigen an der Vorderseite, die einen Fehlercode anzeigen, der das fehlerhafte LRM angibt. Die TEU z.B. ist in einzelne Schaltkreiskarten unterteilt, die herausgenommen und ausgetauscht werden können. Eine kleine LCD-Anzeige auf der Vorderseite der TEU zeigt dem Wartungspersonal an, welche Karte defekt ist und ausgetauscht werden muss. Schließlich ist das System in der Lage, mit dem SPORT-Computer zu kommunizieren. Weitere wartungsfreundliche Änderungen werden vorgenommen.

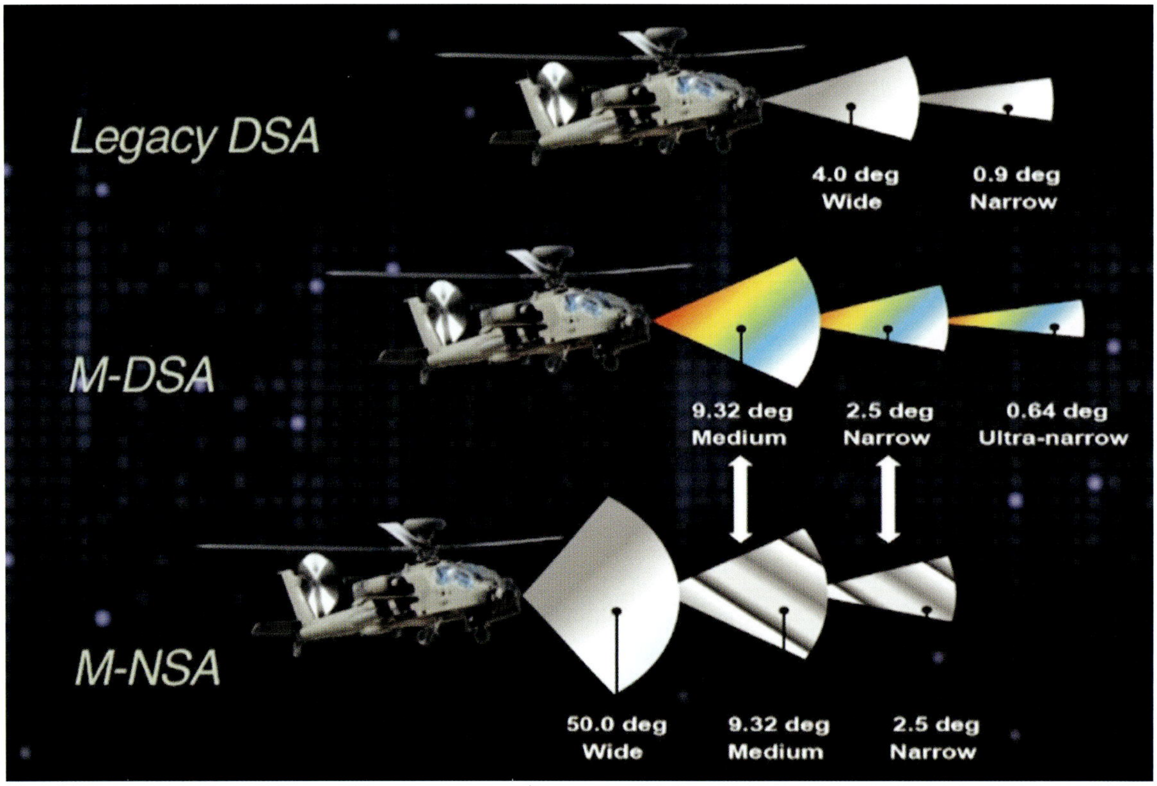

Grafik der Evolution der Tag- (DSA / M-DSA), der Nacht- (NSA / M-NSA) sowie der älteren DSA-Sensoren am AH-64. (Grafik: Lockheed-Martin)

Tageslicht-Sensor der neuen Generation (AH-64E V6) mit der Bildsequenz in Farbe sowie der älteren Generation (AH-64D/ AH-64EV4) mit der Bildsequenz in Schwarz-Weiß (unteres Bild). (Foto: Lockheed-Martin / Screenshot Werbefilm)

So wurden zum Beispiel die Gurte an der bestehenden TEU und dem TPS durch echte Griffe ersetzt, um die Handhabung zu erleichtern. Die US Army erwog auch, das IHADSS durch ein Upgrade zu ersetzen, um die erhöhte Leistung des neuen Systems voll auszunutzen. Der Ersatz für das ORT, TEDAC, sollte als Teil des M-TADS/PNVS-Upgrades für Flugzeuge, die es bis zum Beginn des Feldeinsatzes des Systems noch nicht erhalten hatten, eingebaut werden. Die US Army strebte auch ein digitales TECA an, das in Verbindung mit dem M-TADS/PNVS eingesetzt werden sollte. Mit dem neuen GEN3 M-DSA werden jedoch erstmals hochauflösende, vollfarbige Bilder in das TADS Electronic Display and Control System (TEDAC) im Cockpit des Apache V6 übertragen.

Durch die Verdoppelung des Sichtfeldes der bisherigen Zielsysteme und die hochauflösende 64k-Farbanzeige können die Luftfahrzeugbesatzungen nun Ziele anhand ihrer tatsächlichen visuellen Beschreibung schnell erkennen und identifizieren. Das GEN3 DSA ist ein echter »Game Changer«. Es versetzt den Apache in eine Position, in der die Sensoren die Waffensysteme übertreffen. Es können Ziele identifiziert werden, bevor sie überhaupt in Schussweite sind, was ermöglicht, Präzisionsfeuer aus großer Entfernung von anderen Plattformen besser zu nutzen und die

Übersicht der Modernisierungsprozesse am M-TADS laut Hersteller (Grafik: Lockheed-Martin)

Signatur zu reduzieren. Um den aktuellen strategischen Anforderungen gerecht zu werden, insbesondere der Sorge um einen möglichen Konflikt mit Chinas massiven Seestreitkräften, verfügt der Apache V6 über eine Reihe von Upgrades, die die Fähigkeit des Kampfjets zum Einsatz in maritimen Umgebungen erhöhen. Während das Vollfarbdisplay des M-DSA beeindruckend ist, erhöht die Ausstattung mit dem Lockheed-Martin AN/APR-48B Modernized Radar Frequency Interferometer (M-RFI) die Fähigkeit des Apache V6, in Umgebungen zu operieren und zu überleben, die von modernen traditionellen Streitkräften umkämpft werden. Mit dem M-RFI wird die Fähigkeit des AH-64, radargestützte Bedrohungen zu erkennen und zu identifizieren, von 8 km auf 16 km verdoppelt. Mit einer erhöhten Reichweite von 16 km und einem 360-Grad-Abdeckungsbereich ist der Apache V6 nun in der Lage, 800 Quadratkilometer oder fast 500 Meilen Kampfgebiet zu überwachen.

Durch die Erkennung und Geolokalisierung von Radaremissionen auf größere Entfernungen wird die Aufrüstung die Fähigkeit des Apache V6 zur Unterdrückung feindlicher Luftabwehr (SEAD) deutlich verbessern und die Überlebensfähigkeit gegenüber fortgeschrittener gegnerischer Luftabwehr erhöhen. Zu den bestehenden Boden- und Luftzielmodi des Longbow wurde eine zusätzliche maritime Fähigkeit hinzugefügt. Mit diesen neuen Sensor-Upgrades kann der Apache V6 nun auch kleine Seeziele, wie schnelle Angriffs- und Landungsschiffe, verfolgen und bekämpfen.

Offene Systemarchitektur

Durch die Installation einer verbesserten Antenne wird der Apache V6 in die Lage versetzt, die funkbasierte Flächennavigation (RNAV) und das Tactical Air Navigation System (TACAN) zu nutzen und damit die Fähigkeit des AH-64 zu verbessern, über einem unübersichtlichen Ozean zu operieren. Nach den Plänen des Future Airborne Capability Environment (FACE) Programms verfügt der »stark softwareabhängige« Apache V6 über eine offene Systemarchitektur und den neuen Multicore Mission Processor (MMP). Durch die Einbindung des Modular Open Systems Approach (MOSA) in das aktuelle Defense Standardization Program werden alle bedeutenden Beschaffungen des Verteidigungsministeriums ein modulares Softwaredesign verwenden, das es ermöglicht, Systeme während des gesamten Lebenszyklus einer Plattform einfach und kostengünstig hinzuzufügen, zu entfernen und aufzurüsten. Der Apache V6 ist oberhalb der Rotoreinheit mit dem neuesten Manned/Unmanned Teaming-eXpanded Capabilities (MUMT-X) System von L3Harris ausgestattet. Das MUMT-X-System ist die neueste Erweiterung des bisherigen MUMT-2-Systems und ermöglicht es den Apache-Besatzungen, die unbemannten Flugzeuge MQ-1c und RQ-7B direkt zu steuern. Mit dem MUMT-X haben die Luftfahrzeugbesatzungen eine größere Kommunikations-

Enhanced Capability Performance – Eckdaten zur Finalisierung des engültigen V6-Modells der Echo-Reihe ab 2021. (Grafik: US Army / PEO Aviation-Bericht 2019)

AH-64E ECPs

- **Platform and Aircraft Performance**
  - **Composite Tail Rotor Blade (Phase I)***
  - **Composite Structures (Composite Tail Boom, Composite Vertical Stabilizer)**
  - **Improved IR Suppressor***
  - **Improved Main Rotor Hub***
- **Sensors and Situational Awareness**
  - **Modernized Radar Above Rotor**
  - **Sensor Improvements***
  - **MUMT- X/IOP**
  - **Advanced Cockpit (Head/Helmet Mounted Display)**
  - **Advanced Air Data Sensor**
  - **Next Gen Targeting Sensor**
  - **HR Turret (TADS/PNVS)**
  - **DVE – TAWS**
- **Avionics and Crew Awareness**
  - **Mission Processor**
  - **Improved Crew Ballistic Protection**
  - **Helmet Mounted Display**
  - **Advanced CDAS**
  - **Adaptive Crew Seats**
  - **LRU SWAP Improvements**
  - **Improved CBM Capabilities**
  - **Modernized Pylon & Weapon Interface**
- **Weapons**
  - **Small Guided Munitions**
  - **Modernized Rocket Launcher (Inc 1, Inc 2)**
  - **Next Generation Air-to-Ground Missile**
  - **Airburst 30mm**
  - **Improved Gun Turret**
  - **ASE Upgrades**
  - **Directed Energy Weapons (Phase I, Phase II)**

AH-64E Block II / ECPs

- **Platform and Aircraft Performance**
  - **ITEP**
  - **ITEP IR Suppressor**
  - **3850 SHP Transmission**
  - **Composite Structures**
  - **Fuselage Center Section Upgrade**
  - **Improved Drive System**
  - **Propulsor**
  - **Compounding Wing**
  - **Improved Tail Rotor Drive System***
- **Sensors and Situational Awareness**
  - **Mission Processor Refresh**
  - **Modernized Radar**
  - **EO/IR Modular Sensor**
  - **Sensor Improvement* (Conformal Radar, 360° Sensor)**
  - **DVE - Synthetic Vision**
  - **Integrated RF / Sensor Fusion**
- **Avionics and Crew Awareness**
  - **Advanced ASE Suite**
  - **Adaptive Crew Seat**
  - **Avionics Re-Architecture (Mission Processor Refresher, IDM Elimination)**
  - **Electrical Power**
  - **Advanced Cockpit (see list for sub-projects)**
  - **Advanced PVI and Displays**
  - **Advanced Flight Controls/Grip/Audio Interface**
- **Weapons**
  - **Counter Precision Fires**

Blick aus einem AH-64E der indonesischen Heeresflieger (Tentara Nasional Indonesia Angkatan Darat). Indonesien erhielt ab 2018 acht E-Modelle durch das US Foreign Military Sales (FMS)-Programm. (Foto: MoD TNI-AD / Oleh Nandang Hermawan)

reichweite mit den UAVs von bis zu 30 bis 100 km, was die Fähigkeit des Apache V6 zur Koordinierung mit dem US Marine Corps und der Marine erhöht. Das Netzwerksystem Link 16, das erstmals im AH-64E V4 installiert wurde, wird vollständig in den Apache V6 integriert. Link 16 ist ein taktisches Datenverbindungsnetzwerk, das von der NATO und verbündeten Nationen genutzt wird und den Austausch von Informationen zwischen Luft-, Marine- und Bodentruppen in nahezu Echtzeit ermöglicht. Der Apache V6 verbessert die Netzwerkfähigkeiten des AH-64 zusätzlich durch die Möglichkeit, Daten über das taktische Funksystem Soldier Radio Waveform (SRW) zu senden und zu empfangen. Mit SRW haben die Luftfahrzeugbesatzungen die Möglichkeit, direkt mit den Infanterietruppen am Boden über ihre Gewehr-Funkgeräte zu kommunizieren. Durch die Integration von Link 16, MUMT-X und SRW kann der Apache V6 als sicherer Kommunikationsknotenpunkt für Boden-, Marine- und zusätzliche Luftelemente dienen. Diese Vernetzungs-Upgrades erweitern die Fähigkeit des Apache V6, als Combat Controller zu agieren und verbessern das Situationsbewusstsein und die Koordination zwischen mehreren Elementen der Joint Force.

Raytheon Hochenergetischer Laser

Um der zunehmenden Bedrohung durch unbemannte Flugsysteme zu begegnen, können beim Apache V6 (wieder) Luft-Luft-Raketen vom Typ AIM-92 Stinger an den Standard-Hardpoints des AH-64 montiert werden. Für die Zukunft ist geplant, die Apache V6-Flügelspitzen mit hochenergetischen DIRCM-Modulen (Directional Infrared Countermeasures) auszustatten. Im Jahr 2017 führten die U.S. Army und Raytheon den ersten erfolgreichen Test eines helikopterbasierten Hochenergie-Lasersystems mit dem AH-64 durch. Nach Angaben von Raytheon hat ein Hochenergie-Laser-Pod, der an einem Hardpoint an den Stummelflügeln des Apache montiert ist, während einer Demonstration auf der White Sands Missile Range in New Mexico erfolgreich ein unbemanntes Ziel verfolgt und abgeschossen. Seit der Bekanntgabe des erfolgreichen Tests schweigt die Armee. Es ist derzeit nicht bekannt, ob es Pläne gibt, ein Laser-Energie-System in den Apache V6 einzubauen.

Im Dezember 2020 gab die Army Pläne bekannt, die in Israel hergestellten Langstreckenraketen Spike »Non-Line-Of-Sight« (NLOS) für den Apache V6 zu erwerben. Mit einer behaupteten maximalen Reichweite von 25 km (16 Meilen) würde die Spike NLOS dem Apache V6 eine um fast elf Meilen erweiterte Schlagreichweite gegenüber den derzeit verwendeten AGM-114L »Longbow Hellfire«-Raketen verleihen. Eine der interessantesten Neuerungen ist, dass der Apache V6 als erster mit dem Cognitive Decision Aiding System (CDAS) ausgestattet sein wird. Abgesehen von der Aussage der Army, dass es die Arbeitsbelastung der AH-64-Besatzung reduzieren wird, ist nur sehr wenig über das CDAS bekannt. Eine Analyse der Upgrades für den Apache V6 und Untersuchungen des Army Aviation Development Directorate lassen The Debrief vermuten, dass es sich bei

Grafiken zum Einsatz des hochenergetischen Laser-Pods mit dem AH-64E. (Foto: Raytheon)

Light weapon

Advantages	Disadvantages
Effective Concentrated light beam burns targets, capable of penetrating metal	**Vulnerability** Line of sight to the target means enemy can also see you
Instant and precise Travels at the speed of light, hits target immediately, highly accurate	**Range and power** Can be greatly reduced by dust or particles in the atmosphere
No ammunition Can continue to fire so long as it has power	**Legality** Can't be used directly against combatants as blinding weapons are banned by convention

Apache AH-64	Attack helicopter
Crew	2 (pilot and gunner)
Range	295 miles
Armament	1x 30mm chain gun
	4x hardpoints to attach missiles, rockets

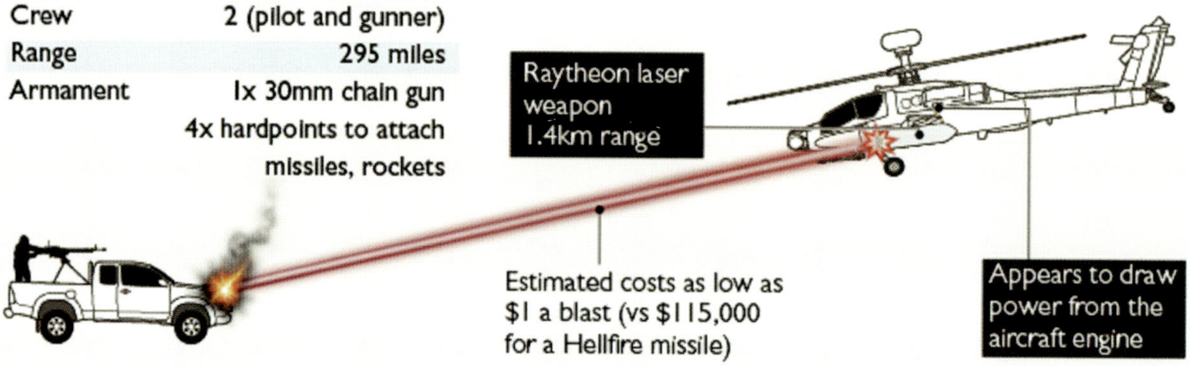

Hochenergetischer Laser an einem AH-64E in Erprobung (Foto: Raytheon)

CDAS um ein fortschrittliches Sensormanagement-Hilfsmittel handelt, das dazu beiträgt, die Arbeitslast für Aufgaben auf niedrigerer Ebene auf automatisierte Systeme zu verlagern und so die mentalen Ressourcen der Flugzeugbesatzung freizusetzen, damit sie sich auf die Informationsverarbeitung und Entscheidungsfindung auf höherer Ebene konzentrieren kann. Das für den Apache V6 beworbene CDAS ist wahrscheinlich eine Variante des Programms Synergistic Unmanned/Manned Intelligent Teaming (SUMIT) und Supervisory Controller for Optimal Role Allocation for Cueing of Human Operators (SCORCH) der Army. Die 2017 gestarteten Programme SCORCH und SUMIT entwickelten und verfeinerten die Fähigkeit eines einzelnen Bedieners, mehrere unbemannte Luftfahrtsysteme gleichzeitig zu steuern. Robuste automatische Zielerkennung und intelligente Suchalgorithmen unterstützen das visuelle Suchverhalten eines Bedieners und die Fähigkeit, mehrere Systeme gleichzeitig zu nutzen. Eye-Tracker-Systeme überwachen kontinuierlich den visuellen Fokus des Piloten und ermöglichen es dem System, in Echtzeit Empfehlungen zur Verbesserung der Effizienz der visuellen Suche zu geben. Die Integration von CDAS mit dem neuen MUMT-X-System würde den Apache V6-Besatzungen die Möglichkeit geben, mehrere UAS-Plattformen zu steuern, was den AH-64 nicht nur zu einer panzerbrechenden Luftnahunterstützung, sondern zu einem enormen Kampfmultiplikator macht.

Der AH-64E Apache Guardian Version 6 geht in den Dienst

Nach einer dreitägigen Reise von den Produktionsstätten in Mesa, Arizona, wurden die ersten sechs Apache V6 an das 1-229th Attack Reconnaissance Battalion auf der Joint Base Lewis-McChord, Washington, ausgeliefert. Ursprünglich entwickelt, um sowjetische Panzer zu zerstören, hat sich der AH-64E Apache V6 zu einem Kampflotsen entwickelt, der in der Lage ist, mehrere boden-, luft- und seegestützte Systeme zu verbinden. Mit der vergrößerten Reichweite für Feuerleit- und Waffensysteme wird sich der Apache V6 als Plattform für Kampf und Aufklärung auch über große Distanzen bewähren.

Für die Strategen des Pentagons, die sich über Chinas Expansionismus im südchinesischen Meer Sorgen machen, werden die erweiterten maritimen Fähigkeiten des V6 eine willkommene Ergänzung des AH-64-Repertoires sein. Diese Fähigkeiten werden auch von verbündeten Exportkunden wie Südkorea, Japan, Taiwan und Großbritannien begrüßt werden. Das GEN3 M DSA und einige der Software-Änderungen machen das System intuitiver und sparen Zeit und Mühe. Besatzungen des V6 E-Modells erhalten dadurch mehr Energie und Zeit für das Einsatzumfeld und die Missionsziele und haben das große Bild im Blick.

Der V6 Apache kann Ziele identifizieren, bevor er überhaupt in Schussweite ist. Das Feuer übernehmen aus großer Entfernung jedoch andere Plattformen, wie etwa Drohnen, die ihrerseits vom AH-64 dirigiert werden. Der Apache wird somit zur eindeutigen Abstandswaffe. Eine wichtige Fähigkeit angesichts der ebenfalls modernen Waffen der potentiellen Gegner. Würde man ab dem Jahr 2021 als verifizierter Exportkunde einen AH-64E Apache Guardian bestellen, kämen folgende »Artikel« als Gesamtpaket zustande (hier am Beispiel der Bestellung Australien verdeutlicht):

(29) AH-64E Apache Kampfhubschrauber;

(64) T700-GE 701D Triebwerke (58 installiert, 6 Ersatzteile);

(29) AN/ASQ-170 Modernized Target Acquisition and Designation Sight/ AN/AAR-11 Modernized Pilot Night Vision Sensors (M-TADS/PNVS);

(16) AN/APG-78 Feuerleitradar (FCR) mit Radarelektronikeinheiten;

(29) AN/APR-48B Modernisierte Radarfrequenzinterferometer (MRFI);

(70) Eingebettete globale Positionsbestimmungssysteme mit Trägheitsnavigationssystemen plus Multi-Mode-Empfänger (EGI+MMR) (58 installiert, 12 Ersatzteile);

(35) AAR-57 Common Missile Warning Systems (CMWS) (29 installiert, 6 Ersatzteile);

(70) AN/ARC-231A Very High Frequency/Ultra High Frequency (VHF/UHF) Funkgeräte (58 installiert, 12 Ersatzteile);

(85) AGM-114R Hellfire-Raketen;

(29) M36E8 Hellfire Captive Air Training Missiles (CATM); und zweitausend (2.000) Advanced Precision Kill Weapon System Guidance Sections (APKWS-GS).

AN/APR-39 Radarsignal-Erfassungsgeräte;

AN/AVR-2B Laser-Erkennungsgeräte;

AN/APX-123A Transponder zur Identifizierung von Freund oder Feind (IFF);

IDM-401 Verbesserte Datenmodems;

Link-16 Kleines taktisches Terminal KOR-24-A;

Verbessertes System zur Abgabe von Gegenmaßnahmen (ICMD);

AN/ARN-149 (V)3 Automatischer Peilsender;

Doppler ASN-157 Doppler-Radar-Geschwindigkeitssensoren;

AN/APN-209 Radar

Höhenmesser Common Core (RACC);

AN/ARN-153 Taktisches Luftnavigationsgerät (TACAN);

AN/PYQ-10(C) Einfaches Schlüsselladegerät;

M230E1 + M139 AWS Automatikgeschütz;

M261 Raketenwerfer;

M299 Raketenwerfer;

2,75-Zoll-Raketen;

30-mm-Granaten;

Hochexplosiver Sprengkopf für luftgestützte 2,75-Raketen, inert;

MK66-4 2,75-Zoll-Rakete; hochexplosiver Gefechtskopf;

M151 Zünder;

M423 Motor;

MK66-4 2,75 Zoll Raketensprengkopf;

M274 Motor;

MK66-4 2,75-Zoll-Raketenmotor;

M151HE 2,75-Zoll-Sprengkopf;

Manned-Unmanned Teaming-2 (MUMT-X) Videoempfänger;

Manned-Unmanned Teaming-2 (MUMT-X) Luft-Luft-Boden-Kits;

Trainingsgeräte;

Kommunikationssysteme;

Helme;

Simulatoren;

Generatoren;

Transport- und Organisationsausrüstung;

Ersatz- und Reparaturteile;

Unterstützungsausrüstung;

Werkzeuge und Prüfgeräte;

technische Daten und Veröffentlichungen;

Personalschulung und Schulungsausrüstung;

technische Unterstützung durch die US-Regierung und Auftragnehmer;

technische und logistische Unterstützungsdienste;

und andere damit zusammenhängende Elemente des Programms und der logistischen Unterstützung.

Der geschätzte Gesamtwert beträgt ca. 3,5 Milliarden Dollar. Ein AH-64E kostet demnach 2021 ca. 120 Millionen Dollar.

Formationsstart frisch ausgelieferter AH-64E (Foto: Boeing)

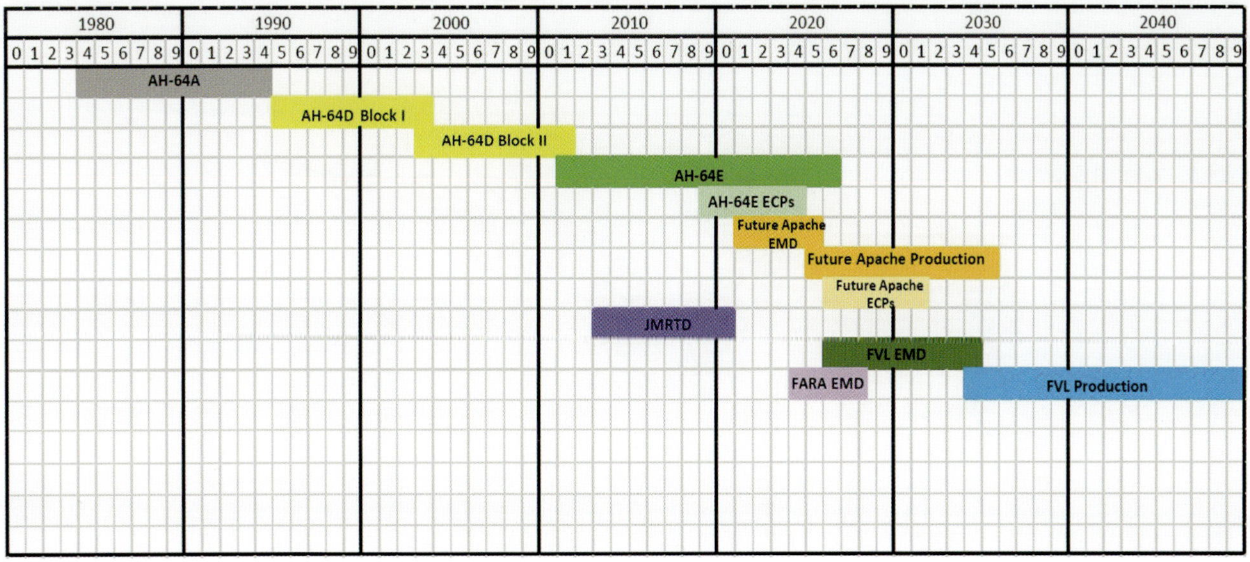

Grafik der AH-64-Entwicklung und -Planung laut U.S. Army. (Grafik: US Army / PEO Aviation-Bericht 2019)

Cockpit verdunkelt: Beim Instrumentenflug wird die Fluglage ausschließlich über Instrumente gehalten und die Navigation erfolgt mit Hilfsmitteln, die es erlauben, den beabsichtigten Flugweg unabhängig von der Sicht nach außen einzuhalten. Die beim Instrumentenflug zu beachtenden Flugprinzipien sind in den Instrumentenflugregeln (Instrument Flight Rules, IFR) zusammengefasst. . Zukünftige Apache-Piloten werden für die Ausbildung zusammen eingeteilt, müssen aber während der Ausbildungsphasen, in denen das Fliegen erforderlich ist, ohne ihren »Stick Buddy« fliegen. (U.S. Army / Sgt. 1st Class Andrew Kosterman)

Ausbildung, Training und Ausstattung der Piloten

Piloten- und Mechaniker-Schmiede Fort Rucker

Das U.S. Army Aviation Center of Excellence ist die dominierende militärische Einrichtung in Fort Rucker. Training, Doktrin und Tests sind wichtige Bestandteile der Mission des Zentrums, die Fähigkeiten der Army Aviation zu entwickeln. Seit 1973 wird die gesamte Ausbildung der Army Aviation in Fort Rucker durchgeführt, ebenso wie die Ausbildung von Hubschrauberpiloten und Flugpersonal der US Air Force und der Alliierten. Das Zentrum beherbergt das US Army Aviation Technical Test Center (ATTC), das Entwicklungstests für die Army Aviation durchführt. Das United States Army Operational Test and Evaluation Command's Test and Evaluation Coordination Office und das TH-67 Primär- und Instrumententraining befinden sich beide auf dem Cairns Army Airfield statt. Zu den operativen Einheiten auf dem Posten gehören die 1st Aviation Brigade und die 110th Aviation Brigade, die für die Ausbildung der Heeresfliegerei zuständig sind, sowie die USAF 23d Flying Training Squadron für die Ausbildung von Hubschrauberpiloten und Flugpersonal der Luftwaffe.

Die 110th Aviation Brigade besteht aus vier Bataillonen, die drei verschiedene Standorte nutzen. Das 1st Battalion, 11th Aviation Regiment, betreibt und verwaltet die Flugsicherungsdienste für USAACe/Fort Rucker und das National Airspace System. Das 1. Bataillon, 13. Fliegerregiment, bildet zukünftige Fluglotsen und Luftfahrtspezialisten aus, die kürzlich die Grundausbildung der US-Armee abgeschlossen haben oder von einem anderen MOS wechseln.

Der neuere AH-64E Flugsimulator wurde bereits nach und nach auch den fliegenden Verbänden zur Verfügung gestellt. In Fort Rucker befindet sich jedoch das komplette Repertoire alle Simulatoren. Von der Desktop-Variante, über die System-Simulatoren (TADS/PNVS), bis hin zum hochentwickelten Missions-Simulator. (Foto: U.S. Army)

Bis 2021 waren die Simulatoren aller Nutzerstaaten noch mindestens zur Hälfte auf D-Modelle angepasst, wie hier bei der Niederländischen Luftwaffe in Gilze-Rijen. (Foto: Audio-Visuele Dienst Defensie, AVDD)

Das 1. Bataillon des 14. Fliegerregiments operiert vom Hanchey Army Heliport aus und führt mit den AH-64E Apache Longbow-Hubschraubern Schulungen für Absolventen durch. Das 1. Bataillon des 212. Fliegerregiments operiert vom Lowe Army Heliport und Shell Army Heliport aus und führt mit den UH-60-Hubschraubern Kampf- und Nachteinsätze durch. Das 1st Battalion, 223d Aviation Regiment operiert vom Cairns Army Airfield und Shell Army Heliport aus und fliegt den Eurocopter UH-72 Lakota für die Einführungsschulung von Hubschrauberpiloten sowie den Knox Army Heliport für die Ausbildung von Piloten, die den CH-47 Chinook Hubschrauber fliegen. Außerdem befinden sich aufgrund der großen Anzahl der dort stationierten Warrant Officers sowohl die Warrant Officer Candidate School als auch das Warrant Officer Career College in Fort Rucker. Aviation Warrant Officers verbleiben in Fort Rucker, um die Flugausbildung und den Aviation Warrant Officer Basic Course zu absolvieren. Nach Abschluss ihrer Ausbildung erhalten die Aviation Warrant Officers das Army Aviator Badge.

Der Dienstgrad »Warrant Officer« ist für Apache-Crews und hier vor allem die Co-Pilot/Gunner gilt in den US-Streitkräften als Fachdienstoffizier mit Dienstgrad Unterleutnant. Der US Army Warrant Officer (AWO) ist ein hochspezialisierter Experte und Ausbilder, der in seinem Aufgabenbereich und in der militärischen Führung ständig weitergebildet wird. Er führt, verwaltet und setzt Ausrüstung in Stand. Der AWO führt seinen Aufgabenbereich oder seine technische Ausrüstung (beispielsweise einen Hubschrauber) für seine gesamte Dienstzeit. Angesprochen wird der CWO in der US Army von seinen Untergebenen meist mit Chief. Warrant Officer gehören nicht selten auch zum filegenden Personal im AH-64. Sie steigen oft nach Durchlaufen der Techniker- oder Mechaniker-Laufbahn (Military Occupational Specialty, kurz: MOS) in die fliegende Laufbahn der US Army oder Army National Guard auf.

Die MOS-Bezeichnung für AH-64A (Attack Pilot) lautete MOS152F, für den AH-64D MOS152H und neuerdings MOS152E für AH-64E Piloten. Technische (nicht-fliegende) Berufe sind beispielsweise MOS15R AH-64 Attack Helicopter Repairer, MOS15X AH-64A Armament/Electrical/Avionics Systems Repairer, MOS15Y AH-64D Armament/Electrical/Avionic Systems Repairer. Letztere Dienstposten findet man demensprechend oft in Combat Aviation Battalions (CAB) der US Army.

Piloten werden bereits seit 2015 mit ihren neuen Helmsystemen im Simulator trainiert, um direkt auf die AH-64E geschult zu werden. Viele Verbände verfügen noch über die D-Varianten. Die feinen Unterschiede werden dann im Verband gelehrt. (Foto: U.S. Army)

Mit den neuen Helmen von Gentex werden einige Grundlagen neu erlernt, falls der Pilot vom D- auf das E-Modell umsteigt. Vor allem die Sensor-Adaption des Helmvisiers über magnetische Impulse ist neu im Vergleich zu D-Modell. Metallische Gegenstände müsse im E-Cockpit vermieden werden. (Fotos: U.S. Army)

Erstes AH-64E V6-Training ab April 2021

Ob neuer oder erfahrener Pilot, der Betrieb des AH-64 V6 erfordert eine umfangreiche Missionsausrüstung und Flugausbildung. Um Betreibern zu helfen, sich vollständig auf den Betrieb des Apache V6 vorzubereiten, bietet das New Equipment Training (NET)-Team des Program Executive Office for Aviation Apache-Projektbüros wichtige Anweisungen, um sicherzustellen, dass Betreiber darauf vorbereitet sind, die vielen Upgrades des V6-Flugzeugs sicher zu betreiben und voll auszunutzen. Das Apache NET-Team nutzt eine Kombination aus Klassenraumtraining, Longbow Crew Trainer (LCT)-Sitzungen und Trainingsflügen, um die Piloten mit der aufgerüsteten Version vertraut zu machen. Die Bedienerschulung besteht aus vier verschiedenen Kurstypen: Aircraft Series Transition Course (ASTC), Aircraft Version Upgrade Training (Differences), der Maintenance Test Pilot (MTP) Series Transition Course und das MTP Version Upgrade Training. Diese Kurse variieren in der Länge von einer Woche bis zu fünf Wochen. Das Training macht aus bestehenden AH-64E Version 4 oder früher qualifizierten Piloten voll qualifizierte V6-Piloten. Der Version 6-Kurs hat sich erheblich verändert, seit die USD Army die erste Einheit auf der Joint Base Lewis-McChord eingesetzt hat. Die Wartungskurse bilden Military Occupational Specialty (MOS) 15R, Crew Chiefs, und MOS 15Y, Rüstungsspezialisten, aus. Die Instandhalterschulung besteht aus persönlichem Unterricht im Klassenzimmer, praktischem Training an Wartungs-Simulationsgeräten und computerbasiertem Training. Ziel ist es, die Ausbildung der Instandhalter der Einheit abzuschließen, bevor die ersten Flugzeuge ausgeliefert werden. Zusätzlich führen die NET-Teams Link 16 Unit Manager Training (LUM), Flugzeugbetankungs-Training, Aviation Mission Planning System Training und Secure Communication Loading/Interface Training durch. Während der Apache das Rückgrat der Kampfhubschrauberflotte der US-Armee ist, spielt die Maschine auch bei einer Reihe von internationalen Verteidigungskräften eine entscheidende Rolle. Und wenn der V6 im Rahmen des Foreign Military Sales Programms an Partnerländer ausgeliefert wird, schult das NET-Team auch deren Piloten und Wartungspersonal. Das Training für FMS-Kundenländer findet in deren Land statt, wobei deren Einrichtungen, LCT und Flugzeuge genutzt werden.

Ein frisch aus dem Werk gelieferter AH-64E. Auffallend sind die leeren Sensor-Plaketten – passive und aktive Warnempfänger wurden noch nicht angebracht. Selbst die 70-mm-Werfer sind werksneu. Man beachte die unterschiedlichen Stellwinkel der Hydra-Werfer. Ein Feature seit dem A-Modell war die variable und automatische Winkelneigung des Waffenpylons, um den möglichst besten Abschusswinkel laut Computerdaten zu erreichen. (Foto: Boeing)

Die brandneuen E-Modell-Simulatoren während einer Presse-Besichtigung 2021 (Foto: U.S. Army / PEO Aviation)

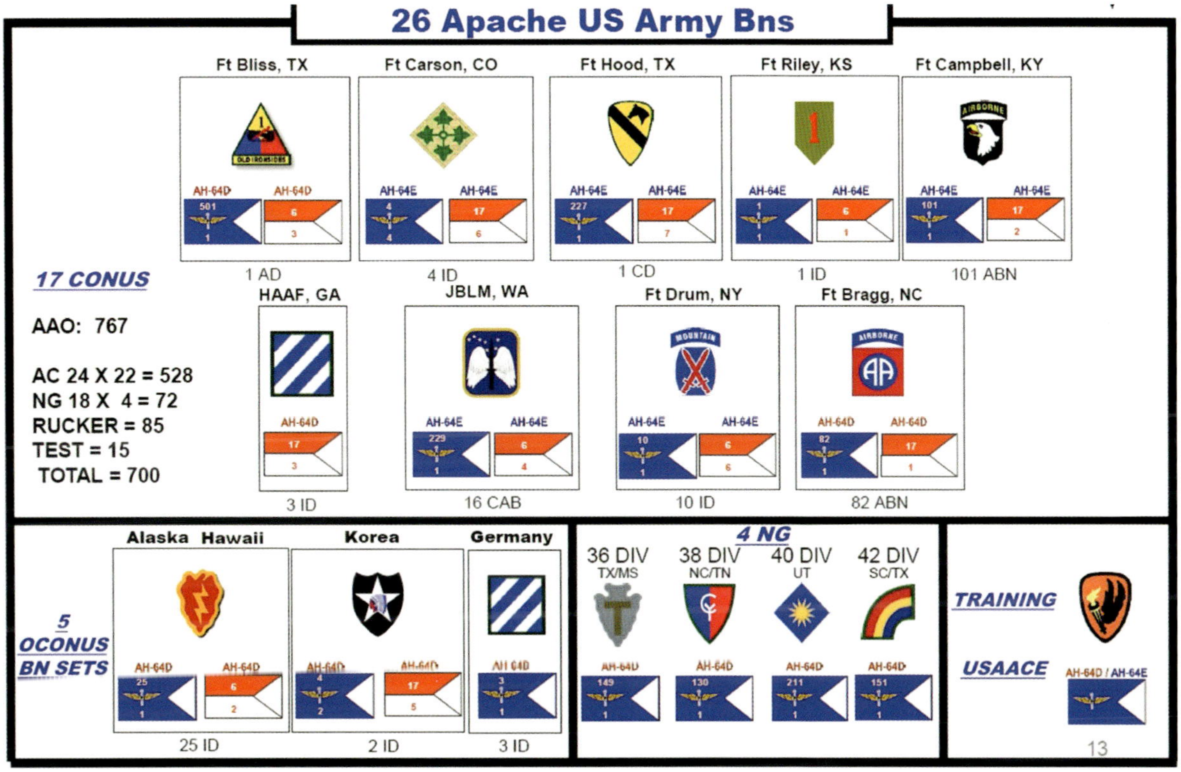

Übersicht der bis 2026 gültigen AH-64 Ist-Stärke und Aufteilung auf die U.S. Army Aviation Verbände laut dem US Army-Bericht des Apache Project Office 2019. Der Mix aus D- und E-Modellen wird sich noch verändern, da monatlich immer mehr E-Modelle fertiggestellt werden. Bis 2025 soll die Apache-E-Produktion bzw. Umrüstung laufen.

Neues Training für Wartungsteams – Der L-7AY Multiplex, Avionics, Visionics, Weapons, Electrical Systems Trainer (MAVWEST)

Seit den 2000er-Jahren ist der AH-64D Apache Longbow der wichtigste Kampfhubschrauber der U.S. Army und hat sich hervorragend bewährt. Im Rahmen der normalen technologischen Entwicklung wird dieser bewährte Kämpfer durch den neuesten Angriffshubschrauber, den AH-64E, ersetzt. Es ist immer noch ein Apache und das Echo-Modell wird bequem den Platz des Delta-Modells als weltweit fortschrittlichster Mehrzweck-Kampfhubschrauber einnehmen und nur die Grundlage und das Erbe ergänzen, das von den Apache-Maschinen vor ihm aufgebaut wurde. Um diesem Übergang gerecht zu werden, müssen die Trainingsgeräte für die Wartung Schritt halten. Der L-7AY ist ein AH-64E Apache-Trainingsgerät, das im Auftrag des Apache Program Management Office (PMO) von Logistics Services International (LSI) entwickelt und gebaut wurde. Die erste Ausgabe dieses Trainers wurde an die Ausbilder, die die Apache-Bewaffnung in der Alpha Company, 1-210th Avn. Regt. während des zweiten Quartals 2016. Der L-7AY Multiplex, Avionics, Visionics, Weapons, Electrical Systems Trainer, kurz MAVWEST, ist ein Simulationssystem für Cockpitsysteme und viele weitere Subsysteme. Es ist ein duales militärisches Ausbildungs-Tool, da es sowohl für den MOS 15Y IT-Wart (Apache Armament/Electrical/Avionics Repairer) als auch für den 15R Mechaniker (Apache Repairer) gedacht ist. Das MAVWEST ist ein Übungsgerät, das die Betriebssysteme des AH-64E simuliert und zum Training der Systemeinweisung, der Fehlereingrenzung, des Ausbaus und Einbaus von Komponenten sowie zur Fehlerbehebung verwendet wird. Dieses Trainingsgerät bietet die Möglichkeit, einen Flugzeugfehler zu simulieren, die anfängliche Analyse durchzuführen, zur Fehlersuche überzugehen, eine Komponente auszutauschen und das Ganze mit der Durchführung der Wartungsbetriebsprüfung abzuschließen. Das MAVWEST-System besteht aus drei Hauptkomponenten: dem Instructor Operating System (IOS), der Mobile Power Supply Unit (MPSU) und dem L-7AY-Trainer selbst. Der Server ist in einem Towerschrank untergebracht und enthält die gesamte Software, die zur Ausführung der Simulationen und Trainingsszenarien verwendet wird. Die MPSU sieht genauso aus und funktioniert genauso wie die in der Realität genutzte Aviation Ground Power Unit (AGPU). Das Design des Geräts ermöglicht es, die Anschlüsse der MPSU, egal ob elektrisch oder hydraulisch, an der Flugzeugzelle zu befestigen und simuliert auf diese Weise den echten Testvorgang am Hubschrauber. Der Trainer selbst ist in einen echten AH-64E eingebaut, so dass das Aussehen und das Gefühl am echten Hubschrauber zu arbeiten nachempfunden wird. Selbst Geräusche werden eingespielt. Wenn man zum Beispiel die Taste zum Starten der Auxiliary Power Unit (Hilfsturbine) drückt, hört man das typische Geräusch einer hochfahrenden APU. Das L-7AY unterstützt 326 Fehlerisolierungsverfahren (FIPS) für 27 wichtige Flugzeugsysteme.

Zu diesen Hauptsystemen gehören die Waffensysteme, die Kommunikation sowie die Struktur der Flugzeugzelle. In die Software sind 97 Maintenance Operational Checks eingebettet, so dass angehendes Wartungspersonal einen kompletten Systemcheck durchführen kann, um den Hubschrauber oder seine Systeme tatsächlich wieder in einen betriebsbereiten Zustand versetzen zu können. Die Software ist so eingerichtet, dass sie die Prozesse und Verfahren des AH-64E nachahmt und arbeitet mit dem interaktiven elektronischen technischen Handbuch zusammen, um den Auszubildenden eine realistische Trainingsumgebung zu bieten. Wenn der Auszubildende eine Taste auf dem Multipurpose Display auswählt, reagiert es sehr realitätsgemäß. Durch diese authentische Simulation werden die Auszubildenden besser auf die tatsächliche Arbeit im Feld vorbereitet, wenn sie ihren Einheiten zugeführt werden. Der L-7AY AH-64E-Trainer ist derzeit wohl das fortschrittlichste Wartungsschulungsgerät auf dem Markt. Mit seinem Design, seinen Funktionen und seiner Anpassungsfähigkeit wird diese erstaunliche Maschine die Zukunft der Army Aviation Attack Maintainer über viele Jahre hinweg effektiv gestalten.

Zur Innovation in der Ausbildung und im Training des AH-64E gehören auch ganz neue Ansätze. Hier ein Mockup eines Triebwerks zum Training des Wartungspersonals. Jede einzelne Schraube und jedes Austauschmodul wird inzwischen mittels 3D-Wartungsprogramme in einer komplett virtuellen Welt erfasst und kann simuliert oder tatsächlich zur Diagnose und Reparatur sowie Ersatzteilbeschaffung verwendet werden. (Foto: General Electric)

Pilotenausstattung

Zur Standardausstattung der AH-64 Piloten gehören folgende Gegenstände:

- der Apache-Helm (M142 / HGU-56/P AAIH). Der Helm trägt auch das Helmet-Mounted Display System, das im Inneren des Apache-Cockpits untergebracht ist.
- das BALCS (Body Armour/Load Carriage System) mit ballistischem Schutz
- ein M4A1 Carbine in der Cockpit-Seitenhalterung (5,56 x 45 mm) bei US Army Crews (beispielsweise SA-80 Carbine bei UK Crews)
- einer Kurzwaffe am Körper (Beretta M9 oder die neueren M17/M18 SIG Sauer P320 MHS 9 x 19 mm). Die SIG Sauer P320 MHS Pistole ist wesentlich leichter als ihre Vorgängerin M9.
- ein M9 Bajonett / Kampfmesser
- ein Aircrew Cutter zum Durchtrennen der Sicherheitsgurte
- Lokalisierungshilfsmittel / Leuchtsignale (orangefarbener Rauch bei Tageslicht / Signalfackel bei Nacht)
- ein Heliograph/Spiegel. Dieses Signal kann aus bis zu 25 km Entfernung gesehen werden. Ein Heliograph ist ein Signalgerät, das Sonnenlicht reflektiert, um über große Entfernungen zu kommunizieren
- ein Minenband/Panzertape
- eine medizinische Grundausrüstung (Erste-Hilfe-Pouch)
- eine Ersatzbatterie für das Funkgerät

- ein Boden-Luft-Funkgerät. Es wird verwendet, um mit anderen Flugzeugen und Hubschraubern in Funkkontakt zu treten
- ein Not-Beacon. Dieser kann verwendet werden, um diskret durch ein stroboskopisches helles weißes Licht oder mit einem IR (Infrarot)-Filter verdeckt Aufmerksamkeit zu erregen
- ein Schwerlast-Karabiner mit Gurtstück. Dieser wird verwendet, um ein Mitglied der Flugzeugbesatzung an der Seite eines anderen Flugzeugs zu befestigen, wenn das eigene Flugzeug aus irgendeinem Grund abgestürzt ist
- Notfall-Trinkwasser (50-ml-Beutel) in einem kleinen Beutel auf der Rückseite der Weste.
- ein leichter Schlafsack
- eine Thermojacke
- ein »Shemagh« (Halstuch)
- Notration (»Meal Ready to Eat«, MRE)
- wasserdichte Kleidung

Ein Apache-Pilot vor einer Maschine kurz nach der Landung. Der Honeywell-Helm mit modifizierter Front gehört zur 2. Generation des IHADSS (Integrated Helmet And Display Sight System) und wird nur von Piloten des D-Modells verwendet. (Foto: Christian Rastätter)

Detailaufnahme des Body Armor/Load Carriage System (BALCS). Die Weste kann je nach Mission mit ballistischen Platten sowie maritimer Rettungsausstattung modifiziert werden. (Foto: Christian Rastätter)

Ein AH-64E Apache Guardian Pilot der Task Force Tigershark, von der 16th Combat Aviation Brigade, 7th Infantry Division 2017 in Afghanistan während Operation Freedom's Sentinel. Man beachte den Colt M4 Karabiner in 5,56 mm in der seitlichen Befestigung. Karabiner und Handfeuerwaffe werden selten bei Übungen mitgeführt, im Einsatz sind sie jedoch obligatorisch. (Foto: U.S. Army / Capt. Brian Harris)

An der rechten Mittelrumpfseite befindet sich eine Verstaukammer, in der die Piloten auch Gepäck und persönliche Ausrüstung verstauen können. (Foto: Christian Rastätter)

Stub Wing Rescue: ursprünglich als Notevakuierungsverfahren für Apache-Besatzungen abgeschossener oder abgestürzter Maschinen gedacht, konnte man im Verlauf der Irak- und Afghanistan-Einsätze immer wieder beobachten, dass auch reguläre Truppen auf diese Weise ins Gefecht gebracht wurden. Britische Apache-Maschinen wurde hier berühmt, als sie aufgrund von Transporthubschrauber-Engpässen keine andere Wahl hatten, als jeweils zwei Soldaten zur Verstärkung in ein laufendes Gefecht zu bringen. Hier im Bild ein U.S. Soldat bei einer Rescue-Übung mit einem AH-64D des 4th Aviation Attack Battalion 2nd Combat Aviation Brigade in Gunsan, Südkorea, 2009. (Foto: Reuters / Jo Yong-Hak)

AH-64-Pilotenhelme

In den letzten 50 Jahren wurden die Vorgaben für Fliegerhelme der US Army immer wieder verfeinert und neugestaltet, um den Tragekomfort zu verbessern und gleichzeitig mehr Stabilität, besseren Halt und höheren Schutz zu ermöglichen. Systeme wie der Aircrew Protection Helmet Number 5 (APH-5), ein früher Hartschalen-Fliegerhelm, nutzte lederbezogene Schaumstoffpolster unterschiedlicher Dicke, um eine individuelle Passform für den Flieger zu schaffen und so den Tragekomfort zu verbessern. 1969 wurde der Sound Protection Helmet Number 4 (SPH-4) in den Dienst gestellt, der mit einem verstellbaren Riemenaufhängungssystem ausgestattet war. Das Integrated Helmet and Display Sighting System (IHADSS), das ausschließlich im Apache eingesetzt wird, verwendet zusätzlich vordere und hintere Polster in Verbindung mit einer inneren Korbanordnung, die vom Benutzer vertikal eingestellt werden kann. Stirn und Nackenpolster werden verwendet, um eine individuellere Passform für die Vorwärts-Rückwärts-Positionierung des Helms zu erreichen. Das Integrated Helmet and Display Sighting System (IHADSS) war ein neues Helmkonzept, bei dem die Rolle des Helms erweitert wurde, um eine visuell gekoppelte Schnittstelle zwischen dem Flieger und dem Luftfahrzeug zu schaffen. Das Honeywell M142 IHADSS ist mit einem monokularen Display mit 40 mal 30 Grad-Sichtfeld und Video-Symbolik ausgestattet. Das Display ermöglicht auch die Navigation bei Dunkelheit. Der Leistungsstandard HGU-56/P AIHS der U.S. Army wurde entwickelt, nachdem eine Reihe von Untersuchungen von Unfällen mit Drehflüglern der U.S. Army gezeigt hatten, dass Flugzeugbesatzungen durch Kopfverletzungen ums Leben kamen. Verletzungen, wie sie hätten vermieden werden können, wenn die Helme einen höheren Schutz geboten hätten. Zu diesen Fällen gehörten Schädelbasisfrakturen durch seitliche sowie frontale Aufschläge. Gegenwärtig ist der HGU-56/P AIHS, der 1995 erstmals eingesetzt wurde sowie Varianten davon, wie der HGU-56/P Apache Aircrew Integrated Helmet (AAIH) und der HGU-56/P Rotary Wing Helmet (RWH), die einzigen Helme, die den AIHS-Leistungsstandard erfüllen. Der HGU 56/P AIHS ist derzeit bei der US Army, der Air Force, dem Marine Corps und der Küstenwache im Einsatz. Der HGU-56/P AAIH ist eine platt-

Links: Der Honeywell M142 IHADSS Helm war seit Ende der 1980er der Standard-Helm der A- und D-Modell-Besatzungen. Die etwas klobige und schwere Visor-Platte störte jedoch viele Piloten und wurde Mitte der 2000er-Jahre gegen eine modifizierte Gentex-Visor-Platte ausgetauscht, ohne die Sensoren am Helm zu verändern, die für die Einbindung in die IHADSS-TADS/PNVS-Verknüpfung zuständig sind. Vor allem konnte man keine (Reserve-) Nachtsichtbrillen daran montieren (NVG). Viele Helme sind jedoch noch in der alten Form bei AH-64D-Besatzungen im Umlauf. Vor allem die Exportkunden des AH-64D nutzen den Helm in der originalen Form. Foto: (U.S. Army / Maj. Robert Fellingham)

Rechts: Der M142 Helm in der leicht modifizierten Form mit Gentex-Visor und NVG-Tragegestell. (Foto: Christian Rastätter)

Das neue Gentex HGU-56/P Apache Block III Integrated Rotary Wing Helmet System. Dieser Helm ist nur für die AH-64E Piloten konzipiert und löst den alten M142 Helm ab. Hier ein AH-64E Pilot der 16th CAB. (Foto: U.S. Army / Capt. Brian Harris)

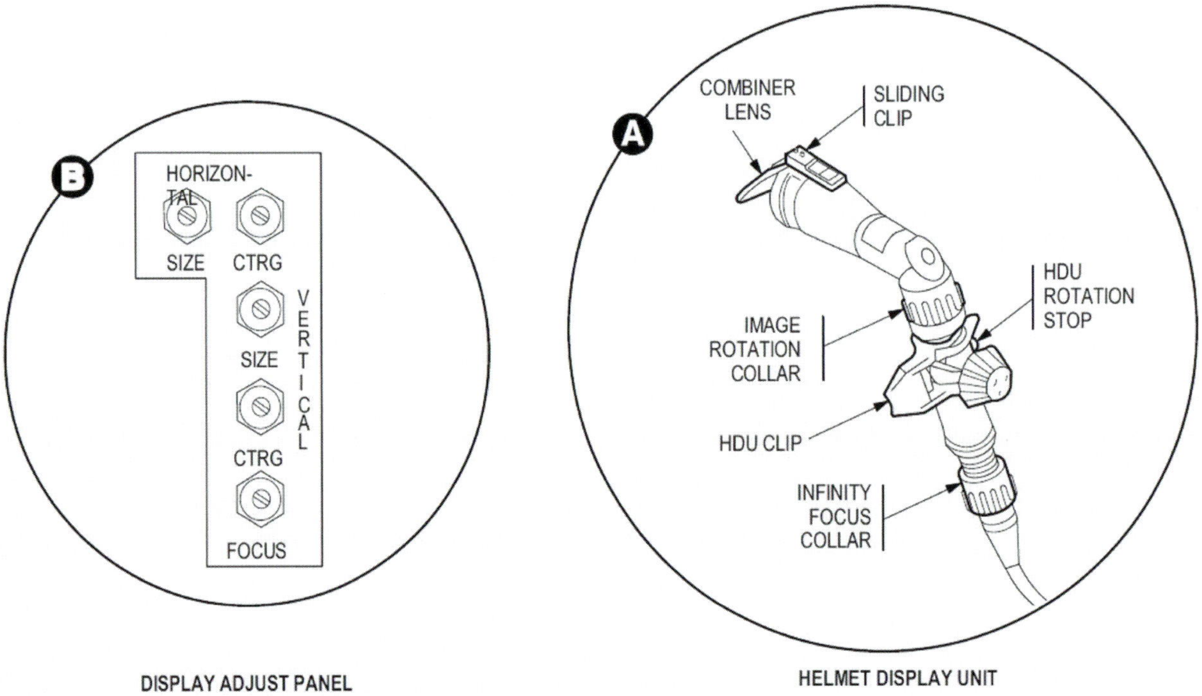

Grafische Darstellung der HDU (Helmet Display Unit) laut Technical Manual.

Honeywell M142 IHADSS Helm (links) mit montiertem Monokel für die HDU (Helmet Display Unit) und der neue Gentex HGU-56/P (rechts) im Vergelch. (Foto links: Christian Rastätter)

Die neue Helm-Generation Gentex HGU-56/P Apache Block III Integrated Rotary Wing Helmet System basiert auf dem bereits eigeführten Gentex HGU-56, welche bei den UH-60 und CH-47-Besatzungen genutzt werden. Die magnetbasierten Sensoren, die Montageanschlüsse des HDU sowie der charakteristische Ausschnitt im Visor für das »Eye-Piece« kennzeichnen den neuen Apache-Helm.

formspezifische Variante des HGU-56/P AIHS und wird von den Piloten des AH-64E getragen. D-Modelle müssen noch mit dem klassischen Honeywell-Helm auskommen. Dieser wurde zwar ebenfalls mit der Zeit durch kleine Ergänzungen verbessert, jedoch nur im Frontbereich des Helmes. Heute sieht man die »alten« M142 IHADSS-Helme meist nur noch bei Exportkunden mit A- oder D-Modellen älterer Baulose. US-Piloten des D-Modells verwenden seit mehreren Jahren den HGU-56 Fronaufsatz über dem M142, jedoch keinen HGU-56 als solchen. Lediglich die Visier-Blende wurde übernommen und kann somit auch besser die NVG-Geräte aufnehmen, falls das TADS7PNVS nicht mehr

ABC-Selbstschutz für Apache-Besatzungen: der AH-64 ist nicht luftdicht und verfügt nicht über eine Dekontaminationsanlage für atomare, biologische oder chemische Gefährdungslagen. Daher müssen Besatzungen die sehr unbeliebte, weil unbequeme, Joint Service Aircrew Mask (JSAM) MPU-6(V)/P samt ABC-Schutzanzug verwenden können. Dies muss regelmäßig geübt werden. (Foto: U.S. Army CBRN School / Public Affairs Office)

einsatzfähig ist. Diese Misch-Version stellt jedoch leidglich eine Übergangslösung dar. Daher wandte sich der Projektmanager (PM) Apache Block III früh an das U.S. Army Aeromedical Research Laboratory (USAARL), Fort Rucker, Alabama, mit der Bitte um Unterstützung bei der Evaluierung und Lösungsfindung für ein von der Regierung entwickeltes Helmet Display Unit (HDU)-Gerät namens Mock HDU für die Helmausrichtung des Apache Advanced Integrated Helmet (AAIH). Der AAIH ist eine modifizierte »Head Gear Unit No. 56 for Personnel« (HGU-56/P), die das aktuelle Integrated Helmet and Sighting System (IHADSS) ersetzen soll. Der aktuelle blitzlichtbasierte HDU-Simulator für die Helm und HDU-Ausrichtung wurde nicht mehr produziert und ist kaum noch verfügbar.

Eine korrekte Helm/HDU-Ausrichtung ist entscheidend für die Positionierung des rechten Auges im kleinen HDU-Augendisplay, um eine Bildausrichtung und ein volles Sichtfeld zu erhalten. Der anfängliche Ansatz der Army zur Entwicklung einer Helm HDU-Anpassungsvorrichtung (Mock HDU) bestand darin, die optischen Eigenschaften der aktuellen taktischen HDU mit einer weniger komplexen Optik zu duplizieren. Die Ergebnisse führten jedoch zu fragwürdigen Ausrichtungs- und Verzerrungsproblemen sowie zu Überschreitungen der Kosten und der Entwicklungszeit.

Nach der Evaluierung der Mock HDU betrachtete man ein kostengünstiges, weniger komplexes optisches Design, das Helmet/HDU Alignment Tool (HAT). Die Laborauswertungen umfassten Messungen der Ausrichtungsgenauigkeiten im Vergleich zu taktischen HDUs. Die Apache-Helmtechniker und Apache-Piloten verglichen das HAT mit dem aktuellen, auf einer Taschenlampe basierenden HDU und stuften das HAT als überlegen ein. Der HGU-56/P AAIH hat sich durchgesetzt und wird standardmäßjg bei allen E-Modellen verwendet.

Joint Service Aircrew Mask (JSAM) MPU-6(V)/P

Das JSAM-System (Joint Service Aircrew Mask) ist eine leichte chemische, biologische, radiologische und nukleare (CBRN) Schutzmaske, die aus Maske, Filter, Gebläse und Zubehör besteht und modernste Technologie zum Schutz der US-Streitkräfte vor erwarteten Bedrohungen beinhaltet. Die JSAM-Systeme werden so entwickelt, dass sie mehrere Flugzeugplattformen unterstützen und in die Subsysteme des Flugzeugs integriert werden können: Aircrew Life Support Equipment (ALSE), Sitze, tragbare Systeme für die Flugzeugbesatzung, Rückhaltesysteme, Nachtsichtbrillen (NVGs) und Kommunikationssysteme. Die Maske wurde so optimiert, dass sie die Leistung des Trägers so wenig wie möglich beeinträchtigt, sich optimal mit der Schutzkleidung der Flugzeugbesatzung kombinieren lässt und im Vergleich zu aktuellen Schutzmasken ein besseres Sichtfeld bietet. Die JSAM Rotary Wing (RW) Mask Protective Unit 5 (MPU-5(V)/P) bietet Kopf-, Augen-, Atemwegs- und CB-Schutz sowie die Möglichkeit, die Maske während des Fluges anzulegen, für die Besatzung von Drehflüglern aller vier Streitkräfte und der US-Küstenwache. Die JSAM Apache (MPU-6(V)/P) Maske bietet Kopf-, Augen-, Atemwegs- und chemisch-biologischen (CB) Schutz für die AH-64A/D/E Apache-Flugzeugbesatzung der US-Army als Teil der JSAM-Systemfamilie. JSAM MPU-6(V)/P ersetzte die alten M-43 und M-48 Masken. Die Maske ist mit dem Joint Protective Aircrew Ensemble (JPACE) und dem Apache Integrated Helmet and Display Sighting System (IHADSS) kombinierbar. Es bietet Flammen- und Hitzeschutz von außen und verhindert innere Hitzeentwicklungen, wie sie bei älteren CB-Schutzmasken auftraten. Das System kann während des Fluges auf- und abgesetzt werden.

Joint Protective Aircrew Ensemble (JPACE)

Der JPACE ist ein schwer entflammbarer, leichter, chemischer und biologischer Schutzanzug, der einem Standard-Fluganzug ähnelt, der über der Sportuniform getragen wird und aus einem inneren CB-Futter besteht, das an einer äußeren Hülle befestigt ist. Es ist ein einteiliger Jumper-Fluganzug. Er kann bis zu vier Mal gewaschen werden und behält trotzdem seinen chemischen Schutz. Er besteht aus einem Nackendamm für zusätzlichen Schutz des Halses, feldtauglichen Reparatursätzen und bietet 16 Stunden Schutz, während man sich in einem chemisch kontaminierten Gebiet befindet. Der JPACE ist seit 2007 eingeführt.

Israelische AH-64D Saraf der 113. Staffel schweben zum Start zu einer Aufklärungsmission. Das 113. Geschwader der israelischen Luftwaffe, auch bekannt als Tayeset Ha'Tsira'a (Hornet Squadron / Hornissen Staffel). Die Staffel wurde im September 1990 als erste israelische AH-64A-Apache-Staffel reformiert und ging 2005 langsam zur ausschließlichen Verwendung des AH-64D Apache Longbow über. Seit der Einführung der Saraf (D-Modell) 2004 wurden die Peten (A-Modell) in die 190. Staffel transferiert, um Platz für die neuen Saraf zu machen. Auf der Hayil-HaAvir Ramon Basis existieren somit zwei Staffeln (113. und 190.) neben den F-16-Staffeln. (Foto: MoD IDF)

Exporterfolgsmodell AH-64

Exportkunden – AH-64 Apache Foreign Military Sales

Zwischen 1984 und 1997 produzierte Boeing 937 AH-64As für die U.S. Army, Ägypten, Griechenland, Israel, Saudi-Arabien und die Vereinigten Arabischen Emirate. Die Exportaufträge für den Apache-Kampfhubschrauber beliefen sich bis Juli 1995 auf insgesamt 213 (116 AH-64A und 97 AH-64D) und gingen an internationale Kunden wie Ägypten, Griechenland, Israel, Saudi-Arabien und die Vereinigten Arabischen Emirate. Der letzte von 821 AH-64A (ohne Prototypen) wurde am 30. April 1996 an die US Army ausgeliefert. Die Fertigung der AH-64A-Variante endete mit der Fertigstellung der 937. Maschine für Ägypten im November 1996. Bis Anfang 1997 hatten acht Nationen, einschließlich der USA, den Apache für ihre Verteidigungsbedürfnisse ausgewählt. Die Niederlande und das Vereinigte Königreich waren die ersten beiden internationalen Kunden, die den AH-64D für ihre Streitkräfte auswählten.

Insgesamt wurden mehr als 1.000 Apaches von Kunden weltweit bestellt. Die Auswahl erfolgte durch die U.S. Army, Ägypten, Griechenland, Israel, Japan, Kuwait, die Niederlande, Saudi-Arabien, die Republik Singapur, die Vereinigten Arabischen Emirate und das Vereinigte Königreich (als AH Mk1). Im September 1997 beantragte die kuwaitische Regierung den Kauf von 16 AH-64D-Apache-Kampfhubschraubern, 384 Hellfire-Raketen (einschließlich 24 Trainings- und 50 Dummy-Raketen), zwei Ersatz-Hellfire-Werfern, vier Ersatz-T-700-GE-Motoren, einem Ersatz-Zielerfassungssystem, Ersatz- und Reparaturteilen, Unterstützungsausrüstung, Werkzeugen und Testsätzen, Munition, 10.916 Hydra 70-Raketen, Düppel, Integriertes Helm- und Anzeigesichtsystem (IHADSS), 30-mm-Patronen, Ersatzteile

Übersicht aktueller AH-64 Nutzerstatten sowie Interessenten und Nutzer für den AH-64E. (Grafik: U.S. Army)

Current Fleet

COUNTRY	MODEL	QTY
EGYPT	D	44(43)
GREECE	A	19
	D	10
♦ INDIA	E	22*
INDONESIA	E	8
ISRAEL	A	26
	D	20
JAPAN	D	13
KUWAIT	D	16
NETHERLANDS	D	28
QATAR	E	24*
KOREA	E	36
SAUDI ARABIA (RSLFAC)	D	9
	E	35
SAUDI ARABIA (MNG/SANG)	E	12
	E	24*
SINGAPORE	D	20
TAIWAN	E	29
UAE Reman	E	26*
UAE	E	10*
UK	D	16
UK Reman	E	50*
TOTAL		497 (496)

♦ DCS/FMS Hybrid

* Pending 1st Aircraft Delivery
** Aircraft DD250s In Progress

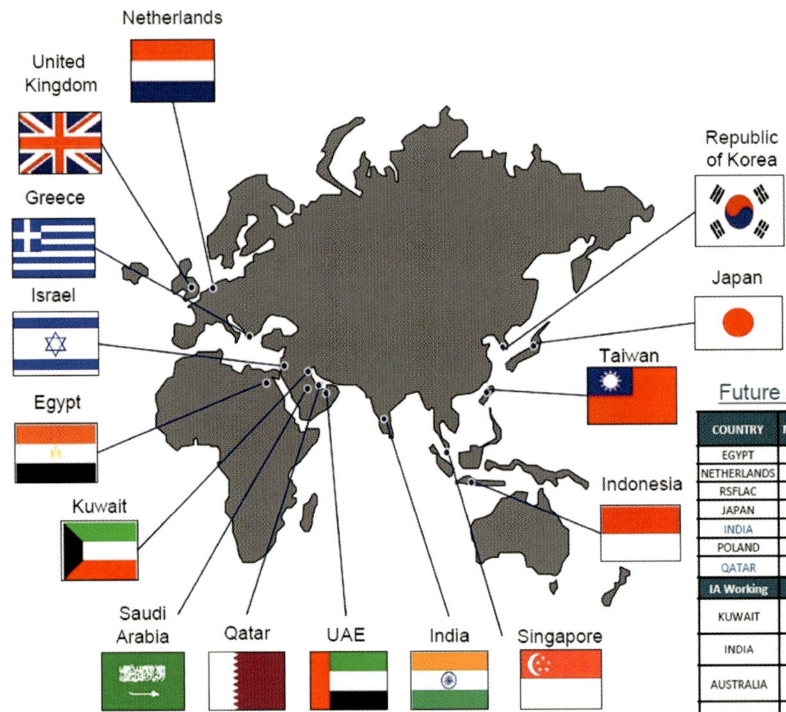

Future / Potential AH-64E

COUNTRY	New Build	Reman	LOR for
EGYPT	10	43	LOA
NETHERLANDS	0	28	LOA
RSFLAC	27	9	P&A
JAPAN	0	13	P&A
INDIA	11	0	P&A
POLAND	32	0	P&A
QATAR	24	0	P&A
IA Working	104	93	
KUWAIT	16	16	Customer Interest
INDIA	28	0	Customer Interest
AUSTRALIA	16	0	Customer Interest
SINGAPORE	0	20	SAMD ROM
Future	60	36	
Total	164	129	

Ein niederländischer AH-64D während eines »break« in den Tiefflug. Normalerweise (wie auf dem Cover des Buches zu sehen) sind die NL-Apachen mit den dänischen Terma MASE (Modular Aircraft Survivability Equipment) Pods an den Flügelspitzen ausgestattet. Hier sind sie nicht montiert.Die Niederländer hatten sich aufgrund der Afghanistan- und Mali-Einsätze für ein verstärktes Abwehrsystem entschieden. Die Behälter beherbergen in einer kompakten, leichten und stabilen Struktur Sensoren und eine Reihe von Gegenmaßnahmen, darunter DIRCM (Directed Infrared Countermeasures) oder CMDS (Chaff/Flare Dispensers), Elektronik und MWS-Sensoren (Missile Warning System). (Foto: AudioVisuele Dienst Defensie, AVDD)

für elektronische Geräte in der Testeinrichtung, Publikationen, US-Wartung von selektiv reparierbarem Material, Personalschulung und Schulungsausrüstung, Qualitätssicherungs-Team (QAT) und Technical Assistance Fielding Team (TAFT), U. U.S.-Regierung und Auftragnehmer, Engineering und technische Dienstleistungen, Anlagenplanung und -bau und andere damit verbundene Elemente der logistischen Unterstützung. Die geschätzten Kosten betrugen 800 Millionen Dollar. Im Juni 1998 gab das Verteidigungsministerium den möglichen Verkauf von acht AH-64D Apache Kampfhubschraubern (ohne AH-64D Longbow FCR), 216 Hellfire II Laser-Lenkflugkörpern (einschließlich 16 Trainings- und acht Dummy-Raketen), vier Ersatz-Hellfire-Werfern, zwei Ersatz-T-700-GE-701C Motoren und zwei Ersatz-TADS-Systemen an die Regierung von Singapur bekannt. Ebenfalls in den möglichen Verkauf eingeschlossen waren 9.120 Hydra 70-Raketen, Ersatz- und Reparaturteile, Kommunikationsausrüstung, Unterstützungsausrüstung, Werkzeuge und Testsets, Flare-/Chaff-Werfer, IHDSS, 30-mm-Patronen, Ersatzteile für die elektronische Ausrüstung der Testeinrichtung, Publikationen, Personalschulung und Trainingsausrüstung, technische Unterstützung der US-Regierung und von Auftragnehmern sowie andere damit verbundene Elemente der logistischen Unterstützung.

Ein AH-64D des griechischen Heeres im steilen Aufwärtsflug. Heute verfügt Griechenland noch immer über 20 AH-64A. Doch im September 2003 entschied sich die griechische Armee, ihre Verteidigungskräfte um zwölf AH-64D Apache Longbow zu erweitern. Die Modernisierung der A-Modelle durch Israel ist 2020 beschlossen worden. (Foto: Jerry Gunner)

Ein japanischer Apache mit FIM-92 ATAS-Startschienen an den Flügespitzen: 1984 begann ein auf der Stinger basierendes Entwicklungsprogramm für ein Luft-Luft-Raketensystem. Das Air-to-Air Stinger (ATAS)-Programm bietet eine zielempfindliche, leichte IR-Rakete zum Einsatz aus kurzen Entfernungen gegen tieffliegende Flugzeuge und Hubschrauber. Diese Variante wird vor allem von Exportkunden aus Asien an ihren AH-64 verwendet. (Foto: JGSDF)

Tata Boeing Aerospace Limited (TBAL), ein Joint Venture zwischen Boeing und Tata Advanced Systems Ltd. (TASL), wurde 2016 gegründet, um Rümpfe für den AH-64 Apache herzustellen. Das 14.000 Quadratmeter große Werk von TBAL in Hyderabad liefert seit Mai 2018 AH-64 Apache-Rümpfe aus. Die hochmoderne Fertigungsanlage wird schließlich der einzige Hersteller von AH-64-Rümpfen weltweit sein, wobei 90 % der Teile von indischen Zulieferern bezogen werden. Die indische Luftwaffe verfügt über eine Flotte von 22 AH-64E-Apache-Kampfhubschraubern. Im Jahr 2020 unterzeichnete Boeing mit der indischen Regierung eine Vereinbarung über den Erwerb von sechs AH-64E Apache-Hubschraubern für die indische Armee. Tata Boeing Aerospace Limited (TBAL) gab im Juli 2021 die Auslieferung des 100. Rumpfes für den Kampfhubschrauber AH-64 Apache an Boeing bekannt. (Foto: Boeing)

Umstellung auf D-Modelle im Ausland

Die Meldung enthielt nicht den AH-64D Longbow FCR. Die geschätzten Kosten betrugen 620 Mio. Dollar. Im Oktober 1999 beantragte die israelische Regierung den Verkauf von 24 Apache-Hubschraubern des Typs AH-64A zur Umrüstung auf das Modell AH-64D, 12 AN/APG-78 AH-64D Longbow FCR, 12 APR-48A RFI, 56 T-700-GE-701C Motoren, 24 TADS/PNVS, 480 AGM-114L-3 Hellfire II Laser-Lenkflugkörper, Ersatz- und Reparaturteile, Unterstützungsausrüstung, Publikationen und technische Dokumentation, Personalschulung und Schulungsausrüstung, technische Unterstützung der US-Regierung und von Auftragnehmern sowie andere damit verbundene Elemente der logistischen Unterstützung. Die geschätzten Kosten betrugen 508 Millionen Dollar. Israel, das bereits Apache-Hubschrauber in seinem Bestand hat, würde keine Schwierigkeiten haben, diese Hubschrauber zu übernehmen. Im September 2000 beantragte die israelische Regierung den möglichen Verkauf von acht AH-64D-Apache-Kampfhubschraubern, 10 AN/APG-78 AH-64D Longbow FCR, die Umrüstung von 70 M272-Hellfire-Raketenwerfern auf M299-Hellfire-Raketenwerfer, Ersatz- und Reparaturteile, Kommunikationsausrüstung, Unterstützungsausrüstung, Werkzeuge und Prüfgeräte, Düppelspender, Veröffentlichungen und technische Dokumentation, Personalschulung und Schulungsausrüstung, technische Unterstützung durch die US-Regierung und Auftragnehmer sowie andere damit verbundene Elemente der logistischen Unterstützung. Die geschätzten Kosten betrugen 509 Millionen Dollar. Im November 2000 gab das Department of the Army die Entscheidung bekannt, AH-64D Apache-Hubschrauber der Regierung von Singapur auf dem Silverbell Army Heliport in Marana, Arizona, zu stationieren. Die Regierung von Singapur hatte acht der Apache Longbow Hubschrauber gekauft. Als Teil des Verkaufs mussten die Hubschrauber bis 2008 in den kontinentalen Vereinigten Staaten bleiben. Alle Heeres- oder Luftwaffeneinheiten, die Apache-Longbow-Hubschrauber nutzen oder erhalten sollten, wurden als potenzielle Ausbildungsorte für das Peace Vanguard Detachment in Singapur in Betracht gezogen. Aufgrund von Bedenken hinsichtlich des Luftraums, des

Ein britischer WAH-64 im Hangar der HMS Illustrious, einem Flugzeugträger der Invincible Klasse 2011. Mit der Einstellung des Harrier-Betriebs blieben die kleinen Trägerschiffe der Royal Navy nur noch als Hubschrauber-Carrier übrig, bis die F-35 Joint Strike Fighter ihren Dienst auf den neuen Großträgern HMS Queen Elizabeth und HMS Prince of Wales antreten konnten. Der Apache wurde somit zu einem maritimen Mehrzweckkampfhubschrauber, der viele Aufgaben bewältigen konnte. (Foto: MoD UK / POA Ray Jones)

Wettbewerbs um Übungsplätze und des hohen Operationstempos (OPTEMPO) der Armeedivisionen wurde jedoch die Auswahl von Silverbell und die Trainingszugehörigkeit mit dem 1st Battalion, 285th Attack Helicopter Battalion der Army National Guard als die effizienteste und wünschenswerteste erachtet.

Im Dezember 2001 unterzeichnete Boeing ein Foreign Military Sales (FMS) Abkommen mit der US-Regierung, um 35 ägyptische AH-64A Apache Hubschrauber zu AH-64D Apache der nächsten Generation aufzurüsten. Ägypten hatte ursprünglich Ende 2000 seine Absicht angekündigt, seine Apache-Flotte umzurüsten. Die US-Armee ermächtigte Boeing, Anfang 2001 mit der Beschaffung der lang erwarteten Teile zu beginnen. Die Auslieferungen an Ägypten sollten 2003 beginnen. Der FMS-Vertrag für die Apaches der ägyptischen Armee, einschließlich der zugehörigen Ersatzteile und der Bodenausrüstung, hatte einen Wert von ca. 400 Mio. US-Dollar, einschließlich der Flugzeuge, der Munition, der Ersatzteile, der Ausbildung und der Unterstützung. Ägypten ist eine von 10 Nationen, die zu diesem Zeitpunkt den Apache für ihre Streitkräfte ausgewählt hatten. Im Juni 2002 wurde berichtet, dass Taiwan die Unterstützung des US-Verteidigungsministeriums für die geplante Anschaffung von 30 AH-64D Apache Longbow Kampfhubschraubern zu einem Preis von 1,29 Milliarden Dollar erhalten hat, wobei die Lieferung innerhalb von drei Jahren erfolgen soll. Am 3. Oktober 2008 informierte die Defense Security Cooperation Agency den Kongress über einen möglichen Foreign Military Sale an Taiwan von 30 AH-64D Block III APACHE Longbow Angriffshubschraubern sowie dazugehörigen Waffen, Ausrüstung und Dienstleistungen. Der Gesamtwert, wenn alle Optionen ausgeübt werden, könnte bis zu 2,532 Milliarden Dollar betragen. Das Taipeh Economic and Cultural Representative Office in den Vereinigten Staaten hat einen möglichen Verkauf von 30 AH-64D Block III APACHE Longbow Attack Helicopters beantragt, die mit 30 Modernized Target Acquisition Designation Sight/Pilot Night Vision Sensor (MTADS/PNVS) ausgestattet sind, 17 AN/APG-78 Feuerleitradare und AN/APR- 48 Radarfrequenzinterferometer (FCR/RFI), 69 T700-GE-701D Turbinenmotoren, 173 STINGER Block I Luft-Luft-Raketen, 35 STINGER Flugkörper-Trainer, 1.000 AGM-114L Longbow Hellfire Raketen und 66 M299 Hellfire Longbow Raketenwerfer.

Waffen und Ersatzteile

Ebenfalls enthalten waren Horizontalstabilisatoren aus Verbundwerkstoff, Crew- und Wartungstrainer, Depot-Wartung, alle notwendigen Unterstützungsgeräte, Werkzeuge und Testgeräte, Integration und Checkout, Ersatzteile und Reparaturteile, Training und Trainingsausrüstung, Fähren- und Treibstoffunterstützung, Publikationen und technische Dokumente, technische Unterstützung der US-Regierung und von Auftragnehmern, Qualitätssicherungs-Team und andere damit verbundene Elemente der Logistik und Programmunterstützung. Am 4. November 2013 gab Taiwans Verteidigungsminister bekannt, dass Taiwan die ersten sechs AH-64E Apache-Kampfhubschrauber als Teil des 2008 abgeschlossenen Geschäfts über 30 AH-60E-Hubschrauber im Wert von 59,31 Mrd. NTDollar (2,01 Mrd. USDollar) übernommen hat. Nach der Inbetriebnahme im April 2014 auf Luftwaffenstützpunkten im Norden Taiwans ist Taiwan neben den USA das einzige Land, das diesen Hubschraubertyp einsetzt. Eine zweite Charge sollte Ende Dezember 2013 an Taiwan ausgeliefert werden. Die gesamte Bestellung soll bis Ende 2014 mit insgesamt fünf Chargen abgeschlossen sein. Die Defense Security Cooperation Agency hat den Kongress am 10. Juli 2012 über einen möglichen Foreign Military Sale an die Regierung von Katar für 24 AH-64D APACHE Block III LONGBOW-Angriffshubschrauber und die dazugehörige Ausrüstung, Teile, Ausbildung und logistische Unterstützung zu einem geschätzten Preis von 3,0 Mrd. US-Dollar informiert. Die Regierung von Katar hat einen möglichen Verkauf von 24 AH-64D APACHE Block III LONGBOW Angriffshubschraubern, 56 T700-GE-701D Triebwerken, 27 AN/ASQ-170 Modernized Target Acquisition and Designation Sight, 27 AN/AAR-11 Modernized Pilot Night Vision Sensors beantragt, 12 AN/APG-78 Feuerleitradar (FCR) mit Radarelektronikeinheit (LONGBOW-Komponente), 12 AN/APR-48A Radar-Frequenz-Interferometer, 28 AN/AAR-57(V)7 Gemeinsame Raketenwarnsysteme, 30 AN/AVR-2B Laser-Detektionsgeräte, 28 AN/APR- 39A(V)4 Radarsignalerkennungsgeräte, 28 AN/ALQ-136(V)5 Radarstörsender oder gleichwertig, 160 Integrierte Helm- und Anzeigesichtsysteme-21, 58 Eingebettete globale Positionsbestimmungssysteme mit Trägheitsnavigation, 30 30mm automatische Kettenkanonen, 8 Luftfahrzeug-Bodenstromaggregate, 52 AN/AVS-6 Nachtsichtgeräte, 60 M299A1 Hellfire-Raketenwerfer, 576 AGM-114R Hellfire II-Raketen, 295 FIM-92H STINGER Reprogrammable Micro Processor (RMP) Block I-Raketen, 50 STINGER Luft-Luft-Raketen, 4092 2. 75 in Hydra-Raketen und 90 APACHE Aviator-Integralhelme. Ebenfalls enthalten sind M206 Inf-

Ein AH-64A Peten der israelischen Armee im Überflug. Wie bei vielen weiteren Rüstungsgütern, die Israel im Ausland beschaffte, wurde auch der Apache der ersten Beschaffungswelle Anfang der 1990er-Jahre im Verlauf der Einsätze stark modifiziert und an die spezifischen Bedürfnisse der Israel Defense Forces (IDF) angepasst. Meist bezog sich dies auf die Sensorik. In diesem Bereich verfügt Israel (Elbit/IAI/Rafael) über eigene Expertisen und genießt einen hohen Marktanteil weltweit. (Foto: IDF / Amit Agronov)

rarot-Gegenmaßnahmenraketen, M211 und M212 Advanced Infrared Countermeasure Munitions (AIRCM) Raketen, Trainingsgeräte, Helme, Simulatoren, Generatoren, Transportmittel, Radfahrzeuge und Organisationsausrüstung, Ersatz- und Reparaturteile, Unterstützungsausrüstung, Werkzeuge und Testausrüstung, technische Daten und Publikationen, Personalschulung und Trainingsausrüstung, Engineering-, technische und logistische Unterstützungsdienste der US-Regierung und von Auftragnehmern sowie andere damit verbundene Elemente der logistischen Unterstützung. Die Defense Security Cooperation Agency unterrichtete den Kongress am 21. September 2012 über einen möglichen Foreign Military Sale an die Regierung von Korea für 36 Angriffshubschrauber des Typs AH-64D APACHE Longbow Block III und die dazugehörige Ausrüstung, Teile, Ausbildung und logistische Unterstützung zu geschätzten Kosten von 3,6 Milliarden US-Dollar.

Die Republik Korea beabsichtigt, die neuen Kampfhubschrauber zur effektiveren Sicherung ihrer Grenzen und Küstengewässer sowie zur Durchführung von Antiterror- und Antipiraterie-Operationen einzusetzen. Der vorgeschlagene Kauf wird die Fähigkeiten der koreanischen Armee in den Bereichen Luftnahunterstützung, Luftabwehr, bewaffnete Aufklärung, Angriffskoordination und -aufklärung, Luftkontrolle und Luftbegleitung verbessern und gleichzeitig die Interoperabilität mit den US-Streitkräften erhöhen.

In einem erstmaligen Geschäft im Wert von etwa 500 Millionen Dollar haben die Vereinigten Staaten zugestimmt, acht neue Apache Block III AH-64E Kampfhubschrauber und Longbow-Radare an Indonesien zu verkaufen, sagte Verteidigungsminister Chuck Hagel am 26. August 2013. Der Indonesien angebotene Apache ist der AH-64E, nicht der frühere AH-64D Longbow, wie ihn die Armee von Singapur besaß. Der Apache AH-64E wurde [als AH-64D III, bevor er Ende 2012 umbenannt wurde] an Taiwan (30 Einheiten), 22 Einheiten für Indien und 24 Einheiten an Katar verkauft.

Indien ließ den Apache AH-64E zusammen mit der indischen Luft- und Raumfahrtindustrie von Boeing produzieren. Viele der Export-Kunden haben interessante Herangehensweisen bei der Verwendung der AH-64 Hubschrauber. Australien, Großbritannien und Israel sind jedoch interessante Beispiele dafür, wie flexibel das Waffensystem AH-64 auf landes- und einsatzspezifische Rahmenbedingungen angepasst werden kann. Dabei leisten die Exportkunden meist selbst die nötigen Umbauten oder Weiterentwicklungen. Dies führt teils dazu, dass US-Apache Piloten in Einsätzen oder bei Übungen manchmal auf wesentlich modernere und besser ausgestattete Apache-Modelle ausländischer Partnerländer treffen.

	Eurocopter ARH Tiger	Bell AH-1Z Viper	Boeing AH-64E Apache
ROM Costings			
Per platform	$58.57M AUD[x]	$45.26M AUD[xi]	$51.83M AUD[xii]
Per flight hour	$34,482 AUD (FY 18/19)[xiii] $20,000 AUD (Govt target)[xiv]	$7,208 AUD (2018 FMS User Rate)[xv]	$10,567 AUD (2018 FMS User Rate)[xvi]
Life Cycle (assuming 29 a/c @ 250 hours per year each)	$145M AUD/year	$52.26M AUD/year	$76.61M AUD/year
Life of Type Cost (Total Procurement + Usage) – Assumes 20 year program (does not include through life upgrades)	$3.31B AUD	$2.36B AUD	$3.035B AUD

Kosten-Leistungs-Vergleich aus dem Jahr 2021: westliche, markterhältliche und zeitgemäße Kampfhubschrauber im Vergleich. Diese Studie hatte das australische Verteidigungsministerium als Entscheidungsvorlage für die Anschaffung von AH-64E veranlasst. Zu Ungunsten für Airbus Helicopters, mit dessen Tiger man nicht zufrieden war. (Quelle: Australian Government Department of Defence)

Australien

Interessant ist das Verfahren in Australien, da man sich hier von einem bereits vorhandenen und vermeintlich modernen Kampfhubschrauber abgewendet hat: dem PAH Tiger von Airbus Helicopters. Das australische Verteidigungsministerium gab im Januar 2021 bekannt, dass es den Boeing AH-64E Apache Kampfhubschrauber beschaffen und damit ab 2025 seine Flotte an bewaffneten Aufklärungshubschraubern (Armed Reconnaissance Helicopter – ARH) des Typs Tiger ersetzen wird. Im Projekt werden 29 in den USA produzierte Maschinen des Typs AH-64E Apache von Boeing sowie nicht weiter spezifizierte Unterstützungsleistungen beschafft. Australischen Medien zufolge soll der Kaufpreis 4,5 Milliarden australische Dollar betragen, was ca. 2,88 Milliarden Euro entsprechen würde. Von diesen 29 Hubschraubern sollen 24 an einem Standort (vermutlich: 1 Aviation Brigade in Darwin) stationiert werden, die weiteren fünf sollen für Schulungen (vermutlich: Oakey in Queensland) genutzt werden. Zu beachten ist, dass die Begrifflichkeiten IOC und FOC sich im englischen Sprachgebrauch nicht auf die Einsatzbereitschaft der Maschinen, sondern des Systems (fliegende Einheit und Maschine) beziehen. Mit der Einführung von NH90 und Tiger und den einhergehenden Problemen bezog sich die Verwendung in Europa auf die reinen Fähigkeiten des Luftfahrzeuges. Erst bei FOC hatte der Flieger seine vollen und vertraglich vereinbarten Fähigkeiten. In den amerikanischen, britischen oder australischen Streitkräften hat der Hubschrauber auch bei IOC schon seine kompletten Fähigkeiten, jedoch ist die reine Stückzahl noch nicht ausreichend. Bei FOC sind dann alle Maschinen vorhanden und die volle Einsatzbereitschaft hergestellt. Bislang hatte Australien 22 ARH Tiger betrieben. Das eingeschränkte Fähigkeitsprofil war auch seit Anbeginn einer der Hauptkritikpunkte der Australier am Tiger. Dem Vernehmen nach wurden die Fähigkeitslücken zu schleppend behoben, so dass eine Weiterentwicklung des Systems nicht durchgeführt werden konnte.

Israel

Der Apache befand sich 1983 noch in der Entwicklungsphase, und sein Hersteller, Hughes, suchte nach einer Möglichkeit, seine Leistungsfähigkeit im Einsatz zu testen. Die Firma kontaktierte die IAF und bat darum, das Experiment in Israel durchzuführen. Die IAF stimmte zu, und am 9. Juni traf der experimentelle Apache in Israel ein und wurde sofort in die Cobra-Staffel aufgenommen. Neben den amerikanischen Piloten wurden drei IAF-Piloten ausgewählt, um den Hubschrauber zu testen: ein Pilot des Flugtestzentrums der IAF, der Kommandant und ein weiterer Pilot der Cobra-Staffel. Das Experiment dauerte einen Monat, in dem die israelischen Piloten 50 Flugstunden auf dem Apache sammelten. Es wurden technische und operationelle Evaluierungen durchgeführt, sowie Waffentests, einschließlich des Abschusses einer scharfen Hellfire-Rakete. Der Schwerpunkt lag auf dem Test des FLIR-Nachtsichtsystems des Apache. Die Piloten versuchten, den Hubschrauber bei Nacht zu fliegen und dabei Systeme zu verwenden, mit denen sie zuvor nicht vertraut waren.

Am Ende der Testreihe empfahlen die IAF-Testpiloten den Kauf des Apache. Eine israelische Delegation kam zur USAFB Fort Rucker, Al., um den Hubschrauber weiter zu testen. Der Zweck des Besuchs war es, einen gründlicheren Eindruck vom Apache zu bekommen und zu überprüfen, ob die vom Hersteller angegebenen Leistungsdaten tatsächlich voll realistisch waren. Zwei Monate später, im Januar 1989, übergab die Delegation dem IAF-Kommandeur einen detaillierten Bericht, in dem die Mitglieder bestätigten, dass der Hubschrauber tatsächlich eine ausgezeichnete Wahl für Heyl Ha'avir sei. Am 17. Januar 1990 begab sich die Crew, die den Eintritt des Apache in die IAF beaufsichtigen sollte, nach Fort Rucker, um sich auf den Apache umschulen zu lassen und die Hubschrauber nach Israel zu bringen. Die Crew wurde von Oberst Moshe, dem Kommandeur der

Ein IDF AH-64D Saraf der 113th mit Spike-NLOS (Tamuz) -Raketen am linken Außenpylon. Die Videodaten des Suchkopfes werden über Richtfunk an eine Bildschirmkonsole im Hubschrauber übertragen. NLOS (No Line of Sight) Tamuz 5, die letzte Entwicklung, besitzt eine verbesserte Tag-/Nachtsicht und kann über Laser gesteuert werden. Diese Waffen vervierfachen die offensive Reichweite des AH-64. (Foto: IDF)

Cobra-Staffel, angeführt, der zum Kommandeur der ersten Apache-Staffel gewählt wurde. Es wurde ein Vertrag über den Kauf von 18 Apaches des Modells A, Hellfire-Raketen und ein Wartungspaket unterzeichnet. Die ersten beiden Apaches kamen in der Nacht des 12. September 1990 im Frachtraum einer El Al Boeing 747 in Israel an. Die offizielle Begrüßungszeremonie der Hubschrauber war für den folgenden Tag angesetzt worden, und sie wurden in einer Rekordzeit von 11 Stunden zusammengebaut – die Hälfte der vom Hersteller angegebenen Zeit für die Montage. Die Apaches schafften es pünktlich zur Zeremonie und erhielten den hebräischen Namen »Peten«.

Am 24. Oktober 1990, etwa eineinhalb Monate nach der Gründung der Staffel, führten die Apaches ihren ersten Einsatz in Heyl Ha'avir durch. Sie wurden entsandt, um eine von terroristischen Kräften genutzte Struktur im Flüchtlingslager Rashidiyeh im Libanon anzugreifen. Die Apaches sind nach wie vor sehr stark in die routinemäßigen Sicherheitsaktivitäten im Libanon und in gezielte Angriffe auf terroristische Ziele eingebunden. In der Nacht des 12. September 1993, auf den Tag genau drei Jahre nach der Gründung der ersten Apache-Staffel, landeten vier amerikanische Galaxy C-5 auf einem IAF-Stützpunkt, an Bord 24 Apache AH-64A-Hubschrauber, die Israel geschenkt worden waren. Die Galaxy C-5s landeten eine nach der anderen im Abstand von zwei Stunden und entluden innerhalb von zwölf Stunden ihre Apaches auf einer Entladerampe. Die Apaches wurden von der Landebahn zu dem Teil des Stützpunktes geschleppt, in dem die Wartungsstaffel untergebracht war. Kurze Zeit nach deren Ankunft wurde beschlossen, eine zweite Apache-Staffel aufzustellen. Die neuen Hubschrauber wurden in einem IAF-Stützpunkt im Süden Israels gelagert, während die erste Apache-Staffel ein groß angelegtes Trainingsprojekt für die jungen Piloten durchführte, die frisch aus dem Pilot Training Course und dem Advanced Training Course kamen und die Apaches fliegen würden. Das zweite Geschwader wurde am 22. März 1995 eingeweiht, nachdem die neuen Apaches – und ihre neuen Piloten – für den Einsatz vorbereitet worden waren.

AH-64A Peten und AH-64D Saraf der IDF in Frontalansicht. Beide Muster spielen (auf zwei Staffeln aufgeteilt) eine sehr wichtige Rolle bei der Bewältigung immer wieder aufkeimender Auseinandersetzungen im Israel-Palästina-Konflikt bei der Aufklärung und dem urbanen Kampf. (Fotos: IDF)

Kooperation: Spike-NLOS (No Line of Sight)

Die israelische Spike-NLOS-Rakete gibt den AH-64 der Armee eine neue, extrem präzise Möglichkeit, Bedrohungen zu Lande und zu Wasser auf große Entfernungen zu bekämpfen. 1981 begannen die Israel Defense Forces (IDF) mit dem Einsatz der ersten Generation der Spike-NLOS-Rakete, aber ihre Existenz wurde erst Jahrzehnte später öffentlich bekannt. Seitdem wurde sie in mehrere andere Länder exportiert. Im Juni 2020 gab Rafael bekannt, dass es eine Version der fünften Generation der Waffe mit einer maximalen Reichweite von 20 Meilen entwickelt. Die vorherige Version konnte nur Ziele in einer Entfernung von etwa 15,5 Meilen treffen.

Das bemerkenswerteste Merkmal der Spike-NLOS ist ihr Leitsystem, das über zwei Betriebsmodi verfügt. Einer davon erlaubt es, einfach feste Ziele an bestimmten Koordinaten zu treffen. Der andere Modus ist jedoch ein so genannter »Man-in-the-Loop«-Modus, bei dem ein Bediener während der Endphase des Fluges der Rakete dank einer von einer Infrarotkamera in der Nase der Waffe übertragenen Videoübertragung Feineinstellungen vornehmen kann. Dies verleiht der Spike-NLOS eine unglaubliche Genauigkeit, selbst gegen bewegliche Ziele, und ermöglicht, ihr Ziel auch bei schlechtem Wetter oder in Teilen des Schlachtfelds zu finden, die durch Rauch und Staub verdeckt sind, was herkömmliche Laser- oder Bildsuchsysteme stören könnte. Wie der Name der Waffe bereits andeutet, bietet sie der Abschussplattform auch die Möglichkeit, Ziele außerhalb der Sichtlinie zu bekämpfen und dabei so verborgen wie möglich zu bleiben, insbesondere in Verbindung mit Zielinformationen von Off-Board-Plattformen. Sie bietet dem Bediener auch die Möglichkeit, den Auftreffpunkt der Waffe auch noch sehr spät im Flug zu verlagern, wenn sich die Umstände am Boden ändern, wie z. B. das plötzliche Auftauchen unschuldiger Passanten im Zielgebiet. Die Waffe kann sogar zur Suche und Tötung von Gelegenheitszielen eingesetzt werden, die weit vom Standort der Abschussplattform entfernt sind. Unabhängig davon bietet die Rakete eine enorme Flexibilität und eine große Steigerung der Überlebensfähigkeit. Die Armee hat den potenziellen Wert dieser Fähigkeiten bereits in früheren Tests demonstriert.

Im August 2019 traf ein Apache, der sich auf einer Seite eines 1.600 Fuß hohen Berges auf dem Yuma Proving Ground in Arizona versteckt hielt, mit einer Spike-NLOS ein Surrogat für ein russisches Pantsir-S1-Punkt-Luftabwehrsystem auf dem gegenüberliegenden Hang. Der Hubschrauber blieb die ganze Zeit über weitgehend verborgen und außerhalb der Reichweite dieser simulierten Bedrohung. Ein nicht näher spezifiziertes unbemanntes Flugzeug wurde eingesetzt, um das Ziel zuerst zu entdecken und dann den Angriff zu beobachten. Dies wäre eine unmögliche Aufgabe für einen AGM-114 Hellfire-Flugkörper gewesen, die derzeitige primäre Langstreckenwaffe, die auf den AH-64Es der Army eingesetzt wird, sowie deren Nachfolger, der AGM-179A Joint Air-to-Ground Missile (JAGM).

Die maximalen Reichweiten der neuesten Versionen der Hellfire und der JAGM liegen zwischen fünf und sechs Meilen, je nach Abschussbereich. Die Spike-NLOS-Rakete wird anders eingesetzt als die Hellfire. Die Verwendung eines Bootes als Ziel für diesen neuesten Spike-NLOS-Test der Army ist ebenfalls bemerkenswert und unterstreicht den potenziellen Beitrag der AH-64Es der Army in einem maritimen Kontext. Schon seit Jahren führt die Army in Zusammenarbeit mit der Navy Übungen durch, bei denen Apache von verschiedenen Marineschiffen aus operieren. Der Einsatz dieser Hubschrauber bei der Bekämpfung von feindlichen Kleinbootschwärmen, einer sehr realen Bedrohung, ist ein Schwerpunkt dieser Art von Training. Die neueste Version 6 des AH-64E verfügt bereits über verschiedene Upgrades, die unter anderem die maritimen Fähigkeiten des Hubschraubers verbessern sollen.

Spike-NLOS, mit seiner erweiterten Reichweite und Präzision, würde die Fähigkeiten des Apache in dieser Hinsicht nur erweitern, besonders gegen kleine Boote. Es ist sehr gut möglich, dass diese Raketen im Laufe der Zeit auch auf anderen Hubschraubern der Army sowie auf anderen Plattformen zum Einsatz kommen und auch für andere Streitkräfte von Interesse sein könnten, die nach luft- und bodengestützter Munition mit größerer Reichweite suchen. Es ist wichtig zu erwähnen, dass die Army Spike-NLOS nicht als Ersatz für Hellfire oder JAGM sieht. In naher Zukunft wird Spike-NLOS die Apaches der Army gegen Ziele an Land und auf See tödlicher machen.

Großbritannien – Apache AH Mk 1

Ebenfalls ein interessanter Fall ist die Lizenzbau-Variante in Großbritannien. Ein Verfahren, auf das sich die USA sehr ungern einlässt, wenn es um Rüstungsspitzentechnologie. Lediglich ausgesuchte »enge« Partnerländer, die sich in einer »Special Relationship« mit den USA bewiesen haben, kommen in hierfür in Frage. Der Apache AH Mk 1 ist ein britischer Lizenzbau des AH-64D Apache Longbow der US Army. Bis 2004 wurde der Hubschrauber mit GKN Westland WAH-64D Apache bezeichnet. GKN Plc (Guest, Keen and Nettlefolds) ging ein Joint Venture mit Agusta ein, wurde jedoch 2004 von Finmeccanica (dem heutigen Leonardo) übernommen. Seitdem ist Leonardo mit der Betreuung der AH Mk1 zuständig, bis diese bis 2025 ausgemustert und durch neue E-Versionen ersetzt werden.

Der Apache AH Mk 1 verfügt über eine Reihe von Verbesserungen, die ihn im Kampfeinsatz effektiver und im Feldeinsatz überlebensfähiger, einsatzfähiger und wartungsfreundlicher machen. Das Feuerleitradar und die fortschrittliche Avionik des Apache AH Mk 1 geben den Kampfpiloten die Möglichkeit, stationäre oder sich bewegende feindliche Ziele in fast allen Wetterlagen schnell zu erkennen, zu klassifizieren, zu priorisieren und zu bekämpfen. Die Fähigkeit des Apache AH Mk 1, digital mit anderen Flugzeugen und Bodentruppen zu kommunizieren und diese Informationen fast augenblicklich weiterzugeben, verschafft ihm ebenfalls einen signifikanten Vorteil im Kampfeinsatz gegenüber aktuellen Kampfhubschraubern.

Der britische Apache AH Mk 1 wurde entwickelt, um den veralteten Lynx AH Mk 7 in der Panzerabwehrrolle zu ersetzen. Er wurde aus dem AH-64D Longbow Apache entwickelt, aber mit dem fortschrittlichen Rolls-Royce RTM322-Triebwerk ausgestattet, das bereits im Merlin-Hubschrauber der Royal Navy und RAF eingesetzt wird. Er wurde mit dem Longbow-Feuerleitradar, semiaktiven Laser- und Hochfrequenzversionen (Brimstone) der Hellfire-Rakete, 70-mm-CRV-7-Raketen und üblichen M230 30-mm-Kanone ausgestattet. Der Apache AH Mk 1 ist mit einem damals hochmodernen Verteidigungssystem von BAE Systems ausgestattet, das es ihm ermöglicht, feindliche Raketenangriffe zu erkennen und Gegenmaßnahmen zu ergreifen, indem er Flares und Chaff auswirft. Sein Hauptvorteil ist sein Longbow FCR, mit dem er über 1.000 Ziele gleichzeitig erkennen und dem Piloten mitteilen kann, ob es sich um Panzer, Lastwagen oder Luftabwehrsysteme handelt. Seine Hellfire Fire-and-Forget-Panzerabwehrraketen können schwer gepanzerte Panzer aus einer Entfernung von fast vier Meilen treffen, und seine CRV-7-Raketen, die von BAE Systems gebaut wurden, können leicht gepanzerte oder ungepanzerte Fahrzeuge zerstören. Der Apache AH MK 1 fliegt mit einer Geschwindigkeit von fast 200 Meilen pro Stunde und kann bis zu vier Stunden über dem Schlachtfeld schweben, mit einer Reichweite von 40 Meilen.

Die Beschaffungsstrategie für den WAH-64 basierte auf einem »Off-The-Shelf«-Kauf des kompletten Waffensystems durch einen Hauptauftragnehmer. Nach einem internationalen Wettbewerb wurde im März 1996 ein Hauptvertrag über die Lieferung von 67 WAH-64 und die Integration der Waffen an GKN-Westland Helicopters Limited vergeben (daher das zusätzliche W in der kommerziellen Bezeichnung). Boeing war der wichtigste Unterauftragnehmer. Ein separater Vertrag für die Beschaffung von Munitionsbeständen wurde am 29. März 1996 an Hunting Engineering Limited vergeben. Ausrüstungen zur Erfüllung wichtiger Anforderungen wurden 1999 in den Hauptvertrag aufgenommen (d.h. Gesundheits- und Nutzungsüberwachungssystem und Kommunikationsaufrüstung). Das WAH 64 Apache Projekt war eines der ersten, das sich im November 1998 zu einem integrierten Projektteam formierte, einem Schlüsselelement der Smart Procurement Initiative des Verteidigungsministeriums. Das 70-köpfige Team hatte seinen Sitz in der

Ein WAH-64D Apache Longbow der 664. Squadron des Army Air Corps 2011 auf dem Flight Deck der HMS Illustrious. Der britischen Apache-Gunships waren maßgeblich im Libyen-Krieg 2011 eingesetzt und starteten ihre Einsätze von Schiffen aus. Die unter Boeing-Lizenz bei Agusta-Westland (heute Leonardo) gebauten britischen Modelle des Longbow wurden ab 2014 in Apache AH Mk1 umbenannt. (Foto: MoD UK)

Ein WAH-64D des Army Air Corps feuert 2008 eine Salve CRV-7-Raketen (kanadische Variante der Hydra-70) über der Provinz Helmand während Operation Herrick (britischer Name des Afghanistan-Einsatzes bis 2011) ab. (Foto: Royal Army / Staff Sergeant Mike Harvey)

Defence Procurement Agency in Abbey Wood, Bristol, umfasste aber auch Mitarbeiter der RNAS Yeovilton, der GKN Westland-Einrichtungen in Yeovil und des Programmbüros der US Army in Huntsville, Alabama. Das IPT stellte fest, dass mit Investitionen in alternative Unterstützungsstrategien potenzielle Einsparungen von 700 Millionen Pfund bei den Unterstützungskosten des Apache während seiner geplanten 30-jährigen Lebensdauer möglich sind, die sich möglicherweise auf eine Milliarde Pfund erhöhen.

Am 28. September 1998 stellte die Boeing Company in einer Zeremonie im Drehflüglerzentrum des Unternehmens in Mesa, Arizona, den ersten Serien-Mehrzweck-Kampfhubschrauber WAH-64D Apache Longbow für das Vereinigte Königreich vor, zwei Tage früher als geplant. Die Maschine war der erste von 67 WAH-64D Hubschraubern, die GKN Westland bis 2003 ausliefern sollte. Der WAH-64D Apache wurde an den Hauptauftragnehmer GKN Westland Helicopters Limited in Yeovil, England, geliefert. GKN Westland war der erste Kunde, der Apaches unter einem kommerziellen Vertrag erwarb. Nach einem umfassenden Test- und Evaluierungsprogramm lieferte GKN Westland Anfang 2000 den ersten WAH-64D an das britische Verteidigungsministerium aus. Die Auslieferung erfolgte nur 3 Tage nachdem der WAH-64D Apache am 25. September 1998 in Mesa seinen Erstflug absolvierte. Die Produktionslinie von GKN Westland in Yeovil für die restlichen 59 Flugzeuge wurde planmäßig im September 1999 eröffnet. An der Zeremonie nahmen wichtige Regierungs- und Militärvertreter aus dem Vereinigten Königreich und den Vereinigten Staaten teil. Als Unterauftragnehmer von GKN Westland baute Boeing 8 Flugzeuge und montierte die restlichen 59 WAH-64D Apache Flugzeuge teilweise in seinem Werk in Mesa. Die Endmontage, die Flugerprobung, die Auslieferung und der Support für diese Flugzeuge fanden im GKN Westland-Werk in Yeovil statt. Zu den wichtigsten Unterauftragnehmern des Programms gehörten neben Boeing auch Rolls-Royce-Turbomeca, Lockheed Martin und Northrop Grumman. Rund 180 britische Unternehmen profitierten vom WAH-64-Programm und generierten etwa 34.000 Mannjahre Arbeit, was in der Spitze 3.000 Arbeitsplätzen pro Jahr entspricht. Die wichtigsten britischen Zulieferer waren Rolls-Royce Turbomeca, Bristol, BAE Systems, Stanmore, Avimo, Taunton, Pilkington Optronics, Glasgow, Plessey Seimens, Christchurch, Hunting Engineering, Ampthill, Shorts Munitions, Belfast, und Royal Ordnance in Summerfield, Glascoed und Chorley.

Die ersten Flugzeuge wurden im April 2000 an die Armee für Flugversuche bei der Defence Evaluation and research Agency in Boscombe Down ausgeliefert. Der WAH-64D Apache Hubschrauber erreichte sein offizielles Indienststellungsdatum nach der Auslieferung der neunten Maschine am 16. Januar 2001, nur zwei Wochen später als vertraglich vorgesehen. Die Auslieferungen gingen weiter, 41 der insgesamt 67 Maschinen sollten bis Ende 2002 ausgeliefert werden. Die Bereitstellung der Fähigkeiten war nicht nur an den Zeitplan für die Auslieferung der Hubschrauber gekoppelt. Um die erforderliche Bereitschaft und kollektive Leistungsfähigkeit zu erreichen, mussten die Geschwader und Regimenter eine kollektive Ausbildung absolvieren. Im Dezember 2001 fusionierten GKN und Finmeccanica Spa ihre Hubschraubertöchter, was zu AgustaWestland führte. Das gemeinsame Unternehmen wurde der Hauptauftragnehmer für den britischen Apache-Hubschrauber.

Die Armee rechnete im August 2004 mit einer ersten Einsatzfähigkeit, bestehend aus der ersten einsatzfähigen, mit Apache ausgerüsteten Staffel, und eine volle Einsatzfähigkeit auf der Basis eines Kampfhubschrauberregiments war für Anfang 2005 geplant. Die volle Einsatzfähigkeit würde mit dem Ende der Konversion des 3. Army Air Corps Regiments im Februar 2007 erreicht werden. Bis Juni 2004 hatte das Verteidigungsministerium die Lieferung von 67 Maschinen akzeptiert. Zu diesem Zeitpunkt befanden sich 19 Apache in der RAF Shawbury, die sich auf Null reduzierten, als alle t3 Angriffshubschrauberregimenter bis Ende November 2006 formiert waren. Der Flugplatz Wattisham war das Hauptzentrum der operativen Aktivitäten des Army Air Corps und die Heimat des AH-64 Apache Angriffshubschraubers, der zur Unterstützung der in Colchester stationierten 16 Air Assault Brigade eingesetzt wurde.

Die britische Armee war die erste Verteidigungsarmee, die eine komplett mit Longbow ausgerüstete Apache-Flotte einsetzte, und die erste, die Apaches mit Rolls-Royce-Turbomeca RTM322-Triebwerken einsetzte. Als Rückgrat der neuen 16 Air Assault Brigade sollte der WAH-64 an der Seite von Einheiten wie den Paras arbeiten, um Ziele zu halten und einzunehmen und feindliche Panzer aus einer Entfernung von mehr als vier Meilen anzugreifen. Die 16 Air Assault Brigade war das Herzstück des neuen Joint Helicopter Command, das im Oktober 1999 gegründet wurde, um die Kommando-Hubschrauber der Royal Navy, alle einsatzfähigen Hubschrauber des Army Air Corps und die Unterstützungshubschrauber der RAF zusammenzuführen. Das JHC hatte die Verantwortung für etwa 12.000 Mitarbeiter und etwa 350 Hubschrauber. Die Bereitstellung von Ausbildungsleistungen für Apache-Piloten, Bodenpersonal und Wartungspersonal im Rahmen eines PFI-Deals mit Boeing und Westland im Wert von 1 Mrd. £ hatte sich vor allem durch Probleme mit dem Full Mission Simulator für Piloten verzögert. Infolgedessen wurde erwartet, dass das gesamte Umschulungsprogramm für Apache-Piloten im Februar 2007 abgeschlossen sein würde. Um das Umschulungsprogramm zu beschleunigen und einen Teil der verlorenen Zeit zurückzugewinnen, untersuchte das britische Verteidigungsministerium Möglichkeiten, den Durchsatz der Flugzeugbesatzungen in den Umschulungskursen zu erhöhen, ohne die Qualität zu beeinträchtigen.

Wie der Staatssekretär am 26. Januar 2006 bekannt gab, wurden innerhalb von sechs Monaten 18 Hubschrauber nach Afghanistan entsandt: acht AH-64 Apache Kampfhubschrauber, vier Lynx leichte Versorgungshubschrauber und sechs CH-47 Chinook Unterstützungshubschrauber. Diese Mittel standen zur Unterstützung aller britischen Truppen zur Verfügung und wurden nicht einem bestimmten Regiment zugewiesen. Sie wurden entsprechend den operativen Prioritäten zugeteilt. Ab 2011 blieb AgustaWestland (Leonardo) der Hauptauftragnehmer für den Apache AH Mk 1 (die Verwendung der kommerziellen Bezeichnung WAH-64 oder WAH-64D wurde aufgegeben), wobei Boeing, Lockheed Martin und Longbow International ebenfalls Teil des Teams sind, das den Hubschrauber für die britische Armee bereitstellt.

Der Apache ist in Großbritannien sehr beliebt und wird wegen seiner Feuershow sehr geschätzt. Einige Exportkunden unterhalten Apache-Demo-Teams extra für Air Shows oder ähnliche Propaganda-Maßnahmen zur Nachwuchsgewinnung. Hier ein flammender Schnappschuss der Show während der Royal International Air Tattoo (RIAT) Flugshow 2014 auf dem RAF Stützpunkt Fairford. (Foto: Royal Air Force / Cpl. Neil Bryden)

Ein AH-64D Apache Longbow schwebt knapp über dem Boden und bereitet sich auf einen übungsmäßigen Angriff auf der Schießbahn in Grafenwöhr vor. (Foto: Christian Rastätter)

Taktische Einblicke

AH-64 im Angriff

Im offiziellen Field Manual der US Army zum Thema Combat Aviation Battalions im Angriff von 2020 werden die verschiedenen Grundsätze der offensiven Möglichkeiten und Verfahren relativ transparent festgehalten. Man könnte nicht behaupten, man hätte als Aggressor oder Gegenspieler nicht gewusst, womit man sich dabei einlässt, wenn man es mit der geballten Angriffskraft der fliegenden Verbände der US Army zu tun bekommt. Angriffs- oder Aufklärungseinheiten der US Army, die MUM-T einsetzen, führen demnach Angriffe zur Unterstützung von Offensiv-, Defensiv- und Stabilitätsoperationen in der gesamten Tiefe der Kampfzone durch. Dies geschieht entweder als entscheidende oder gestaltende Operation zur Unterstützung der Bodentruppen. Die US Amy-Lufteinheiten führen auch Angriffe auf mehreren Ebenen durch. Diese können von so kleinen Elementen wie Angriffs- oder Aufklärungswaffenteams mit MUM-T oder einem einzelnen bewaffneten UAS bis hin zur Bataillonsebene reichen. Angriffe der US Army Kampfhubschrauber werden gegen feindliche Kräfte in engem Kontakt mit den eigenen Truppen oder außerhalb des eigenen Kontakts durchgeführt. Beide können jeweils als »eilige Notfall-Angriffe« (Hasty) oder als gezielt geplante Operationen durchgeführt werden, wobei diese Angriffe in der Regel durch integriertes gemeinsames Feuer unterstützt werden. Die Methoden des Einsatzes hängen ausschließlich davon ab, ob sich eine befreundete Bodentruppe in direktem Kontakt mit der anvisierten feindlichen Truppe befindet oder nicht. Die Wahl des Einsatzrahmens durch den leitenden Kommandeur wird nicht zur Beschreibung der Angriffsart herangezogen. Um den Erfolg zu sichern, nutzt die US Army das gesamte Repertoire ihrer Fliegerei mit der notwendigen Kampfkraft, dem Tempo und der Intensität, um die gegnerische Streitmacht zu überwältigen.

Als Mitglied des Combined-Arms-Teams führt die US Army mit ihren Angriffshubschrauberverbänden Angriffe gegen feindliche Kräfte durch. Zur Risikominderung und wenn Zeit zur Verfügung steht, konzentrieren sich der Leitungsstab im Hauptquartier bei der Durchführung von Operationen auf Folgendes:

- Entwicklung, Lokalisierung und Verfeinerung von Zielen.
- Integration von gemeinsamem Feuer und anderen Hilfsmitteln.
- Maximierung des Einsatzes von UAS vorwärts zur Bestätigung der Zielposition und -disposition. In frühen Phasen der Formierung vor einem Angriff können bewaffnete UAS wichtige Aufklärungs- und Zielerfassungsfähigkeiten der gegnerischen Luftverteidigung liefern. Während der Ausführungsphasen können taktische UAS, die vor Angriffshubschraubern fliegen, Luftverteidigungssysteme lokalisieren, bevor diese die bemannten Flugzeuge ins Visier nehmen.
- Maximierung der Nutzung des Geländes zur Maskierung von Manövern entlang der Angriffsrouten und in Angriffsstellungen durch Feuer.
- Entwicklung und Koordinierung von ACMs, um Handlungsfreiheit für MUM-T und andere laufende Operationen der eigenen Truppen zu ermöglichen.
- Planung der Integration von gemeinsamem Feuern und Enablern, um kontinuierliche Zielverfeinerung, gemeinsames SEAD und gemeinsame EW zu ermöglichen – all das schränkt die feindliche Handlungsfreiheit ein.
- Planung und Entwicklung von Auslösern und Bedingungen, um den Angriff zu initiieren.
- Einsatz von Funkübertragungsstellen, Luftkommunikations-Relaispaketen und/oder vorgelagerten.
- UAS-Bodenkontrollstationen zur Aufrechterhaltung des Lageverständnisses über große Entfernungen.
- Positionierung mehrerer FARPs vorwärts, um die Waffenlast und die Stationszeit zu maximieren, unter Berücksichtigung der Überlebensfähigkeit und der Fähigkeiten der FARPs.
- Maximierung des Überraschungsmoments durch Angriffe aus unerwarteten Richtungen und zu unerwarteten Zeiten mit Geschwindigkeit und Kühnheit.
- Ausführung bei eingeschränkter Sicht.
- Durchführung detaillierter Proben und Einsatz geeigneter Entscheidungshilfen wie Bedingungsprüfungen, Go/No-Go-Kriterien, Abbruchkriterien und Entscheidungshilfematrizen.

Das Timing ist entscheidend für den erfolgreichen Einsatz von Angriffs- oder Aufklärungseinheiten. Ein zu früher Einsatz kann dazu führen, dass der Angriff aufgrund von Flugzeugen mit geringem Treibstoffvorrat abgebrochen wird. Kommen die Flugzeuge zu spät zu ihren Angriffsstellungen, kann es sein, dass sie die angegriffene Einheit ganz oder teilweise verfehlen und den Erfolg der Mission nicht erreichen. Der Kommandeur plant einen Angriff nach detaillierter Abstimmung mit unterstellten Einheiten, Unterstützungselementen und dem übergeordneten Hauptquartier, um ein gemeinsames Verständnis der übergeordneten Absicht und der Fähigkeiten der Angriffseinheit sicherzustellen. Der Kommandeur kann untergeordnete Einheiten in den folgenden Methoden einsetzen, die im Folgenden beschrieben werden:

- Kontinuierlicher Angriff.
- Phasenweiser Angriff.
- Angriff mit maximaler Zerstörung.

Exkurs: Mission Failed Angriff auf Kerbala (Irak) 2003

Die meist durch Erfolge geprägte Einsatzhistorie des AH-64 blieb auch vor Rückschlägen und Niederlagen nicht verschont. Hierbei muss jedoch eines vorweg gesagt werden: der überwiegende Teil der Fehlschläge oder Niederlagen im Zusammenhang mit dem Einsatz des AH-64 ist nachweislich meist auf menschliches Versagen zurück zu führen. Konstruktionsbedingte Fehler sind hierbei die Ausnahme gewesen. Zu erwähnen wären etwa katastrophale »Friendly Fire« (bzw. »Fratricide«)-Vorfälle, bei denen AH-64 die eigenen Truppen unter Beschuss nahmen oder Abschüsse durch Rebellen oder feindliche Truppen. Die meisten Vorfälle (Getriebe, Triebwerk) gingen jedoch auf dem Einsatzstress geschuldete Wartungsfehler zurück. Die glücklicherweise äußerst seltenen »Friendly Fire«-Vorgänge, wie der traurige Vorfall während Desert Storm, als

Das große Waffen-Repertoire sowie die hohe Flexibilität machen den AH-64 zu einem der vielseitigsten und effektivsten Waffensysteme, die man auf einem konventionellen Gefechtsfeld nur einbringen kann. Dass der Apache auch in alternativen Szenarien, die vom ursprünglichen Einsatzraum abweichen, eingesetzt werden kann, wurde im Close Combat-, im Counter Insurgeny sowie im Urban Warfare-Szenario in Afghanistan, im Irak, in Syrien oder auch in den palästinensischen Autonomiegebieten (hier: IDF) bewiesen. In der klassischen Verwendung in einem High Intensity bzw. symmetrischen Konflikt, ist die Aufgabe der Apaches von existentieller Wichtigkeit behaftet: das Ausschalten gepanzerter Fahrzeuge, das Abriegeln von Kampfräumen sowie das Abwehren von gegnerischen Vorstößen und der offensive Angriff im Verbund der Waffen oder selbständig. (Foto: U.S.Army / Maj. Robert Fellingham)

ein AH-64A zwei US-Gefechtsfahrzeuge beschoss und mehrere US-Soldaten dabei tötete, beruhten allesamt auf Pilotenversagen und/oder Kommandeursfehlentscheidungen. Technisch gesehen waren diese Vorgänge nur möglich, wenn man den Instrumenten und Warnsignalen nicht Beachtung schenkte. Zufallstreffer durch RPG-Schützen oder anderer Glücksritter sind nie ausgeschlossen. Ebenso wie direkte Abschüsse durch professionelle Luftabwehr-Kräfte.

Taktische Fehler sind jedoch menschengemacht. So auch der Fall Kerbala. Der Zwischenfall bei Kerbala 2003 ist deshalb von besonderer Bedeutung, da es sich hier um eines jener Ereignisse im Irak-Krieg handelt, bei dem eine große Zahl von Kampfhubschraubern gleichzeitig im Einsatz war. Er sollte deshalb näher besprochen werden:

Ein Angriff von 30 AH-64D wurde am 24. März von der irakischen 2. Panzerdivision »Medina« abgewehrt. Der US-Führung im Irak wurde nach dem Zwischenfall bei Kerbala klar, dass neue taktische Verfahren unbedingt notwendig sind, um eine Wiederholung ähnlicher Vorfälle in Zukunft zu vermeiden. Ab sofort wurden jegliche Einsätze in die Tiefe des feindlichen Gebietes verboten. Die Einsätze wurden daher direkt an der vorderen Kampflinie ausgeführt. Die »Apache« nutzten dabei die Reichweite von 7 km ihrer Lenkwaffen aus, um Feindziele in der Tiefe zu bekämpfen. Nach der kostspieligen Niederlage bei Kerbala verlor der Apache Longbow seine Reputation als »fliegender Panzerknacker«. Er wurde nun zum reinen Kampfunterstützungsgerät degradiert, dessen hochentwickelte Systeme nicht mehr voll zur Wirkung gebracht werden konnten. Weiter war nun klar, dass unter den gegebenen Umständen der Einsatz von Kampfhubschraubern nur in enger Zusammenarbeit mit den Erdkampfflugzeugen A-10 erfolgen sollte, um Gegenfeuer vom Boden rechtzeitig zu neutralisieren, damit die Hubschrauber ihren Auftrag ohne Störung durchführen können.

Der Angriff auf Karbala 2003 war ein erfolgloser Angriff auf die Medina-Division der irakischen Republikanischen Garde durch die U.S. 3rd Infantry Division während der Invasion des Irak 2003. Die Medina-Division war hauptsächlich entlang der Karbala-Lücke, westlich der Stadt Karbala selbst, stationiert. Die irakische Division war das Ziel, da sie die am besten ausgerüstete irakische Einheit war und ihre Zerstörung die irakische Militärmoral negativ beeinflussen würde. Die Medina-Division erlitt während des Gefechts nur geringe Schäden. Die Niederlage für die Amerikaner resultierte darin, dass ein AH-64 Apache unversehrt abgeschossen wurde.

Die Moral der Iraker war hoch, nachdem sie in der

Schlacht von Nasiriyah heftigen Widerstand geleistet hatten. Die USA versuchten, ihre »Shock and Awe«-Kampagne fortzusetzen, indem sie die Elitedivision der Republikanischen Garde von Medina lahmlegten und so den Feind demoralisierten.

Im Anschluss an den Golfkrieg lernten die Iraker aus den Flugverbotszonen über ihrem Land. Die Bedrohung durch das Kleinwaffenfeuer der irakischen Soldaten wurde von den beteiligten US-Angriffshubschraubern stark unterschätzt. Die AH-64 Apache-Hubschrauber des 11. Regiments der U.S. Army, 3. Infanteriedivision, standen vor der Operation vor mehreren Problemen. Das Gelände rund um Bagdad war keine Wüste, sondern weitläufiges Stadtgebiet. Die Erfahrungen aus der Schlacht von Mogadischu 1993 zeigten, dass Hubschrauber über städtischen Gebieten verwundbar sind. Der Nachrichtendienst war unzureichend. Die Informationen über die Position des Feindes waren lückenhaft und zwangen die Hubschrauber, das Zielgebiet selbst zu suchen. Einige Ziele, darunter 30 T-72-Panzer, befanden sich nicht auf dem Schlachtfeld. Ein beschleunigter Zeitplan führte zu Koordinationsproblemen. Die Dritte Infanteriedivision bewegte sich vor dem Zeitplan, so dass die Mission innerhalb von 24 Stunden abgebrochen werden musste. Die Unterdrückung der feindlichen Luftverteidigung erfolgte gemäß einem beschleunigten Zeitplan, obwohl die Apache hinter dem Zeitplan zurückblieben. Die Apache trafen erst mit dreistündiger Verspätung ein. Die Jagdbomber hatten das Gebiet bis dahin verlassen und die Hubschrauber waren ohne Unterstützung. Die dreistündige Pause erlaubte es der irakischen Luftabwehr, sich zu erholen. Die 31 AH-64 Apache der 11th Aviation Group starteten von der Tactical Assembly Area Vicksburg, die sich innerhalb des Objective Rams befand. Ein Apache stürzte unmittelbar nach dem Start ab, als sein Pilot desorientiert war. Als die Apaches nach Norden in Richtung Karbala abbogen, empfing der Nachrichtendienst über 50 irakische Mobiltelefonanrufe, die die irakischen Einheiten über ihre Annäherung informierten. Als die Hubschrauber in Reichweite kamen, signalisierten die Iraker ihren Truppen, das Feuer zu eröffnen, indem sie das Stromnetz der Stadt für einige Sekunden abschalteten. Die Bodentruppen eröffneten daraufhin das Feuer mit PKM-, NSV-, 23mm- und 57mm-Feuer. Leutnant Jason King, Bordschütze des Apache »Palerider 1-6«, wurde von AKM-Feuer im Nacken getroffen und erlitt eine schwere Blutung, verlor aber nicht das Bewusstsein. Er wurde später zur Operation nach Deutschland evakuiert, kehrte aber einige Wochen später zu seiner Einheit zurück. Die Apaches zögerten, das Feuer zu erwidern, da das meiste feindliche Feuer aus Häusern kam und das Risiko von Kollateralschäden hoch war. Die Hubschrauber zerstreuten sich auf der Suche nach der Medina-Division, wurden aber durch schlechte Aufklärung behindert. Der Apache »Vampire 1-2«, geflogen von den Warrant Officers David S. Williams und Ronald D. Young Jr., wurde in einen Sumpf gezwungen, nachdem Geschützfeuer seine Hydraulik unterbrochen hatte. Sein Funkgerät wurde ebenfalls getroffen und verhinderte die Kommunikation mit den anderen Hubschraubern. Bei dem Versuch, von der Absturzstelle zu fliehen, schwammen beide Männer einen Kanal hinunter, wurden aber von bewaffneten Zivilisten gefangen genommen. Die irakische Regierung zeigte den Hubschrauber später im Fernsehen und behauptete, er sei von einem Bauern mit einem Gewehr abgeschossen worden; aufgrund der großen Menge an Flugabwehrfeuer und der Panzerung des Apache ist es jedoch unwahrscheinlich, dass ein Repetiergewehr dafür verantwortlich war. Die AH-64 kehrten nach einer halben Stunde Gefecht zur Tactical Assembly Area Vicksburg zurück. Die meisten waren ohne funktionierende Navigationsgeräte. Mindestens zwei von ihnen entgingen nur knapp einer Kollision in der Luft. Analysen nach dem Gefecht ergaben, dass die amerikanischen Kampfhubschrauber in einem bewusst geplanten Hinterhalt mit Kanonenfeuer, Panzerfäusten und Handfeuerwaffen angegriffen wurden, die alle von getarnten Feuerteams ausgingen. Von den 29 zurückkehrenden AH-64 erlitten alle bis auf einen schweren Schaden. Im Durchschnitt hatte jeder Apache 15-20 Einschusslöcher. Ein Apache erhielt 29 Treffer. Sechzehn Hauptrotorblätter, sechs Heckblätter, sechs Motoren und fünf Antriebswellen wurden irreparabel beschädigt. In einer Staffel war nur ein einziger Hubschrauber flugtauglich. Es dauerte einen Monat, bis das 11. Regiment wieder kampfbereit war. Die Verluste, die die AH-64 erlitten hatten, führten zu einer Änderung der Taktik, indem der Einsatz der Apache erheblich eingeschränkt wurde. Angriffshubschrauber sollten von nun an dazu dienen, die Position feindlicher Truppen zu verraten, um sie durch Artillerie- und Luftangriffe zu vernichten. Thomas E. White, der U.S. Secretary of the Army, erklärte: »Wir hatten großes Glück, dass wir nicht noch mehr Apache-Kampfhubschrauber verloren haben.«

Grafische Darstellung verschiedener Angriffs-schemata laut Army Technical Publication (ATP 3-04.23 ARMY AVIATION PLATOONS, 2021)

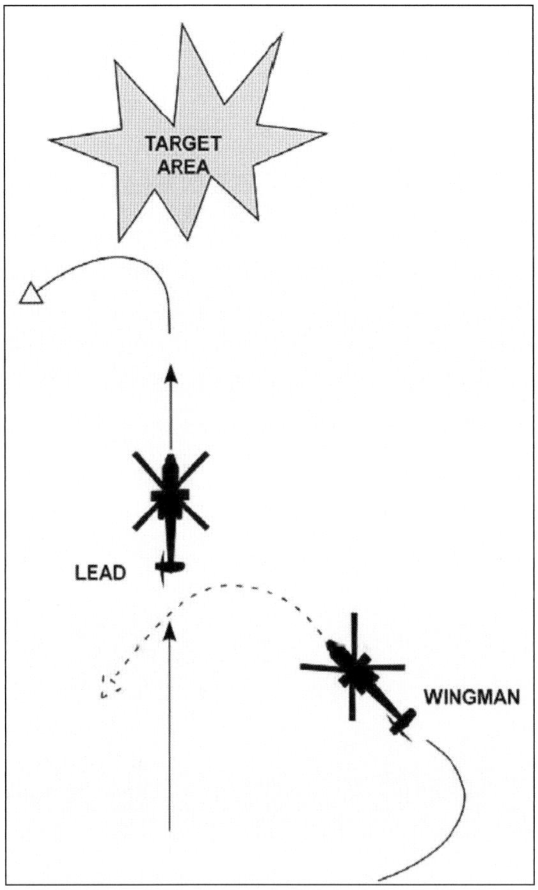

Figure 3-28.
Example of a 45-degree simultaneous attack

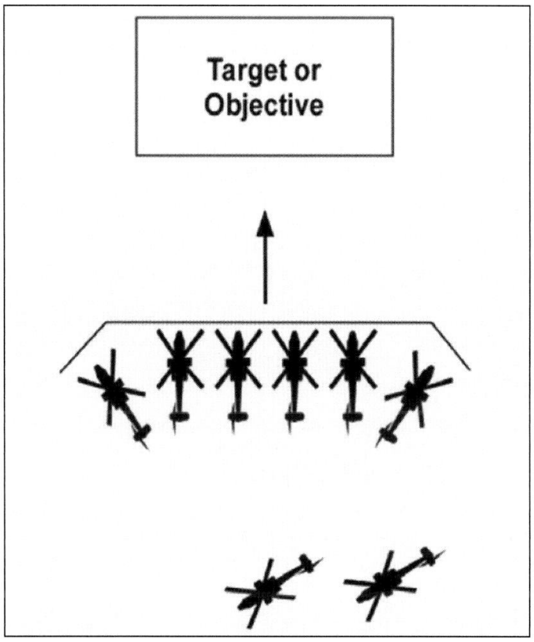

Figure 3-32.
Example of a static attack pattern

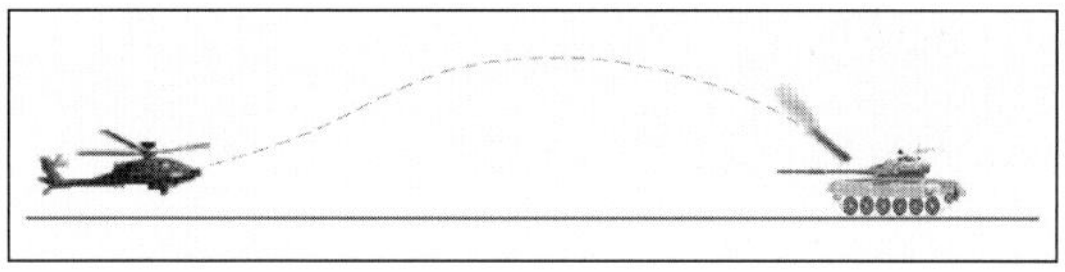

Figure 3-33.
Low-level attack

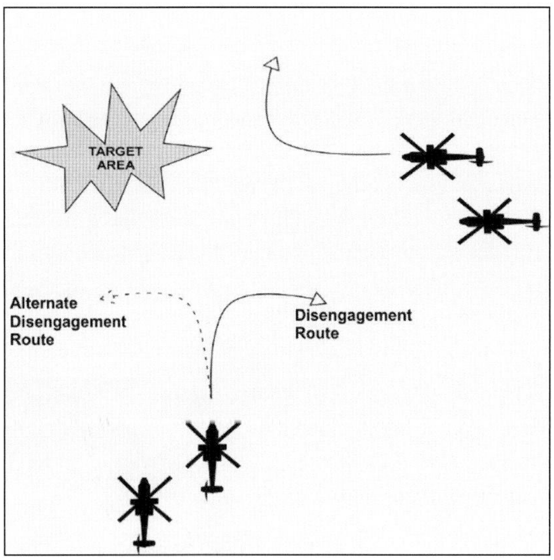

Figure 3-31.
Example of a an L-attack pattern

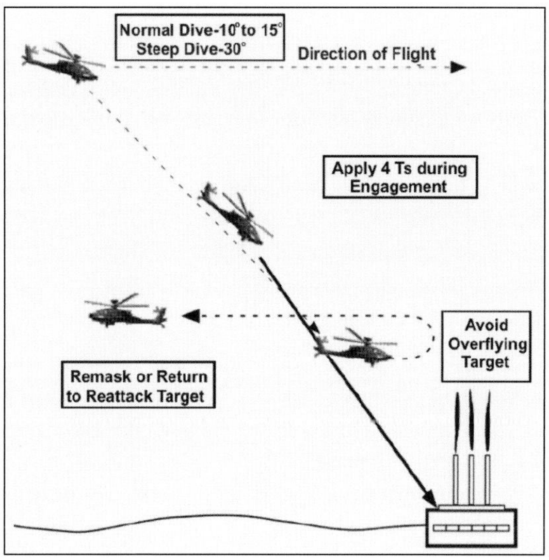

Figure 3-35.
High attack

Zwei kuwaitische AH-64D Apache begleiten US-Bodentruppen auf ihren Vormarsch 2016 während einer Übung nahem dem Camp Buehring, Kuwait. Die sandfarbene Lackierung erinnert an die Zeiten, als die Übung zum Ernstfall wurde. In den letzten vier Jahrzehnten spielten sich die meisten großen Kampfhandlungen in Wüsten und Savannen ab. Doch der Trend der Kampfräume geht der Lesart zufolge eher in die Richtung Wälder, Eis und Schnee auf der einen und Dschungel und Regenwald auf der anderen Seite. (U.S. Army / Sgt. Aaron Ellerman)

AH-64 im Einsatz

Task Force WOLF – Operation Just Cause (Panama 1989)

Am 20. Dezember 1989 griff die von General Carl Stiner geführte Joint Task Force mit einer Stärke von ca. 20.000 Mann unter dem Oberbefehl von General Maxwell R. Thurman (Oberbefehlshaber des United States Southern Command) Panama an. Nach vier Tagen waren fast alle Kampfhandlungen mit der panamaischen Nationalgarde beendet und Diktator Manuel Noriega flüchtete in die Nuntiatur des Vatikans, die ihm zwar Asyl gewährte, ihm jedoch nahelegte, sich zu stellen. Nach zehn Tagen stellte sich Noriega am 3. Januar 1990 den Streitkräften der USA. Er wurde nach Miami ausgeflogen, wo er wegen Drogenhandels zu 40 Jahren Haft verurteilt wurde. Das Strafmaß wurde 1999 auf 30 Jahre reduziert. Die USA lösten die Streitkräfte zwar auf, nachdem es in der Folge aber zu Plünderungen und chaotischen Zuständen kam, wurde eine 13.000 Mann starke Truppe wieder aufgestellt. Während des ersten JTF SOUTH-Koordinierungstreffens informierte General Stiner über seine strategische Absicht: Er würde M551 Sheridan-Panzer und AH-64 Apache einsetzen, um zusätzliche »chirurgische« Feuerkraft bereitzustellen. Während des zweiten Treffens teilte er mit, dass das JCS die Vorpositionierung der Apache-Hubschrauber und Sheridans genehmigt habe. 1-228 Avn akzeptierte dies als Hinweis, sich auf die Aufnahme und Unterbringung der Apache-Einheit vorzubereiten. Diese Aufgabe wurde erleichtert, als General Stiner und MG Johnson, Kommandeur der 82d Airborne Division, persönlich die Nutzung des Hangar 1 auf der Howard AFB mit der Air Force koordinierten. Der Plan war, die AH-64 im Hangar zu belassen und sie nur nachts zu fliegen, um so unauffällig wie möglich zu blei-

AH-64 der Task Force Wolf mussten vor ihrer Premiere in feuchten Dschungelgebieten üben. Schnell bemerkte man, welche Probleme auf die neuen Kampfhubschrauber - und vor allem auf die Wartungsteams und den Hersteller zukamen: Feuchtigkeit und Wassereintritt in empfindliche Bereiche des Innenlebens des Apache der ersten Generation. Ein Problem, das im Verlauf behoben werden musste. Es kam deswegen jedoch zu keinen nennenswerten Fehlern, die aus technischer Sicht die Leben der Crews bedroht hätten. Gefährlich waren die ersten Treffer durch feindliche Soldaten und Milizen. (Foto: Archiv Boeing)

ben. Außerdem entfernten die Mitglieder der Einheit die 82d Abn-Abzeichen von ihren Uniformen und trugen die BDU-Mütze anstelle des Baretts. Für das Personal der Einheit wurden zwei freie Familienquartiere in Ft. Kobbe zur Verfügung gestellt. Für den Transport wurden Mietwagen verwendet. Als Teil der Operation ELOQUENT BANQUET--B Company (Task Force WOLF), Ist Battalion (AH-64), 82 Aviation, 82d Airborne Division kam am 15. November mit 53 Mann unter dem Kommando von CPT Stuart Hamilton an. Die Task Force WOLF bestand aus sechs AH-64 Apache und 3 OR-58C Kiowa. Bataillonskommandeur LTC Donald E. Vinson war hilfreich. um die verwirrten Doorgunner davon zu überzeugen, dass sie am richtigen Ort waren und das Richtige taten. LTC Vinson hatte Anfang Oktober einen »Warnbefehl« erhalten, sich auf den Einsatz in Panama vorzubereiten, und er führte vor dem Einsatz drei verdeckte Koordinationsbesuche in Panama durch. Seine Apache-Piloten konnten auch den AH-64 Combat Mission Simulator (CMS) in Ft Bragg nutzen, um einige der für den Kontingentseinsatz erforderlichen Aufgaben zu replizieren. Das Team WOLF wurde der Joint Special Operations Task Force (JSOTF) für den anfänglichen H-Stunden-Ranger-Fallschirmangriff am Rio Hato zugeteilt. Sie waren erfolgreich bei der Neutralisierung der ZPU-4 Luftabwehrwaffen bei RIO HATO mit dem 30-mm Area Weapons System (AWS). Die Abstandsfähigkeit der Waffen und das Infrarot-Nachtsichtgerät des Apache machten ihn zur Waffe der Wahl in den Stunden der Dunkelheit. Das Infrarot-Nachtsichtgerät des Apache stellte ein wichtiges Aufklärungs- und Überwachungssystem während der Dunkelheit dar. D-Day-Einsätze. Apaches versuchten, Mörserstellungen, die auf Ft Clayton feuerten, zu lokalisieren und zu zerstören, aber sie waren nicht in der Lage, die Positionen zu lokalisieren. Ein Attack Team wurde nach Panama Viejo geschickt, um den bevorstehenden Luftangriff der 2-504 AbnInf zu überwachen und für den Rest des Tages Unterstützung zu leisten. Ein Angriffsteam aus einem OH-58C und zwei AH-64 startete um 6.20 Uhr, um die Ziele in Tinajitas zu überwachen. Alle drei Maschinen wurden von feindlichen Handfeuerwaffen getroffen, die aus bebauten Gebieten abgefeuert wurden, als die Hubschrauber neu positioniert wurden, um den Luftangriff 1-504 zu unterstützen. Das Team wurde auf der Station von einem zweiten Angriffsteam abgelöst. Das zweite Team lokalisierte elf feindliche Personen mit automatischen Waffen. Die feindlichen Soldaten wurden mit 30-mm AWS in einer Entfernung von 2833 m (Laserreichweite) bekämpft und getötet. Weitere Angriffsmissionen wurden

Panama City war ein gefährliches Pflaster. Es war keine typische Umgebung für eine Armee, die eigentlich eine andere Armee bekämpfen sollte. (Foto: Archiv Rastätter)

Rechts: Straßenkampfszene: Ein M113 APC sucht Deckung in einer Ladenzeile. (Foto: U.S. DoD / PH1(SW) J. Elliott)

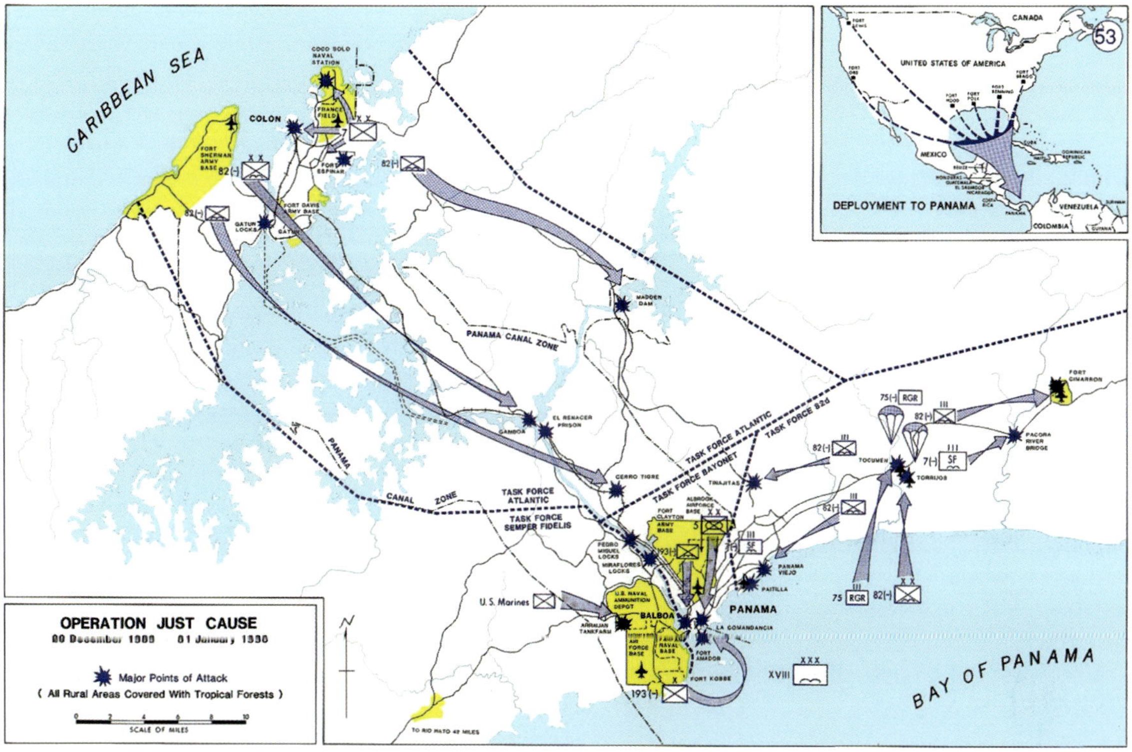

Grafische Darstellung des Panama-Konflikts. (Grafik: United States Military Academy / Frank Martin)

in der Commandancia und in Panama Viejo durchgeführt. Das Team zerstörte mehrere 2 1/2-Tonnen-LKWs und zwei V-300 Panzerwagen mit 30-mm und Raketen bzw. Hellfire-Raketen. Bei der Unterstützung des Angriffs auf die Commandancia wurden fünf Hellfire-Raketen in Gebäude abgefeuert. Zusätzliche Angriffs- (5 AH-64) und Aufklärungseinheiten (B Troop, 1-17 Cavalry) wurden am 21. und 23. Dezember von Ft Bragg aus eingesetzt, so dass die TF WOLF nun über insgesamt elf AH-64, vier AH-1E Cobras und fünf OH-58C Scouts verfügte. TF WOLF leistete weiterhin Luftunterstützung – auch bei JSOTF-Missionen. Darüber hinaus führte TF WOLF Aufklärungs-, Show-of-Force-, Movement-to-Contact-, Angriffs- und Reconnaissance-in-Force-Einsätze durch. Die AH-64 wurden normalerweise in Zweierteams eingesetzt. OH-58C dienten als unbewaffnete Aufklärer, übernahmen die Führung und waren auch als CSAR-Maschinen für abgestürzte Piloten zur Stelle. Die spezifische Zusammensetzung der Teams wurde durch die Analyse der Faktoren von METT-T durch den Kommandeur bestimmt. Normale Kampfeinsätze, die bei Tageslicht geflogen wurden, wurden hauptsächlich von der Kavallerie (AH-1E) ausgeführt. Während der Dunkelheit wurden sie von den Apache-Angriffskompanien geflogen. TF WOLF hatte auch Reserve-Teams bereitgestellt. Einige Apache-Besatzungen waren in einer 24-Stunden-Bereitschaft beordert und hielten sich für Notfälle bereit. Für den Einsatz des Stand-by-Teams war die Genehmigung der JTF SOUTH erforderlich. Die AH-64A bewährten sich bei ihrer ersten Feuertaufe, auch wenn sie mit der Feuchtigkeit im tropischen Raum große Probleme hatten.

In erster Linie als Panzerkiller konzipiert, bewies der Apache seine Vielseitigkeit durch eine Vielzahl von Einsätzen zur Unterstützung sowohl von SOF- als auch von konventionellen Truppenoperationen. AH-64 wurden eingesetzt, um Kasernen zu zerstören, in denen die PDF untergebracht waren, um Landezonen mit Wärmebild aufzuklären, um truppentragende Hubschrauber zu eskortieren und um Unterdrückungsfeuer zu leisten. Der AH-64 wurde als »chirurgische Angriffswaffe« beschrieben und als »hart im Nehmen«. Drei AH-64 wurden von Handfeuerwaffen getroffen. Ein Hubschrauber wurde achtmal getroffen, ein anderes 15-mal und ein dritter 23-mal. Alle konnten nach den Treffern zur Howard AFB zurückfliegen. Von seinen 246 Flugstunden während Operation Just Cause wurden 138 bei Nacht geflogen, alle Waffensysteme wurden validiert, alle Kampfeinsätze wurden erfolgreich abgeschlossen und beschädigte Maschinen wurden innerhalb von 36 Stunden wieder in den Einsatz gebracht. US Army-Hubschrauber beherrschten die Nacht. Die jüngste Teilstreitkraft der Army bewies, dass sie im Gefecht »sicher« kämpfen und siegen konnte. Die Army Aviation spielte eine Schlüsselrolle: Sie leistete Feuerunterstützung aus der Luft, unterdrückte Luftabwehrstellungen, setzte Spezialeinheiten ein, führte stundenlange Luftangriffe durch, übernahm die Führung, rettete Leben bei waghalsigen MedEvac- und CSAR-Einsätze. Alle Flüge in den ersten kritischen Stunden der Invasion wurden bei Nacht durchgeführt. Die Operation hätte ohne Nachtsicht- und Wärmebildgeräte nicht durchgeführt werden können. Die Kampferfahrungen in Panama bewiesen, was Army-Planer bereits wussten: Luftangriffsoperationen, die bei Nacht durchgeführt werden, sind effektiver. Sie minimierten Verluste und Kampfschäden an Angriffshubschraubern. Die Hubschrauber verschafften dem Kommandeur der Joint Task Force die Geschwindigkeit, Flexibilität und Letalität, die er brauchte. »Obwohl viele der teilnehmenden Crews nur über begrenzte Erfahrung verfügten (fast 25 % waren frischgebackene Flugschulabsolventen), zeigten alle die Kampfdisziplin, Entschlossenheit und den Mut erfahrener Heeresflieger«, lobte der Kommandeur damals euphorisch. Ein Pilot wurde getötet, als sein OH-58C-Hubschrauber beim Versuch, eine PDF-Fliegerabwehrstellung zu orten, abgeschossen wurde. Da der OH-58C über keine verbesserte Nachtoptik verfügt, musste sich die Besatzung dem Ziel bis auf wenige hundert Meter nähern, eine Aufgabe, die ein bewaffneter OH-58D oder Apache aus einer Entfernung von zwei Meilen hätte bewältigen können.

Task Force Normandy (Desert Storm 1991)

Anfang 1991, als das VII. Korps und die dazugehörigen Einheiten in Saudi-Arabien eintrafen, hatten die irakischen Streitkräfte, die Kuwait besetzt hielten, eine ausgeklügelte, mehrschichtige Verteidigung mit Infanterie aufgebaut, die sich hinter Schutzwällen entlang der kuwaitischen Grenze verschanzte. Diese Verteidigung wurde durch mobile Reserven irakischer Panzer- und Mechanisierungsdivisionen unterstützt, die ihrerseits von den stark mechanisierten und gewaltigen Kräften der Republikanischen Garde unterstützt wurden. Die irakischen Streitkräfte umfassten insgesamt sieben Korps, bestehend aus 47 Infanterie- und neun Panzerdivisionen. Als der Irak der Resolution 678 des UN-Sicherheitsrates nicht nachkam, die den Rückzug der Truppen aus Kuwait bis zum 15. Januar 1990 forderte, wurde die Operation Desert Shield zur Operation Desert Storm.

In den frühen Morgenstunden des 17. Januar 1991 begann der Persische Golfkrieg mit einer massiven US-geführten Luftoffensive. Die aus mehr als 2.250 Kampfflugzeugen der Koalition bestehende Streitmacht griff die irakische Luftverteidigung, Kommunikationsnetze, Waffenfabriken und Ölraffinerien an, um die irakische Führung zu unterdrücken, das kuwaitische Operationsgebiet zu isolieren und die feindlichen irakischen Bodentruppen aufzureiben. Am 30. Januar überraschte eine irakische mechanisierte Division die Koalitionstruppen, indem sie während der Luftkampagne und noch während der Planung der Bodenkampfhandlungen in ihre Linien eindrang und kurzzeitig die kleine Stadt Khafji, sieben Meilen innerhalb der saudischen Grenze, besetzte. Dieser dramatische »Ausfall« gegen saudische und Koalitionstruppen wurde innerhalb von eineinhalb Tagen schnell zurückgedrängt. Die unerwartete Art des Angriffs veranlasste die Koalitionstruppen jedoch dazu, die Art und den Zeitpunkt der gesamten Bodenoffensive zu überdenken.

Während die Koalitionsstreitkräfte von der neuesten Militärtechnologie profitierten, darunter Tarnkappenbomber, Marschflugkörper, »intelligente« Bomben mit Laser-Leitsystemen, präzisionsgelenkte Munition und Infrarot-Nachtbombenausrüstung, gab es eine Grenze für den operativen Erfolg der Luftkampagne: die Scud-Raketen der irakischen Armee. Obwohl die irakischen Streitkräfte nur 86 Scuds abfeuerten, hatten diese relativ primitiven Raketen eine Wirkung, die weit über ihre Anzahl hinausging. Ihre Reichweite ermöglichte es ihnen, weiche und unvorbereitete Ziele zu erreichen. Bis zum 24. Januar waren etwa 40 % der 100.000 Lufteinsätze der Koalition gegen Scud-Raketenstandorte gerichtet, ebenso wie erhebliche Mittel des Nachrichtendienstes, der elektronischen Kriegsführung und der Spezialeinheiten. Saddam Hussein hatte auch Scuds auf Israel abgefeuert, in der Hoffnung, die umkämpfte Nation in den Krieg zu provozieren und so die sorgfältig aufgebauten arabischen Allianzen zu brechen. Im Vorfeld und während der Luftangriffe hatte die US-geführte Koalition mehr als 900.000 Soldaten in der Region stationiert, die meisten davon an der saudi-irakischen Grenze. Bis Ende Januar 1991 hatten die Koalitionstruppen ihre Kampfpositionen eingerichtet und sich auf den Bodenkrieg vorbereitet. Um 2:38 Uhr am 17. Januar 1991, nach Ablauf der Resolution 678 des Sicherheitsrates der Vereinten Nationen, die den Rückzug des Irak aus Kuwait anordnete, führte ein gemeinsames Angriffsteam der Army und der Air Force einen geheimen, nächtlichen Angriff mit dem Codenamen Task Force Normandy auf zwei irakische Luftverteidigungsradaranlagen durch. Da die Anlagen mit

Der massive Aufmarsch amerikanischer Truppen zur Operation Desert Shield, der Vorbereitungsoperation zur offensiven Operation Desert Storm bedeutete auch die Bereitstellung von unzähligen Waffensystemen und Großgeräten. Ansammlungen von AH-64 Verbänden, wie man sie nie zuvor gesehen hatte. Mitten in der Wüste verwandelten sich unwirtliche Ebenen in ganze Flugfelder. Der ultimative Test für den AH-64 sollte beginnen. (Foto: Archiv U.S. Army)

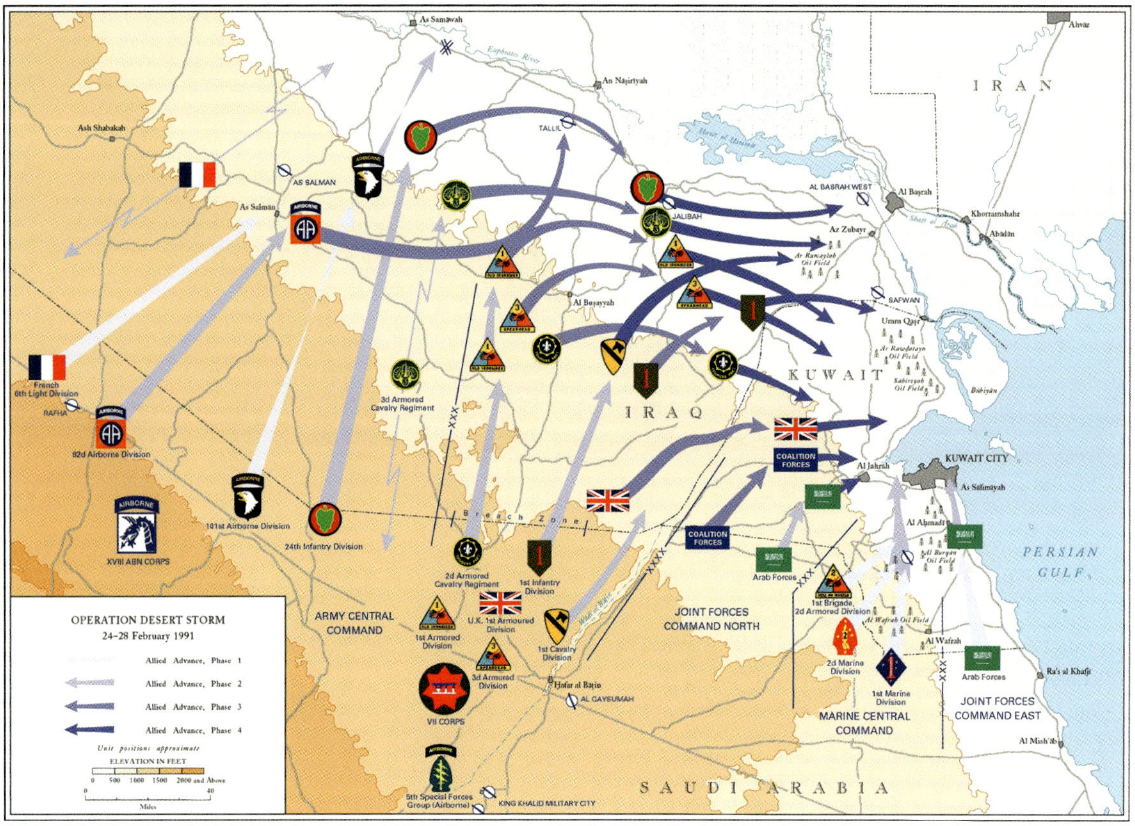

Übersicht des Angriffsverlaufs der gesamten Operation Desert Storm. Die Bodenoperationen zu Operation Desert Storm starteten am 24. Februar 1991. Sonderpfeile kennzeichnen die US 101st Airborne Division, die durch Luftlandungen infiltrierte, die französische 6. leichte Division und das US 3rd Armored Cavalry Regiment. (Grafik: U.S. Army / Jeff Dahl)

vier irakischen Stützpunkten und dem Intelligence Operations Center in Bagdad verbunden waren, mussten sie zur gleichen Zeit zerstört werden. Hätten die Iraker die angreifende Truppe entdeckt, wäre eine Warnung nach Bagdad geschickt worden und Flugabwehrartillerie und Boden-Luft-Raketen hätten auf die ankommenden Koalitionsflugzeuge gewartet. Die Ausführung des Einsatzes musste perfekt sein. Das Armeekontingent wurde von Lieutenant Colonel (LTC) Richard A. Cody, Kommandeur des 1st Battalion, 101st Aviation Regiment, 101st Airborne Division, geführt.

Die Eingreiftruppe bestand aus acht mit Hellfire-Raketen bestückten AH-64 Apache Hubschraubern und vier MH-53J Pave Low Kampfhubschraubern der Luftwaffe, die mit einem Geländeverfolgungs- und einem globalen Positionsbestimmungssystem ausgestattet waren, um die Apaches zu ihrem Zielpunkt zu bringen, der etwa 14 km von den Radarzielen entfernt war. Die Planer entwickelten drei Hauptoptionen für die Aufgabe der Abwehrunterdrückung. Eine sah den Einsatz von Special Operations Forces (SOF) vor, um die Radaranlagen mit Raketen zu treffen. Die zweite sah vor, dass die SOFs in der Nähe der Radaranlagen mit Hilfe von Handlasern die Apache-Hubschrauber auf die Ziele ausrichten sollten. Die dritte Option sah den Einsatz von Kampfflugzeugen der Air Force vor, um die Ziele zu zerstören. Bei mindestens zwei der Alternativen – denjenigen, die SOF-Einheiten einbeziehen – bestand die große Gefahr, dass die Operation entdeckt und kompromittiert werden könnte, bevor die Alliierten einen Schuss abgeben konnten. Die Planer wussten, dass konventionelle Flugzeuge oder Marschflugkörper die Aufgabe erledigen würden. Doch ohne ein Paar menschlicher Augen vor Ort, die das Ausmaß des Schadens beurteilen könnten, hätten die Alliierten keine Möglichkeit zu wissen, ob die Ziele wirklich tot waren. Die Hubschrauberpiloten könnten jedoch mit eigenen Augen sehen, wie viel Schaden an diesen Einrichtungen angerichtet wurde. Sie konnten die Ziele wiederholt angreifen, bis sie sich des vollen Erfolgs sicher waren.

Ein interessanter historischer Bericht auf der Desert Storm-Archivseite der US Army zeigt spannende Details zur Planung und Durchführung der Task Force Normandy sowie ein älteres Interview mit Colonel Cody. Am 25. September 1990, als die CENTCOM-Planer den Plan angenommen, eingegrenzt und verfeinert hatten, wurde Colonel Cody in ein Büro am King Fahd International Airport gerufen, dem Hauptquartier des damaligen Kommandanten des US Special Operations Command, Col. Jessie Johnson. Colonel Johnson skizzierte eine gemeinsame Truppe von Army- und Air-Force-Hubschraubern – AH-64 Apache und Pave Low -, die in den Irak eindringen sollten, um Radar- und Bodenkontrollabfangstationen auszuschalten. »Wenn wir es konzeptionell genehmigen lassen können«, fragte Colonel Johnson, »glauben Sie, dass Sie das tun können?« Colonel Johnson kam zum Punkt. »Wenn wir grünes Licht bekommen, auch dafür zu trainieren«, sagte er, »schaffen wir das zu 100 %.« Es würde nicht das letzte Mal sein, dass Colonel Cody gebeten wurde, diese Garantie zu geben. »Das ist kein Problem«, sagte er. Colonel Cody wurde angewiesen, mit dem Training für die Operation zu beginnen. Er traf sich mit Oberst Rich Comer, dem Kommandeur der 20th Special Operations Squadron der USAF, die zum 1st Special Operations Wing in Hurlburt Field, Florida, gehört. Nicht einmal die ausgewählten Besatzungsmitglieder wussten, warum oder für welche Mission sie trainierten. Sie wussten, dass sie für einen Hubschrauber-gestützten Spezialeinsatz übten, aber sie wussten nicht, dass damit der Krieg im Irak beginnen würde. Sie kannten weder die genauen Ziele noch den Zeitpunkt. Der Zusammenschluss mit den Pave Lows war kein Problem, sagt Colonel Cody. Nacht für Nacht übten die Einheiten das Eindringen in den gesperrten Luftraum und den gleichzeitigen Angriff auf simulierte Radaranlagen. Bei sechs Schießübungen wurden die Waffensysteme der Apache getestet. Timing war alles. »Es würde nichts bringen, eine Radaranlage zu treffen und zwei Minuten später eine andere«, sagt Colonel Cody. »Wir mussten es so machen, dass wir kritische Elemente dieser Radaranlagen gleichzeitig ausschalteten, so dass Bagdad nicht alarmiert wurde, um seine MiG-29 und Bodenabfangsysteme hochzufahren.« Die Crews trainierten 700 Meilen entfernt vom Angriffsgebiet. »Unser gesamtes Training fand sozusagen in einem Sandkasten statt, in dem

Grafische Darstellung der D-Day Situation am 17. Januar 1991. AH-64 waren nicht nur für den ersten Angriff zuständig, sondern waren an fast allen grenznahen Initialangriffspunkten zugeteilt. Der massive Einsatz von Scout Hubschraubern (OH-58D Kiowa Warrior) war zu dieser Zeit eine hilfreiche Ergänzung. (Grafik: US Army Command and General Staff College)

Das Ausmaß der Zerstörung durch Lufteinheiten der Koalition. Neben den AC-130 Gunships und den A-10 Thunderbolt II der USAF waren nur die AH-64 der US Army mit der Bekämpfung von »fahrenden« Zielen beauftragt. Die Ergebnisse sprachen für sich. (Fotos: Archiv Rastätter)

wir uns befanden«, sagt Colonel Cody. »Wegen der Sensibilität der Mission haben wir nie die Route geübt. »Alle ihre Systeme waren während dieser Zeit in Betrieb. Alle ihre nachrichtendienstlichen Netzwerke waren in Betrieb - und alles andere auch. Das alles geschah also im Rahmen eines gemeinsamen Trainings, bei dem wir einfach rausgingen und Dinge übten.« Sie lernten einige wertvolle Lektionen. »Wir übten zum Beispiel, welche Art von Formationsflügen wir fliegen wollten«, sagt der Kommandeur. »Wie tief wir fliegen wollten. Wie schnell wir fliegen wollten. All das geschah ohne Sprachkommunikation. Welche Lichtsignale würden von den Pave Lows ausgehen. Welche Techniken, um anzuzeigen, dass wir abbiegen, dass wir nicht abbiegen werden.« Ein großes Problem war der Mangel an Kartenmaterial. Die Karten, die es gab, waren nicht sehr detailliert und unbrauchbar für eine genaue Positionsbestimmung. Da kamen die Pave Lows ins Spiel, die mit dem hochmodernen Global Positioning System (GPS) für präzise Navigation ausgestattet waren. Die Pave Lows flogen als Eskorte zu einem vorbestimmten Punkt und konnten die Position auf acht Rasterpunkte genau bestimmen - etwa 10 m. Die Apache-Systeme konnten die Position nur bis auf 100 m genau bestimmen. »Das war der Hauptgrund, warum wir die Pave Lows dabei hatten, damit sie mit dem GPS unsere tatsächliche Position am Abwurfpunkt markieren konnten, bevor wir das Zielgebiet erreichten«, sagte Colonel Cody. »Die SOF-Hubschrauber warfen Chem-Lights auf den Wüstenboden, um die Position zu markieren. Wir haben das dann in unsere Feuerleitcomputer auf jedem der Apaches eingesteckt. Wir aktualisierten die Daten über diesen Punkt. Das eliminierte jeden Fehler im Doppler- und Feuerleitsystem der Apaches. Es gab unserem Zielerfassungssystem eine extreme Genauigkeit, so dass wir die Ziele in 12-15 km Entfernung anvisieren konnten. Das war sehr wichtig, als wir uns vorwärts bewegten, weil wir wussten, dass sie uns aus etwa 20-15 km Entfernung erfassen würden. Die Angreifer«, so fügte er hinzu, »wollten sichergehen, dass sie ihre Erfassungssysteme bereits auf die Ziele eingestellt hatten, als wir hineinkamen und sie anfingen, uns zu erfassen.«

Nach monatelangem, rigorosem Training positionierte sich LTC Codys Truppe in den frühen Morgenstunden des 17. Januar 1991 unter Funkstille in Al Jouf, nahe der saudi-arabischen Grenze zum Irak. Der 200 Meilen lange Flug in den Irak dauerte etwas mehr als 2 Stunden. In nur wenigen Minuten feuerten die Apaches 27 Raketen, über 100 70-mm-Flechette-Raketen und etwa 4.000 Schuss 30-mm-Munition ab. Mit einer Kombination aus hoher Geschwindigkeit, niedriger Höhe, totaler Verdunkelung, Nachtsichtbrillen und alles unter absoluter Funkstille führte LTC Codys Einsatzgruppe eine akribische und fehlerfreie Mission durch, die die ersten Schüsse des Krieges waren. Der Angriff markierte den Beginn der Operation DESERT STORM und gehörte zu den kritischsten des Krieges, da er das irakische Frühwarnnetz in einem entscheidenden Moment lahmlegte. Die Zerstörung der Radarstationen öffnete einen 20 Meilen breiten Korridor für die Bomber der Koalition, um nach Bagdad vorzudringen und strategische militärische Einrichtungen auszuschalten. Der Krieg hatte begonnen. Der Bodenkrieg begann am 25. Februar 1991 und endete 3 Tage später, als die alliierten Kommandanten einen Waffenstillstand erklärten.

Task Force Hawk – Balkan 1999

Der AH-64A Apache half, den Frieden in Bosnien zu bewahren. Im April 1996 begann der Einsatz des 11. Regiments in Bosnien-Herzegowina. Elemente der 6/6 Cavalry dienten als Teil der Task Force Eagle unter der 1st Armored Division für 7 Monate. Im Oktober 1996 wurde die Task Force 11, bestehend aus dem Regimental Headquarters, 2/6 Cavalry, 2/1 Aviation und 7/159 Aviation (AVIM) zur Unterstützung der Operation Joint Endeavor/Operation Joint Guard für 8 Monate nach Bosnien-Herzegowina verlegt. Im Juni 1998 wurden das Regimental Headquarters, 6/6 Cavalry und Elemente von 5/158 Aviation erneut für 5 Monate nach Bosnien-Herzegowina zur Unterstützung der Operationen Joint Guard und Joint Forge entsandt. Die fortschrittlichen Sensoren und Sichtsysteme des AH-64A erwiesen sich als effektiv, um den regierungsfeindlichen Kräften den Schutz der Dunkelheit zu nehmen. Im März 1999 wurde die Task Force Hawk ursprünglich angewiesen, nach Mazedonien zu verlegen und die vorhandenen Einrichtungen und die lokale Erfahrung der im Camp Able Sentry stationierten Einheiten der US-Armee zu nutzen. Die Erwartung, dass diese Infrastruktur verfügbar sein würde, bestimmte die frühe Einsatzplanung. Leider entschied die mazedonische Regierung aus Platzgründen, dass die Hubschrauber dort nicht stationiert werden können und der Einsatz musste nach Albanien verlegt werden, wo die Regierung zugestimmt hatte, sie aufzunehmen. Die Verlegung des Einsatzortes nach Albanien erforderte den Einsatz zusätzlicher Kräfte zum Schutz der Truppen und zur Unterstützung der Infrastruktur. Infolgedessen wuchs der Materialbedarf für den Einsatz dieser Truppe um das Dreifache. Am 4. April 1999 boten die Vereinigten Staa-

Die U.S. Army hatte mehrere UH-60 Black Hawk (Assault und MedEvac) sowie AH-64A Apache zusammengestellt und sie als Task Force Hawk zu einem Angriffsverband bereitgestellt. Hier landet gerade eine von vielen Wellen der Task Force auf dem Rinas Airport in Tirana, Albanien im April 1999. Die Task Force Hawk war als Backup für die NATO Operation Allied Force angedacht, falls es zur Bodenoffensive kommen sollte. Letztere blieb glücklicherweise aus.
(Foto: USAF / Tech. Sgt. Cesar Rodriguez)

Die AH-64 waren 1999 nicht zum ersten Mal auf dem Balkan verlegt worden. Noch ein Jahr zuvor waren sie mit dem Krisenherd in Bosnien als Stabilization Force (SFOR) beschäftigt bevor sie zur Kosovo Force (KFOR) wechselten. Hier üben M1 A1 Abrams Kampfpanzer der 1st Armored Division gemeinsam mit zwei AH-64A Apache den Feuerkampf in Glamoc, Bosnien-Herzegovina 1998.
(Foto: U.S. Army / Pfc. R. Alan Mitchell)

ten 24 AH-64A-Apache-Kampfhubschrauber der Armee zur Unterstützung der Operation Allied Force an, und die NATO nahm sie an. Die Apaches, die von zwei Bataillonen der 11. Fliegerbrigade in Illesheim, Deutschland, gestellt wurden, sollten in acht bis 14 Tagen eintreffen. Die Apache-Truppe in Albanien umfasste etwa 465 Soldaten. Die Apaches wurden von Unterstützungshubschraubern, einem Multiple Launch Rocket System Artilleriebataillon, einem Unterstützungsbataillon, einer mechanisierten Infanteriekompanie mit 14 Bradley-Kampffahrzeugen, einer Militärpolizeikompanie, einer Signal Company, den erforderlichen Elementen des militärischen Nachrichtendienstes, der Wartung und anderen Unterstützungselementen begleitet. Etwa 2.000 US-Soldaten waren Teil des ersten Einsatzes in Albanien. Zu dieser Zeit war der Flughafen von Tirana ein Luftumschlagplatz für humanitäre Güter. Die AH-64 mussten sich den Platz mit massiven Mengen an Containern und Paletten teilen, die nach Albanien strömten. Die Task Force Hawk konkurrierte mit der humanitären Joint Task Force Shining Hope um die knappen Ressourcen des Flugplatzes in Tirana. Der Flughafen blieb ein Engpass trotz der heroischen Bemühungen der Ingenieure der Air Force RED HORSE, seine Kapazität zu erweitern.

Am 20. April 1999 wies Verteidigungsminister William S. Cohen die Entsendung zusätzlicher Einheiten an, um den Schutz der Task Force Hawk in Albanien zu gewährleisten. Etwa 615 Soldaten der Hauptquartier- und Stabskompanie und zweier leichter Infanteriekompanien des 2. Bataillons, 505th Infantry Regiment, 11 zusätzliche Besatzungen von AH-64 Apache Kampfhubschraubern des 229th Aviation Regiment und logistisches Unterstützungspersonal des XVIII Airborne Corps in Fort Bragg, North Carolina, begannen ihren Einsatz in Tirana. Mit dieser Verlegung erhöhte sich die ungefähre Anzahl der US-Kräfte in der Task Force Hawk auf 3.300. Letztendlich waren insgesamt etwa 5.000 Personen im Einsatz. Es dauerte fast vier Wochen, bis die Apache-Hubschrauber eingesetzt werden konnten. Die Apache-Besatzungen begannen mit dem Training für Tiefflugeinsätze gegen serbische Kräfte im Kosovo. In Anbetracht der Änderungen des Umfangs und der Besonderheiten des Einsatzes der Task Force Hawk hätte ein anderes Mittel zur Verlegung der Task Force gewählt werden können. Es ist ein falscher Eindruck, dass der Einsatz der Task Force Hawk lediglich 24 Apache-Hubschrauber umfasste. In Wirklichkeit war die Task Force Hawk ein Army Aviation Brigade Combat Team. Zwei Soldaten des 11. Avn. Regiments, die am 4. Mai 1999 beim Absturz ihres Apache-Hubschraubers in Albanien ums Leben kamen, waren die ersten US-Soldaten, die im Rahmen der NATO-Luftoffensive gegen Jugoslawien starben. Der Absturz ereignete sich etwa 75 km nordöstlich des Flughafens Tirana-Rinas während einer Trainingsmission zur Unterstützung der Operation Allied Force. Die Unerfahrenheit der Piloten führte Berichten zufolge dazu, dass 65 % der Besatzung weniger als 500 Stunden Apache-Flugstunden hatten, als sie nach Albanien gingen. Berichten zufolge war keiner dieser Piloten für den Einsatz von Nachtsichtgeräten (NVGs) als CPG vorbereitet. Albanien, das aus zerklüftetem Gelände mit schlecht markierten Stromleitungen und anderen gefährlichen Merkmalen bestand, war kein guter Ort, um sich ausschließlich auf FLIR zu verlassen. Ein Grund für die Verzögerungen bei der Erklärung der Kampfbereitschaft der Apaches war daher die Notwendigkeit eines vollständigen NVG-Trainingsprogramms, das in der Anfangsphase des Einsatzes eingeführt wurde. Das damals aktuelle Aircraft Survivability Equipment (ASE) war nicht zuverlässig und in einigen Fällen auch nicht effektiv. Viele Apache-Piloten hatten das Vertrauen in das Radarwarnsystem AN/APR-39 und den Störsender AN/APR-136 verloren und waren sich über die wahren Fähigkeiten des IR-Störsenders AN/ALQ-144 nicht sicher. In vielen Trainingsmissionen zeigte die AN/APR-39 »Geister«-Erfassungen und -Verfolgungen.

Die Kampfhubschrauber und andere Landkomponenten wurden mit den taktischen Flugzeugen über den Air Tasking Order integriert. Die Koordinierung von Drehflügeleinsätzen in der Air Tasking Order erwies sich als problematisch, da es sich hierbei weder um eine traditionelle, in der Heeresdoktrin definierte Mission handelte, noch regelmäßig in der gemeinsamen Ausbildung geübt wurde. Infolgedessen mussten sich die Streitkräfte mitten in einem großen Konflikt durch zahlreiche Komplexitäten arbeiten, die mit der Entwicklung neuer Missionen und Einsatzkonzepte verbunden waren. Die Integration von Armeehubschraubern, Radargeräten, Artillerie und anderen Mitteln durch die Air Tasking Order erforderte eine erhebliche Verfeinerung.

Kurz gesagt, die für die Mission erforderlichen Taktiken, Techniken oder Verfahren waren noch nicht entwickelt worden, als die Operation Allied Force stattfand. Die Funkgeräte des Apache hatten nicht die Reichweite, um Angriffe über große Entfernungen und tiefes Eindringen zu unterstützen. Die US Army griff auf eine SATCOM-Verbindung zurück, die an einem UH-60 angebracht war, um die Kommunikation weiterzuleiten, sowie auf ein Relaissystem an Bord eines C-12-Flugzeugs. (Anm.d.Verf.: Seit Mitte der 2000er-Jahre verfügen alle AH-64D der US Army über SATCOM-Antennen auf dem Rumpfrücken). Zusätzlich zur Überwachung dieser und anderer Quellen mussten die Piloten mit AWACS-Flugzeugen der Air Force in

Kontakt bleiben, was zu einer hohen Arbeitsbelastung im Cockpit führte. Während die Apachen in Vorbereitung auf den Kampfeinsatz rigorose Missionsübungen durchführten, endete der Konflikt ohne Kampfeinsätze. Als die Operation Allied Force voranschritt und die Wirksamkeit der laufenden Kampagne deutlich wurde, entschied man sich, die Feuerkraft der Task Force Hawk nicht in die laufende Luftoperation einzubringen. Die NATO setzte die Apache-Hubschrauber nicht ein, weil sich die Lage zwischen dem Zeitpunkt, zu dem sie angefordert wurden, und dem Zeitpunkt, zu dem sie einsatzbereit waren, verändert hatte. Zu dem Zeitpunkt, als die Hubschrauber einsatzbereit waren, hatte Milosevic seine Taktik geändert. Anstatt seine Kräfte zu bündeln, waren sie nun verstreut. Viele seiner Panzer, die von den Apaches ausgeschaltet wären, wurden dann in einzelnen Häusern und Dörfern platziert. Die Effektivität des Apache wäre zu diesem Zeitpunkt also in Frage gestellt gewesen, verglichen mit dem Risiko, das damit verbunden war. Doch die Operation Allied Force ging glücklicherweise glimpflich aus. Milosevic lenkte nach den Luftangriffen und der Drohung der NATO mit einer Bodenoffensive ein und stellte die Kampfhandlungen ein. KFOR-Truppen marschierten im Gefolge ohne Widerstand in das Gebiet Kosovo ein und bezogen ihre Mandatszonen.

Operation Enduring Freedom (OEF) / ISAF / Resolute Support (RS)

Die Ereignisse des 11. September 2001 schockierten die Welt. Die Terroranschläge auf das World Trade Center in New York City und das Pentagon in Washington, DC töteten über 3000 amerikanische und ausländische Bürger und brachten die Vereinigten Staaten auf den Weg zum Krieg. Schnell wurde festgestellt, dass die Terroristengruppe al-Qaida von Osama bin Laden diese Anschläge verübt hatte, die von Personen ausgeführt wurden, die in Lagern in Afghanistan ausgebildet worden waren. Die US-Regierung verlangte sofort, dass das Taliban-Regime, das damals in Afghanistan an der Macht war, bin Laden und seine Anhänger auslieferte oder mit militärischen Maßnahmen rechnen musste. Nachdem sie von den in Afghanistan herrschenden Taliban-Mullahs keine positive Antwort erhalten hatte, erteilte die US-Regierung am 7. Oktober 2001 (nur 26 Tage nach den Anschlägen vom 11. September) den Befehl zum Einsatz von trägergestützten US-Kampfflugzeugen, die im Rahmen der Operation Enduring Freedom

Ein AH-64D der 101st Combat Aviation Brigade im Auftrag der Task Force Destiny 2009 über dem afghanischen Flachland. Bilder mit dieser Kulisse gibt es seit dem 31. August 2021 nicht mehr: denn an diesem Tag endete das Afghanistan-Engagement der USA und seiner Verbündeten in einer abrupten und in der Durchführung überhasteten Rückzugs- und Evakuierungsaktion, wie es die Welt seit der Operation Frequent Wind in Saigon 1975 nicht gesehen hatte. Der Flughafen Kabul (damals Hamid Karzai International Airport genannt) wurde zum letzten Evakuierungspunkt für Zivilisten, Diplomaten und Militärangehörige bevor die Taliban das gesamte Land im Handstreich und fast kampflos übernahmen. AH-64 der US Army leisteten auch diesen letzten heiklen Stunden wichtige Sicherungsaufgaben. nischen Flachland. (Foto: U.S. Army / Chief Warrant Officer 2 Jon Lauinger),

Sand, Staub, Trockenheit und Hitze: Neben feindlichem Beschuss gibt es wohl nichts Unbequemeres für AH-64 Triebwerke und Getriebe als dieses Umfeld in Afghanistan. Aber das D-Modell kam mit diesen Umständen wesentlich besser zurande als das A-Modell. Dennoch waren hohe Berge und dünne Luft auch für den Longbow eine große Herausforderung. Die E-Modelle wurden eigens für diese Gegebenheiten entwickelt und verfügen über mehr Kraft, Ausdauer und Reichweite. (Foto: U.S. Army / Staff Sgt. Tracy Hohman)

(OEF) Ziele im ganzen Land angriffen. Die Luftstreitkräfte spielten von Anfang an eine entscheidende Rolle, indem sie das gesamte Kommando- und Kontrollnetzwerk der Taliban ausschalteten und gleichzeitig versuchten, die geringe Infrastruktur im Land zu erhalten. Vor Ort operierten kleine Teams von Special Operations Forces (SOF) von Beginn der Kampagne an mit den Rebellen der Nordallianz gegen die Taliban, aber es sollte mehr als drei Monate dauern, bis Infanterieeinheiten der US-Armee eingesetzt werden konnten, um den Kampf gegen al-Qaida aufzunehmen. Anfang Dezember sprang das 3. Ranger-Bataillon mit dem Fallschirm in Kandahar ab und sicherte den Flughafen, so dass die ersten großen Bodentruppen mit USAF-Transportern eintreffen konnten. Daraufhin begann eine massive Lufttransportoperation, die neue Truppen und Ausrüstung einbrachte, um die Taliban und Al-Qaida-Kräfte direkt anzugreifen. Die ersten Elemente der 10th Mountain Division trafen im Dezember 2001 im Einsatzgebiet ein, kurz darauf folgte im Januar 2002 die 3rd Brigade, 101st Airborne Division. Letztere brachte die ersten landgestützten Kampfhubschrauber für OEF mit, das 3rd Battalion, 101st Aviation Regiment, das in der letzten Januarwoche mit 18 AH-64As eintraf. Die Einheit machte sofort ihre Präsenz bekannt. Einer der ersten Kampfeinsätze war die Absicherung eines SOF-Angriffs, bei dem eine gemeinsame Truppe von US Navy SEALS (Sea, Air and Land Special Operations Team) und dänischen Kommandotruppen mit der Gefangennahme von Mullah Khairullah Kahirkhawa, dem Gouverneur von Herat und einer Schlüsselfigur der Taliban, beauftragt wurde. Ein unbemanntes Predator-Luftfahrzeug (UAV) hatte die Aktivitäten in der Provinz Paktia überwacht und nach »gesuchten Persönlichkeiten« gesucht, als es den Mullah beim Verlassen eines Unterschlupfs in einem Dorf nahe der pakistanisch-afghanischen Grenze entdeckte. Die SEALS und das dänische Kommando setzten sich in den hinteren Teil einer MH-53 der USAF und waren in weniger als 15 Minuten in der Luft, während ein einzelner Apache der 3-101 AVN als bewaffnete Eskorte für den Transport einsprang. Die Mission verlief einwandfrei, und die SOF-Truppen nahmen Kahirkhawa schnell fest. Innerhalb von 90 Minuten nach dem ersten Warnbefehl war das Team der Joint Forces mit dem Gefangenen zurück in Camp Rhino.

Der erste Kontakt mit den feindlichen Kräften war sporadisch, bis in der ersten Märzwoche 2002 die Truppen der USA und der Nordallianz die Operation Anaconda im Shahi-Kot-Tal im Nordosten Afghanistans starteten. Diese Offensive hatte die Form eines einfachen »Hammer-und-Amboss«-Angriffs, bei dem die Task Force Rakkasan (bestehend aus dem 1. und 2. Bataillon der 187. Infanterie sowie dem 1. Bataillon der 87th Mountain Infantry) Blockadepositionen entlang des Tals einnahm. Von hier aus sollten sie Taliban-Truppen und Al-Qaida-Kämpfer angreifen, die von den

Truppen des Kommandanten Ziahuddin der Nordallianz aufgespürt wurden, als diese in die Talsohle vorstießen. Die Karte des Operationskonzepts für die Operation Anaconda wurde kurz nach Beginn der Offensive am 2. März 2002 an die Medien weitergegeben. Sie zeigt die verschiedenen Einfallspunkte, Annäherungswege und Blockadepositionen, die Oberst Frank Wiercinski für TF Rakkasan während Anaconda vorgesehen hatte. Das US-Element der Operation wurde von Oberst Frank Wiercinski (Rufzeichen »RAK 6«) geleitet, und seine Absicht war einfach: Die Task Force Rakkasan soll einen Luftangriff auf das Operationsgebiet (AO) »Eagle« im Shah-i-kot-Tal durchführen, um einen Rückzug der Al-Qaida aus dem Zielgebiet Remington zu blockieren, damit die Kampfhandlungen der afghanischen Truppen von Commander Ziahuddin möglich werden. Auf Befehl unterstützt Task Force Rakkasan die afghanischen Kräfte dabei, die Fluchtwege der al-Qaida nach Pakistan zu blockieren, um die Vernichtung des Feindes in AO »Eagle« abzuschließen. Nach Abschluss der Mission sollte sich die Task Force für weitere Operationen zurück nach Kandahar verlagern. Die Operation sollte drei Tage dauern, aber die Realität des Kampfgeschehens sollte dies bald ändern. Da die Task Force Rakkasan (und ihre beiden untergeordneten Task Forces Summit und Raider) von Kandahar aus mehrere hundert Meilen südwestlich des Einsatzgebietes operierte, musste auf dem Flugplatz Bagram, nördlich der Stadt Gardez, eine Forward Operating Base (FOB) eingerichtet werden, um die Operationen für mindestens eine Woche aufrechtzuerhalten. Von dort aus sollte ein Forward Arming and Refuelling Point (FARP, Rufzeichen »Texaco«) näher am AO eingerichtet werden, um die Zeit zwischen den Einsätzen zu minimieren und einen Aufenthaltsbereich für die Quick Reaction Force (QRF) des Bataillons zu schaffen. Für die Operation sollten die »Killer Spades« der A Company, 3-101 AVN, Deckungsflüge für den Luftangriff durchführen und einen Close Combat Attack (CCA)-Schirm über den eigenen Truppen am Boden bereitstellen. Die sechs Apaches der Kompanie waren die luftgestützten Augen der Task Force sowie ihre mobile Artillerie – eine Rolle, die sich während der folgenden Kampfhandlungen als entscheidend erweisen sollte.

D-Day OEF

Um 0430 Uhr am 2. März waren die beiden »Killer Spade«-Teams bereits in der Luft. F-15E hatten Höhlen in der Nähe der geplanten Landezonen (LZs) mit 2.000 Pfund schweren, lasergesteuerten Bomben präpariert und B-1B Lancer hatten Ziele entlang des »Whale« getroffen – einer Gebirgskette, die die westliche Grenze des Shah-i-Kot bildete. Obwohl die »Killer Spades« beabsichtigt hatten, die Operation mit einer ganzen Kompanie von acht Schiffen zu starten, waren zwei Apache-Hubschrauber in Kandahar geblieben, wo die dritte Brigade der 101st ihr Hauptquartier hatte. Vom Rest des Teams fehlte dem Führungsteam ein AH-64, nachdem dieser ein Hydraulikleck an seinem M230 Bordgeschütz entwickelt hatte, so dass CW3 Bob Carr zurückblieb, während sein Apache repariert wurde. Am 1. März 2002 waren zu Beginn der Operation Anaconda fünf Apaches anwesend, ein weiterer traf später am Morgen ein und ein siebter flog von Kandahar herauf, um sich dem Kampf am ersten Nachmittag anzuschließen. Die Apache-Hubschrauber leisteten die reaktionsschnellste Luftunterstützung für die Truppen, die in den ersten Tagen des Kampfes unter schwerem Beschuss aus den Al-Qaida-Verstecken standen. Die Apaches erhielten reichlich feindlichen Beschuss. Während keiner der Hubschrauber abgeschossen wurde, wurden vier so schwer beschädigt, dass sie abgeschrieben werden mussten. Fünf der sechs Hubschrauber waren am Ende des ersten Tages nicht mehr einsatzfähig. Es bestand die Notwendigkeit, sie schnell wieder in die Luft zu bringen. Der Lufttransport-Einsatzgruppe gehörten die AH-64 der A Company, 3rd Battalion, 101st Aviation an. Bataillon der 101st Aviation.

Der Einsatz von mehr als zweitausend US-amerikanischen, afghanischen und anderen Koalitionskräften durch die Täler und über die Berge südlich von Gardez verwehrte überlebenden Al-Qaida- und Taliban-Kräften die Nutzung dieses abgelegenen Gebiets mit seinen vielen Höhlen als Operationsbasis. Bei der Operation Anaconda setzten Al-Qaida und Taliban in großem Umfang Handfeuerwaffen und Maschinengewehrfeuer sowie Panzerfäuste ein. Bei der Durchführung von Nahkampfangriffen unter intensivem feindlichen Handfeuerwaffenfeuer erkannten die Piloten der Angriffsflieger aufgrund der geringen Entfernung zwischen eigenen und feindlichen Kräften, dass sie in die Reichweite der feindlichen Handfeuerwaffen fliegen mussten, um einen Brudermord zu vermeiden. Die Geschichte hat wiederholt gezeigt, dass Angriffshubschrauber für diese primitiven Bedrohungen anfällig sind. Alle acht Kampfhubschrauber, die bei der Operation Anaconda eingesetzt wurden, wurden mit schweren Handfeuerwaffen beschossen. Zwei von ihnen wurden durch RPG-Treffer im Heck- und Bugbereich schwer beschädigt. Obwohl die Maschinen während der Operation beschädigt wurden, haben sie ihren Auftrag erfolgreich erfüllt. Der AH-64 war die Waffe, die das Gesicht der Schlacht veränderte.

Gemischte Versionen in Afghanistan – AH-64A und AH-64D

Während des Einsatzes waren die AH-64 einer großen Bandbreite an Temperaturen, einer Vielzahl von Flugumgebungen und extremen Höhenlagen ausgesetzt, in denen sie noch nie zuvor operiert hatten. Der internationale Flughafen Kandahar liegt auf einer Höhe von ca. 3.500 Fuß über dem Meeresspiegel und das Gelände kann als Hochwüste bezeichnet werden. Während der Wintermonate in Kandahar zeigten die AH-64 gute Leistungen. Das erste Detachment verfügte über sechs Flugzeuge, die mit T700-GE-701C-Motoren ausgestattet waren, und zwei mit T700-GE-701-Motoren. Täglich hatten sie genug Leistung, um aus dem Bodeneffekt (OGE) zu schweben. Dennoch mussten sie dennoch genau auf das TGT achten, da sie nahe an der automatischen TGT-Begrenzung der beiden Motoren operierten.

Innerhalb von drei Wochen nach ihrer Ankunft 2002 begannen ihre Missionen, die sie in immer größere Höhen führten. Der erste Einsatz führte sie von Kandahar zur Bagram Airbase zum Auftanken und dann weiter in die östliche Stadt Khowst. Auf dem Weg nach Khowst überquerten sie einen schneebedeckten Berg auf 11.500 MSL. Die freie Lufttemperatur betrug -15°C, als sie den Gipfel überquerten. Ende April lag die Temperatur in Kandahar bei fast 100°C. Jede Mission erforderte eine Leistungsplanung für Höhen, Temperaturen und Gesamtgewichte, die viel höher waren als normalerweise. Ein kritischer Teil jeder Mission. Die Apaches operierten in Höhen von 3.500 MSL bis 12.500 MSL und bei Temperaturen von -15°C bis zu über 50°C.

Eine wertvolle Lehre aus diesem Einsatz ist, dass sich die Einheiten frühzeitig mit Fragen des Energiemanagements befassen und entsprechend trainieren sollten, damit sie auf den Einsatz vorbereitet sind. In der Folgezeit waren die AH-64 meist mit Luftnahunterstützung und Eskort-Einsätzen beschäftigt. Jeder Convoi, jede Patrouille und die meisten Spezialeinsätze anderer Einheiten und Partnernationen sahen den AH-64 als einen wichtigen Garanten für den Erfolg der Mission. Als Quick Reaction Alert in militärischen Einsatznotlagen (Troops in Contact, TIC-Alarm) oder als Bollwerk gegen aufständische Taliban-Kämpfer dieses fast 20 Jahre dauernden asymmetrischen Einsatzes waren die AH-64 immer an vorderster Front dabei.

2021 zogen die ISAF und Koalitionstruppen aus Afghanistan ab. Diese Art von eindeutig zweckentfremdeten Einsätzen prägten das Konzept AH-64 ebenfalls.

Ein AH-64D Apache Longbow auf dem Helipad in Bagram 2005. Zwei Monate nachdem dieses Foto entstand, stürzte die Maschine während eines Trainings ab und wurde komplett abgeschrieben. Die Besatzung überlebte leicht verletzt. (Foto: Sören Sünkler)

Bagram Airfield war das Hauptquartier der Streitkräfte der Vereinigten Staaten in Afghanistan. Der ehemalige sowjetische Luftwaffenstützpunkt war auch gleichzeitig der wichtigste Militärflugplatz der US-Streitkräfte in diesem Land. Als Folge des Streitkräfteabzugs der USA und deren Verbündeten aus Afghanistan verließen die letzten US-Soldaten am 9. Juli 2021 um 3 Uhr Ortszeit mit dem Abflug eines letzten US-Flugzeuges die Militärbasis Kabul, als letzter Evakuierungsflughafen westlicher Staaten, wurde am 31.08. des selben Jahres den triumphierenden Taliban überlassen. (Foto: USAF / Staff Sgt Derrick E. Goode)

Auf der Flight in Bagram war stets großer Betrieb. Die Hubschraubereinheiten aller Varianten (UH-60, CH-47 und AH-64) mussten permanent auf Notfälle, TIC-Alarme (Troops In Contact) sowie Verwundetentransporte reagieren. Auch zahlreiche Koalitionspartner waren auf dem Flugfeld vertreten. Nicht zu vergessen: Auch Kampf- und Transportflugzeuge waren in Bagram stationiert. Zahlreiche koordinierte (Combined/Joint) Großoffensiven oder Kooperationen mit Special Operations Forces (SOF) standen auf der Tagesordnung. (Foto: Sören Sünkler)

Operation Iraqi Freedom

Im Gegensatz zum Afghanistan-Einsatz, war der AH-64 im Irak-Krieg militärisch wesentlich mehr gefordert, wenn es um den originären Verwendungszweck ging: dem Kampf gegen Panzer und bewegliche Ziele. Doch dies sollte sich auch im Irak bald ändern, als es letztendlich auch zur Aufstandsbekämpfung und zur Rettung von Koalitionstruppen kam, die in Hinterhalte gerieten.

Der 20. März 2003 markierte den Beginn der Operation Iraqi Freedom mit präventiven Luftangriffen auf Saddam Husseins Präsidentenpalast und militärische Ziele, gefolgt von ca. 67.700 »Boots on the ground« und 15.000 Marineangehörigen auf Schiffen in der Region. OIF wurde autorisiert, als festgestellt wurde, dass der Irak gegen die vom UN-Sicherheitsrat verabschiedete Resolution 1441 verstieß, die »die Lagerung und den Import von Massenvernichtungswaffen (WMD) verbietet.« Die irakischen Streitkräfte wurden schnell überwältigt und Bagdad fiel nur fünf Wochen nach Beginn der Invasion. Nach der Invasion strömten ein Aufstand und von Al-Qaida-inspirierten Kämpfern in das Land, was zu Guerilla-Kriegsführungstaktiken gegen die

Triebwerkstreffer durch RPG-Beschuss. Selbst derartig schwere Beschädigungen samt Ausfall eines Triebwerks sowie vieler hydraulischer Leitungen vermochte der Apache wegzustecken und kehrte dennoch zur Basis zurück. Viele Piloten trugen teils schwere Verletzungen davon, jedoch überlebten fast alle. Dies spricht für den Apache und seine Erbauer. (Foto: Archiv US Army)

Ein massiver Kampfverband mit AH-64D Apache Longbow hat einen Highway zu einer vorgeschobenen Basis umfunktioniert (Forward Operating Base) und macht sich bereit, den Vormarsch der Bodenkräfte nach Bagdad im sogenannten Thunder Run zu sichern. Die meisten Maschinen fliegen ohne das FCR-Radar auf der Mastspitze, da die Einsätze mit genügend Zielaufklärung durch die USAF unterstützt wird. Die Longbows konzentrieren sich auf den Einsatz von Kameras und Laser, da viele Operationen auch bei Tageslicht laufen sollten. (Foto: U.S. Air Force / SSGT SUZANNE M. JENKINS)

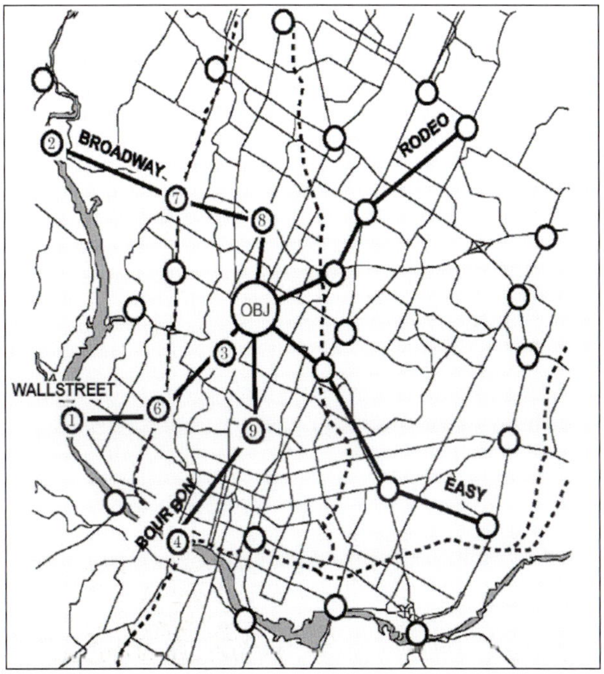

Figure 3-47.
Example of a network »spider web« route structure

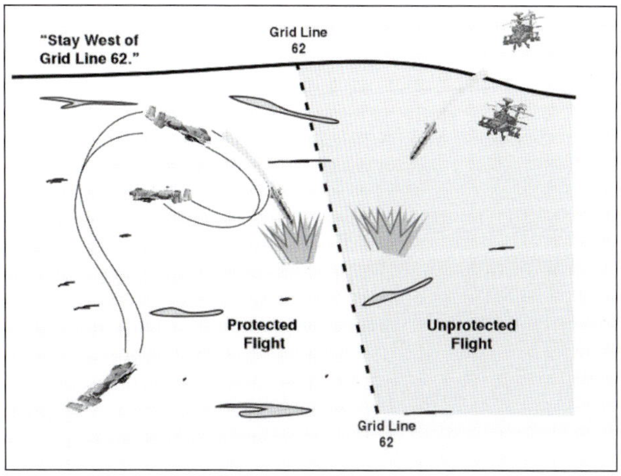

Figure C-1.
Lateral/gepgraphic separation

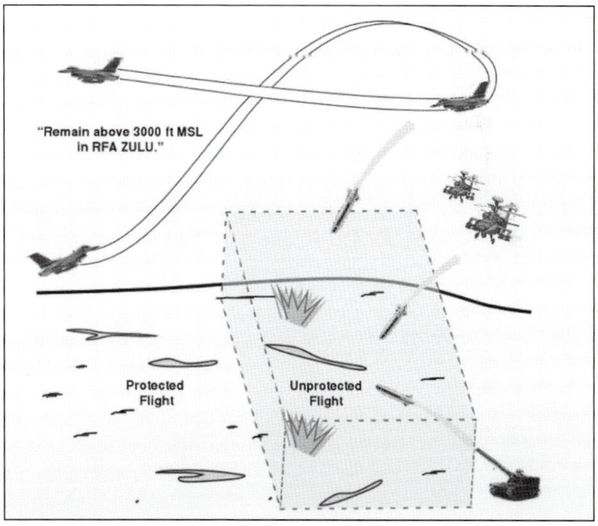

Figure C-2.
Altitude separation

Schematische Darstellung der Gefechtsfeldkoordination mit anderen Kräften (hier: US Air Force Close Air Support) im Rahmen der Counter Insurgency Operationen laut Field Manual.

US-Truppen und einem Bürgerkrieg zwischen den sunnitischen und schiitischen Stämmen führte.

Am 15. Dezember 2011 »verlautbarte der Vorsitzende der Joint Chiefs of Staff und andere hochrangige US-Militärs das offizielle Ende der Mission der U.S. Forces Iraq nach fast neun Jahren Konflikt, der das Leben von fast 4.500 Soldaten forderte.« Nachdem sich die US-Streitkräfte aus dem Irak zurückgezogen hatten, drang der Islamische Staat im Irak und in Syrien (ISIS) ein. Diese Aktionen verursachten durch barabrisches Vorgehen zahlreiche Todesopfer, zerstörten die Infrastruktur des Landes. Als Reaktion auf die Terrorgruppe begann die Operation Inherent Resolve am 17. Oktober 2014.

Ein verunglückter AH-64D nach einer harten Landung aufgrund technischer Ausfälle im Einsatz. Neben den üblichen Problemen, die der Einsatz in einer staubigen Wüstenregion mit sich ziehen, kam es oft zu technischen Defekten aufgrund von Wartungsfehlern. Hier untersucht ein BDR (Battle Damage Report) Team den verunglückten AH-64 im Zentralirak. Die Maschine gehörte zur A/Company des 2-101st Aviation Regiment. (Foto: U.S. Army / Maj J. Harrell)

Counter Insurgency (COIN) mit dem AH-64 im Irak (2003 bis 2011)

Nach der Invasionsphase waren die US-Streitkräfte immer noch besorgt über die Gefahr von militärischen Angriffen und reduzierten die Anzahl der unabhängigen oder weitreichenden Hubschraubereinsätze radikal. In Afghanistan und im Irak zeigte sich die Gefahr durch leichte Infanteriewaffen in Form von Sturmgewehren und Panzerabwehrraketenwerfern, manchmal in Verbindung mit Luftabwehrwaffen kurzer Reichweite (Maschinengewehre vom Kaliber 12,7 oder 14,5 mm, MANPADS und RPG). Mehr noch als von den Waffen selbst ging die eigentliche Bedrohung von ihrer Streuung und ihrem taktisch sinnvollen Einsatz in für Hubschrauber ungünstigem Gelände aus, wie z. B. in Gebirgen oder städtischen Gebieten. Nicht nur, dass die Erkennungs- und Gegenmaßnahmensysteme nicht auf primitive Waffen ansprachen, auch der Tiefflug konnte in manchen Fällen sehr gefährlich sein, wie der Kerbala-Angriff vom 23. März 2003 zeigte, bei dem die robusten Eigenschaften des Apache die Besatzungen retteten. Die AH-64 setzten dennoch ihre offensiven Aufklärungs-, Zerstörungs- und vor allem Kampfunterstützungseinsätze fort. Kiowa-Hubschrauber der Cavalry Squadrons wurden direkt über bebauten Gebieten in der Beobachtungsrolle eingesetzt. Diese Hubschrauber waren wendiger und schwieriger zu treffen als die AH-64, die am Rande der städtischen Gebiete blieben. Bei Stabilisierungs- und Aufstandsbekämpfungsoperationen (COIN) behielt der AH-64 immer eine Schlüsselrolle.

Ein AH-64D Apache Longbow der Company B, 1st Battalion, 227th Aviation Regiment der 1st Air Cavalry Brigade, 1st Cavalry Division, fliegt über urbanem Gelände im Irak 2007. 2004 bis 2008 waren die blutigsten Jahre im Irak nach der Besetzung durch US-Truppen. Der Counter Insurgency Krieg (COIN) war in vollem Gange. AH-64 Hubschrauber waren stark eingebunden im Orts- und Häuserkampf gegen Aufständische und beim Aufklären von Sprengfallenlegern und Scharfschützen. Dabei musste der Kollateralschaden in der Bevölkerung vermieden werden. Ein völlig neues Gefechtskonzept für den ursprünglichen Panzerkiller AH-64. (Foto: U.S. Army / Chief Warrant Officer 4 Daniel McClinton)

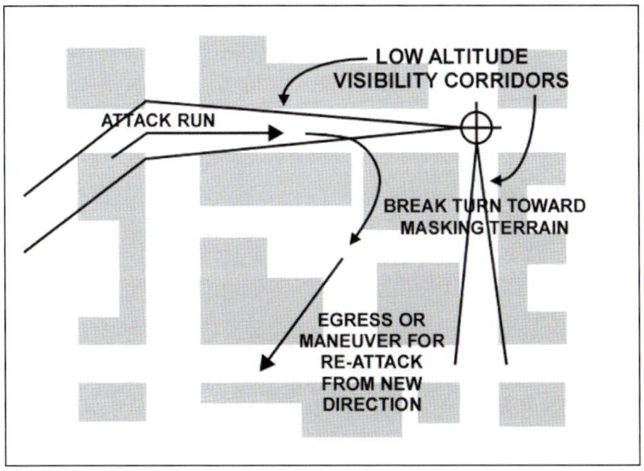

Figure 3-48.
Example of running fire technique

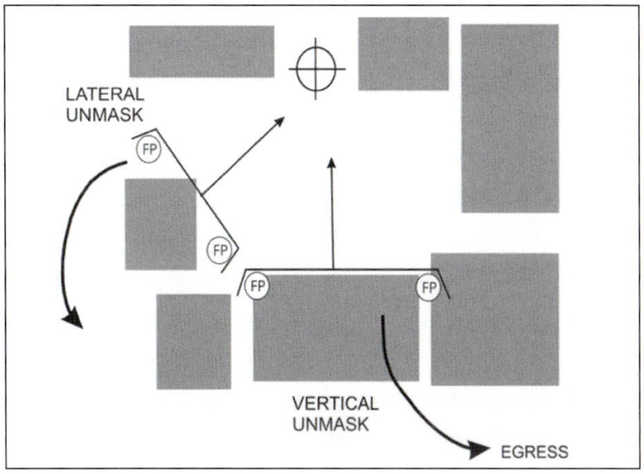

Figure 3-49.
Example of hovering fire technique

Schematische Darstellung verschiedener Taktiken im urbanen COIN-Gefecht laut Field Manual

Figure 3-48: Running Fire/Feuern beim Vorwärtsflug.

Figure 4-49: Hovering Fire/Feuern im Schwebeflug.

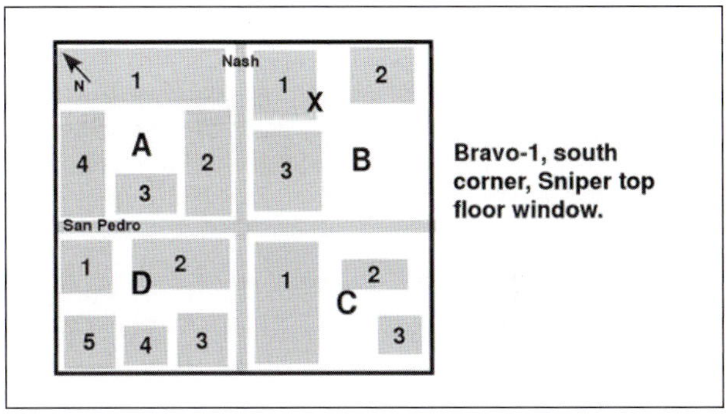

Figure 3-50.
Example of urban targeting grid system

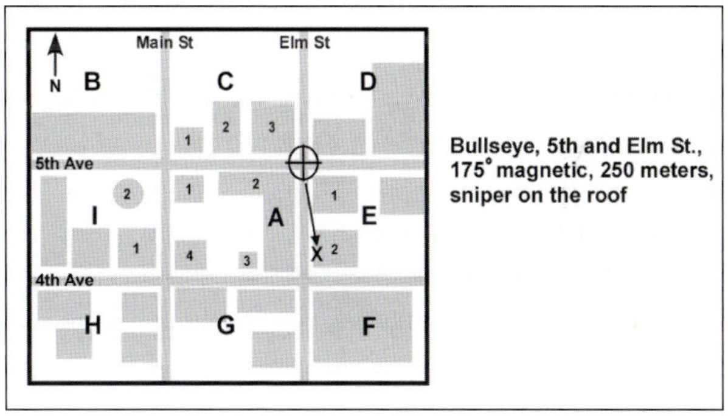

Figure 3-51.
Example of objective area reference grid system

Figure 3-50: Urbanes Koordinatensystem zur Zielgebäudedefinition.

Figure 3-51: Objective Area Reference Grid System/Zielfindung nach Straßenstruktur.

Figure 3-54: Floor and Window Lettering Convention/Zieldefinition in Gebäuden nach festgelegtem Abzählmuster.

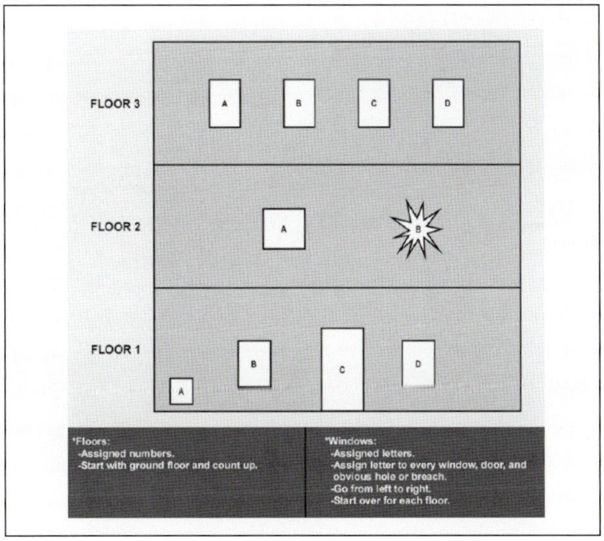

Figure 3-54.
Example of floor and window lettering convention

Auch 2014 war der AH-64 noch immer gefragt. Zu dem Zeitpunkt jedoch gegen Jihadisten der Terrormiliz ISIS. So wie dieser Apache des 4th Battalion, 227th Attack Reconnaissance Battalion, der 42nd Combat Aviation Brigade, bei einem Konvoi-Schutzeinsatz. (Foto: U.S. Army / Spc. Harley Jelis)

Exkurs: OH-58 Scout Konzept bis 2015

Der erste Versuch, den OH-58 zu ersetzen, war der RAH-66 Comanche des Light Helicopter Experimental Programms, der 2004 gestrichen wurde. Das Alter der Zelle und Verluste führten dazu, dass im Rahmen des Armed Reconnaissance Helicopter-Programms ein neuer Hubschrauber, der Bell ARH-70, beschafft wurde, der später im Jahr 2008 aufgrund von Kostenüberschreitungen gestrichen wurde. Der dritte Ersatzversuch für den OH-58 war das Armed Aerial Scout Programm. Aufgrund der Unsicherheiten im AAS-Programm und finanzieller Einschränkungen wurde die geplante Ausmusterung des OH-58F Kiowa von 2025 auf 2036 verschoben. Die Rolle der Kiowa als Aufklärungsflugzeug wurde durch taktische unbemannte Luftfahrzeuge ergänzt, wobei die beiden Plattformen oft gemeinsam zur Aufklärung eingesetzt wurden, um die Besatzungen einem geringeren Risiko auszusetzen. Der OH-58F war in der Lage, UAVs direkt zu steuern, um Aufklärungsmissionen sicher durchzuführen. Im Jahr 2011 war geplant, die Kiowa in den 2030er-Jahren durch die leichte Version des Future Vertical Lift Flugzeugs zu ersetzen. Im Dezember 2013 hatte die U.S. Army 338 Kiowas in ihrer aktiven Truppe und 30 in der Army National Guard. Die Army erwog die Ausmusterung des Kiowa als Teil einer umfassenderen Umstrukturierung, um die Kosten zu senken und die verschiedenen Typen von Hubschraubern im Dienst zu reduzieren. Die Analyse der Alternativen (Analysis of Alternatives, AoA) für das AAS-Programm kam zu dem Ergebnis, dass der Kiowa in Verbindung mit der RQ-7 Shadow UAV die kostengünstigste und fähigste Lösung darstellte;

Ein OH-58D Kiowa Warrior der 1st Squadron, 17th Cavalry führt einen AH-64A Apache des 8th Battalion, 229th Aviation während einer »Pink Team« Patrouille aus der Forward Operating Base (FOB) Mackenzie im Irak 2005. Bis zur Außerdienststellung 2015 waren die OH-58 das Hauptarbeitspferd der Cavalry Flieger und zumindest für die AH-64A-Modelle die fliegenden Augen über dem Gefechtsfeld und während der COIN-Einsätze im Irak. Das ursprüngliche AH-64 Konzept sah auch die OH-58 Scouts als Team Partner vor. Seit 2015 übernahm der Apache auch die Scout-Rolle. (Foto: U.S. Army / Staff Sgt. Matthew Acosta)

sie besagte auch, dass der AH-64E Apache Guardian die fähigste »sofortige« Lösung für die Rolle des Aufklärungshubschraubers war. Es wurde vorgeschlagen, alle OH-58 zu veräußern und alle Apaches der Army National Guard und Army Reserve in die aktive Armee zu überführen, um als Scouts zu dienen.

Der Apache kostet im Betrieb 50 % mehr als der Kiowa und erfordert mehr Wartung; Studien zeigten, dass die Gesamtbetriebskosten um 4 Milliarden Dollar höher gewesen wären, wenn der Apache anstelle des Kiowa im Irak und in Afghanistan eingesetzt worden wäre, aber 1 Milliarde Dollar pro Jahr an Betriebs- und Unterhaltskosten eingespart hätte. UH-60 Black Hawks würden aus der aktiven Flotte in Reserve- und Gardeeinheiten überführt werden. Der Vorschlag zielte darauf ab, ältere Hubschrauber auszumustern, um Geld zu sparen und die Hubschrauber mit den größten Fähigkeiten zu behalten. Die AoA aus dem Jahr 2010 kam zu dem Ergebnis, dass AH-64 in Kombination mit UAV die optimale Wahl sind; mit einer reduzierten Dienstgröße könnten insgesamt 698 Apaches diese Rolle ausfüllen. Gelder fur Apache-Upgrades würden durch die Einstellung der Kiowa freigesetzt werden. Die Medien erwarteten, dass die OH-58 aufgrund der höheren Betriebskosten eher an ausländische Militärs als an zivile Betreiber gehen würden. Die Army hat im Jahr 2014 26 von 335 OH-58Ds in ein nicht flugfähiges Lager gebracht. Im Vorgriff auf die Ausmusterung der Kiowa prüfte die Army, ob andere militärische Bereiche, Regierungsbehörden und ausländische Kunden am Kauf der Flugzeuge interessiert wären.

Die Kiowas werden als in einer guten Preisspanne für ausländische Länder mit begrenzten Ressourcen angesehen. Bell hat noch nicht zugestimmt, die Hubschrauber zu unterstützen, wenn sie nach Übersee verkauft werden. 2015 hatte die US Army 33 OH-58Ds ausgemustert. Bis Januar 2016 hatte die Army alle OH-58D-Staffeln bis auf zwei veräußert, wobei die Maschinen noch vor Ende des Jahres ausgemustert werden sollten. Im April 2016 waren zwei Kiowa-Staffeln mit zusammen 60 Hubschraubern im Dienst. Im Juni 2016 trafen Angehörige der 1st Squadron, 17th Cavalry Regiment, 82nd Combat Aviation Brigade, in Südkorea ein, als Teil des letzten Einsatzes des Kiowa im Dienst der U.S. Army. 2017 führte der letzte Kiowa Warrior sein letztes Live-Feuer-Manöver vor seiner Außerdienststellung durch. Im selben Jahr kündigte die U.S. Army als Reaktion auf Probleme bei der Umstellung auf den UH-72A-Trainingshubschrauber an, dass OH-58 Kiowas bis 2022 in Ft. Rucker, Alabama, als Trainer weiter eingesetzt werden. Als Folge der 2013 durchgeführten Initiative zur Umstrukturierung der Hubschrauberverbände wurden etwa 340 ausgemusterte OH-58D Kiowas der US-Armee durch Excess Defense Article- und Foreign Military Sales (FMS)-Programme verfügbar gemacht.

Im November 2014 übermittelte Kroatien eine Absichtserklärung für den Erwerb von 16 OH-58Ds. Im Jahr 2016 waren Kroatien und Tunesien die ersten Nationen, die diese Hubschrauber anforderten und 16 bzw. 24 bestellten. Kroatien erhielt die erste Charge von 5 OH-58Ds am 30. Juni 2016 auf dem Luftwaffenstützpunkt Zadar-Zemunik. Der OH-58 wurde 2014 ohne einen klaren Nachfolger in den Ruhestand versetzt; drei aufeinanderfolgende Programme wurden gestrichen, ohne dass die Produktion erreicht wurde; obwohl die Army 2013 ein Programm zur Verlängerung der Lebensdauer der OH-58-Flotte durchführen wollte, erzwangen die Kürzungen im Verteidigungshaushalt die Stilllegung. Anstelle des OH-58 hat die Army Boeing AH-64 Apache Kampfhubschrauber zusammen mit AAI RQ-7 Shadow Drohnen in der bewaffneten Aufklärung eingesetzt.

Operation Inherent Resolve/ Counter-ISIS

Die USA verlegten mit dem Aufkommen der Terrormilizen des IS dauerhaft Apache-Hubschrauber in die Region um Irak und Syrien. Zwar wurde dies teilweise vom Irak gebilligt, in Syrien war die Lage jedoch nicht so eindeutig. Hierzu mussten sich die AH-64 in Kuwait bereithalten und nutzten nur ganz wenige gesicherte Vorposten in Syrien. Der Irak bestand ferner darauf, das Problem souverän und alleine zu lösen, was nur bedingt möglich war. Große Rückeroberungsgefechte wie in Mosul mussten stets mit Hilfe ausländischer »Berater« durchgeführt werden. Die Lage war sehr zerfahren. Viele Nationen waren in diesen Konflikten verdeckt und offen involviert.

Ein äußerst gefährliches Umfeld bot sich den Apache-Besatzungen in dieser Zeit von 2015 bis 2020. 2016 genehmigte die US Führung unter Präsident Obama die ersten Angriffe der Apache Einheiten. Der damalige Verteidigungsminister Ash Carter sagte Reportern, dass erste Ziele im Irak durch Apache-Angriffe zerstört wurden. Der Angriff im Juni 2016 diente der Unterstutzung irakischer Sicherheitskräfte, die im Tigris-Tal operierten, sagte ein Sprecher des Verteidigungsministeriums und fügte hinzu. Die AH-64E Modelle waren erstmals im Gefecht eingesetzt worden und wurden mit dem neuen AN/AAQ-24 Large Aircraft Infrared Countermeasure (LAIRCM) System von Northrop Grumman ausgerüstet in diese heiklen Einsät-

Ein AH-64E Apache Guardian der 4th Squadron, des 6th Cavalry Regiment schwebt kurz vor dem Start in zu einer Mission der Task Force Saber über dem Helipad in Erbil (Irak) 2017. Dort ist der Apache in einem schwierigen Umfeld auch gegen ISIS-Dschihadisten im Rahmen der Combined Joint Task Force – Operation Inherent Resolve (CJTF-OIR) eingesetzt worden. Hier bewies der AH-64E auch die Interoperabilität mit Spezialkräften (Special Operations Forces, SOF) der Koaltion. Man beachte daher auch die AN/AAQ-24V-Sensoren an den Flügelspitzen, die eigens für diesen heiklen Auftrag angebracht wurden. Dieses brandneue LAIRCM-System (Large Aircraft Infrared Countermeasure) ist für diesen gefährlichen Einsatzraum sehr wichtig, befinden sich doch viele weitere Nationen im syrisch-irakischen Raum, deren Absichten nicht immer klar sind. (U.S. Army / Capt. Stephen James)

ze gesendet. Alle Maschinen kamen unbeschadet zurück. Hier war die 4. Sqn des 6. Kavallerie-Regiments die erste Einheit, die die neue LAIRCM-Ausrüstung der US Army für die im Kampf eingesetzt hat. Mehrere Hubschrauber der U.S. Army unterstützten die Operation Inherent Resolve: die Apache-Hubschrauber operierten von mehreren Forward Arming and Refueling Points (FARPs) in der Region aus und waren auch mit den RQ-7B Shadow Drohnen im MUM-T-Einsatz. Das Shadow UAS identifizierte feindliche Personen und Vehikel und übergab die Ziele entweder an die AH-64E Apache-Helikopter oder an die MQ-1C Gray Eagle-Drohnen, welche dann mit ihrfen Waffen wirken konnten.

Im Juli 2017 erklärte der irakische Premierminister Haider al-Abadi den Sieg gegen ISIS in der Stadt Mosul. Organisiert als Task Force Saber, war die 4th Sqn., 6th Cav. Regiment für die Aufklärung, Überwachung, logistische Unterstützung und offensive Angriffsfähigkeiten zuständig und unterstützte Partnerkräfte sowohl im Irak als auch in Syrien. Die Schlacht um Mosul fiel fast zeitgleich mit dem Eintritt der Task Force Saber in den Einsatzraum zusammen. Die 4th Sqn. des 6th Cav. Regt. wurde zu einer unterstützenden Kraft für die Koalition, indem sie die irakischen Sicherheitskräfte ermutigte und sie mit Feuer unterstützte. Die US Army bezeichnete seit dem den Echo

Apache als die beste Plattform für den Kampf in dieser Umgebung. Der Apache selbst wurde zu einem Symbol der amerikanischen Unterstützung für die Partnertruppen vor Ort. Hinzu kamen die unbemannten Kampfdrohnen MQ-1C Gray Eagle der 29th CAB von der D Company, 10th Combat Aviation Brigade. Shadow erwies sich im Zusammenspiel mit diesen Waffenplattformen als äußerst effektiv und vertrieb ISIS in Gebiete, in denen sie sich sicher wähnten. Vor dem Einsatz im Nahen Osten trainierte das 4th Sqn. des 6th Cav. Regiment, um eine hohe Kampfbereitschaft aufrechtzuerhalten und von Anfang an bereit zu sein, mit dem Kampf zu beginnen. Wartungsprobleme traten jedoch schnell auf, da die Elemente der Task Force Saber über verschiedene Standorte im Irak, in Syrien, Kuwait und anfangs auch in Afghanistan verteilt waren. Außerdem war die 4th Sqn. des 6th Cav. Regt. die erste Einheit, die das neue E-Modell im Einsatz hatte. Zu dieser Zeit gab es in Afghanistan und im Irak keine weiteren Apache des Modells E im Einsatz und daher auch noch keine angepasste Wartungskette. Die 4th Sqn. des 6th Cav. Regt. war die erste Einheit, die eine Phasenwartung an einem AH-64E im Irak durchführte. Diese Arbeit wurde ausschließlich von Soldaten der Task Force Saber, einschließlich des 449th ASB, in ihrer Wartungseinrichtung im Taji Military Complex im Irak durchgeführt.

Während der Kampf gegen ISIS im Irak in eine neue Phase eintrat, setzten Elemente der Task Force Saber gleichzeitig die Operationen in Syrien fort und unterstützten die Operation Spartan Shield in Kuwait. Um ihre Aufgaben erfüllen zu können, operierten die Kampfhubschrauber in niedriger Höhe. Dies machte sie verwundbar gegen MANPADS (Man Portable Air Defense Systems), die sich möglicherweise in den Händen von ISIS-Kämpfern befanden. Schultergestützte Raketen waren in Syrien schon lange ein Problem, besonders in den vergangenen Jahren bis 2020, als MANPADS gelegentlich eingesetzt wurden (auch von Kämpfern der Freien Syrischen Armee, um Hubschrauber des Assad-Regimes zum Absturz zu bringen). Mit der Corona-Krise ist es zwar etwas ruhiger geworden ab Mitte 2020, doch leider machte kein Krieg halt vor der Pandemie. MANPADS in den Händen von Rebellen ist man weltweit gewohnt. Auch saudische AH-64D machten die tödliche Bekanntschaft im Kampf gegen Houthi Milizen im Yemen. So wurde auch das syrischen Schlachtfeld für niedrig fliegende Hubschrauber und Flugzeuge gefährlicher, wie die Tatsache beweist, dass Flugzeuge der USA und der Koalition in der Vergangenheit bei ihren Einsätzen über Syrien von MANPADS ins Visier genommen wurden. Aus diesem Grund wurden die AH-64 der US Army mit dem neuen LAIRCM-System (Large Aircraft Infrared Countermeasure) und mit dem Upgrade Advanced Threat Warning (ATW) ausgerüstet.

Der Kampf gegen Terror-Zellen des IS ist noch lange nicht beendet. Im Gegenteil: mit der Übernahme Afghanistans durch die Taliban und deren Etablierung eines islamischen Emirats sind die Probleme mit dem Aufkeimen der Gruppierung ISIS-K (Islamic State of Iraq and the Levante – Khorasan Province) nicht weniger geworden, wie der blutige Anschlag auf die Evakuierungsaktion der US geführten Koalition vor dem Kabuler Flughafen am 26. August 2021 vor Augen führte. Auch wenn die Taliban beteuern, sich ISIS entgegen zu stellen, wird der Raum Afghanistan eine weitere Herausforderung im Kampf gegen den internationalen islamistischen Terror. So zumindest die Lesart von Einschätzungen von Medien- und Thinktank-Agenturen.

AN/AAQ-24V (Northrop Grumman)

Das DON LAIRCM-System, eine Variante des LAIRCM-Systems der US-Luftwaffe für Starrflügler, ist ein Verteidigungssystem zum Schutz vor Bedrohungen durch Boden-Luft-Infrarotraketen. Laut offiziellen Dokumenten kombiniert das System Zweifarben-Infrarot-Raketenwarnsensoren mit der Guardian Laser Transmitter Assembly (GLTA). Der Raketenwarnsensor erkennt eine sich nähernde Raketenbedrohung und sendet die Information an den Prozessor, der dann die Besatzung über die Steuerschnittstelle benachrichtigt und gleichzeitig die GLTA anweist, auf die Bedrohung zu schwenken und sie zu stören. Die ATW-Fähigkeit verbessert den Prozessor und die Raketenwarnsensoren, um eine verbesserte Raketenerkennung zu ermöglichen, und fügt die Fähigkeit hinzu, feindliches Feuer und Laserwarnungen mit visuellen und akustischen Warnungen an die Piloten zu senden. Die U.S. Navy plant die vollständige Integration des DON LAIRCM ATW-Systems auf der MV-22 und der KC-130J mit der Missionssystem-Software, während die Army die Integration auf AH-64, UH/HH-60 und CH-47 Hubschraubern plant.

Ein AH-64D des 1-3 ARB der 12th CAB kurz vor der 25-Stunden-Inspektion in seinem Hauptstützpunkt in Katterbach (Bayern) 2018. Für besonders verstaubte Maschinen ist auf dem Vorfeld sogar eine Apache-Waschstraße vorhanden. (Foto: Christian Rastätter)

Apaches in Deutschland – US Army Close Air Support im neuen Krisenszenario

Sie sind kaum aus unseren ländlichen Gebieten wegzudenken. Kaum jemand hatte nicht schon einmal eine Begegnung mit Ihnen bei einer Wandertour. Für die Einen sind sie ein bedrohlicher Anblick. Für die Anderen ein eindrucksvolles Zeichen sicherheitspolitischer Realität: gemeint sind die Hubschrauber und ganz besonders die Apache der US Army in Deutschland. Nach dem Ende des Kalten Kriegs reduzierten die verschiedenen US-Regierungen die militärische Präsenz der USA in Europa dauerhaft. Allein in Deutschland wurden seit 1990 kontinuierlich Truppen abgebaut. Von ehemals über 200.000 US Soldaten viel der Stand auf heute etwa 35.000. Kamen in Höchstzeiten der Mobilisierungsübung REFORGER noch über 100.000 Soldaten aus CONUS (Continental US) temporär hinzu, so wirkt die aktuelle Truppensituation eher wie ein kleiner Biwak-Ausflug. Die jüngste Abnahme der Personalstärke vor den Ereignissen auf der Krim 2014 ist eine Konsequenz aus der am 26. Januar 2012 von Präsident Barack Obama verkündeten, verstärkten Fokussierung der amerikanischen US-Außen- und Sicherheitspolitik auf den asiatisch-pazifischen Raum, dem sogenannten »Pivot-to-Asia.« In dessen Folge wurde u.a. das zuletzt im bayerischen Grafenwöhr beheimate 172. Brigade Combat Team (BCT) aufgelöst. Nun werden Standorte wieder aktiviert, Materialdepots aufgefüllt, Truppen rückverlegt und die europäische NATO-Komfortzone wachgerüttelt.

Europaweit kann das U.S. European Command mit ca. 62.000 Mann operieren. Dazu gehören zwei Brigade Combat Teams (BCT), die in der Lage sind, die grundlegende

Verlegefähigkeit der US Army in Europa, bestehend aus 4000 bis 5000 Soldatinnen und Soldaten zu sichern. Ein Element stellt das 173rd Airborne Brigade Combat Team in Italien dar, während als weiteres Element das 2nd Cavalry Regiment (ehem. Stryker-Brigade Combat Team) in Deutschland aufgestellt ist. Als eigenständiger residualer Sonderverband fungiert die 12th Combat Aviation Brigade (12th CAB) als permanente Luftkomponente der US Army Europe und wird im bayerischen Katterbach zentriert. Die gegenwärtige US-Truppenplanung in Europa ist gemessen an den hochmobilen und massiven russischen Verbänden ein utopischer Ansatz, wenn man bedenkt, wie unvorbereitet die europäischen Streitkräfte zu sein scheinen.

Seit den Vorfällen auf der Halbinsel Krim 2014 wurden die Stammeinheiten der US Army Europe (Wiesbaden) durch kontinuierliche Truppenrotationen aus den USA (CONUS) verstärkt. Die Präsenz der US Navy in der Schwarzmeerregion sowie die aufgestockte Stationierung von Kampfflugzeugen der USAF in der 493rd Wing auf der Royal Air Force Base Lakenheath inklusive der Bereitstellung von Hubschraubern für das USEUCOM (Stuttgart) gehören ebenfalls zur seit der Krimkrise laufenden Operation Atlantic Resolve. Die Trump-Administration ist entsetzt von der mangelnden Verteidigungsfähigkeit der meisten NATO-Partner in Europa. Und das völlig zu recht. Die politisch gewollte jedoch eklatante Unterfinanzierung der Streitkräfte machte sich in den westeuropäischen Ländern seit Jahrzehnten breit. Es musste gehandelt werden. Darüber sind sich mittlerweile alle einig. Nun läuft die Maschinerie langsam an.

Kern des militärischen Fitness-Programms ist das Training der NATO-Partner vor allem unter Einbezug der MOE- und Baltikum-Staaten. Eine neue Rolle kommt unterdessen erneut auf eine in unserem Gefilde fast vergessene Gattung der US Army zu: gemeint sind die Angriffshubschrauber zur Luftnahunterstützung (Close Air Support, CAS) der US Army. Als Panzerabwehr-Spezialisten und Infanteristen der Lüfte gegen eindringende mechanisierte Elemente kannte man sie aus den 1980er-Jahren. Doch in einem hochmodernen Multi Domain Battlespace, welches im neuen technologisch fortgeschrittenen Zeitalter kaum noch an die alten Zeiten der Sicherung der Fulda Gap erinnert, stellt man sich die Frage, was hat sich seitdem geändert? Neben der Stammeinheit der residualen Hubschrauber-Brigade (12th CAB) der US Army Europe (USAREUR) sind seit der Krim-Krise auch weitere AH-64-Einheiten in Deutschland zu beobachten. Grund dafür sind die Operation Atlantic Resolve (OAR) und die European Reassurance Initiative (ERI). Präsident Barack Obama leitete die Operation Atlantic Resolve (OAR) im April 2014 ein und die European Reassurance Initiative im Sommer 2014. Die Operation Atlantic Resolve zielt darauf ab, das Engagement der USA für die kollektive Sicherheit und das Engagement für die Sicherheit aller Verbündeten zu demonstrieren, die Präsenz in der europäischen Region in den Bereichen Luft, Boden und Marine zu verstärken und die NATO-Bereitschaft durch Schulungen im Zusammenhang mit Artikel 5 zu erhöhen. Zusätzlich zur OAR wurde die European Reassurance Initiative (ERI) separat als Finanzierungspaket eingerichtet, um multinationale militärische Übungen und Trainings durchzuführen, die Reaktionsfähigkeit der US-NATO-Streitkräfte durch Vorpositionierung der Ausrüstung zu erhöhen, Nicht-NATO-Verbündete (insbesondere die Ukraine) zu unterstützen sowie die anhaltende Präsenz der USA auf dem Kontinent zu verstärken. Der geografische Schwerpunkt der OAR liegt weiterhin in Russland und Osteuropa. ERI hat fünf Hauptpfeiler. Dazu gehören eine verstärkte Präsenz, bilaterale und multilaterale Übungen, eine verbesserte Vorpositionierung, eine verbesserte Infrastruktur und der Aufbau von Partnerkapazitäten.

Rotationssystem

Im Rahmen der OAR werden in den USA stationierte Einheiten für jeweils 9 Monate nach Europa verlegt. Die Rotationseinheiten führen bilaterale und multinationale Trainingseinsätze in Bulgarien, Estland, Ungarn, Lettland, Litauen, Polen und Rumänien durch. Die Rotationseinheiten stärken die Beziehungen zu Verbündeten und Partnern, verbessern die Fähigkeit zur Zusammenarbeit und die Einsatzbereitschaft. Es kommen seitdem rund 1.900 Soldaten, 50 Transporthubschrauber des Typs UH-60 Black Hawk, 10 Transporthubschrauber des Typs CH-47 Chinook, 25 AH-64 Apache und mehr als 1.500 Fahrzeuge und Trailer mit Ausrüstung aus allen Divisions-Stützpunkten in den USA nach Europa. Die Hubschrauber und Fahrzeuge mit Ausrüstung werden auf dem Seeweg über Rotterdam nach Zeebrugge in Belgien gebracht (manchmal auch über andere Routen) und dann mit der Bahn, mit Binnenschiffen, von kommerziellen Transportunternehmen, in Militärkonvois fahrend sowie auf dem Luftweg nach Deutschland, Lettland, Polen und Rumänien transportiert. Nach Deutschland kamen Einheiten überwiegend nach Illesheim und Vilseck in Bayern, wobei Illesheim als Hauptquartier der Apaches dient. Man kann es drehen und wenden wie man möchte. Manche nennen es eine »Kommunikationsmaßnahme« andere den »Vorboten zum Unausweichlichen«. Man kann es auch vereinfacht als »minimale Sicherheitsvorsorge« und »der-Realität-ins-Auge-blicken« verstehen.

Ein AH-64D Apache Longbow der 3rd Combat Aviation Brigade, 3rd Infantry Division wird 2019 in Zeebrugge, (Belgien) eingeschifft. Atlantic Resolve bedeutete für die US Einheiten in CONUS (Continental United States) auch eine logistische Herausforderung, ist man schließlich seit den späten 1980er-Jahren keine Großverlegungen nach Europa mehr gewohnt gewesen, wie sie in wesentlich größerer Dimension noch zu Übungen wie REFORGER (Return of Forces to Germany) betrieben wurden. Die Verlegung ganzer Divisionsverbände oder zumindest deren Brigade Combat Teams ist ein sehr großer Kraftakt. (Foto: U.S. Army / Sgt. 1st Class Aaron Duncan)

AH-64D Apache Longbow der 3rd Combat Aviation Brigade vom Hunter Army Airfield, Ga., kamen im Herbst 2019 in Illesheim (Bayern) an. Die 3rd CAB trat ihre neun Monate dauernde Rotation im Rahmen von Atlantic Resolve an. (Foto: U.S. Army / Charles Rosemond)

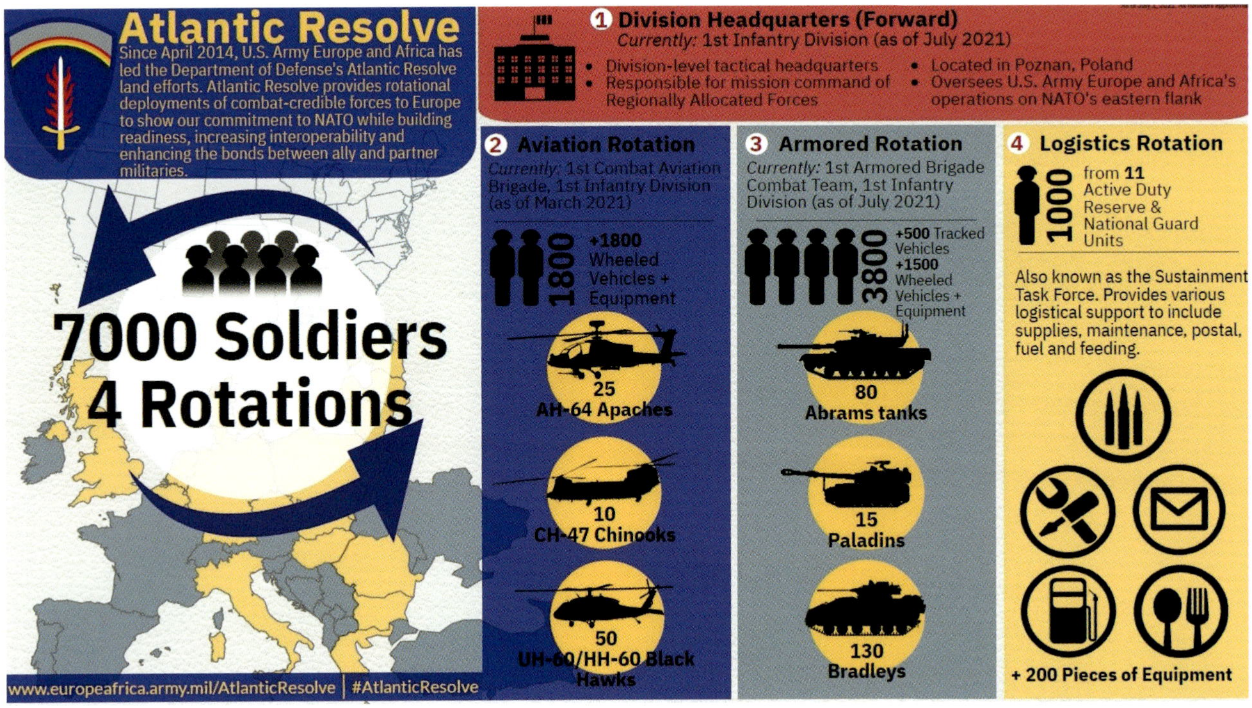

Infografik zur Rotation im Rahmen der Operation Atlantic Resolve. (Grafik: U.S. Army Europe and Africa)

12th CAB – ein modularer Verband

Die Brigade ist derzeit in der Nähe von Ansbach in Bayern stationiert und hat ihr Hauptquartier in der Kaserne Katterbach, mit unterstellten Einheiten auf dem Heeresflugplatz Katterbach, dem Heeresflugplatz Grafenwöhr und dem Heeresflugplatz Wiesbaden.
Im März 2013 kehrte die gesamte 12th CAB zum ersten Mal seit 2007 nach Deutschland zurück, wo sie weiterhin zur Unterstützung von EUCOM- und AFRICOM-Einsätzen trainiert und operiert. Die 12th Combat Aviation Brigade besteht derzeit aus den folgenden Einheiten:

- Headquarters and Headquarters Company (HHC)-Katterbach Army Airfield
- 159 Avn Rgt DUI.jpg 1st Battalion, 3rd Aviation Regiment (Attack Reconnaissance)
- HHC/1-3rd Attack Reconnaissance Battalion »Cobras«-Katterbach Army Airfield
- A/1-3rd Attack Reconnaissance Battalion »Assassins« (AH-64D)-Katterbach Army Airfield
- B/1-3rd Attack Reconnaissance Battalion »Warlords« (AH-64D)-Katterbach Army Airfield
- C/1-3rd Attack Reconnaissance Battalion »Outcasts« (AH-64D)-Katterbach Army Airfield
- D/1-3rd Attack Reconnaissance Battalion »Death Dealers« (ASC)-Katterbach Army Airfield
- E/1-3rd Attack Reconnaissance Battalion »BULLDOGS« (FSC)-Katterbach Army Airfield
- 214 Avn Rgt DUI.png 1st Battalion, 214th Aviation Regiment (General Support/VIP Fixed Wing)
- HHC/1-214th General Support Aviation Battalion »Dogfighters«-Wiesbaden Army Airfield
- A/1-214th General Support Aviation Battalion »Aces« (UH-60M)-Wiesbaden Army Airfield
- B/1-214th General Support Aviation Battalion »Big Windy« (CH-47F)-Katterbach Army Airfield
- C/1-214th General Support Aviation Battalion »Dust Off« (UH-60A/L)-Grafenwöhr Army Airfield
- D/1-214th General Support Aviation Battalion »Skymasters« (ASC)-Wiesbaden Army Airfield
- E/1-214th General Support Aviation Battalion »Barons« (C-12, UC-35)-Wiesbaden Army Airfield

Neugliederung 2015 bis heute

Seit 2015 wurde der Standort Illesheim als AH-64 Stützpunkt der 12th CAB geräumt und alle Apache-Einheiten, die in Deutschland bleiben, nach Katterbach verlegt. Etwa die Hälfte der AH-64 wurden in die USA zurückverlegt, sodass die 12th CAB heute über lediglich 3 Kompanien mit AH-64D verfügt. Die Reduzierung der Apache-Flotte in Deutschland bezog sich überwiegend auf das 3rd Battalion, 159th Aviation Regiment (Attack/Reconnaissance) aus Illesheim. Im selben Jahr ist auch der erste von 24 Apache AH-64 Kampfhubschraubern in seiner neuen Heimat, Fort Wainwright, Alaska, angekommen. Zwei Apaches, die aus Katterbach verschifft wurden, wurden auf dem Ladd Army Air Field in Wainwright aus einem Air Force C-5 Frachtflugzeug ausgeladen. Dies war das erste Mal, dass Apache Hubschrauber in Alaska stationiert wurden. Zur Task Force Alaska gehört seitdem auch ein Bataillon von UH-60 Black Hawk und CH-47 Chinook Hubschraubern. Eine neue Einheit – das 1st Battalion, 25th Aviation Regiment (Attack/Reconnaissance), 25th Infantry Division – die 400 Soldaten umfasst, fliegt die Alaska Apachen seitdem. Die Stationierung der Hubschrauber in Alaska steht im Einklang mit der Verlagerung der militärischen Kräfte in den Pazifik. Wie ihre Schwesterverbände auf Hawaii können auch die Alaska-Apachen auf Schiffen landen – etwas, was die US Army im Rahmen des Pacific Pathways-Programms geübt hat.

Blackhawks gehören seit den späten 1980er-Jahren fest zum Bestandsteil der Hubschrauberverbände der US Army. Heute sind sie in den CABs ein fester Bestandteil und die Hauptarbeitspferde der Truppenmobilität. (Foto: Christian Rastätter)

Zu den tragenden Säulen der Schwerlast-Mobilität und Logistik haben sich die CH-47 Chinooks in den CABs etabliert. Wie hier im Bild in der aktuellen Rüststufe F. Chinooks sorgen dafür, dass das schwere Gerät den Soldaten im Feld zur Verfügung steht (z.B. über externe Sling Load-Verfahren). (Foto: Christian Rastätter)

1st Battailon 3rd Aviation Regiment (Vipers) – Stammeinheit in Deutschland

Beim 1st Battailon 3rd Aviation Regiment, den Vipers, wird noch der AH-64D Longbow geflogen. Die Vipers (Task Force Viper) waren der erste Verband, der radargesteuerte Hellfire-Lenkwaffen auf eine an der Grenze zu Kuwait liegende irakische Stellung abschoss und diese zerstörte. Das war der Auftakt der Operation Iraqi Freedom (OIF). Ferner waren es auch die Vipers, die den ersten irakischen Panzer bei Nassiriyah abschossen. Im Gegensatz zum vorhin erwähnten 11. Regiment wurden die Vipers im neuen taktischen Verfahren »Joint Scheme of Operations« eingesetzt. Dabei kämpfte das Bataillon im Rahmen des »Airspace Management«-Systems, bei dem alle

Die AH-64D der 12th CAB prägen seit vielen Jahren die mittelfränkische Region um den Raum Katterbach bei Ansbach. Man kann sie oft erblicken, wenn sie zu den nahegelegenen Übungsplätzen verlegen. Oft in großen Verbänden. Für Bundeswehr-Fans sind derart große Kamphubschrauberformationen seit dem Ende der Bo-105-Ära ein ungewohnter Anblick. (Foto: U.S. Army / Maj. Robert Fellingham)

Luftoperationen in enger Zusammenarbeit mit allen beteiligten Kräften. Dadurch erlitten die Vipers keine Verluste im Kampf. Ihre Apaches flogen in Formation, die Rottenführer bekämpften die Ziele und die Flügelmänner (Wingmen) übernahmen die Sicherung. Dabei wurde das Zielgebiet mit einem so genannten »Stahlring« umgeben. Danach griffen die Apaches die Ziele in dieser Zone an und zerstörten sie mit Präzisionswaffen. Sobald das Gebiet als gesichert galt, stießen die Bodentruppen nach und bekämpften die restlichen Feindstellungen im infanteristischen Kampf. Die AH-64 sicherten währenddessen die Zone vor Gegenangriffen. Auf diese Weise konnten auch viele SOF-Operationen gesichert werden, wenn keine AC-130 Gunships verfügbar waren. Bei TIC (Troops in Contact)-Alarm stellen Apaches als Lebensretter auf Abrufbereitschaft die wohl wichtigsten Elemente für in Bedrängnis geratene Truppen dar. Aufgrund der Verweildauer waren Apache Gunships noch beliebter als A-10 der USAF. Sowohl die NATO Enhanced Forward Presence als auch Operation Atlantic Resolve bringen dann vielleicht so etwas wie sicherheitspolitische Geborgenheit in die Wälder Osteuropas. Das Bataillon besteht aus folgenden Elementen:

A/1-3rd Attack Reconnaissance Battalion »Assassins« (8 AH-64D)-Katterbach Army Airfield

B/1-3rd Attack Reconnaissance Battalion »Warlords« (8 AH-64D)-Katterbach Army Airfield

C/1-3rd Attack Reconnaissance Battalion »Outcasts« (8 AH-64D)-Katterbach Army Airfield

AH-64 Stationierungen in Deutschland

Hanau	
2-227th AVN	AH-64A Apache 1989/97
Illesheim	
3-159AVN	AH-64D Apache 2006/15
2/6 CAV	AH-64A Apache 1987/2003
	AH-64D Apache
Katterbach	
3-1 AVN	AH-64A Apache 1989/2015
1-3 AVN	AH-64A Apache 1989/2001
1-3 AVN	AH-64D Apache 2001 bis heute
3-1 AVN	1987 - 2015

Exkurs: FARP – Forward Support des Attack Battalions im Einsatz

Der FSC-Kommandeur (Forward Support Company) ist für die Erfüllung des FARP-Auftrags verantwortlich. Er unterstützt den S-3 bei der Formulierung des FARP-Plans und koordiniert den Bedarf an Treibstoff und Munition mit dem S-4. Der FSC-Kommandeur fordert zusätzliche FARP-Unterstützung vom ASB (Aviation Support Battalion) an. Das erhöhte Einsatztempo und/oder die Verkehrsdichte können ATS-Mittel erfordern. Der FSK-Kommandeur kann ein taktisches Luftverkehrskontrollteam aus der ATS-Kompanie des General Support Aviaion Battalion (GSAB) anfordern, um diese Aufgabe zu erfüllen. Die FSC muss darauf vorbereitet sein, das ARB (Attack Reconaissance Battalion) während aller Einsätze mit Treibstoff und Munition zu versorgen. Der Erfolg der ARB-Mission steht in direktem Zusammenhang mit der Effektivität der FARP und des Personals, das sie betreibt. Dieser Erfolg hängt von der Planung und Koordination ab, bevor der FARP-Einsatz beginnt. Die ARB setzt normalerweise vier Arten von FARPs ein: »Active«, »Silent«, »Jump« und »Rolling«. Die »Active FARP« befindet sich normalerweise im Hauptkampfgebiet, näher am Einsatzgebiet und stellt Treibstoff und Munition bereit, die für den Einsatz von ARB-Einheiten während der Durchführung von Einsätzen benötigt werden. Die »Active FARP« führt Betankungs- und Munitionsarbeiten in kürzester Zeit durch. Für längere Einsätze setzen ARBs eine FARP mit zusätzlichen versetzten FARPs (bis zur Aktivierung von »Silent FARPs«) ein, die darauf warten, die Mission zu vor-

Auch wenn eine FARP ein »Point« ist, so hat sich die feminine Artikulierung eingeschlichen, da man sie meist mit einer Tankstelle gleichsetzt. Eine FARP ist jedoch weit mehr als nur ein vorgeschobener Versorgungspunkt. Sie ist fest in die taktische Planung integriert. Ohne FARP – kein Angriff. Taktische Hubschrauber benötigen diese Interims-Plattform für fast alle Bereiche ihrer Mission. Ob in der Arktis, in der Wüste oder wie hier im dichten europäischen Wald – in Minuten kann der Treffpunkt bei Gefahr aufgelöst und verlegt werden. (Foto: Christian Rastätter)

Eine mobile Feldtankstelle. Die Reise an die Front oder in einen dem Feind gefährlich naheliegenden Bereich müssen auch viele Unterstützungskräfte und Logistikeinheiten antreten. Idealerweise sind Luftverteidigungskräfte, Scout-Späher sowie Drohnen permanent im Sicherungseinsatz. Apache-Ersatzteile, Treibstoff und Munition weit abgelegen von geschützten Strukturen bereitzuhalten ist eine hohe und teure Kunst. Selbst mobile Tower, Kommunikations- und Verpflegungssysteme werden ins Spiel gebracht, je nachdem welche FARP-Struktur geplant wird. (Foto: Christian Rastätter)

AH-64D der 12th CAB an der Service-Reihe. Herzstück der FARP sind die Abfertigungs-Boxen, welche die Maschinen wie zu einem Pitstop vorwärts einfliegen und rückwärts wieder ausfliegen. Dabei kann sogar unter laufenden Rotoren und Triebwerken getankt und wiederbewaffnet werden (Hot Refueling). Die Boden-Teams sind für die vielen verschiedenen Abläufe und Prozeduren geschult und müssen hier Großes leisten. Das Umfeld ist hochgefährlich. Jeder Handgriff muss sitzen. (Foto: Christian Rastätter)

her geplanten Zeiten zu starten. Die »Silent FARP« verfügt über die gesamte Ausrüstung und das Personal am Einsatzort, wird aber nur auf Abruf aktiviert. Eine »Jump FARP« kann notwendig sein, wenn feindliche Kräfte zu viel Raumgewinn aheb und es keine sicheren Räume in der größeren Umgebung gibt. Dies kann auch bei Offenisven in feindlichem Territorium der Fall sein. Aus der Luft eingesetzte »Jump FARP« unterstützen die begrenzte Nachschubversorgung hinter den feindlichen Linien; die »Jump FARP« wird meist für SOF-Einsätze eingesetzt, oder bei hochbrisanten Offensiven ohne Rückzugsräume. Sie besteht aus einem »Forward Area Refueling Equipment« (FARE), faltbaren 500-Gallonen-Tanks und/oder Munition (je nach Einsatz). Die »Jump FARP« wird auf dem Landweg oder in der Luft

Figure 3-11, 3-9, 3-10: Grafische Darstellungen der FARP als Ausgangspunkt verschiedener Angriffstaktiken laut Field Manual.

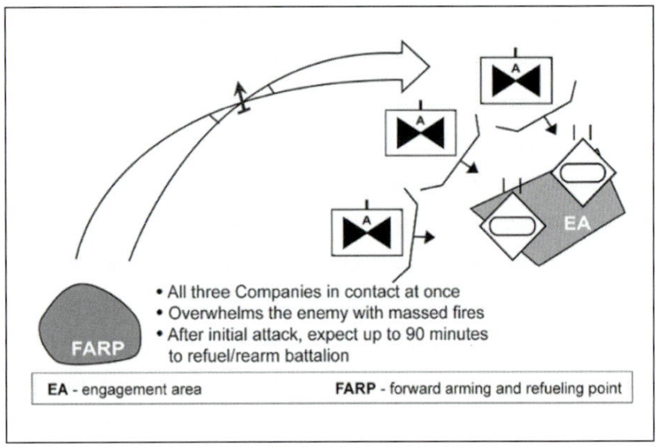

Figure 3-11.
Maximum destruction attack

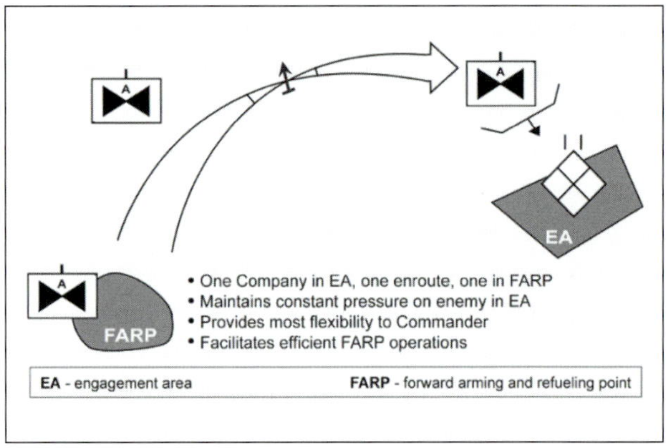

Figure 3-9.
Continous attack

Jede Box verfügt über ein Betanktungs-Set. Auf Umweltschutz wird ebenfalls geachtet. Vorbei sind die Zeiten, als solche Orte zu Kerosin- und Öl-Landschaften kontaminiert wurden, wie es oft während des Vietnam-Kriegs der Fall war. (Foto: Christian Rastätter)

Erdung gegen Funkenflug. Der Umgang mit Waffen und hochentzündlichen Treibstoffen erfordert auch eine Sicherung durch Erdungskabel, die die Maschine mit dem Boden verbindet. (Foto: Christian Rastätter)

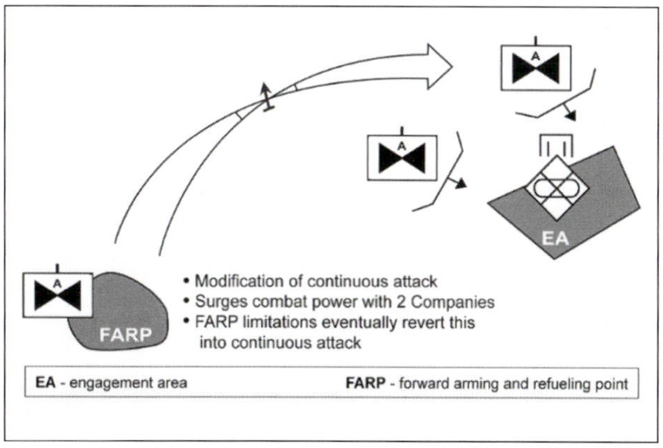

Figure 3-10.
Phased attack

Die Betankung kann - wie hier im Bild - auch direkt über einen Tankwagen erfolgen. In der FARP sind jedoch meist Spritlager angelegt, die über ein feldmäßges Pipline-System (Schläuche) direkt in den Boxen bereitgestellt werden. Treibstoffe werden meist in gummierten und luftverladbaren Falttanks in FARPS geliefert. Stromerzeuger treiben die Pumpen an. (Foto: Christian Rastätter)

Der Betrieb einer FARP erinnert ein wenig an das beschäftigte Deck an Bord eines Flugzeugträgers, auch wenn es sich hier sicherlich um eine völlig andere Kategorie handelt. Dennoch geht es an einer vorgeschobenen FARP sehr eng zu. Nachschublieferungen, Tankprozesse, Aufmunitionierung, Wartung und permanent ein- und ausfliegende Kampfhubschrauber machen eine FARP zu einem sehr gefährlichen Arbeitsplatz. Jeder Handgriff muss sitzen, jeder Posten und jede Tätigkeit müssen definiert und koordiniert sein. (Fotos: Christian Rastätter)

transportiert. Sie kommt zum Einsatz, wenn zeitliche oder geografische Einschränkungen dies erfordern. Sie ermöglicht die ununterbrochene Unterstützung von ARB-Elementen während der FARP-Verlegung und -Versorgung. Die »Rolling FARP« erlaubt es den Hubschraubern, die einen Konvoi mit Treibstoff, Munition und anderem Nachschub sichern, am Standort des Konvois aufzutanken und Munition aufzunehmen. Dies minimiert die Beeinträchtigung der Sicherheit, indem die mit der Rückkehr zur FARP verbundenen Reisezeiten reduziert werden. Wenn es die Zeit erlaubt, sollte eine Kartenaufklärung der Route durchgeführt werden.

Forward Arming and Refueling Point Platzierung

Der Standort einer FARP ist abhängig von METT-TC (Mission, Enemy, Terrain and Weather, Troops and Support Available, Time Available, Civil Considerations) und obliegt dem S-3 des Bataillons. Die FARP sollte sich so nahe an der Area of Operations (AO) befinden, wie es die taktische Lage erlaubt. Das Ziel ist es, die Entfernung oder die Zeit, die der Hubschrauber zurücklegen muss, zu reduzieren und dadurch die Verweildauer im Kampfgebiet zu erhöhen. Die Fähigkeit des ARB, sich schnell zu bewegen, erfordert auch, dass die FARP in der Lage ist, zu verlegen, um die vorwärtsgerichtet Versorgung aufrechtzuerhalten. Dabei kann sich der FARP-Kommandeur für eine große FARP oder mehrere kleine FARPs entscheiden. Die ARB kann im Rahmen des modularen Designs drei FARPS einsetzen (drei Abschnitte der Klasse III und drei Abschnitte des Rüstungspersonals). Außerdem kann die ARB durch den ASB und den Einsatz von Fat Cow (Extended Range Fuel System, ERFS) und Fat Hawk/Wet Hawk-Operationen erweitert werden, um die Anforderungen der FARP von Klasse III auf V zu erhöhen. Wenn sich eine FARP hinter den feindlichen Linien befinden muss, sollten laut Field Manual der US Army folgende Faktoren berücksichtigt werden:

- Sparsame du bedachte Zusammensetzung der FARP
- Sicherheitsvorkehrungen werden begrenzt sein, da die FARP nur für eine sehr kurze Zeit aufgestellt wird.
- Für das Gebiet muss eine gründliche Kartenaufklärung und nachrichtendienstliche Aktualisierung durchgeführt werden.

Nachschub für die FARP wird am Boden oder aus der Luft durchgeführt. Die FARP sollte nur drei bis sechs Stunden an einem Ort bleiben. Diese Zeiten können jedoch durch die Faktoren von METT-TC angepasst werden. Die Größe der FARP hängt von der Anzahl der Flugzeuge ab, die die FARP nutzen werden, sowie von der Art der zur Verfügung stehenden Betankungsausrüstung (FARE / Advanced FARE System / Heavy Expanded Mobility Tactical Truck, HEMTT). Vier bis acht Betankungspunkte sind normalerweise ausreichend für eine kontinuierliche Aufrechterhaltung des Einsatzes. APLS-LKWs (Ammunition Palletized Load System) mit einsatzkonfigurierter Ladung bringen den Nachschub in den Nahbereich, wo FARP-Elemente sie an den LRPs treffen. Wenn möglich, koordiniert der FSC-Kommandeur die direkte Lieferung an die stille FARP, um ein Umladen zu vermeiden. Die Einheiten fahren zu den Versorgungspunkten, um Treibstoff zu holen, oder sie erhalten von den 5.000-Gallonen-Tankwagen den Treibstoff.

Soldaten der A Company, 642nd Aviation Support Battalion, 42nd Combat Aviation Brigade verlegen feldmäßig das Treibstoffleitungssystem einer FARP (Forward Arming and Refueling Point) für AH-64 des 4th Battalion, 227th Attack Reconnaissance Battalion, 1st Cavalry, der 42nd CAB 2014 nahe Camp Buehring, Kuwait. (Foto: N.Y. Army National Guard / 1Lt. Jean Marie Kratzer)

Kaum bereitgestellt und einsatzklar, erhält die FARP sogleich Besuch der ersten Kunden: AH-64 Apache der 42nd Combat Aviation Brigade fliegen bei typischen Brown-Out in die sandige Sprit- und Waffen-Oase ein. (Foto: N.Y. Army National Guard / Spc. Harley Jelis)

AH-64D Apache Longbows der 12th Combat Aviation Brigade aus Katterbach (Bayern) bereiten sich auf einen Missionsstart während der Übung Operation Eminent Strike 2021 vor. AH-64 der Frontline Verbände (wie es die 12th CAB offiziell auch ist) sind dafür ausgelegt, bei jedem Wetter, jeder Witterung und bei Tag und Nacht Missionen zu erfüllen. Auch der leichte Schneefall im März 2021 störte diese Mission nicht. (U.S. Army / Maj. Robert Fellingham)

Ausblick: Die Zukunft des AH-64 Apache

Die US Army hat im Juni 2018 einen Entwurf für eine Ausschreibung für Aufklärungshubschrauber (Future Attack Reconnaissance Aircraft, FARA) veröffentlicht, mit der Absicht, bis 2023 zwei fliegende Prototyp-Designs zu haben, die um den endgültigen Zuschlag konkurrieren sollen. Die beiden Prototyp-Kandidaten würden jeweils 735 Millionen Dollar erhalten, um für den Wettbewerb geeignete Maschinen zu bauen. Im April 2019 vergab die US Army dann Aufträge für die Entwicklung an fünf Hersteller: AVX/L3, Bell, Boeing, Karem und Sikorsky. MD Helicopters, das eine Variante seines MD902 Explorer mit einem Flügel entwickelte, der den Anforderungen der Army entsprach, wurde nicht für die Kandidaten-Designphase ausgewählt. Der CEO von Textron, der Muttergesellschaft von Bell, erklärte, dass sein FARA-Kandidatenentwurf auf der für den Bell 525 entwickelten Technologie basieren würde und nicht auf einer Weiterentwicklung des V-280-Kippflügler. Im Oktober 2019 kündigte Bell den 360 Invictus als seinen FARA-Kandidatenentwurf an, einen geflügelten Hubschrauber mit einem Einzelrotor und einem kanalisierten Heckrotor. Sikorsky gab an, ein FARA-Konzept mit zusammengesetzten Koaxialrotoren und Schubpropeller zu präsentieren, wie es bei Sikorskys X2 und S-97 Raider verwendet wurde. Der S-97 wurde ursprünglich für das Armed Aerial Scout-Programm entwickelt. Im Oktober 2019 stellte Sikorsky den Raider X vor, eine verkleinerte Version des S-97 Raider, der für das T901 900 Triebwerk von General Electric ausgelegt ist und im Februar 2019 den ITEP-Wettbewerb gewann. Am 25. März 2020 wählte die US Army Bell und Sikorsky aus, um mit der Entwicklung fliegender Prototypen fortzufahren. Der Requirements Oversight Council der US Army hat die Anforderungen für das zukünftige FARA genehmigt. Das Gremium traf sich im April 2021 und gab grünes Licht für die Anforderungen in Form eines Abbreviated Capabilities Development Document (A-CDD), das die Entwürfe der beiden Unternehmen validiert, die sich um den Bau des FARA bewerben. Die US Army hat im Dezember 2020 einen Final Design and Risk Review (FD&RR) für die konkurrierenden FARA-Designs validiert. Dabei wurde festgestellt, dass die Industrie bereit ist für einen Fly-Off gegen Ende 2022. Das FARA-Programm wird eine kritische Fähigkeitslücke füllen, die derzeit von AH-64E-Apache-Kampfhubschraubern in Kombination mit Shadow-Drohnen abgedeckt wird, nachdem die OH-58D-Kiowa-Warrior-Hubschrauber ausgemustert wurden. Das Pentagon hat bereits dreimal versucht, die Lücke mit einem Flugzeug zu schließen und ist dabei gescheitert. Lockheed-Martin (Sikorsky) und Bell lieferten sich ein Kopf-an-Kopf-Rennen, um Prototypen zu bauen und diese ab November 2022 zu fliegen. Die Industrieteams bogen bereits seit Monaten (wenn nicht sogar mehreren Jahren) Metall, um Prototypen zu bauen, damit der Hubschrauber Ende 2022 flugbereit war.

Boeing geriet aufgrund der FARA- und FVL-Programme der US Army kurzzeitig unter Druck, da der AH-64 nicht mit den dort besprochenen Marschgeschwindigkeiten mithalten kann. Um sich keine Blöße zu geben, wurde dem AH-64 kurzerhand ein Compound-Konzept auferlegt, um die Geschwindigkeit mithilfe eines Druckpropellers zu erhöhen. Diese Anstrengungen waren jedoch nicht nötig, da sich in der Realität zeigen sollte, dass sich die FARA- und FVL-Maschinen ohnehin kaum mit der anvisierten Lebenszeit des AH-64 überschneiden dürften. Und wenn, dann wird die Plattform AH-64 unverzichtbar für diese Konstellation sein. 2019 stellte Boeing dennoch ein Mock-Up auf der VTOLsociety-Messe ab. (Fotos: Aviation Week via twitter / Graham Warwick)

Compound Apache

Parallel zum FARA-Programm versuchte Boeing natürlich, nicht so leicht ins Hintertreffen zu geraten, wenn es darum ging, den AH-64 ab 2035 gegen ein Modell von Bell oder Sikorsky ablösen zu lassen. Der Apache sollte mit den neuen Modellen der Zukunft minthalten können. Dies bezog sich vor allem auf die Geschwindigkeit. Wie bei Bodenstreitkräften üblich, wo alle beispielsweise unterschiedliche Panzermodelle (z.B. Leopard 2 mit Marder/Puma oder M1 mit Bradley) gemeinsam und mit beinahe gleicher Geschwindigkeit vorrücken können müssen, sollen auch die Hubschrauberverbände miteinander Schritt halten können. Die ist gegenwärtig natürlich noch der Fall (Chinook, Blackhawk, Apache). Mit dem FLRAA, FARA oder FVL allgemein entstünde eine Geschwindigkeits-Disbalance, behielte man den Apache unverändert in diesem Zukunftskonzept. Die Realitäten deuten jedoch darauf, dass der AH-64 in der neuesten E-Version wohl bis in die 2040er-Jahre und somit mehr als 15 Jahre nach Beendigung seiner Produktion (2026) die Hauptplattform für schwere Angriffe und durch MUM-T auch bei der Aufklärung und Langstrecken-Kriegsführung signifikant sein wird. Die US Army hatte dennoch vorsorglich eine Analyse (Analysis of Alternatives, AoA) für das FVL Capability Set 3 – das zukünftige Langstrecken-Angriffsflugzeug (FLRAA) – durchgeführt, indem sie den Black Hawk und verschiedene UH-60-Upgrades, einschließlich des Improved Turbine Engine Program und der Verbesserungen an Haupt- und Heckrotor, als Grundlage verwendet hat. 4,7 Milliarden Dollar, einschließlich der 800 Millionen Dollar im Geschäftsjahr 2020, hat das Pentagon für das FVL-Programm freigegeben. FLRAA und das Future Tactical Unmanned Aerial System und FARA sind darin enthalten. Man erhofft für die Army-Aviation mehr Geschwindigkeit, Reichweite und Nutzlast in einem größeren Formfaktor.

Die Erfahrungen großer Rüstungsvorhaben haben jedoch stets vor Augen geführt, dass Zeitachsen, Budgets sowie die tatsächliche Einführung des Produkts mit sehr hoher Wahrscheinlichkeit nicht plangemäß ablaufen. Daher wird der AH-64 Apache wohl noch eine sehr lange Zeit das Rückgrat der US Army-Hubschrauber sowie vieler weiterer Partnerländer darstellen. Der Apache wird seine Bewunderer noch viele Jahre zum Staunen bringen und seine Gegner im Gefecht noch eine Weile das Fürchten lehren.

Apache unverzichtbar für die Konflikte von morgen

Der Apache kann auf eine beeindruckende Erfolgsbilanz zurückblicken. Flugbegeistere und Luftfahrtinteressierte weltweit kennen diesen beeindruckenden Hubschrauber. Seine Piloten lieben ihn, seine Feinde fürchten ihn. Der Apache ist bereit, eine Schlüsselrolle in der Zukunft einzunehmen. Eine Zukunft, die wohl von Bedrohung und Aggression und einem gefährlichen sicherheitspolitischen Umfeld geprägt sein wird. Ein Umfeld, welches sich technologiebasiert auf mehrere Felder und Dimensionen beziehen wird, wie es sich bereits seit einigen Jahren abzeichnet. US-Verteidigungsexperten sprechen in diesem Zusammen vom Multi Domain Battlefield bzw. von der hybriden Kriegsführung und blicken dabei in Richtung Russland und China. Die 3. Generation des Apache hat gerade erst ihren Einsatzabschnitt der nächsten Dekaden begonnen. Viele Exportkunden beginnen erst in den 2020er-Jahren mit der Einführung. Der Ruf des Apachen ist daher noch lange nicht verhallt.

Wie schon beim ersten Roll-Out 1984 war auch bei der Premiere des ersten AH-64 Block III das indigene Volk der Apachen beteiligt. Schließlich ist es mit einigen Ausnahmen (z.B. Viper, Venom) in der US Army Tradition, Hubschrauber nach Indianerstämmen zu benennen. Vor der Zeremonie wurde das Flugzeug vom White Mountain Apache Tribe unter der Leitung des Vorsitzenden Ronnie Lupe, der auch ein Veteran des Koreakriegs ist, gesegnet. (Foto: U.S. Army / PEO Aviation)

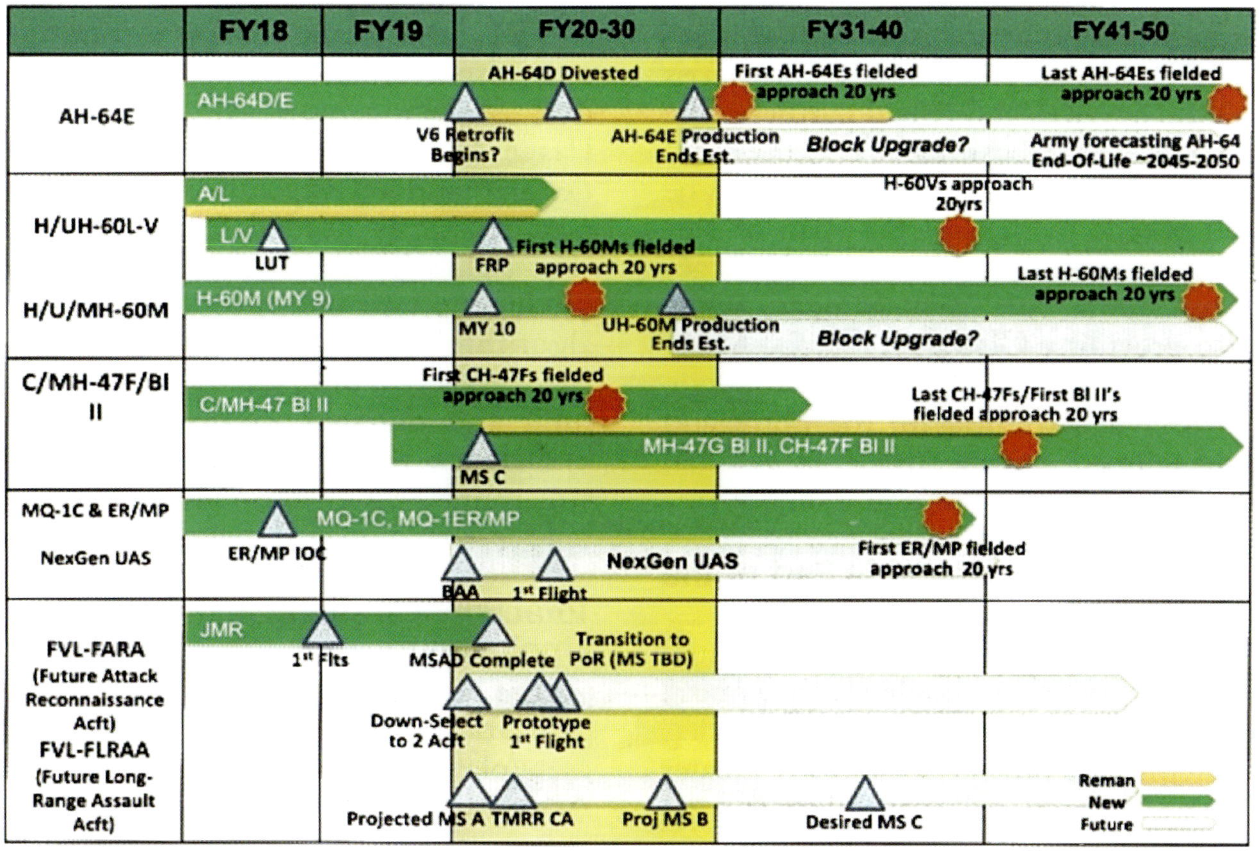

Schaubild und Stand der Zukunftsplanung der US Army Hubschrauber-Verbände nach Typen. (Grafik: US Army Command and General Staff College, Fort Leavenworth / Kenneth Dougher)

Anhang

Literaturverzeichnis

Bücher / Monographien:

Bernstein, Jonathan: AH-64 Apache units of Operations Enduring Freedom and Iraqi Freedom. Osprey Publishing Limited. Midland House, Oxford, 2005.

Bishop, Chris: Apache AH-64 Boeing (McDonnell Douglas) 1976-2005. Osprey Publishing Ltd. Midland House, Oxford, 2005.

Richardson, Doug: McDonnell Douglas AH-64: the US Army's new tank-killer. Modern Fighting Aircraft. Salamander Books Ltd. London/New York, 1987.

Dougher II, MAJ Kenneth R.: Future Roles of Army Aviation in Large Scale Combat Operations. US Army School of Advanced Military Studies US Army Command and General Staff College, Fort Leavenworth, KS, 2019.

Gunston, Bill: AH-64 Apache. Osprey Publishing Ltd./Bedford Edition Ltd. London, 1986.

Headquarters Department of the Army. Field Manual No. FM 3-96 BRIGADE COMBAT TEAM: Washington, DC, 2021.

Headquarters Department of the Army. Field Manual No. FM 3-04 ARMY AVIATION: Washington, DC, 2020.

Headquarters Department of the Army. Field Manual No. FM 3-24 INSURGENCIES AND COUNTERING INSURGENCIES: Washington, DC, 2014.

Headquarters Department of the Army. Field Manual No. FM 3-04. Attack Reconnaissance Helicopter Operations: Washington, DC, 2007.

Headquarters Department of the Army. Technical Manual No. TM 1-1520-264-23 AVIATION UNIT AND INTERMEDIATE MAINTENANCE MANUAL NONDESTRUCTIVE INSPECTION PROCEDURES FOR AH-64 HELICOPTER SERIES: Washington, DC, 2021

Headquarters Department of the Army. Technical Manual No. TM 1-1520-251-MTF-2 MAINTENANCE TEST FLIGHT MANUAL FOR HELICOPTER, ATTACK, LONGBOW APACHE AH-64D BLOCK 2: Washington, DC, 2020

Headquarters Department of the Army. Army Technical Publications. No. ATP 3-04.23 ARMY AVIATION PLATOONS: Washington, DC, 2021.

Headquarters Department of the Army. Army Technical Publications. No. ATP 3-20.96 CAVALRY SQUADRON: Washington, DC, 2016.

Headquarters Department of the Army. Army Technical Publications. No. TM 1-1520-251-10 TECHNICAL MANUAL OPERATOR's MANUAL FOR HELICOPTER, ATTACK, AH-64D LONGBOW APACHE: Washington, DC, 2002.

Headquarters Department of the Army. TRAINING CIRCULAR. No. TC 1-251 AIRCREW TRAINING MANUAL Attack Helicopter AH-64D: Washington, DC, 2005.

Headquarters Department of the Army. Army Technical Publications. No. TM 1-1520-238-10 TECHNICAL MANUAL OPERATOR's MANUAL FOR HELICOPTER, ATTACK, AH-64A APACHE: Washington, DC, 1994.

Rastätter, Christian: Helicopters in Special Operations – Hubschrauber im Spezialeinsatz. S.Ka-Verlag. Nürnberg, 2017.

US Department of Defense. Defense Acquisition Management Information Retrieval (DAMIR) DD-A&T (Q&A) 823-202: AH-64E Apache Remanufacture (AH-64E Remanufacture) As of FY 2021 President's Budget. Washington, DC, 2021.

US Department of Defense. Defense Acquisition Management Information Retrieval (DAMIR) DD-A&T (Q&A) 823-202: Selected Acquisition Report (SAR) AH-64E Apache Remanufacture (AH-64E Remanufacture) As of FY 2020 President's Budget. Washington, DC, 2018.

Vinson, Timothy: AH-64D/AH-64E Apache Introductory Brief. Apache Project Office. PEO Aviation, U.S. Army Program Executive Office – Aviation, Red Stone Arsenal, AL, 2018.

Internet-Quellen:

www.asc.army.mil
www.army.mil
www.baesystems.com
www.Boeing.com
www.defense.gov/
www.dvidshub.net
www.elbitsystems.com
www.helis.com
www.janes.com
www.leonardocompany.com
www.lockheedmartin.com
www.northropgrumman.com
www.rtx.com
www.westpoint.edu